Klett Studienbücher Physik

Astronomie II

Fixsterne und Sternsysteme

von Friedrich Gondolatsch
Gottfried Groschopf
und Otto Zimmermann

Ernst Klett Stuttgart

CIP-Kurztitelaufnahme der Deutschen Bibliothek

Astronomie. – Stuttgart : Klett.

2. Fixsterne und Sternsysteme / von Friedrich
Gondolatsch ... – 1. Aufl. – 1979.
  (Klett-Studienbücher : Klett-Studienbücher
  Physik)
  ISBN 3-12-983840-6
NE: Gondolatsch, Friedrich [Mitarb.]

1. Auflage 1^5 ^{4} ^{3} ^{2} ^{1} | 1983 82 81 80 79

Alle Drucke dieser Auflage können im Unterricht nebeneinander benutzt werden. Die letzte
Zahl bezeichnet das Jahr dieses Druckes.

Schreibsatz: Nikolaus Tobias, Schwäbisch Gmünd
Druck: Ernst Klett Stuttgart, Rotebühlstraße 77

Inhaltsverzeichnis

5.	**Die Fixsterne**	357
5.1	Meßbare Eigenschaften der Fixsterne	357
5.1.1	Trigonometrische Entfernungsbestimmungen	358
5.1.2	Scheinbare Helligkeiten	360
5.1.3	Absolute Helligkeit und Leuchtkraft. Photometrische Entfernungsbestimmungen	365
5.1.4	Spektralklassen	367
5.1.5	Oberflächentemperaturen der Sterne. Sternradien	371
5.1.6	Doppelsterne und die Bestimmung von Fixsternmassen	377
5.2	Der physikalische Zustand der Sterne	390
5.2.1	Die Grundgleichungen für den Sternaufbau. Die Masse-Leuchtkraft-Beziehung	391
5.2.2	Das Hertzsprung-Russell-Diagramm (HRD)	398
5.2.3	Spektroskopische Parallaxen und Leuchtkraftklassen	405
5.2.4	Die Farbe der Fixsterne und das Farben-Helligkeits-Diagramm (FHD)	408
5.2.5	Die chemische Zusammensetzung der Sternatmosphären	411
5.3	Die Entwicklung der Fixsterne	419
5.3.1	Sternentstehung und Entwicklung bis zur Hauptreihe	421
5.3.2	Die thermischen Fusionsprozesse von Helium- und schwereren Kernen	423
5.3.3	Die Entartung der Materie im Sterninnern	426
5.3.4	Nach-Hauptreihen-Entwicklung bis zum Helium-Brennen	431
5.3.5	Die Sternhaufen und ihre Bedeutung für die Theorie der Sternentwicklung	435
5.3.6	Spätphasen und Endzustände der Sternentwicklung	443
6.	**Das galaktische Sternsystem**	465
6.1	Die Sterne des Systems und ihre Anordnung	465
6.1.1	Die Erscheinung der Milchstraße	465
6.1.2	Die Sterne der Milchstraße im Raum	468
6.1.3	Der Blick auf die benachbarten Sternsysteme	470
6.1.4	Die Kugelsternhaufen	472
6.1.5	Die Dimensionen des galaktischen Sternsystems	476
6.1.6	Die Sternverteilung in der Umgebung der Sonne	478
6.1.7	Die Sterne im galaktischen Zentralbereich	480
6.1.8	Die Frage nach der Spiralstruktur	483
6.1.9	Sternpopulationen und Entwicklungsvorgänge im Milchstraßensystem	486

6.2	Die interstellare Materie	493
6.2.1	Die Bestandteile Gas und Staub und ihre Beobachtung	493
6.2.2	Die interstellaren Absorptionslinien	495
6.2.3	Die radiofrequente Strahlung kosmischer Objekte und die radioastronomischen Beobachtungen	497
6.2.4	Die radiofrequente Kontinuum- und Linien-Strahlung des interstellaren Gases	498
6.2.5	Das leuchtende interstellare Gas, Emissions-Nebel und H II-Regionen	500
6.2.6	Der Orion-Nebel	506
6.2.7	Der interstellare Staub	508
6.2.8	Die interstellare Materie im Ablauf der Entwicklungsvorgänge	520
6.2.9	Die kosmische Strahlung	521
6.3	Der Bewegungszustand des galaktischen Systems	526
6.3.1	Die Bewegungen der Sterne und ihre beobachtbaren Komponenten	527
6.3.2	Die Sternstromparallaxe der Hyaden	533
6.3.3	Die Wege zur Bestimmung der galaktischen Rotation	537
6.3.4	Das lokale Zentroid und die lokale Sonnenbewegung	539
6.3.5	Die Rotationsbewegung der Sterne in der weiteren Sonnenumgebung	544
6.3.6	Die Rotationskurve	554
6.3.7	Die Gesamtmasse des galaktischen Systems und die Massenverteilung	559
6.3.8	Die Spiralstruktur	562
7.	**Die außergalaktischen Sternsysteme**	569
7.1	Raumanordnung, Formen, integrale Eigenschaften	569
7.1.1	Der Formenreichtum der Galaxien und das Klassifizierungssystem von E. Hubble	570
7.1.2	Die elliptischen Galaxien	571
7.1.3	Die Spiralsysteme	572
7.1.4	Die irregulären Systeme	579
7.1.5	Die Anzahl der Galaxien in Verzeichnissen und Katalogen	579
7.1.6	Die Galaxien-Haufen	580
7.1.7	Die lokale Galaxien-Gruppe	582
7.1.8	Einzelobjekte als außergalaktische Entfernungsindikatoren	590
7.1.9	Die Helligkeiten, Farben und Spektren der Galaxien	592
7.1.10	Die Entwicklung der Sternsysteme	593
7.1.11	Die Radiogalaxien	596
7.2	Die Bewegungen der Galaxien; die Hubble-Beziehung. Die quasistellaren Objekte	603
7.2.1	Die Messung radialer Geschwindigkeiten der Galaxien	603
7.2.2	Die Beträge der Radialgeschwindigkeiten	603
7.2.3	Die Entdeckung der Hubble-Beziehung	607

7.2.4   Die Erweiterung des Beobachtungsmaterials; größere
        Rotverschiebungen, größere Entfernungen   608
7.2.5   Die Aussage der Hubble-Beziehung   611
7.2.6   Bedeutung und Betrag der Hubble-Konstante H_0 613
7.2.7   Die quasistellaren Objekte (Quasare)   615

7.3   Kosmologie   620
7.3.1   Die Beobachtungsergebnisse   621
7.3.2   Das kosmologische Prinzip   626
7.3.3   Die kosmologische Diskussion in der Zeit vor der Entdeckung
        der Relativitätstheorie   627
7.3.4   Die Kosmologie der allgemeinen Relativitätstheorie   631

Anhang

— Lösungen zu den Aufgaben   645
— Literaturangaben   655
— Bildquellenverzeichnis   657
— Konstanten und Umrechnungsbeziehungen   658
— Register zu Band I und II   660

5. Die Fixsterne

Jeder aufmerksame Beobachter des gestirnten Himmels bemerkt bald, daß die Sterne — also die dem bloßen Auge punktförmig erscheinenden Himmelskörper — in zwei Gruppen eingeteilt werden müssen: Die überwiegende Mehrzahl behält dem Augenschein nach ihren Ort an der Himmelskugel oder Sphäre bei, und man kann sie infolge ihrer charakteristischen Anordnung zu „Sternbildern" leicht wieder auffinden; deshalb werden sie als *Fixsterne* (feste Sterne) bezeichnet. Einige Sterne bewegen sich jedoch mehr oder weniger deutlich relativ zu den Fixsternen; dies sind die bereits in den Abschnitten 2.3 und 3.2 im Bd. I behandelten Planeten oder Wandelsterne.

Unsere Kenntnisse über die Fixsterne beruhen ausschließlich auf der *Analyse der Strahlung*, die wir von ihnen erhalten. Sie zeigt uns die Richtung, in der die Sterne stehen, und gibt Auskunft über ihren physikalischen Zustand. Die Gewinnung und Verarbeitung dieser Informationen geschieht in drei Stufen: Auf der ersten Stufe werden meßbare Daten über die Fixsterne gesammelt und mit ihrer Hilfe eine *Klassifikation* der Fixsterne vorgenommen. Der zweite Schritt besteht in der Aufstellung von *Modellen* für den physikalischen Aufbau der Fixsterne, aus denen sich die beobachteten Daten herleiten lassen müssen. Auf der dritten Stufe schließlich wird versucht, aus dem verschiedenen Aufbau der Sterne auf ihre *Entwicklung* zu schließen. Die drei folgenden Abschnitte entsprechen diesen Stufen der Fixsternforschung.

5.1 Meßbare Eigenschaften der Fixsterne

Eine der ersten Fragen, die sich bei der Beschäftigung mit kosmischen Objekten stellt, ist die nach ihrem Ort im Weltraum. Sie läßt sich beantworten, wenn außer der scheinbaren Lage an der Sphäre, bestimmt durch Rektaszension und Deklination (s. Bd. I, S. 23), auch die Entfernung des betreffenden Objektes bestimmt werden kann. Bei den Fixsternen bedeutet die Antwort auf die Frage nach ihrer Entfernung die Grundlage jeder physikalischen Theorie des Sternaufbaus. Es ist deshalb zweckmäßig, zuerst wenigstens *eine* Methode zur Bestimmung von Sternentfernungen zu behandeln. Andere und weiter reichende Methoden werden sich in späteren Abschnitten bei der Besprechung besonderer Sterntypen ergeben.

5.1.1 Trigonometrische Entfernungsbestimmungen

Bei allen geodätischen Vermessungen von Geländepunkten, die aus irgendeinem
Grunde nicht mit dem Maßband erreicht werden können, verwendet man seit ältesten Zeiten die Methode des ,,Vorwärtseinschneidens". Dabei besteht das geometrische Problem darin, aus der Länge der Grundlinie eines Dreiecks, die man als Basis
bezeichnet, und den beiden Grundlinienwinkeln die anderen Seiten und damit die
Entfernung der Spitze von der Basis zu bestimmen. In der Astronomie wird dieses
Verfahren außer im Bereich des Planetensystems auch zur Bestimmung der Entfernungen naher Fixsterne angewandt, jedoch in einer entscheidend veränderten Form:
Das Dreieck ist stets gleichschenklig, weshalb die Messung *eines* Winkels genügt, und
dieser Winkel ist stets der Winkel an der Spitze, am Stern.
Sofort nach dem Bekanntwerden der kopernikanischen Theorie des Planeten-
systems hatte man nämlich erkannt, daß der Erdbahndurchmesser eine geeignete
Basis für die Messung von Fixsternentfernungen darstellt. Die Blickrichtungen von
den verschiedenen Punkten der Erdbahn zu einem bestimmten Fixstern bilden die
Mantellinien eines Kegels, der von der Sphäre in einer Ellipse geschnitten wird
(s. Abb. 5.1). Diese Ellipse scheint der Stern im Laufe eines Jahres zu durchlaufen;

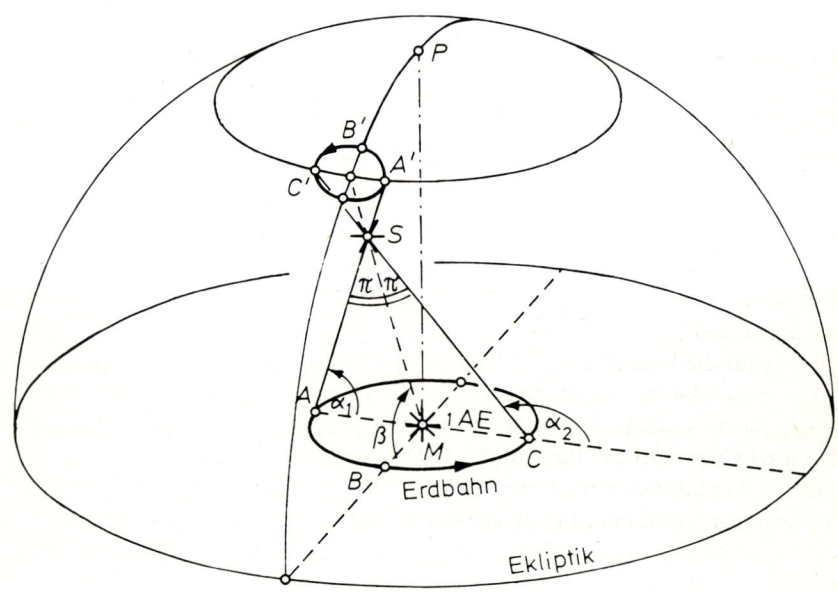

Abb. 5.1 Zur jährlichen parallaktischen Bewegung eines Fixsterns.
Der Stern S erscheint von verschiedenen Punkten der Erdbahn
aus in verschiedenen Richtungen. Der größte Winkel, unter
dem der Erdbahnradius vom Stern aus erscheint, ist die Paral-
laxe π des Sterns. Es gilt $2\pi = |\alpha_2 - \alpha_1|$.
(M ist der Ort der Sonne, P der Pol der Ekliptik).

während die Erde sich von A über B nach C bewegt, wandert die Projektion des Sterns an der Sphäre von A' über B' nach C'. Die scheinbare große Halbachse dieser Ellipse heißt *Parallaxe* π des Sterns; π ist also derjenige Winkel, unter dem der Erdbahnradius vom Stern aus erscheint. Die kleine Halbachse dieser Ellipse hängt von der ekliptikalen Breite β des Sterns ab; sie hat den Betrag $\pi \cdot \sin\beta$. Der Winkel π ist der einzige Winkel, der in dem gleichschenkligen Meßdreieck ACS bzw. $A'C'S$ gemessen werden kann. Er wird aus zahlreichen Beobachtungen innerhalb eines Jahres bestimmt. Kennt man π, so erhält man mit dem Erdbahnradius a die Sternentfernung r aus der Gleichung

$$r = \frac{a}{\tan \pi} \; .$$

Auch ohne diese Gleichung läßt sich aus der Abb. 5.1 ablesen, daß mit zunehmender Entfernung r der Sterne die Parallaxe π abnehmen muß. Der Stern mit der kleinsten z.Zt. bekannten Entfernung, Proxima Centauri, besitzt die Parallaxe $0{,}762''$; dies ist demnach auch der größte Wert von π, der bis jetzt gemessen werden konnte. Da alle bekannten Sternparallaxen unter $1''$ liegen, kann man in sehr guter Näherung den Tangens des Winkels π gleich seinem Bogenmaß setzen und erhält damit die einfache Beziehung

$$r = \frac{a}{\pi}. \tag{5-1}$$

Parallaxe und Entfernung sind demnach umgekehrt proportional. Setzt man zweckmäßigerweise $a = 1$ AE (Astronomische Einheit, s. Bd. I, S. 72) und berücksichtigt für die Umrechnung ins Bogenmaß die Relation 1 rad $= 206\,265''$, so ergibt sich z.B. für die Entfernung von Proxima Centauri

$$r = \frac{206\,265''}{0{,}762''} \cdot 1 \text{ AE} = 2{,}7 \cdot 10^5 \text{ AE}.$$

Die außerordentliche Kleinheit der Fixsternparallaxen verhinderte bis ins 19. Jahrhundert hinein den Nachweis der jährlichen parallaktischen Bewegung. Erst um 1838 war die Entwicklung der Astrometrie so weit fortgeschritten, daß es gelang, Fixsternparallaxen zu messen. So entdeckten fast gleichzeitig F. W. Bessel beim Stern 61 Cygni die Parallaxe $0{,}34''$ und F. G. W. Struve für die Wega (α Lyrae) Werte zwischen $0{,}24''$ und $0{,}14''$, während Th. Henderson und Maclear auf der Kapsternwarte für α Centauri den Parallaxenbetrag $0{,}91''$ erhielten (moderne Werte: $0{,}292''$ für 61 Cygni, $0{,}123''$ für α Lyrae, $0{,}758''$ für α Centauri).

So kleine Winkel können mit ausreichender Genauigkeit nicht absolut, also durch Bestimmung von Sternkoordinaten, gemessen werden. Man bestimmt vielmehr mit Fernrohren langer Brennweite photographisch die Positionsänderungen des betreffenden Sterns relativ zu Nachbarsternen, die so lichtschwach sind, daß die Vermutung naheliegt, ihre Entfernungen seien sehr groß relativ zu der des untersuchten Sterns und ihre jährlichen Parallaxen liegen daher unterhalb der Meßgenauigkeit. Mit dieser Methode können Parallaxen bis herunter zu $0{,}03''$ gemessen werden. Obwohl dies etwa der 25fachen Entfernung von Proxima Centauri entspricht, erfaßt man mit trigonometrischen Entfernungsbestimmungen nur eine relativ kleine Umgebung der Sonne; z.B. liegen schon alle hellen Sterne des Sternbilds Orion außerhalb dieses

Bereichs. Zur Abstandsbestimmung der weiter entfernten Sterne werden nicht geometrische, sondern photometrische Methoden verwendet (s. S. 366 f.). — Bis heute konnten für etwa 7000 Sterne trigonometrische Parallaxen gemessen werden. Auf die fundamentale Bedeutung dieser Art von Entfernungsbestimmungen ist es zurückzuführen, daß in der Astronomie allgemein der Ausdruck „Parallaxenbestimmung" gleichbedeutend mit „Entfernungsbestimmung" verwendet wird.

Die Entfernungseinheit 1 Parsec

Die Berechnung der Entfernung von Proxima Centauri machte deutlich, daß der Erdbahnradius, die Astronomische Einheit, eine für die Fixsternastronomie unzweckmäßig kleine Längeneinheit darstellt. Da aber alle bekannten Fixsternparallaxen unter $1''$ liegen, ist es naheliegend, diejenige Entfernung als Einheit zu wählen, aus welcher der Erdbahnradius unter dem Winkel $1''$ erscheint. Sie heißt *1 Parsec* (1 pc), weil sie einer Parallaxe von 1 Bogensekunde entspricht. Mit Gl.(5-1) erhält man

$$1 \text{ pc} = 206\,265 \text{ AE} = 3{,}086 \cdot 10^{16} \text{ m},$$

wenn $a = 1$ AE bzw. $a = 1{,}496 \cdot 10^{11}$ m eingesetzt wird. Aus der umgekehrten Proportionalität von Parallaxe und Entfernung folgt dann, daß der Parallaxe $0{,}1''$ die Entfernung 10 pc entspricht usw.

In diesem Zusammenhang muß auf eine weitere, in der Fixsternastronomie häufig verwendete Längeneinheit hingewiesen werden, das *Lichtjahr*. 1 Lichtjahr (1 LJ) ist die Strecke, die vom Licht im leeren Raum in 1 Jahr zurückgelegt wird. Es ist

$$1 \text{ LJ} = 9{,}46 \cdot 10^{15} \text{ m} \quad \text{und} \quad 1 \text{ pc} = 3{,}26 \text{ LJ}.$$

5.1.2 Scheinbare Helligkeiten

Schon eine flüchtige Beobachtung des Sternhimmels zeigt, daß nicht alle Sterne gleich hell erscheinen. Der Versuch, für diese *scheinbare Helligkeit* der Fixsterne eine Skala zu entwickeln, wurde zum ersten Mal von griechischen Astronomen in der Antike gemacht. Die Skaleneinheit bezeichnet man seither als *Größe* (lat. magnitudo, Mz. magnitudines), was jedoch nichts über die geometrischen Abmessungen der Sterne aussagen soll. Seit Hipparch von Nikaia (um 150 v. Chr.) ordnet man den hellsten Sternen die 1. Größe zu, während die schwächsten, mit bloßem Auge gerade noch sichtbaren Sterne in die 6. Größenordnung eingestuft werden. Der von Ptolemäus um 150 n. Chr. zusammengestellte Sternkatalog enthält neben den Koordinaten auch Angaben über die scheinbaren Helligkeiten von über 1000 Sternen.

Vom 17. Jahrhundert an wurde versucht, die Helligkeit von Fixsternen genauer festzulegen, aber erst in der Mitte des 19. Jahrhunderts gelang eine wissenschaftlich exakte Definition der Größenklassenskala. Im Jahre 1859 entdeckten nämlich Weber und Fechner, daß der Unterschied zweier Sinnesempfindungen e_1 und e_2

proportional ist zum Logarithmus des Verhältnisses der physikalischen Reize r_1 und r_2, durch die sie hervorgerufen werden:

$$e_1 - e_2 = \text{const} \cdot \log \frac{r_1}{r_2}.$$

Die scheinbaren Größen der Sterne, die man mit m (magnitudo) bezeichnet, kennzeichnen Helligkeitsempfindungen, die von den ins Auge fallenden Lichtströmen hervorgerufen werden. Pogson fand schon 1857, daß zwischen der Differenz der scheinbaren Helligkeiten m_1 und m_2 zweier Sterne und den von ihnen ins Auge fallenden Lichtströmen Φ_1 und Φ_2 die Beziehung besteht:

$$m_1 - m_2 = c \cdot \log \frac{\Phi_1}{\Phi_2}.$$

Bei seinen Bemühungen um eine wissenschaftliche Definition der Größenklassenskala versuchte Pogson den Faktor c so zu bestimmen, daß die damals vorliegenden Helligkeitsschätzungen möglichst gut wiedergegeben wurden. Dabei fand er bei Verwendung dekadischer Logarithmen den Wert $c = -2,5$ Größenklassen. (Das negative Vorzeichen ist darin begründet, daß beim Übergang zu schwächeren Sternen Φ kleiner, aber m größer wird.) Nun bezeichnet man 1 Größenklasse abgekürzt mit 1 mag (oder 1^m); damit kann man $c = -2,5$ mag schreiben und erhält als Definitionsgleichung für die Größenklasse

$$m_1 - m_2 = -2,5 \text{ mag} \cdot \lg \frac{\Phi_1}{\Phi_2}. \tag{5-2}$$

Verhalten sich also die Lichtströme zweier Sterne, die nahezu gleichzeitig – d.h. bei gleicher Pupillenöffnung – beobachtet werden, wie $10:1$, so gilt für die beobachtete Größenklassendifferenz:

$$m_1 - m_2 = -2,5 \text{ mag} \cdot \lg 10 \quad \text{oder} \quad m_1 - m_2 = -2,5 \text{ mag}.$$

Ein Größenklassenunterschied von 5 mag entspricht demnach dem Lichtstromverhältnis $100:1$; 7,5 mag entsprechen dem Lichtstromverhältnis $1000:1$ usw.

Zur Festlegung der Größenklassenskala genügt aber nicht die Definition der Skalenweite allein, sondern es muß auch der Nullpunkt der Skala definiert werden. Hinreichend dazu ist es, die scheinbare Helligkeit eines beliebigen Fixsterns festzulegen. Pogson wählte den Polarstern (α Ursae minoris) und setzte seine scheinbare Helligkeit auf $m_0 = 2,12$ mag fest, um mit dem Größenklassensystem der älteren Astronomie einigermaßen in Übereinstimmung zu bleiben. Als der Polarstern sich später als schwach helligkeitsveränderlich erwies, benützte man als Eichskala eine Gruppe von Sternen in der Nähe des Himmelsnordpols, die sogenannte *internationale Polsequenz*. Heute sind von so vielen Sternen die scheinbaren Helligkeiten auf photoelektrischem Wege mit einer Genauigkeit von $\pm 0,01$ mag gemessen worden, daß kaum mehr auf die Polsequenz zurückgegriffen werden muß.

In der Pogsonschen Skala bekommt Sirius (α Canis majoris), der dem bloßen Auge als hellster Fixstern erscheint, die scheinbare Helligkeit $m = -1,5$ mag. Die schwächsten heute mit optischen Instrumenten noch nachweisbaren astronomischen

Objekte haben scheinbare Helligkeiten von +23 mag bis +24 mag. Diesem am Fixsternhimmel beobachtbaren Helligkeitsintervall von etwa 25 mag entspricht nach Gl.(5-2) das Lichtstromverhältnis $10^{10} : 1$.

Für physikalische Überlegungen ist es notwendig, das so definierte Größenklassensystem an die Systeme der physikalischen Photometrie anzuschließen. Zweckmäßigerweise führt man dazu statt des ins Auge fallenden Lichtstroms, der ja von der Eintrittspupillenfläche A des Auges oder Fernrohrs abhängt, die Beleuchtungsstärke $E = \dfrac{\Phi}{A}$ der Eintrittspupille ein. Damit wird bei konstanter Pupillenöffnung A aus Gl.(5-2):

$$m_1 - m_2 = -2,5 \text{ mag} \cdot \log \frac{E_1}{E_2}.\tag{5-3}$$

Durch Vergleich einer weit entfernten Lichtquelle der Lichtstärke 1 cd mit einem Stern bekannter scheinbarer Helligkeit läßt sich ermitteln, daß die Beleuchtungsstärke $E = 10^{-6}$ lx der scheinbaren Helligkeit $m = (0,82 \pm 0,05)$ mag entspricht. (1 cd = 1 Candela entspricht ungefähr der Lichtstärke einer Wachskerze; 1 lx = 1 Lux ist die Beleuchtungsstärke, die eine Lichtquelle von 1 cd auf einer 1 m entfernten, senkrecht bestrahlten Fläche erzeugt.)
Damit erhält man aus Gl.(5-3):

$$m - 0,82 \text{ mag} = -2,5 \text{ mag} \cdot \lg \left(\frac{E}{10^{-6} \text{ lx}} \right).$$

Nach einigen Umformungen ergibt sich hieraus schließlich

$$m = -2,5 \text{ mag} \cdot \lg \left(\frac{E}{1 \text{ lx}} \right) - 14,18 \text{ mag}.\tag{5-3a}$$

Wellenlängen- und Farb-Bereiche der beobachteten Helligkeiten

Alle Überlegungen zum Problem der scheinbaren Helligkeit in diesem Abschnitt setzten die Beobachtung mit dem bloßen Auge voraus. Insbesondere gilt auch die Gl.(5-3a) nur für diesen Fall, denn die dort verwendete Einheit 1 lx ist ebenso wie 1 cd für das menschliche Auge bzw. die Empfindlichkeit der Netzhautzäpfchen definiert. Diese Empfindlichkeit zeichnet sich durch starke Selektivität aus, d.h. das Auge ist nur für Licht in dem engen Wellenlängenband zwischen 400 nm und 750 nm empfindlich; innerhalb dieses Bereichs nimmt die Empfindlichkeit der Zäpfchen mit wachsender Wellenlänge zuerst zu, erreicht bei 555 nm ihr Maximum und fällt dann wieder ab. Die mit dem Auge ermittelten scheinbaren Helligkeiten bezeichnet man als *visuelle scheinbare Helligkeiten* m_{vis}. Heute ist die Bestimmung der Sternhelligkeit mit dem Auge, also die visuelle Photometrie, weitgehend durch photovisuelle Helligkeitsmessungen ersetzt worden; hierbei werden Photoemulsionen verwendet, deren spektrale Empfindlichkeit etwa der des menschlichen Auges entspricht. *Photovisuelle scheinbare Helligkeiten* werden mit m_{pv} abgekürzt.
Photographische Aufnahmen bekannter Sternbilder zeigen oft wesentlich andere Relationen in den scheinbaren Helligkeiten, als wir sie mit dem Auge beobachten. Dies rührt davon her, daß auch die photographische Schicht selektiv arbeitet, aber mit

einer anderen spektralen Empfindlichkeitsverteilung als das Auge. Die nicht vorbehandelte photographische Schicht ist besonders im blauen Spektralbereich empfindlich; man erfaßt mit ihr das Wellenlängenband zwischen 370 nm und 490 nm. Für *scheinbare photographische Helligkeiten* m_{phot} oder m_{pg} gilt zwar noch die Gl.(5-3), doch sind die im photographischen Bereich gemessenen Beleuchtungsstärken E_1 und E_2 i.a. nicht gleich den im visuellen Bereich gemessenen; deshalb hat die additive Konstante in der Gl.(5-3a) für photographische Helligkeiten nicht den Betrag $-14,18$ mag.

Tabellen mit den scheinbaren Helligkeiten von Fixsternen enthalten in der Regel m_{vis} (bzw. m_{pv}) oder m_{phot}. In der modernen Sternphotometrie verwendet man aber darüber hinaus ein ganzes System von Meßmethoden der scheinbaren Helligkeiten, die vom Ultraviolett bis weit ins Infrarot hinein das Spektrum überdecken. Dabei wird in bestimmten Spektralbereichen photographisch oder photoelektrisch, jeweils mit geeigneten Filtern, eine ganz genau standardisierte Empfindlichkeitsverteilung erreicht. Der Empfindlichkeitsschwerpunkt einer solchen Photometereinrichtung heißt ihre *effektive Wellenlänge*; sie liegt für photographische Helligkeitsmessungen bei 430 nm, für visuelle und photovisuelle bei 540 nm. Das Verhältnis e_λ der vom Photometer registrierten Bestrahlungsstärke zu der einfallenden Bestrahlungsstärke hängt von der Wellenlänge λ ab und wird Empfindlichkeitsfunktion genannt. Die Abb. 5.2 zeigt für ein von H. L. Johnson und R. Mitchell definiertes Mehrfarbensystem den Verlauf der Empfindlichkeitsfunktionen. Die wichtigsten dieser Standardmeßbereiche werden mit V (visuell), B (blau) und U (ultraviolett) bezeichnet; dabei gilt näherungsweise $m_{phot} \approx m_B$ und $m_{vis} \approx m_V$. Meist kennzeichnet man die scheinbaren Helligkeiten selbst mit U, B oder V statt mit m_U, m_B oder m_V.

Bolometrische Helligkeiten. Bolometrische Korrektion

Jedes Sternphotometer arbeitet selektiv; es spricht — wie das Auge — nur in einem begrenzten Spektralbereich $\lambda_1 < \lambda < \lambda_2$ an und registriert dort die auffallende Strah-

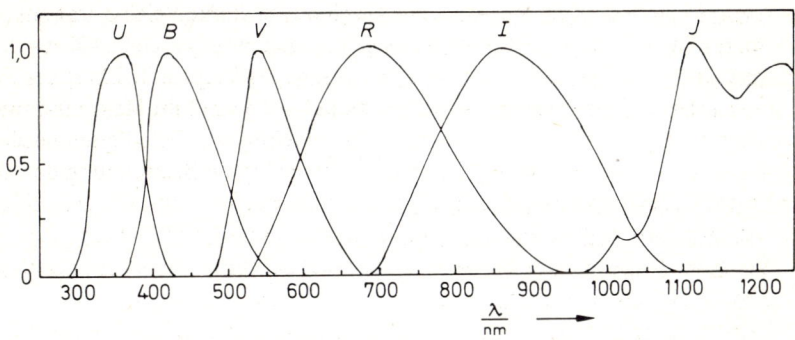

Abb. 5.2 Spektralempfindlichkeitsfunktionen des Mehrfarbensystems von H. L. Johnson, normiert auf den Maximalwert 1

lung mit einer von der Wellenlänge abhängigen Empfindlichkeit e_λ. Ist also E_λ die Beleuchtungsstärke des Photometers bei der Wellenlänge λ, so wird nur der Teil

$$E = \int_{\lambda_1}^{\lambda_2} E_\lambda \cdot e_\lambda \, d\lambda$$

gemessen. Nur mit dieser, vom speziellen Photometertyp abhängigen Teilbeleuchtungsstärke werden also auf der Grundlage der Gl.(5-3) scheinbare Helligkeiten von Fixsternen bestimmt.

Um Schlüsse auf die Energieabstrahlung eines Sterns ziehen zu können, benötigt man aber eine Messung der scheinbaren Helligkeit, die den gesamten von der Sternstrahlung überdeckten Spektralbereich einbezieht. Nun kann man zwar bei bekannter Empfindlichkeitsfunktion die Selektivität des Photometers eliminieren. Da die Erdatmosphäre aber in großen Wellenlängenbereichen für elektromagnetische Strahlung undurchlässig ist (s. Bd. I, S. 152), müßte die Messung außerhalb der Erdatmosphäre vorgenommen werden. Diese von der Selektivität der Atmosphäre und des Photometers befreite, über das gesamte Spektrum gemessene scheinbare Helligkeit eines Sterns heißt *bolometrische Helligkeit* m_{bol}. (Bolometer bestehen aus einem geschwärzten, sehr dünnen Platinstreifen, dessen Temperatur und ohmscher Widerstand zunehmen, wenn Licht auf ihn fällt; ihre Empfindlichkeit ist in weiten Bereichen wellenlängenunabhängig, aber verhältnismäßig gering, so daß sie nur im Infrarotbereich eine Rolle spielen.) Durch Messungen am Erdboden können also bolometrische Helligkeiten nicht bestimmt werden.

Näherungsweise erhält man m_{bol} bei denjenigen Sternen, deren Oberflächentemperatur der unserer Sonne ähnlich ist. Bei diesen Sternen liegt das Intensitätsmaximum der Strahlung im sichtbaren Spektralbereich; der größte Teil dieser Strahlung erreicht durch das „optische Fenster" der Atmosphäre die Erdoberfläche. Anders verhält es sich bei Sternen mit sehr hohen und sehr niedrigen Oberflächentemperaturen, bei denen der größte Anteil der ausgesandten Strahlung im fernen Ultraviolett bzw. im Infrarot liegt; für diese Spektralbereiche ist die Atmosphäre undurchlässig. Um für sehr heiße und sehr kühle Sterne bolometrische Helligkeiten bestimmen zu können, müssen Kenntnisse über den Aufbau der Sternatmosphären herangezogen werden, aus denen die Energieverteilung im gesamten kontinuierlichen Spektrum eines Sterns ermittelt werden kann. Kennt man diese Energieverteilung, so lassen sich *bolometrische Korrektionen B. C.* angeben, mit denen aus den visuellen scheinbaren Helligkeiten die bolometrischen Helligkeiten berechnet werden können; es gilt

$$B.\,C. = m_{bol} - m_V \quad \text{oder kürzer} \quad B.\,C. = m_{bol} - V.$$

Die bolometrischen Korrektionen für sonnenähnliche Sterne sind klein (s. Tab. 5.1). Bei sehr heißen und sehr kühlen Sternen sind die Korrektionen groß; sie betragen mehrere Größenklassen. Die Werte sind jedoch – weil sie auf Umwegen erhalten wurden – sehr unsicher.

Aufgaben

1. a) Die Sonne erzeugt, wenn sie im Zenit steht, auf der Erdoberfläche eine Beleuchtungsstärke vom Betrag $E = 1{,}37 \cdot 10^5$ lx. Welche visuelle scheinbare Helligkeit ergibt sich daraus für die Sonne?
b) Der im Zenit stehende Vollmond beleuchtet die Erdoberfläche mit $E = 0{,}25$ lx. Welche visuelle scheinbare Helligkeit besitzt der Vollmond?
c) Die visuelle scheinbare Helligkeit des Halbmondes (erstes bzw. letztes Viertel) ist $m_V = -10{,}20$ mag. Welche Beleuchtungsstärke erzeugt der Halbmond auf der Erdoberfläche, wenn er im Zenit steht? Warum erhält man nicht die Hälfte der vom Vollmond erzeugten Beleuchtungsstärke?

2. Sirius (α Canis majoris) besitzt die visuelle scheinbare Helligkeit $m_{vis} = -1{,}5$ mag.
a) Welche Beleuchtungsstärke erzeugt er auf der Erde?
b) In welcher Entfernung erscheint eine Kerze (Lichtstärke 1 cd) gleich hell wie Sirius?

3. Mit bloßem Auge kann man Sterne sehen, die heller als 6 mag sind.
a) Wie groß muß demnach die Beleuchtungsstärke der Eintrittspupille des unbewaffneten Auges mindestens sein, wenn eine punktförmige Lichtquelle noch wahrgenommen werden soll?
b) Welcher Lichtstrom tritt dabei ins Auge, wenn der Pupillendurchmesser des dunkeladaptierten Auges mit 8 mm angenommen wird?

Tab. 5.1 Bolometrische Korrektionen $B.C.$ für Hauptreihen-Sterne (Sp ist die Spektralklasse; s. S. 367 ff.)

Sp	B0	A0	F0	G0	K0	K5	M0	M5
$\dfrac{B.C.}{\text{mag}}$	$-2{,}69$	$-0{,}10$	$+0{,}07$	$+0{,}01$	$-0{,}12$	$-0{,}55$	$-1{,}10$	$-2{,}48$

5.1.3 Absolute Helligkeit und Leuchtkraft. Photometrische Entfernungsbestimmungen

Die Beleuchtungsstärke, die eine Punktlichtquelle bei senkrechtem Lichteinfall auf der Eintrittspupille hervorruft, hängt nicht nur von der Lichtstärke I der Quelle, sondern auch von ihrer Entfernung r vom Beobachter ab. Für Punktlichtquellen auf der Erde und für Sterne gilt das Gesetz

$$E = \frac{I}{r^2}. \qquad (5\text{-}4)$$

Wären alle Sterne gleich weit von uns entfernt, so könnte man aus ihren scheinbaren Helligkeiten direkt auf ihre Lichtstärke schließen: Je heller uns ein Stern erscheint, desto größer müßte der von ihm ausgestrahlte Lichtstrom sein. Da die Sterne verschiedene Entfernungen von uns haben, läßt zwar ihre scheinbare Helligkeit diesen einfachen Schluß nicht zu; sind jedoch die Entfernungen bekannt, so kann man mit Hilfe der Gl.(5-4) berechnen, wie hell sie in einer Normalentfernung erscheinen würden. Als Normalentfernung wählt man r_0 = 10 pc. Die Helligkeit, mit der die Sterne uns in dieser Entfernung erscheinen würden, nennt man ihre *absolute Helligkeit*; zur Unterscheidung von der scheinbaren Helligkeit m bezeichnet man die absolute Helligkeit mit M. Dadurch, daß man die Sterne in Gedanken von ihrem tatsächlichen Standort im Raum auf die Normierungskugel mit dem Radius 10 pc versetzt, wird die Abhängigkeit der Helligkeit von der Sternentfernung eliminiert; M hängt nur noch von der Lichtstärke I der Quelle ab. Der Radius 10 pc ist sehr klein relativ zu den Entfernungen der allermeisten Fixsterne. Für diese Sterne bedeutet das Versetzen auf die Normierungskugel eine Entfernungsverkleinerung. Deshalb ist für die meisten Sterne die absolute Helligkeit größer als die scheinbare, der Wert von M also kleiner als der von m. Negative Werte von M kommen häufig vor; daher ist es üblich, bei absoluten Helligkeiten stets das Vorzeichen + oder − anzugeben. (Beispiele für scheinbare und absolute Helligkeiten gibt die Tabelle „Die hellsten Fixsterne" in Bd. I, S. 335.)

Setzt man Gl.(5-4) in (5-3) ein, so ergibt sich als Differenz der scheinbaren Helligkeit m, die der Stern in seiner tatsächlichen Entfernung r besitzt, und der absoluten Helligkeit M, die er in der Entfernung 10 pc hätte,

$$m - M = 5 \text{ mag} \cdot \lg \left(\frac{r}{10 \text{ pc}}\right). \tag{5-5}$$

Da $m - M$ von der Entfernung r des Sterns abhängt, nennt man diese Differenz den *Entfernungsmodul* des Sterns.

Gl.(5-5) wird in zweifacher Weise angewandt: einerseits zur Bestimmung von absoluten Helligkeiten und von Leuchtkräften, andererseits zur Entfernungsbestimmung. Die scheinbare Helligkeit m ist immer durch Beobachtung zu ermitteln. Kennt man dazu noch die Entfernung des Sterns aus einer trigonometrischen Messung, dann liefert Gl.(5-5) die absolute Helligkeit M.

Wenn man an die absolute visuelle Helligkeit M_V eines Sterns die gleiche bolometrische Korrektur anbringt, die m_V in m_{bol} überführt, dann erhält man die absolute bolometrische Helligkeit

$$M_{bol} = M_V + B.C. .$$

Die absolute bolometrische Helligkeit eines Sterns hängt eng mit seiner Leuchtkraft L zusammen, d.h. mit der Strahlungsleistung, die von der gesamten Sternoberfläche ausgesandt wird. Denkt man sich den Stern im Zentrum einer Kugel mit Radius r, so nennt man den Quotienten $E_e = L/(4\pi r^2)$ die Bestrahlungsstärke der Kugelfläche; zwischen den energetischen Größen E_e und L besteht demnach eine ähnliche Beziehung, wie sie die Gl.(5-4) zwischen den photometrischen Größen I und E liefert. Ersetzt man also in Gl.(5-3) die Beleuchtungsstärken durch die Bestrahlungsstärken und berücksichtigt, daß für die Berechnung absoluter Helligkeiten stets die Entfernung 10 pc einzusetzen ist, so ergibt sich für die Differenz der absoluten bolometrischen Helligkeiten $M_{bol\,1}$ und $M_{bol\,2}$ zweier Sterne mit den Leuchtkräften L_1 und L_2 die Gleichung

$$M_{\text{bol}\,1} - M_{\text{bol}\,2} = -2,5 \text{ mag} \cdot \lg \frac{L_1}{L_2}. \qquad (5\text{-}6)$$

In dieser Gleichung kann man einen der beiden Fixsterne mit der Sonne identifizieren. Für die absolute bolometrische Helligkeit der Sonne erhält man $M_{\text{bol}\,\odot}$ = +4,79 mag; die Leuchtkraft der Sonne ist $L_\odot$ = 3,82 · 10^{26} W (s. Bd. I, S. 194). Damit ergibt sich für die absolute bolometrische Helligkeit eines Sterns der Leuchtkraft L die Gleichung

$$M_{\text{bol}} = -2,5 \text{ mag} \cdot \left[\lg \left(\frac{L}{L_\odot} \right) - 1,92 \right]. \qquad (5\text{-}7)$$

Ihre eigentliche Bedeutung erhält die Gl.(5-5) dadurch, daß sie die Möglichkeit bietet, für Sterne mit bekannter absoluter Helligkeit die Entfernung zu bestimmen. Es gibt nämlich beobachtbare Merkmale der Fixsterne, die von der Gesamtstrahlungsleistung und damit von der absoluten Helligkeit abhängen: die Stärke von Spektrallinien (s. S. 406) und periodische Änderungen der Helligkeit (s. S. 445). Diese Merkmale für M werden zunächst mit Hilfe von Sternen geeicht, deren Entfernungen bekannt sind; dies sind Sterne bis zu Entfernungen von 30 pc, deren Parallaxen trigonometrisch bestimmt werden können (s. S. 358), und die Sterne des Hyaden-Haufens, deren Entfernung aus ihrer Strombewegung zu 40 pc berechnet wurde (s. S. 533). Die Entfernungsangaben aller übrigen, weiter entfernten Sterne und die Entfernungen aller außergalaktischen Sternsysteme sind auf photometrischem Wege mit Gl.(5-5) erhalten worden. Voraussetzung für die Anwendbarkeit der photometrischen Entfernungsbestimmung ist die Kenntnis möglicher interstellarer Absorption des Sternlichts durch Staubwolken (s. S. 516).

Aufgaben

1. Die scheinbare bolometrische Helligkeit der Sonne ist $m_{\text{bol}\,\odot}$ = −26,78 mag. Wie groß ist ihre absolute bolometrische Helligkeit?

2. Der Stern ρ Geminorum (m_V = 4,17 mag, Spektralklasse F0) hat die Parallaxe 0,053″.
   a) Welche absolute visuelle Helligkeit und welche absolute bolometrische Helligkeit besitzt der Stern?
   b) Wie groß ist seine Leuchtkraft in Vielfachen der Sonnenleuchtkraft?

5.1.4 Spektralklassen

Viel mehr Informationen, als das integrale Licht eines Sterns liefern kann, erhält man, wenn es gelingt, das Sternlicht spektral zu zerlegen. Dies ist nicht bei allen beobachtbaren Sternen möglich. Zieht man nämlich das nahezu punktförmige Sternbildchen zu einem Spektrum auseinander, so wird die Beleuchtungsstärke der photographischen Schicht um so kleiner, je größer die Dispersion des Spektrographen ist, d.h. je weiter das Spektrum auseinandergezogen wird. Von zu lichtschwachen Sternen können deshalb keine Spektren gewonnen werden.

Zur Herstellung von Sternspektren benutzt man im Prinzip zwei Methoden (s. a. Bd. I, S. 43). Bei der ersten setzt man vor das ganze Objektiv des Fernrohrs ein Prisma, so daß in der Brennebene des Objektivs anstelle der Sternbildchen strichförmige Spektren entstehen, die um so länger sind, je größer der brechende Winkel des Prismas gewählt wird, und je größer die Objektivbrennweite ist. Durch eine Bewegung des Fernrohrs parallel zur brechenden Kante des Prismas verbreitert man auf der in der Brennebene stehenden Photoplatte die strichförmigen Spektren zu Spektralbändern. Diese *Objektivprismen-Methode* hat den Vorteil, daß man gleichzeitig von allen genügend hellen Sternen im Gesichtsfeld des Fernrohrs Spektren erhält. Damit diese sich nicht gegenseitig überlappen, darf allerdings die Dispersion des Prismas nicht zu groß sein. Aus der Objektivprismenaufnahme Abb. 5.3 ist ersichtlich, daß das Auflösungsvermögen, d.h. das Verhältnis der Wellenlängendifferenz $\Delta\lambda$ zweier gerade noch trennbarer Linien zu ihrer mittleren Wellenlänge λ, für solche Spektren nicht sehr gut ist, aber doch zahlreiche Spektrallinien beobachtet werden können.

Abb. 5.3 Objektivprismenaufnahme (Schmidt-Teleskop der Universität von Michigan auf dem Cerro Tololo Interamerican Observatory, Chile)

Wesentlich detailreichere Spektren erhält man mit Spektrographen, die anstelle des Okulars am Fernrohr angebracht werden, so daß das vom Objektiv erzeugte Sternbildchen auf den Eingangsspalt des Spektrographen fällt. Die Spektren können dabei entweder durch Prismen oder durch Beugungsgitter erzeugt werden.

Die Spektren der Fixsterne bestehen – wie das Photosphärenspektrum der Sonne (s. Bd. I, S. 228 ff.) – meist aus einem kontinuierlichen Untergrund mit überlagerten Absorptionslinien oder -banden. Manche Sternspektren enthalten auch Emissionslinien. Obwohl die Spektren der Sterne so vielfältige Unterschiede aufweisen wie die Fingerabdrücke von Menschen, konnten doch hier wie dort Kriterien gefunden werden, mit denen eine Klassifizierung möglich war. Als E. C. Pickering und Miss A. Cannon am Ende des 19. Jahrhunderts an der Harvard-Sternwarte die Serie von Objektivprismenaufnahmen begannen, die schließlich 1918–1924 mit der Veröffentlichung des Henry-Draper-Katalogs (Beschreibung von 225 300 Stern-

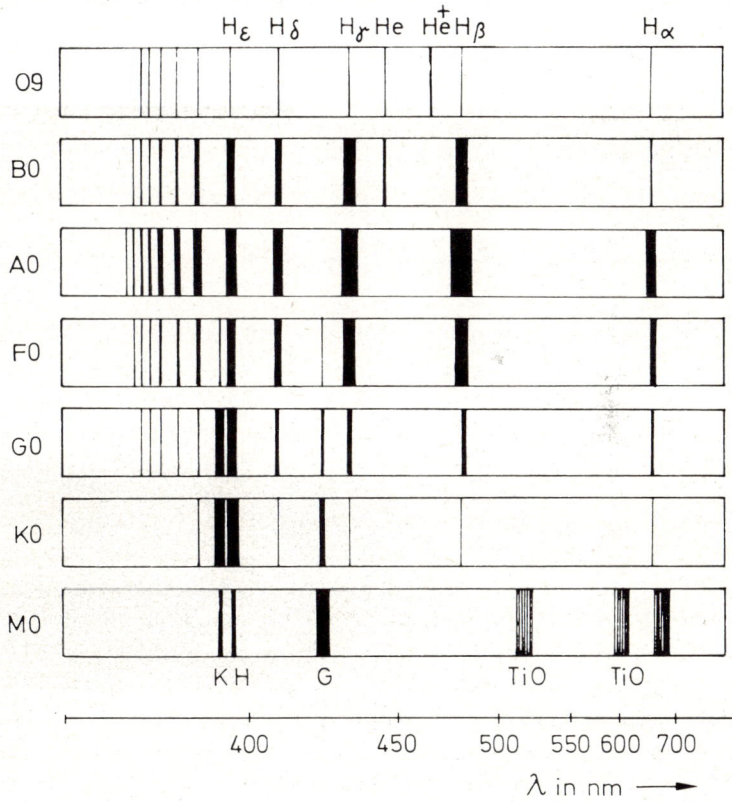

Abb. 5.4 Schematische Darstellung der Spektralsequenz.
Die stark überzeichnete Breite der Linien ist ein Maß für ihre Stärke.

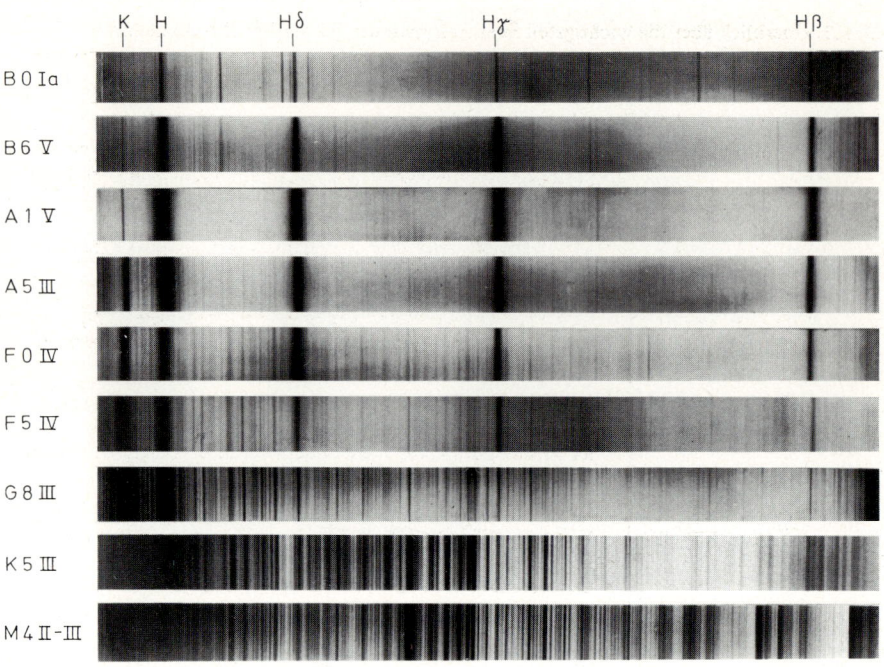

Abb. 5.5   Spektren von typischen Vertretern der Spektralklassen B, A, F, G, K, M.
Die römischen Ziffern geben die Leuchtkraftklassen an (s. S. 405 f.).

spektren) gekrönt wurde, stellten sie bald fest, daß die überwiegende Mehrzahl der Sternspektren in eine eindimensionale Folge von Spektraltypen eingeordnet werden kann. Diese wurden mit den Buchstaben des Alphabets bezeichnet, zuerst in der Reihenfolge A, B, C, ..., aus der sich dann schließlich − nach einigen Umstellungen und dem Wegfall wenig charakteristischer Typen − die Folge O, B, A, F, G, K, M entwickelte. Eine genauere Beschreibung der Spektraltypen machte eine Unterteilung von 0 bis 9 nötig: B0, B1, B2, ..., B9; A0, A1, ..., A9; usw. (bei den O-Sternen beginnt die Klassifizierung bei O5). Die Abbildungen 5.4 und 5.5 und die Tab. 5.2 geben einen Überblick über die *Spektralsequenz*. Klassifikationskriterien sind die Linienstärken der Balmerserie des Wasserstoffs (s. Physik-Lehrbuch) und die Linien H und K des ionisierten Calziums (Ca^+), außerdem bei den O-Sternen die Linien des ionisierten Heliums (He^+) und am Ende der Spektralsequenz die Metallinien und Molekülbanden.

Neben dieser Hauptserie wurden noch 2 Nebenserien definiert, die bei der Spektralklasse K abzweigen. Da sie aber nur einen sehr geringen Bruchteil aller Sterne enthalten, sollen sie hier außer Betracht bleiben.

Besondere Eigenschaften des Spektrums einzelner Sterne werden durch kleine Buchstaben gekennzeichnet, z. B. bedeutet der Zusatzbuchstabe e, daß das Spektrum Emissionslinien aufweist.

Tab. 5.2 Überblick über die wichtigsten Spektraltypen der Harvard-Spektralsequenz

Spektral-typ	Standard-Stern	Beschreibung
O5	ζ Pup	Absorptionslinien (gelegentlich auch Emissionslinien) mehrfach ionisierter Atome, besonders des einfach ionisierten Heliums (He^+). Balmer-Linien des Wasserstoffs schwach. Gesamtzahl der Fraunhoferlinien relativ gering.
B0	τ Sco	Linien des neutralen Heliums stark, He^+ verschwindend. Balmerserie des Wasserstoffs mäßig stark.
A0	α Lyr (Wega)	Balmerserie des Wasserstoffs in maximaler Stärke. Linien von Fe^+ und Ca^+ treten auf; Intensitäten durch die Spektralklasse A hindurch ansteigend.
F0	γ Vir	Balmerserie immer noch dominierend, aber mit abnehmender Intensität. Linien H und K des Ca^+ zunehmend. Linien neutraler Metalle, besonders von Fe. Starke Veränderung des Gesamtanblicks gegenüber den Spektren der Klasse O, B, A durch Zunahme der Linienzahl.
G0	α Aur (Kapella)	Linien des Ca^+ stark. Balmerserie mäßig stark und weiter abnehmend. Viele Linien neutraler Metalle. Auftreten von Linien der Moleküle CN und CH. (Dem Sonnenspektrum ähnlich).
K0	α Boo (Arktur)	Ca^+ in maximaler Stärke. Starke Linien von neutralen Metallen und Molekülen. Durch die Spektralklasse K hindurch nimmt der Strukturreichtum rasch zu.
M0	β And	Bandenspektrum des TiO vorherrschend. Starke Linien neutraler Metalle, besonders von Ca. Balmerlinien sehr schwach.

5.1.5 Oberflächentemperaturen der Sterne. Sternradien

Das zunehmende Auftreten von Molekülbanden gegen Ende der Spektralsequenz (s. Tab. 5.2) deutet auf eine Abnahme der Temperatur hin. Nach dem Massenwirkungsgesetz muß sich nämlich in den Sternatmosphären ein stationäres Gleichgewicht zwischen der Bildung von Molekülen und ihrer Dissoziation durch Zusammenstöße ausbilden. Da nun mit abnehmender Temperatur die mittlere kinetische Energie der kollidierenden Teilchen abnimmt, sinkt auch die Dissoziationswahrscheinlichkeit und der Bruchteil der zu Molekülen vereinigten Atome nimmt zu. Der deutlichste Hinweis dafür, daß die aufgrund der Linienintensitäten empirisch aufgestellte Spektralsequenz einer kontinuierlichen Folge abnehmender Oberflächentemperaturen entspricht, ist jedoch dem Verhalten der Wasserstoff- und Helium-Linien zu entnehmen. Die Balmerlinien des Wasserstoffs entstehen durch Absorption vom ersten angeregten Quantenzustand des H-Atoms aus. Dieses Niveau liegt 10,2 eV über dem Grundniveau. Die Verteilung der H-Atome auf die verschiedenen Energieniveaus gehorcht im thermischen Gleichgewicht dem Boltzmann-Theorem (s. Bd. I, S. 236 u. 314); danach ist das Verhältnis der Besetzungszahlen N_1 des ersten angeregten und N_0 des Grundzustandes bei der Temperatur T gegeben durch $N_1/N_0 = \exp\left(-\dfrac{10{,}2\ \text{eV}}{kT}\right)$. Mit abnehmender Temperatur befinden sich also in den Sternatmosphären immer weniger H-Atome auf dem ersten angeregten Niveau. Dies hat zur Folge, daß in der Spektralsequenz von der Klasse A bis zur Klasse M die Balmerlinien immer schwächer werden. — Andererseits deutet das Auftreten der Linien des einfach ionisierten Heliums (He$^+$) am Anfang der Spektralsequenz darauf hin, daß dort die Temperatur sehr hoch sein muß, denn zur Ionisierung des He-Atoms ist die Energie 24,6 eV nötig. Bei so hohen Temperaturen muß aber der Wasserstoff wegen seiner wesentlich geringeren Ionisationsenergie von 13,6 eV großenteils ionisiert sein; die Zahl der Wasserstoffatome in der Volumeneinheit nimmt daher mit steigender Temperatur ab. Deshalb fällt die Intensität der Balmerserie von der Spektralklasse A nicht nur gegen das Ende, sondern auch gegen den Anfang der Spektralsequenz hin ab.

Der physikalische Zusammenhang zwischen den Oberflächentemperaturen der Sterne und der ursprünglich rein phänomenologisch aufgestellten Spektralsequenz konnte erst in einer längeren Folge von Untersuchungen aufgedeckt werden. Einer der wichtigsten Schritte war dabei die 1920 von Meg Nad Saha aufgestellte Theorie der thermischen Ionisation; diese Theorie wurde bereits im Zusammenhang mit der Sonnenphotosphäre behandelt (s. Bd. I, S. 237). Sie zeigt, daß die Harvardsequenz im wesentlichen eine Ordnung der Sterne nach dem Ionisations- und Anregungsgrad darstellt. Die Temperaturen der Sternatmosphären fallen kontinuierlich von der Klasse O bis zur Klasse M. — Weil die heißen Sterne zuerst als „jung", die kälteren als „alt" angesehen wurden, nennt man noch heute manchmal die O- und B-Sterne am Anfang der Spektralsequenz „frühe", die K- und M-Sterne am Ende der Sequenz „späte" Typen, ohne damit heute noch eine Vorstellung über das Sternalter zu verbinden.

Da wir alle unsere Informationen über die Sterne aus ihrer Strahlung beziehen, die Strahlungsintensität auf der Erde aber entscheidend durch die Sternentfernung bestimmt wird, bleiben zur Temperaturbestimmung nur die Intensitätsverhältnisse im Spektrum. Dabei kann man entweder die Energieverteilung im Kontinuum oder diejenige in den Linien heranziehen. Bei der Auswertung der Energieverteilung im Kontinuum legt man die Gesetze der schwarzen Strahlung zugrunde. Die Strahlungsleistung, die von der Oberflächeneinheit eines schwarzen Strahlers im Wellenlängenband dλ in den Halbraum abgestrahlt wird, gehorcht dem Strahlungsgesetz von Planck (s. Bd. I, S. 318 und Abb. 1, S. 317):

$$K(\lambda, T)\,\mathrm{d}\lambda = 2\pi\,\frac{c^2 h}{\lambda^5}\,\frac{1}{\exp(ch/kT\lambda) - 1}\,\mathrm{d}\lambda. \qquad (5\text{-}8)$$

Bei schwarzen Strahlern — und nur bei diesen — hängt also die Energieverteilung im Spektrum ausschließlich von der Temperatur und keinen anderen Parametern ab. Nur mit den Gesetzen der schwarzen Strahlung läßt sich also aus der Energieverteilung im Kontinuum allein eine Temperatur definieren. Dies kann auf verschiedene Arten geschehen, wie im folgenden beschrieben wird.

Da gasförmige Sternatmosphären in Wirklichkeit keine schwarzen Strahler sein können, muß man damit rechnen, mit verschiedenen Methoden verschiedene Temperaturwerte zu erhalten. Die Erfahrung zeigt jedoch, daß die Definitionen der Stern-temperaturen aufgrund der Gesetze der schwarzen Strahlung sehr zweckmäßig und sinnvoll sind.

Welche Gesetzmäßigkeit zur Temperaturbestimmung aus dem kontinuierlichen Sternspektrum herangezogen werden kann, richtet sich nach dem Grad der Kennt-nisse, die man über das Spektrum erhalten kann. Dementsprechend spielen beson-ders drei Temperaturdefinitionen eine Rolle: effektive Temperatur, Strahlungs-temperatur, Farbtemperatur.

Die effektive Temperatur

Die effektive Temperatur eines Sterns ist definiert als die Temperatur eines schwar-zen Strahlers, der bei gleicher Oberfläche die gleiche Gesamtstrahlungsleistung emit-tiert wie der Stern. Die Gesamtstrahlungsleistung eines kugelförmigen schwarzen Strahlers mit dem Radius R ergibt sich aus dem Gesetz von Stefan und Boltzmann (s. Bd. I, S. 318) nach Multiplikation mit der Oberfläche:

$$P_s = 4\pi R^2 \sigma T^4 .$$

Setzt man hier – wie schon bei der Sonne (s. Bd. I, S. 196) – statt der Gesamtstrah-lungsleistung P_s des schwarzen Strahlers die Leuchtkraft L des Sterns ein, so erhält man die Definitionsgleichung für die effektive Temperatur

$$T_{eff} = \sqrt[4]{\frac{L}{4\pi R^2 \sigma}} . \tag{5-9}$$

Eine direkte Bestimmung von T_{eff} aus Leuchtkraft und Radius ist – außer bei der Sonne – nur bei wenigen Sternen möglich. Die Leuchtkraft kann aus Gl.(5-7) be-rechnet werden, wenn die absolute bolometrische Helligkeit M_{bol} des Sterns bekannt ist; auf die Schwierigkeiten bei der Bestimmung von M_{bol} wurde aber be-reits hingewiesen (s. S. 364). Sternradien können ebenfalls nur bei wenigen Sternen bestimmt werden (s. S. 376).

Die wenigen direkt bestimmten Werte effektiver Sterntemperaturen haben eine sehr große Bedeutung; sie bilden das Fundament für die Temperaturwerte, die den ein-zelnen Spektraltypen zugeordnet werden. Die effektiven Temperaturen gehören – im Unterschied zu den anderen hier aufgeführten Temperaturen – zu den Grund-größen, mit denen der physikalische Zustand von Sternatmosphären gekennzeich-net wird. Definitionsgemäß sind sie ein Maß für die Strahlungsleistung, die aus der Flächeneinheit der Sternoberfläche nach außen strömt. Wegen dieser physikalischen Bedeutung hat man sich bemüht, über die wenigen direkt bestimmten Werte von T_{eff} hinaus effektive Temperaturen für die Sterne aller Spektraltypen indirekt zu ermitteln. Dies gelingt auf dem Weg über die Farbtemperaturen.

Strahlungstemperatur, Farbtemperatur

Wegen der selektiven Absorption des Lichts in den Fraunhoferlinien ist die Intensi-tätsverteilung im kontinuierlichen Spektrum eines Sterns in der Regel nur in be-grenzten Spektralbereichen meßbar. In diesem Fall können zur Temperaturbestimmung entweder die Strahlungs- oder die Farbtemperatur herangezogen werden. Bei der ersten verfährt man wie bei der Bestimmung der effektiven Temperatur, benützt jedoch nur einen begrenzten Teil des Sternspektrums, in dem die Energieverteilung im Kontinuum bekannt ist. Als *Strahlungstemperatur* bezeichnet man demnach die Temperatur eines schwarzen Strahlers, der in eben diesem Spektralbereich die gleiche Strahlungsleistung aus seiner Oberflächeneinheit emittiert wie der betreffende Stern. Da zur Bestimmung der Strahlungstemperatur wieder der Sternradius bekannt sein muß, ist diese Methode in ähnlicher Weise beschränkt wie die Bestimmung der effektiven Temperatur.

Unter der *Farbtemperatur* versteht man die Temperatur eines schwarzen Strahlers, der in dem betrachteten Spektralbereich die gleiche Energieverteilung aufweist wie das untersuchte Sternspektrum. Im photographischen Spektralbereich ($\lambda < 500$ nm) und bei Temperaturen bis zu 10^4 K, wie sie in den meisten Sternatmosphären vorliegen, kann die Energieverteilung im Spektrum eines schwarzen Strahlers durch die Wiensche Näherung der Kirchhoff-Planck-Funktion beschrieben werden (s. Bd. I, S. 318):

$$K(\lambda, T) = 2\pi \frac{c^2 h}{\lambda^5} \exp\left(-\frac{hc}{kT\lambda}\right). \tag{5-10}$$

Für das Verhältnis der bei den effektiven Wellenlängen (s. S. 363) λ_1 und λ_2 gemessenen Strahlungsleistungen ergibt sich damit

$$\frac{K(\lambda_1, T)}{K(\lambda_2, T)} = \left(\frac{\lambda_2}{\lambda_1}\right)^5 \cdot \exp\left[-\frac{hc}{kT}\left(\frac{1}{\lambda_1} - \frac{1}{\lambda_2}\right)\right].$$

Würde das Sternlicht auf dem Weg zum Beobachter nicht selektiv geschwächt (s. S. 510ff.), so wäre dieses Verhältnis gleich dem der Bestrahlungsstärken des Empfängers. Dann würde nach Gl.(5-3) für die Differenz der scheinbaren Helligkeiten bei den beiden effektiven Wellenlängen die Beziehung gelten

$$m_1 - m_2 = \left[12,5 \cdot \lg\left(\frac{\lambda_1}{\lambda_2}\right) + 0,0156 \text{ m} \cdot \text{K} \cdot \left(\frac{1}{\lambda_1} - \frac{1}{\lambda_2}\right)\frac{1}{T}\right] \text{mag}.$$

Setzt man hier zur Abkürzung $\frac{1}{\lambda_1} - \frac{1}{\lambda_2} = \Delta\left(\frac{1}{\lambda}\right)$ und entsprechend $\lg\left(\frac{\lambda_1}{\lambda_2}\right) = -\Delta\lg\left(\frac{1}{\lambda}\right)$, so erhält man mit $\Delta m = m_1 - m_2$ für die Farbtemperatur den Ausdruck

$$\frac{1}{T_F} = \left[64,1 \text{ mag}^{-1} \cdot \frac{\Delta m}{\Delta(1/\lambda)} + 801,3 \cdot \frac{\Delta\lg(1/\lambda)}{\Delta(1/\lambda)}\right] \text{m}^{-1}\text{K}^{-1}. \tag{5-11}$$

Trägt man also die scheinbare Helligkeit m in Abhängigkeit von $1/\lambda$ auf und nähert ein Kurvenstück mit der mittleren Wellenlänge λ durch eine Gerade an, so liefert die Steigung $\frac{\Delta m}{\Delta(1/\lambda)}$ dieser Geraden nach Gl.(5-11) die Farbtemperatur des betreffenden Spektralbereichs.

Man sieht daraus, daß sich Farbtemperaturen verhältnismäßig einfach ermitteln lassen, wenn nur die spektrale intensitätsverteilung bekannt ist. Da aber die Sternoberflächen nicht wie schwarze Körper strahlen, differieren die Farbtemperaturen verschiedener Spektralbereiche oft beträchtlich.

Die Bedeutung der Farbtemperaturen liegt jedoch nicht in den absoluten Werten T_F, sondern im Verlauf dieser Werte als Funktion des Spektraltyps. Die Differenz Δm der scheinbaren Helligkeiten eines Sterns in zwei Wellenlängenbereichen heißt *Farbenindex*; Farbenindizes hängen eng mit dem Spektraltyp zusammen (Näheres s. S. 409). Scheinbare Helligkeiten m und Farbenindizes Δm lassen sich photoelektrisch auf 0,01 mag genau messen. Demzufolge ergeben sich auch Differenzen der Farbtemperaturen, die zu einer Folge benachbarter Spektraltypen gehören, mit sehr hoher Genauigkeit. Die relativen Angaben der Farbtemperaturdifferenzen benachbarter Spektraltypen lassen sich in eine absolute Temperaturskala für die Spektraltypen umwandeln, wenn nur mindestens 1 absoluter Temperaturwert bekannt ist. Solche absoluten Temperaturwerte stellen die effektiven Temperaturen dar. Mit Hilfe der Farbtemperaturdifferenzen lassen sich also die Lücken zwischen den effektiven Temperaturangaben schließen und eine alle Spektraltypen überdeckende Folge von effektiven Sterntemperaturen angeben.

Ionisations- und Anregungstemperaturen

Bei den bisher behandelten drei Arten von Temperaturen werden Messungen im spektralen Kontinuum verwendet. Auch die Spektrallinien geben zwei Möglichkeiten zur Temperaturbestimmung von Sternoberflächen: die Ionisations- und die Anregungstemperatur. Beide Temperaturarten wurden bei der Analyse des Photosphärenspektrums der Sonne eingeführt (s. Bd. I, S. 236ff.). Ionisationstemperaturen ergeben sich aus dem Verhältnis der Atomzahlen in den verschiedenen Ionisationszuständen; diese Temperaturen treten in der Saha-Gleichung (4-36) auf. Anregungstemperaturen werden aus den relativen Besetzungszahlen der Energieniveaus eines bestimmten Elements erhalten, also aus dem Boltzmann-Theorem (4-35).

Diese Verfahren zur Temperaturbestimmung aus Linienintensitäten werden auch gebraucht, wenn man den Aufbau der Atmosphären von Fixsternen untersucht. Aber nicht nur zur Erforschung von Einzelsternen werden die Anregungs- und Ionisationstemperaturen verwendet; sie haben darüberhinaus eine grundsätzliche Bedeutung für die Aufstellung der Spektralsequenz. Auftreten und Intensitätsverhältnisse der Linien sind ja gerade die Kriterien, nach denen die Ordnung der Spektren in der Folge der Spektralklassen von O bis M vorgenommen worden ist. Die Spektralsequenz ist also das Abbild einer kontinuierlichen Folge von Ionisations- und Anregungstemperaturen.

Effektive Temperatur und Spektraltyp

Durch die bei den Farbtemperaturen erwähnte Herleitung von effektiven Temperaturen für alle Spektraltypen wird die Aufstellung von Tabellen wie Tab. 5.9 (s. S. 408) ermöglicht. Mit Hilfe dieser Tabellen kann für jeden Stern, dessen Spektraltyp bekannt ist, die effektive Oberflächentemperatur angegeben werden. Der Spektraltyp wird in der Praxis durch den Vergleich des Sternspektrums mit Standardspektren der einzelnen Spektraltypen ermittelt. Die heißesten O-Sterne haben Oberflächentemperaturen zwischen 35 000 K und 40 000 K, die kühlsten M-Sterne zwischen 2500 K und 3000 K; die effektive Temperatur der Sonne liegt bei 5770 K (s. Bd. I, S. 196).

Die Radien der Sterne

Kennt man die effektive Temperatur eines Sterns, so kann man auch seinen Radius berechnen. Aus den Gleichungen (5-5) und (5-7) folgt nämlich, wenn man nach Gl.(5-9) anstelle der Leuchtkräfte die effektiven Temperaturen und die Radien für den Stern (T_{eff} und R) und für die Sonne ($T_{eff\,\odot}$ und $R_\odot$) einführt:

$$m_{bol} = -2,5 \text{ mag} \cdot \left[\lg \left(\frac{R^2 T_{eff}^4}{R_\odot^2 T_{eff\,\odot}^4} \right) - 1,92 \right] + 5 \text{ mag} \cdot \lg \left(\frac{r}{10 \text{ pc}} \right).$$

Setzt man hier für die effektive Temperatur der Sonne 5770 K ein, so erhält man durch einfache Umformung

$$\lg \left(\frac{R}{R_\odot} \right) = - \frac{m_{bol}}{5 \text{ mag}} - 2 \lg \left(\frac{T_{eff}}{5770 \text{ K}} \right) + \lg \left(\frac{r}{10 \text{ pc}} \right) + 0,958. \qquad (5\text{-}12)$$

Außer dieser photometrischen Methode zur Bestimmung von Sternradien existieren noch interferometrische Meßmethoden, mit denen die Winkeldurchmesser einiger naher, sehr großer Sterne gemessen werden konnten. Mit dem klassischen Michelson-Interferometer (1920), das scheinbare Sterndurchmesser bis herab zu 0,01″ mißt, wurden die scheinbaren Durchmesser von 11 Sternen bestimmt. Das Intensitätsinterferometer von Hanbury Brown und Twiss (1954) ist wesentlich leistungsfähiger; sein mittlerer Fehler liegt bei 0,0005″ [1]. Mit Hilfe des Speckle-Interferometers (1970) kann die Szintillation der Sterne eliminiert werden, durch die das Auflösungsvermögen der Fernrohre auf 1″ bis 2″ begrenzt wird, und damit mindestens das theoretische Auflösungsvermögen der größten Teleskopspiegel (0,02″ beim 5-Meter-Spiegel) erreicht werden [2]. – Zur Berechnung der linearen Sterndurchmesser muß bei allen Interferometermessungen die Sternentfernung bekannt sein.
Eine weitere Möglichkeit zur Bestimmung von Sterndurchmessern bieten die photometrischen Doppelsterne (s. S. 385).

Im Zusammenhang mit dem Hertzsprung-Russell-Diagramm (s. S. 398) wird sich eine weitere Methode zur Bestimmung von Sternradien aus Leuchtkraft und effektiver Temperatur ergeben (s. dazu die folgende Aufg., Aufg. 2, S. 398 u. Aufg. 1, S. 405).

Auch bei den Sternradien dienen – ähnlich wie bei den Temperaturen – die wenigen direkt gemessenen Werte als Eichmaterial für die mit Gl.(5-12) errechneten Werte. Die Radien der weitaus meisten Sterne liegen zwischen 50 und 0,5 Sonnenradien; Extremwerte sind 500 und 0,01 Sonnenradien (Sonnenradius $R_\odot = 7 \cdot 10^8$ m).

Aufgabe

Wega (α Lyrae) besitzt die scheinbare visuelle Helligkeit $V = 0,00$ mag, die Spektralklasse A0 (bolometrische Korrektion $B.C. = -0,1$ mag), die Oberflächentemperatur $T_{eff} = 9900$ K und die Entfernung 8,0 pc von der Erde.
Wieviel Sonnenradien beträgt nach Gl.(5-12) der Radius von Wega?

5.1.6 Doppelsterne und die Bestimmung von Fixsternmassen

Doppelsterne sind Paare von Fixsternen, die durch ihre gegenseitigen Gravitationswirkungen zusammengehalten werden und periodische Bewegungen um den gemeinsamen Massenmittelpunkt beschreiben. Fixsterne, deren Projektionen auf die Sphäre nur zufällig benachbart sind, ohne daß zwischen ihnen ein physikalischer Zusammenhang besteht, gehören nicht hierher.

Doppelsterne sind so häufig, daß man die Bildung von solchen Systemen als normalen Vorgang bei der Sternentstehung ansehen muß; etwa die Hälfte aller bekannten Sterne sind Mitglieder von Doppel- oder Mehrfachsystemen. Die hellen Sterne Sirius, Prokyon, Kastor (6-fach), Alpha Centauri (3-fach) gehören zu den bekanntesten Doppel- und Mehrfachsystemen.

Die Abstände der beiden Komponenten von Doppelsternsystemen können sehr verschieden groß sein; es werden alle Distanzen beobachtet von der gegenseitigen Berührung der Oberflächen bis zu Entfernungen, die weit über die Dimensionen unseres Planetensystems hinausgehen. Dementsprechend liegen die Umlaufsdauern zwischen Stunden und Millionen Jahren.

Vom Abstand und den Helligkeiten der beiden Komponenten, sowie von ihrer Entfernung von der Erde hängt es ab, ob und durch welche Beobachtungsart ein Doppelsternsystem wahrgenommen werden kann. Man unterscheidet demnach 4 Typen von Doppelsternen.

Visuelle Doppelsterne:

Beide Komponenten können getrennt beobachtet werden.

Astrometrische Doppelsterne:

Nur der Hauptstern kann beobachtet werden. Seine periodischen Ortsveränderungen weisen auf die Existenz eines Begleiters hin.

Spektroskopische Doppelsterne:

Beide Komponenten können nicht getrennt beobachtet werden, da ihr scheinbarer Abstand unterhalb des Auflösungsvermögens der optischen Instrumente liegt (s. Bd. I, S. 36 ff.). Im Spektrum des Systems verschieben sich jedoch die Linien periodisch (Dopplereffekt infolge der Bewegung um den Massenmittelpunkt des Systems). Meist kann nur das Linienspektrum des Hauptsterns beobachtet werden.

Photometrische Doppelsterne (Bedeckungsveränderliche):

Auch hier können die Komponenten nicht getrennt beobachtet werden. Da aber die Beobachtungsrichtung nahezu in die Bahnebene fällt, bedecken sich die Sterne gegenseitig bei ihrem Umlauf, was jeweils zu einem Absinken der beobachteten Gesamthelligkeit führt.

Die große Bedeutung der Doppelsterne für die astronomische Wissenschaft besteht insbesondere in der Möglichkeit, für eine größere Anzahl von ihnen mit Hilfe des Gravitationsgesetzes Sternmassen berechnen zu können.

Visuelle Doppelsterne

Die beiden Komponenten eines Doppelsterns beschreiben elliptische Bahnen um den Massenmittelpunkt des Systems. In der Regel wird jedoch der Hauptstern als Bezugspunkt gewählt und die Bahn des Begleiters relativ zum Hauptstern vermessen (vgl. Bd. I, S. 92). Absolute und relative Bahnen liegen in der gleichen Ebene, der wahren Bahnebene, die gegen die Tangentialebene an die Sphäre eine zunächst unbekannte Neigung hat. Wir beobachten die Projektion der wahren, relativen Bahn des Begleiters auf diese Tangentialebene. Die wahre relative Bahn ist eine Ellipse, in deren einem Brennpunkt der Hauptstern steht. Ihre Projektion auf die Tangentialebene ist wieder eine Ellipse. In dieser scheinbaren Bahn befindet sich jedoch der Hauptstern nicht im Brennpunkt. Dagegen werden durch die Parallelprojektion die Flächenverhältnisse nicht geändert; in der scheinbaren Bahn gilt also wie in der wahren Bahn der Flächensatz (2. Kepler-Gesetz): Der vom Hauptstern zur Projektion des Begleiters gezogene Radiusvektor überstreicht in gleichen Zeiten gleiche Flächen.

Erst wenn genügend viele Punkte der scheinbaren Bahn beobachtet werden konnten, also ein genügend großer Bogen bekannt ist, sind die Elemente dieser scheinbaren Bahnellipse bestimmbar. Kennt man ihre Daten, so läßt sich die wahre relative Bahn des Begleiters um den Hauptstern berechnen.

Der Übergang von der scheinbaren zur wahren Bahn, d.h. von der Projektion zur wahren Bahnellipse im Raum, ist eine rein geometrische Aufgabe (s. dazu [3] und [4]).

Messungen der Abstände und Positionswinkel des einen gegen den anderen Stern des Systems ergeben immer nur die Kenntnis der relativen Bahn. Die absoluten Bahnen der beiden Komponenten um den Massenmittelpunkt des Systems lassen sich dann berechnen, wenn die Bewegung mindestens einer Komponente in einem unabhängigen Koordinatensystem gemessen werden kann, wie es von einem Kollektiv benachbarter Hintergrundsterne geliefert wird. Bei hellen, nicht zu dicht beieinander stehenden Doppelstern-Komponenten kann dies mit dem Meridiankreis, mit dem Mikrometer oder photographisch durchgeführt werden. Ein Beispiel sehr gut bestimmter absoluter Bahnen ist das System Alpha Centauri, dessen relative scheinbare Bahn Abb. 5.6 zeigt.

Die Massenbestimmung bei visuellen Doppelsternen

Die Massensumme $m_1 + m_2$ beider Komponenten kann bestimmt werden, wenn die große Halbachse a der relativen wahren Bahn und die Umlaufsdauer T bekannt sind. Aus der exakten Form des 3. Kepler-Gesetzes (s. Bd. I, S. 92) folgt nämlich

$$m_1 + m_2 = \frac{4\pi^2}{G} \cdot \frac{a^3}{T^2}.$$

(5-13)

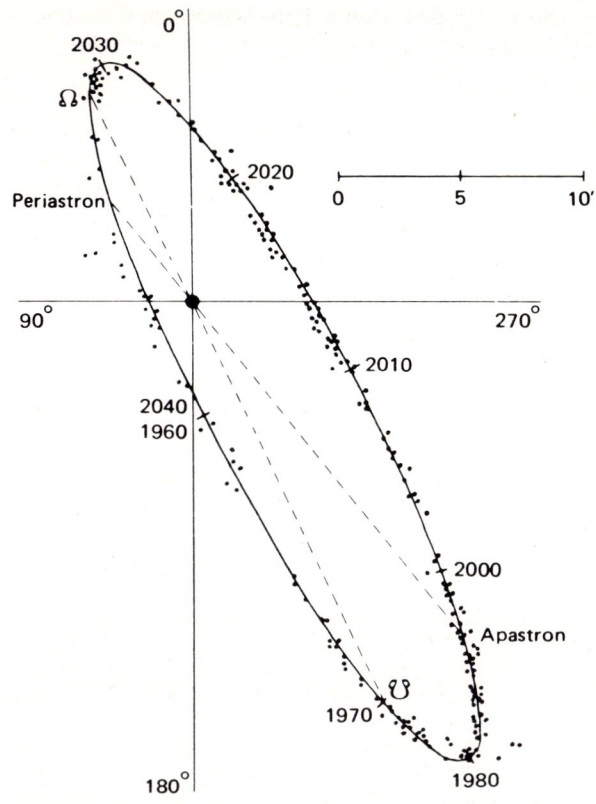

Abb. 5.6 Scheinbare rela-
tive Bahn des
Doppelsterns
Alpha Centauri.
Die Projektion
der wahren Bahn-
ellipse auf die
Tangentialebene
an die Sphäre ist
wieder eine
Ellipse; die Pro-
jektion des
Hauptsterns liegt
jedoch nicht in
ihrem Brenn-
punkt.

Wie das Gravitationsgesetz, aus dem es hergeleitet wurde, besitzt auch das 3. Kepler-
Gesetz über das Planetensystem hinaus universelle Gültigkeit, ist also auch für Doppelsterne anwendbar. Aus den Beobachtungen ergibt sich die große Bahnhalbachse
im Winkelmaß. Bezeichnet man diesen Winkel mit α, so gilt einerseits für das Bogenmaß dieses Winkels $\alpha = \frac{a}{r}$, wenn man die Entfernung des Systems vom Beobachter
mit r bezeichnet; andererseits ist die Parallaxe des Doppelsterns im Bogenmaß
$\pi = \frac{1 \text{ AE}}{r}$. Daraus folgt für die große Bahnhalbachse

$$a = \frac{\alpha}{\pi} \text{ AE};\qquad\qquad(5\text{-}14)$$

hier können α und π auch in Bogensekunden eingesetzt werden, da nur ihr Verhältnis eingeht. Schreibt man Gl. (5-13) für das System Erde-Sonne an und berücksichtigt, daß die Erdmasse gegenüber der Sonnenmasse $m_\odot$ vernachlässigbar klein ist, so
erhält man

$$m_\odot = \frac{4\pi^2}{G} \cdot \frac{(1 \text{ AE})^3}{(1 \text{ a}_\text{s})^2},\qquad\qquad(5\text{-}15)$$

wobei 1 a_s ein siderisches Jahr bedeutet (s. Bd. I, S. 82). Mit Gl.(5-14) und (5-15) kann man die Gl.(5-13) so umformen, daß sie rechts nur die meßbaren Größen α, π und T enthält:

$$\frac{m_1 + m_2}{m_\odot} = \left(\frac{\alpha}{\pi}\right)^3 \cdot \left(\frac{1\,a_s}{T}\right)^2.$$

(5-16)

Hieraus erhält man die Massensumme in Einheiten der Sonnenmasse.

Sind die großen Halbachsen der absoluten Bahnen a_1 und a_2 bekannt, so läßt sich aus der Definition des Massenmittelpunkts das Massenverhältnis berechnen:

$$\frac{m_1}{m_2} = \frac{a_2}{a_1}.$$

(5-17)

Aus Massensumme und Massenverhältnis ergeben sich dann die Einzelmassen m_1 und m_2 in Einheiten der Sonnenmasse.

Ein Beispiel eines visuellen Doppelsterns mit bekannten Einzelmassen ist Alpha Centauri (s. Abb. 5.6 und Aufg. 2, S. 388). Er steht mit der Deklination −60,6° in der südlichen Milchstraße und ist deshalb von Mitteleuropa aus unbeobachtbar. Der nächste uns bekannte Fixstern Proxima Centauri ist die dritte Komponente dieses Systems. Ihre scheinbare Helligkeit ist $m_V = 11$ mag, ihr scheinbarer Abstand vom Doppelstern beträgt 2,2°, was ungefähr 12 000 AE entspricht. Die Umlaufsdauer von Proxima Centauri dürfte in der Größenordnung 300 000 a liegen; die Umlaufsbewegung konnte jedoch bis jetzt nicht beobachtet werden. Die Zugehörigkeit von Proxima Centauri zum Doppelsternsystem Alpha Centauri folgt aus den identischen Werten für Entfernung und Raumgeschwindigkeit.

Die Anzahl der bekannten visuellen Doppelsterne beträgt etwa 30 000. Bei 600 Systemen konnten die Daten der Bahnbewegung bestimmt werden. Aber nur für wenige dieser 600 Doppelsterne sind gleichzeitig auch gute trigonometrische Parallaxen bekannt, so daß ihre Massen berechnet werden konnten.

Der Bereich der bei den Fixsternen vorkommenden Massenwerte ist bemerkenswert eng; nur sehr wenige Sterne haben Massen über 50 $m_\odot$ und unter 0,1 $m_\odot$.

Astrometrische Doppelsterne

In der näheren Umgebung der Sonne sind einige Doppelsternsysteme gefunden worden, bei denen ein nicht sichtbarer Begleiter sich durch seine Gravitationswirkung auf den Hauptstern bemerkbar macht. Der Begleiter (B-Komponente) ist unsichtbar, weil der Stern sehr lichtschwach ist, oder weil er an der Sphäre dem Hauptstern (A-Komponente) so nahe steht, daß er von diesem überstrahlt wird. Die Bewegung des Hauptsterns um den Massenmittelpunkt des Systems kann entdeckt werden bei der trigonometrischen Bestimmung der Parallaxe (s. S. 358) oder bei der Messung seiner Eigenbewegung (s. S. 528ff.).

Die berühmtesten Beispiele astrometrischer Doppelsterne sind Sirius (α Canis majoris) und Prokyon (α Canis minoris). F. W. Bessel bemerkte 1834, daß die Eigenbewegung von Sirius nicht geradlinig, sondern leicht wellenförmig erfolgt; 1840 machte er bei Prokyon eine ähnliche Feststellung. Er zog daraus den richtigen Schluß, daß beide Sterne einen unsichtbaren Begleiter haben müssen. Bei Sirius konnte 1862, bei Prokyon 1896 die B-Komponente mit lichtstarken Fernrohren gefunden werden. Die Bahnelemente der beiden nun visuellen Doppelsternsysteme und die Massen der Komponenten sind gut bekannt; Sirius B und Prokyon B sind die ersten Weißen Zwergsterne, die entdeckt wurden (s. S. 400 und Aufg. 2, S. 398, Aufg. 1, S. 405). Daten für das Doppelsternsystem Sirius zeigt die Tab. 5.3 (s. a. [5]). Abb. 5.7 zeigt die Bahnen des Sirius-Systems.

Tab. 5.3 Daten für das Doppelsternsystem Sirius

Entfernung: r = 2,7 pc
Umlaufsdauer: T = 50 a
Große Halbachse der relativen Bahn: α = 7,6″, a = 20,5 AE

Kompo-nente	$\dfrac{m_v}{\text{mag}}$	Spektral-klasse	Große Halbachsen der absoluten Bahnen	Massen
A	−1,5	A 1	6,8 AE	2,3 $m_\odot$
B	+8,6	A 5	13,7 AE	1,1 $m_\odot$

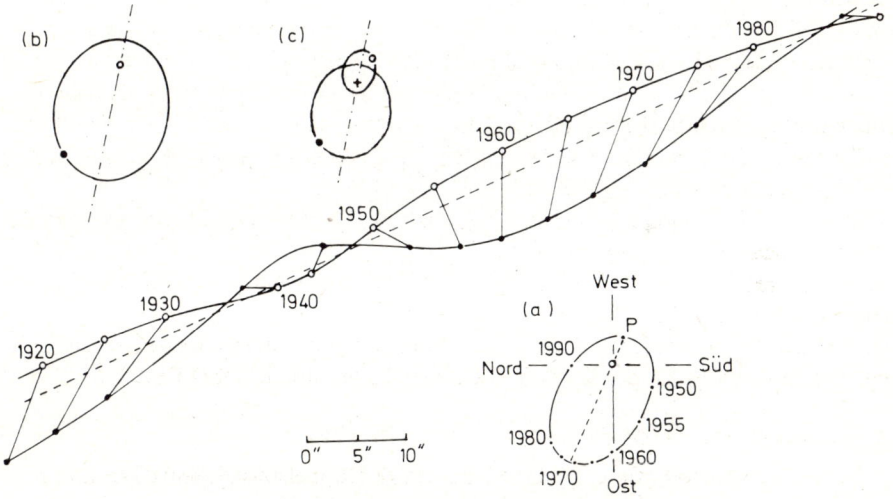

Abb. 5.7 Eigenbewegungen von Sirius A (○) und Sirius B (•) von 1920 bis 1990 (von links unten nach rechts oben).
Daraus abgeleitet: (a) scheinbare relative Bahn, (b) wahre relative Bahn von Sirius B um den Zentralstern Sirius A, (c) wahre absolute Bahnen von Sirius A und Sirius B um den Massenmittelpunkt (+) des Systems.
Aus der wellenförmig verlaufenden Eigenbewegung von Sirius A wurde auf das Vorhandensein eines Begleiters geschlossen, bevor diese lichtschwache Komponente des Doppelsternsystems optisch wahrgenommen werden konnte.

Spektroskopische Doppelsterne

Bei zahlreichen Doppelsternen haben die beiden Komponenten einen so geringen Abstand, daß sie auch von den größten Fernrohren nicht mehr getrennt abgebildet werden können. Viele von diesen engen Paaren geben sich jedoch spektroskopisch zu erkennen. Ist nämlich wenigstens eine der beiden Komponenten genügend hell für eine spektroskopische Untersuchung und blickt man nicht gerade senkrecht auf die Bahnebene, so können periodische Verschiebungen der Fraunhoferlinien im Spektrum beobachtet werden; dabei handelt es sich um Doppler-Effekte, die ihre Ursache in der Bahnbewegung der Komponenten haben (s. Abb. 5.8).

Gegenwärtig sind etwa 1500 spektroskopische Doppelsterne bekannt; dies ist jedoch sicher nur ein kleiner Teil der in der näheren Sonnenumgebung vorhandenen Paare. Zu den bekanntesten spektroskopischen Doppelsternen gehören Kapella, Spika, der Polarstern (α Ursae minoris), Beta Lyrae und Zeta Ursae majoris (Mizar). Kastor im Sternbild Zwillinge ist ein sechsfaches System; drei Komponenten sind im Fernrohr zu sehen, und jede dieser drei Komponenten ist ein spektroskopischer Doppelstern.

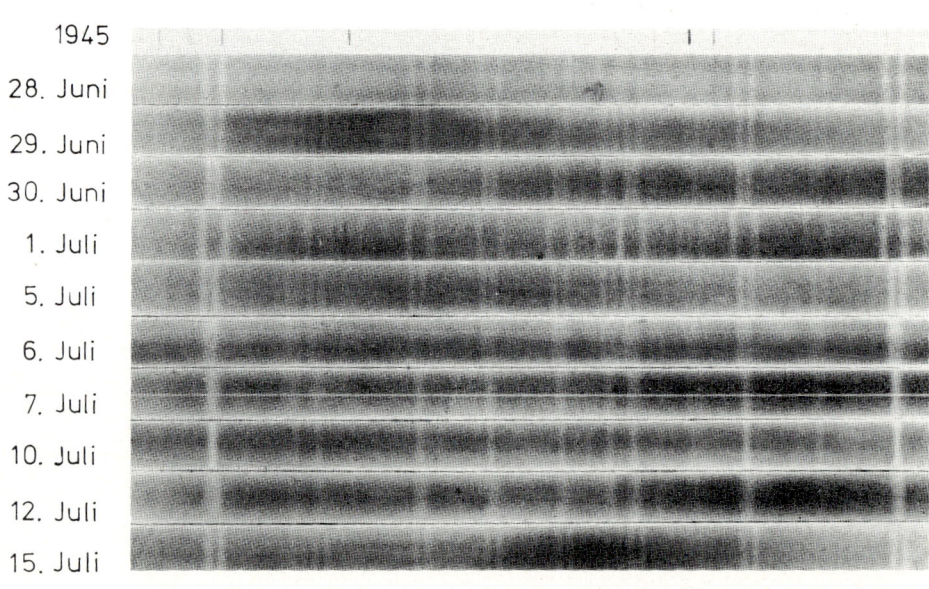

Abb. 5.8 Spektren des spektroskopischen Doppelsterns Zeta Ursae Majoris (2 m-Spiegelteleskop des McDonald-Observatoriums, Texas, USA). Die Spektren sind Negative.
Infolge der Bahnbewegungen beider Sterne um den Massenmittelpunkt des Systems treten periodische Dopplerverschiebungen der Spektrallinien auf, die für beide Komponenten jeweils in entgegengesetzten Richtungen erfolgen.

Die Grundlage für die Bestimmung der Bahnelemente spektroskopischer Doppelsterne ist die Geschwindigkeitskurve; man erhält sie, wenn man die aus den Doppler-Verschiebungen $\Delta\lambda$ berechneten Komponenten der Bahngeschwindigkeiten in der Beobachtungsrichtung

$$v_{A,r} = \frac{c}{\lambda} \cdot \Delta\lambda_A \quad \text{und} \quad v_{B,r} = \frac{c}{\lambda} \cdot \Delta\lambda_B \qquad \begin{array}{l}(c \text{ ist die Licht-}\\ \text{geschwindigkeit})\end{array} \qquad (5\text{-}18)$$

in Abhängigkeit von der Zeit aufträgt. Für den besonders einfachen Fall kreisförmiger Bahnen, deren Ebene den Winkel $i = 90°$ mit der Tangentialebene an die Sphäre bildet, zeigt Abb. 5.9 das Zustandekommen der Geschwindigkeitskurve. In diesem einfachen Beispiel sind die Extremwerte der Geschwindigkeitskurve gleich den Bahngeschwindigkeiten v_A bzw. v_B beider Sterne, die nach dem 2. Kepler-Gesetz auf Kreisbahnen konstant sind. Die Radien der wahren absoluten Bahnen erhält man in diesem Fall aus

$$a_A = \frac{T}{2\pi} \cdot v_A, \quad a_B = \frac{T}{2\pi} \cdot v_B. \qquad (5\text{-}19)$$

Auch bei elliptischen Bahnen lassen sich für $i = 90°$ die großen Halbachsen der wahren absoluten Bahnen bestimmen.

Ist jedoch $i \neq 90°$, so beobachtet man nicht $v_{A,r}$ und $v_{B,r}$, sondern $v_{A,r}\sin i$ und $v_{B,r}\sin i$; die Geschwindigkeitskurve bietet keine Möglichkeit, den Bahnneigungswinkel i zu ermitteln, so daß man aus Gl. (5-19) statt der Bahnhalbachsen nur die Produkte $a_A \cdot \sin i$ und $a_B \cdot \sin i$ gewinnen kann. Nur wenn der spektroskopische Doppelstern gleichzeitig ein photometrischer ist, kann man entweder i direkt berechnen oder wenigstens in guter Näherung $i = 90°$ setzen, denn nur unter dieser Bedingung können sich für uns die beiden Komponenten gegenseitig bedecken.

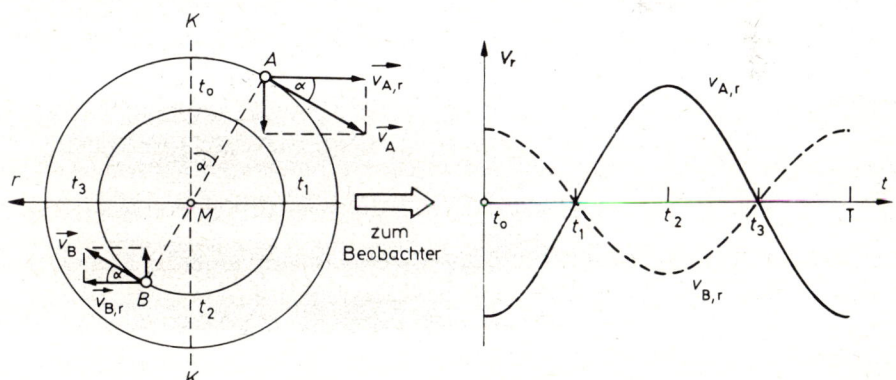

Abb. 5.9 Entstehung der Geschwindigkeitskurven der Komponenten A und B eines spektroskopischen Doppelsterns, wenn diese um ihren Massenmittelpunkt M auf Kreisbahnen umlaufen, deren Ebene senkrecht zur Tangentialebene an die Sphäre liegt. Der Zeitnullpunkt wurde in den Zeitpunkt des Durchgangs durch die Knotenlinie KK gelegt.

Die Massenbestimmung bei spektroskopischen Doppelsternen

Die Einzelmassen eines spektroskopischen Doppelsterns können nur unter ganz speziellen Voraussetzungen bestimmt werden: Die Linien beider Komponenten müssen im Spektrum zu sehen sein, und das System muß gleichzeitig ein photometrischer Doppelstern sein. Dieses Zusammentreffen ist selten; die guten Massenwerte, die man für solche Objekte erhält, haben aber eine außerordentlich große Bedeutung für die Astrophysik, z.B. zur Herleitung der empirischen Masse-Leuchtkraft-Beziehung (s. S. 393f.). Die Grundlage für die Massenbestimmung bilden in diesem Fall wie bei den visuellen Doppelsternen die Gleichungen (5-13) und (5-17).

Bei den meisten spektroskopischen Doppelsternen ist jedoch der Helligkeitsunterschied beider Sterne so groß, daß im Spektrum nur die Linien der helleren Komponente zu sehen sind. Dann können aus den Gleichungen (5-13) und (5-17) weder die Massensumme noch das Massenverhältnis entnommen werden, so daß die Information über die Sternmassen sehr gering ist (vgl. Aufg. 3, S. 388).

Photometrische Doppelsterne

Wenn bei einem Doppelsternpaar die Bahnebene senkrecht zur Tangentialebene an die Sphäre liegt ($i = 90°$), dann verdeckt für den Beobachter auf der Erde während bestimmter Phasen des Bahnumlaufs der eine Stern den anderen. Diese gegenseitigen Bedeckungen führen zu Verminderungen der scheinbaren Helligkeit des Systems. Deshalb nannte man früher solche Systeme auch Bedeckungsveränderliche; jetzt hat sich der Name photometrische Doppelsterne eingebürgert, um sie von den wahren veränderlichen Sternen zu unterscheiden, deren Helligkeitsschwankungen durch physikalische Vorgänge in den Sternen selbst hervorgerufen werden (s. S. 443ff.).

Bisher sind etwa 3000 photometrische Doppelsterne gefunden worden; viele der helleren Systeme werden auch als spektroskopische Doppelsterne mit Linienverschiebungen einer oder beider Komponenten beobachtet. Die meisten dieser Doppelsterne sind enge Paare, die sich in kreisähnlichen Ellipsen bewegen; Umlaufsdauern unter zehn Tagen überwiegen stark. Der bekannteste photometrische Doppelstern ist Algol ($β$ Persei).

Trägt man die scheinbare Helligkeit eines photometrischen Doppelsterns in Abhängigkeit von der Zeit auf, so erhält man die Lichtkurve des Objekts. Durch Helligkeitsmessungen in kurzen Zeitabständen über viele Umlaufsperioden, die heute ausschließlich mit lichtelektrischen Photometern ausgeführt werden, kann die Lichtkurve mit hoher Genauigkeit festgelegt werden. Abb. 5.10 zeigt die scheinbare relative Bahn und die Lichtkurve des Doppelsterns AR Cassiopeiae. Zwischen den Phasen 1 und 3 geht der kleinere Begleiter vor dem Hauptstern vorüber; da dessen Flächenhelligkeit wesentlich größer als die des Begleiters ist, sinkt die scheinbare Helligkeit des Systems während dieser Bedeckung relativ stark ab. Zwischen den Phasen 5 und 6 geht dagegen der Begleiter hinter dem Hauptstern vorbei; da der

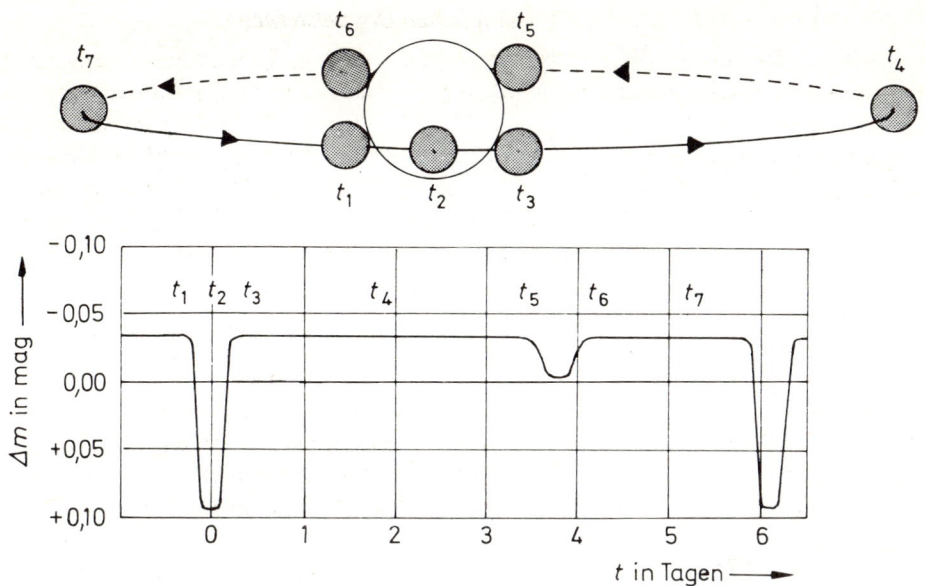

Abb. 5.10   Relative Bahn und Lichtkurve des photometrischen Doppelsterns AR Cassiopeiae.
Der Zentralstern hat den 7,1-fachen Sonnendurchmesser.

Begleiter nur wenig zur Gesamthelligkeit des Systems beiträgt, führt diese Verfin-
sterung nur zu einem geringen Helligkeitsabfall. Außerhalb der beiden Verfinsterun-
gen bleibt die Gesamthelligkeit des Systems konstant.

Die Form der Lichtkurven-Minima hängt in erster Linie von Größe und Helligkeit
der beiden Komponenten und Abweichungen der Bahnneigung von $i = 90°$ ab.
Abb. 5.11 zeigt schematisch einige einfache Beispiele. Bei den meisten photometrischen Doppelsternen sind allerdings die Komponenten so dicht benachbart, daß die
Lichtkurve durch zusätzliche physikalische Effekte kompliziert wird. Am stärksten
wirken sich die gegenseitige Bestrahlung beider Sterne aus, sowie die Abweichungen von der Kugelgestalt infolge von Gezeitenwirkungen. Die Analyse der Lichtkurve wird dann wesentlich erschwert. Oft bleibt nur die Möglichkeit, durch Probie-
ren ein Modell des Systems zu finden, das die Beobachtungen möglichst gut darstellt. Gelingt dies, so können wichtige Einblicke in die bei engen Doppelsternen
auftretenden Vorgänge gewonnen werden.

Bestimmung der Sterndurchmesser und Massen bei photometrischen Doppelsternen
Die Ermittlung der Sterndurchmesser ist am einfachsten bei Kreisbahnen und zentraler Bedeckung ($i = 90°$); dieser Fall ist in Abb. 5.11a dargestellt. Die Bedeckung
beginnt im Zeitpunkt t_1 und endigt im Zeitpunkt t_4; zwischen t_2 und t_3 bleibt die

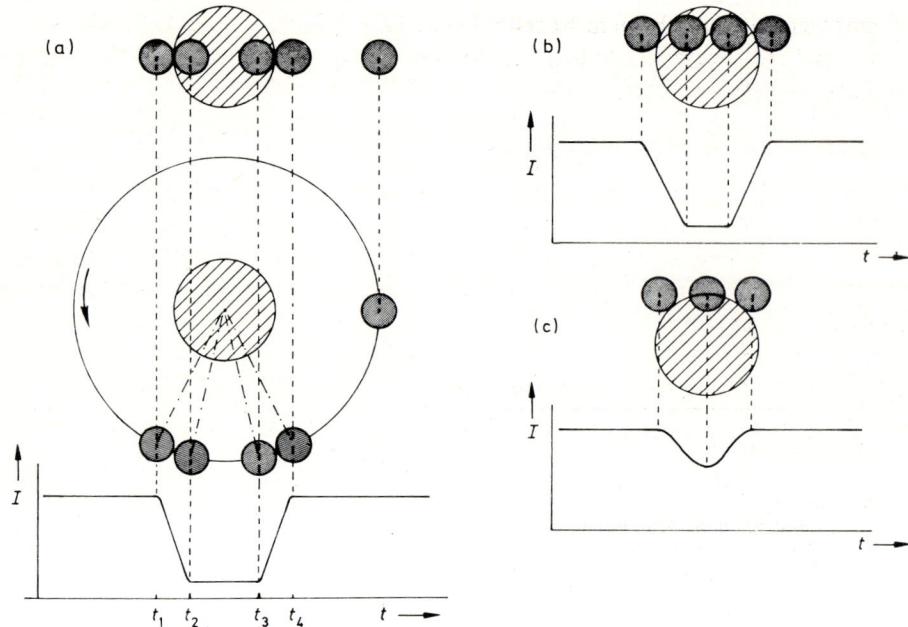

Abb. 5.11 Zum zeitlichen Verlauf der Lichtintensität I photometrischer Doppelsterne im Bereich der Minima, (a) bei zentraler, (b) bei totaler, aber nicht zentraler, (c) bei partieller Bedeckung.

Helligkeit — wenn die Flächenhelligkeit der bedeckten Komponente über die ganze Scheibe konstant ist — unverändert auf dem Minimalwert. Ist der Radius a der relativen Bahn groß relativ zu den Durchmessern D des größeren und d des kleineren Sterns, so gilt näherungsweise für die Geschwindigkeiten während der Bedeckung

$$\frac{D+d}{t_4 - t_1} = \frac{2\pi a}{T}; \; \frac{D-d}{t_3 - t_2} = \frac{2\pi a}{T}.$$ (5-20)

Aus diesen beiden Gleichungen erhält man jedoch nur die Verhältnisse der Sterndurchmesser zum Bahnradius, D/a und d/a. Nur wenn der photometrische Doppelstern auch ein spektroskopischer ist, ergibt sich aus den Geschwindigkeitskurven beider Komponenten $a = a_A + a_B$ in linearem Maß, so daß aus Gl.(5-20) auch die Durchmesser in km berechnet werden können. Damit kann dann aus der Abnahme der scheinbaren Helligkeit des Systems in den Minima die Flächenhelligkeit der beiden Sterne und daraus bei bekannter Entfernung des Systems auch die effektive Temperatur berechnet werden (s. S. 373).

Aus der Lichtkurve erhält man auch den Neigungswinkel i der Bahn. Ist das System also gleichzeitig ein spektroskopischer Doppelstern, so kann die Masse der Komponenten und — da die Durchmesser bekannt sind — auch deren mittlere Dichte bestimmt werden. – Auch bei nicht zentralen Bedeckungen (s. Abb. 5.11 b) oder nur partiellen Bedeckungen (s. Abb. 5.11 c) können die Sterndurchmesser und die Bahnneigung berechnet werden.

Beispiele photometrischer Doppelsterne

Die beiden bekanntesten photometrischen Doppelsterne sind Algol (β Persei) [6] und β Lyrae [7]. Beide Sterne sind mit bloßem Auge zu sehen. Die periodischen Helligkeitsminderungen sind groß; deshalb sind diese Sterne als erste Übungsobjekte für die Beobachtung veränderlicher Sternhelligkeiten besonders geeignet. Die Daten von Algol gibt die Tab. 5.4 an.

Tab. 5.4 Daten des photometrischen Doppelsterns Algol (β Persei)

Normalhelligkeit des Systems:	m_V = 2,2 mag
Umlaufsdauer:	T = 2,8673 d
Bahnexzentrizität:	e = 0,033
Bahnneigung:	i = 81°
Zentrumsabstand der Komponenten:	a = 11 · 10⁶ km
Helligkeit im Hauptminimum:	$(m_V)_{min}$ = 3,4 mag
(Bedeckungen sind partiell)	
Dauer des Hauptminimums:	9,8 h
Entfernung des Systems v. d. Sonne:	r = 27 pc

Komponente	Spektrum	Masse $\dfrac{m}{m_\odot}$	Radius $\dfrac{R}{R_\odot}$	mittlere Dichte $\dfrac{\rho}{\rho_\odot}$
A Hellerer Stern	B 8	5,0	3,0	0,19
B Schwächerer Stern	K 0	1,0	3,2	0,03

Zeta Aurigae. In einzelnen Fällen kommt es vor, daß ein kleiner blauer Stern einen roten Überriesenstern mit ausgedehnter Atmosphäre umkreist. Dabei durchdringt das Licht des kleinen Sterns, bevor er hinter dem großen verschwindet und nachdem er wieder aufgetaucht ist, die Atmosphäre des großen und vermittelt durch die während dieses Vorgangs auftretenden Absorptionslinien Informationen über den Aufbau der Atmosphäre des großen Sterns. Bisher sind vier solcher Systeme bekannt; das berühmteste ist ζ Aurigae. Seine scheinbare Helligkeit ist im Maximum m_V = 3,9 mag, die Umlaufsdauer beträgt 972 d, und die Bahnexzentrizität ist 0,4. Die Bedeckungen des kleinen Sterns (Spektralklasse B9, Radius $5\,R_\odot$, Masse $9\,m_\odot$) durch den Überriesen (Spektralklasse K5, Radius $245\,R_\odot$, Masse $16\,m_\odot$) sind total und dauern 37 Tage, der vorausgehende und nachfolgende Durchgang hinter der Atmosphäre des Überriesen jeweils 32 Stunden.

Weitere besonders interessante Beispiele photometrischer Doppelsterne s. [8].

Aufgaben

1. In einem Fernrohr mit dem Objektivdurchmesser D sind 2 Sterne gerade noch getrennt zu sehen, wenn ihr Winkelabstand nicht kleiner ist als der Grenzwinkel ρ des Auflösungsvermögens (s. Bd. I, S. 37), für dessen Bogenmaß die Beziehung gilt

$$\rho = 1{,}22\, \frac{\lambda}{D}\,.$$

Welchen scheinbaren Abstand (in Bogensekunden) müssen die beiden Komponenten eines visuellen Doppelsterns mindestens haben, wenn sie durch ein Fernrohr mit 15 cm Objektivdurchmesser noch getrennt werden sollen? (Rechnen Sie mit der mittleren Wellenlänge 500 nm).

2. Die relative Bahn des Doppelsterns α Centauri besitzt die große Halbachse $\alpha = 17{,}7''$. Die Parallaxe des Doppelsterns ist $\pi = 0{,}758''$.
   a) Welcher Betrag ergibt sich hieraus für die große Halbachse a der relativen Bahn im linearen Maß?
   b) Die Umlaufsdauer des Systems ist $T = 80{,}1$ a. Wie groß ist demnach seine Massensumme?
   c) Das Verhältnis der großen Halbachsen der absoluten Bahnen beider Komponenten ist $a_B/a_A = 1{,}22$. Welche Massen m_A und m_B besitzen demnach die beiden Komponenten?

3. Für einen spektroskopischen Doppelstern sei nur die Geschwindigkeitskurve der helleren Komponente bekannt; ihre Amplitude sei v_A. Das System sei gleichzeitig ein photometrischer Doppelstern, und aus der Lichtkurve kann man auf eine zentrale Bedeckung und auf eine Kreisbahn schließen. Die Umlaufsdauer sei T. Drücken Sie a_A^3/T^2 durch die Massen m_A, m_B beider Komponenten aus. Unter welcher Voraussetzung über die beiden Sternmassen kann man aus dieser Massenfunktion näherungsweise die Masse m_B berechnen?

Zusammenfassung zu 5.1 „Meßbare Eigenschaften der Fixsterne"

1. Unter der *Parallaxe* π eines Sterns versteht man denjenigen Winkel, unter dem vom Stern aus der Erdbahnradius erscheint. Trigonometrische Parallaxen gewinnt man durch direkte Messungen dieses Winkels. Dies gelingt nur bei den nächsten Fixsternen. Heute sind etwa 7000 trigonometrische Fixsternparallaxen bekannt. 1 pc (Parsec) ist die Entfernung eines Sterns, dessen Parallaxe $1''$ beträgt; die Maßzahlen der in pc angegebenen Sternentfernung und der in Bogensekunden angegebenen Parallaxe sind Kehrwerte.

2. Die *scheinbare Helligkeit* eines Sterns ist ein Maß für die Beleuchtungsstärke, die er auf der Erde erzeugt; sie wird in Größenklassen (magnitudines) angegeben. Ver-

halten sich die von zwei Sternen erzeugten Beleuchtungsstärken wie 1:10, so ist die Differenz ihrer scheinbaren Helligkeiten 2,5 mag; für schwächere Sterne ist die Maßzahl der scheinbaren Helligkeit größer. Das unbewaffnete Auge kann Sterne bis etwa zur scheinbaren Helligkeit 6 mag sehen; mit optischen Instrumenten erreicht man etwa 24 mag.

3. Die scheinbare Helligkeit eines Sterns hängt von der Meßmethode ab. Visuelle Helligkeitsmessungen werden heute weitgehend durch photovisuelle ersetzt; diese werden mit Photoplatten ermittelt, deren spektrale Empfindlichkeit der des Auges gleicht. Zur Messung photographischer Helligkeiten benützt man Photoplatten, die besonders im blauen Spektralbereich empfindlich sind. Darüberhinaus gibt es noch ganze Systeme von standardisierten Helligkeitsmessungen in verschiedenen Spektralbereichen. – *Bolometrische Helligkeiten* geben die scheinbare Helligkeit an, die ein nicht selektiv arbeitendes Meßgerät außerhalb der Erdatmosphäre über das gesamte Spektrum messen würde.

4. Die *absolute Helligkeit* eines Fixsterns ist diejenige Helligkeit, die er in der Entfernung 10 pc von der Erde hätte. Die absolute bolometrische Helligkeit ist ein Maß für die Leuchtkraft des Sterns, d.h. für die von ihm emittierte Gesamtstrahlungsleistung. Aus scheinbarer und absoluter Helligkeit eines Sterns läßt sich mit dem Entfernungsmodul seine Entfernung berechnen, wenn das Sternlicht ungeschwächt die Erde erreicht.

5. Eine *Klassifikation der Sternspektren* nach der Stärke der darin enthaltenen Absorptionslinien (besonders der Balmerserie des Wasserstoffs) führt zur Spektralsequenz O, B, A, F, G, K, M; sie stellt eine von O nach M fallende Folge von Oberflächentemperaturen der Sterne dar.

6. Die *Oberflächentemperaturen* der Sterne müssen entweder dem kontinuierlichen oder dem Linienspektrum entnommen werden. Aus dem Kontinuum lassen sich Temperaturwerte gewinnen aufgrund der Gesetze der schwarzen Strahlung. Die *effektive Temperatur* ist definiert als die Temperatur eines schwarzen Strahlers, der die gleiche Gesamtstrahlungsleistung und Oberfläche wie der Stern besitzt. Die Definition der *Strahlungstemperatur* unterscheidet sich hiervon durch die Verwendung eines begrenzten Spektralbereichs. Unter der *Farbtemperatur* eines Sterns versteht man die Temperatur eines schwarzen Strahlers, dessen Strahlungsleistungen in zwei schmalen Wellenlängenbändern das gleiche Verhältnis haben wie beim Stern. – Aus den Intensitätsverhältnissen der Spektrallinien erhält man einerseits die Besetzungsverhältnisse der verschiedenen Energieniveaus eines Elements bzw. dessen Ionisationsgrad und daraus die *Anregungs-* bzw. die *Ionisations-Temperatur.*

7. *Sternradien* können berechnet werden, wenn die absolute bolometrische Helligkeit und die effektive Temperatur bekannt sind. Die photometrischen Doppelsterne bieten ebenfalls die Möglichkeit, Sternradien zu gewinnen. Verschiedene Interferometer-Typen gestatten die Messung der Radien großer, naher Sterne.

8. *Doppelsterne* sind Paare von Fixsternen, die unter dem Einfluß gegenseitiger Gravitationswirkungen periodische Bewegungen um den gemeinsamen Massenmittelpunkt durchführen. Nach der Beobachtungsart unterscheidet man 4 Typen: *Visuelle, astrometrische, spektroskopische* und *photometrische Doppelsterne.* Doppelsterne sind besonders wichtig für die Bestimmung von Sternmassen; man erhält sie, wenn außer der Umlaufsdauer die großen Halbachsen der absoluten Bahnen beider Komponenten gemessen werden können.

5.2 Der physikalische Zustand der Sterne

Im vorhergehenden Abschnitt wurden die wichtigsten Beobachtungsergebnisse über Fixsterne mitgeteilt und erste Schlüsse bezüglich der Oberflächentemperaturen, Leuchtkräfte und Sternmassen gezogen. Nun soll aufgezeigt werden, wie aus diesen Erkenntnissen mit Hilfe physikalischer Gesetze Vorstellungen über den Aufbau der Fixsterne entwickelt werden können.

Der physikalische Zustand im Innern eines Fixsterns wird beschrieben durch die Dichte, den Druck, die Temperatur und die spezifische Energieerzeugung (Energieproduktion in der Zeit- und Massen-Einheit). Im einfachsten Fall eines nicht rotierenden, kugelsymmetrisch aufgebauten Sterns hängen diese Größen nur von *einer* geometrischen Größe ab, dem Zentrumsabstand r. (Die entsprechenden Funktionen für die Sonne sind in Bd. I, Abb. 4.7 bis 4.9 und 4.14, S. 202 f. und 211, dargestellt.) — Wie wir von der Sonne wissen, strahlen die Sterne in jeder Sekunde ungeheure Energiebeträge in den Weltraum. Dieser Energieverlust führt zwangsläufig zu einem Alterungsprozeß, also zu einer Änderung des Sternaufbaus; die oben angeführten Zustandsgrößen hängen deshalb auch von der Zeit t ab. Andererseits muß man aufgrund von Zeugnissen aus der Erdgeschichte annehmen, daß die Strahlungsleistung der Sonne seit mindestens 10^9 Jahren konstant geblieben ist (s. Bd. I, S. 204). Der Mechanismus der Energieerzeugung durch die Verschmelzung von Wasserstoff- zu Helium-Kernen im Zentralbereich der Sonne kann sich daher in diesem Zeitraum nicht wesentlich geändert haben. Daraus muß man schließen, daß der physikalische Zustand des Sonneninnern insgesamt seit einigen Jahrmilliarden nahezu unverändert geblieben ist und deshalb in guter Näherung als mechanischer Gleichgewichtszustand angesehen werden kann. Die Sonne steht damit nicht allein unter den Fixsternen; bei der Diskussion des umfangreichen Beobachtungsmaterials an Temperaturen und Leuchtkräften der Sterne ergeben sich zwei Tatsachen, die für die Zeitabhängigkeit des Sternaufbaus sehr wichtig sind:

1. Alle Sterne verbringen den größten Teil der Zeitspanne, in der sie als leuchtende Objekte beobachtbar sind, in einem Zustand, der näherungsweise als Gleichgewichtszustand betrachtet werden kann, **und in dem die Umwandlung von Wasserstoff in Helium die alleinige Energiequelle ist.** Oberflächentemperatur und Leuchtkraft sind in dieser Phase nahezu konstant.

2. Auf diesen Zustand des reinen Wasserstoffbrennens folgen weitere, aber wesentlich kürzere, gleichgewichtsähnliche Zustande. Zwischen ihnen liegen kurze Phasen, in denen die Sterne stärkere Veränderungen der inneren Struktur, der Oberflächentemperatur und der Leuchtkraft durchlaufen.

Aus diesen Feststellungen folgt, daß der Alterungsprozeß eines Sterns nicht gleichmäßig, sondern in Schüben erfolgt, zwischen denen sich der Stern oft sehr lange quasistabil verhält. Die Sternentwicklung kann demnach als eine Folge von Gleichgewichtszuständen betrachtet werden. Dieses Gleichgewichtsverhalten macht es erst möglich, den Aufbau und die Vorgänge im Innern der Fixsterne zu erforschen. Die *Gleichgewichtsbedingungen*, denen die Sterne genügen, stehen als Grundgleichungen am Anfang der Erforschung und Beschreibung des Sternaufbaus.

5.2.1 Die Grundgleichungen für den Sternaufbau.
Die Masse-Leuchtkraft-Beziehung

Für einen Stern im Gleichgewichtszustand stellt sich das Problem des Sternaufbaus so dar: Dichte ρ, Druck p, Temperatur T und spezifische Energieerzeugung ϵ können als zeitunabhängig angesehen werden; im Falle eines kugelsymmetrisch aufgebauten, nicht rotierenden Sterns hängen sie also nur vom Zentrumsabstand r ab. Die Funktionen $\rho(r)$, $p(r)$, $T(r)$, $\epsilon(r)$ sind so zu bestimmen, daß die beobachteten Werte der Sternmasse m, der Leuchtkraft L und der effektiven Temperatur T_{eff} daraus hergeleitet werden können. Die zur Lösung dieses Problems nötigen *Grundgleichungen des Sternaufbaus* werden durch die folgenden Überlegungen gewonnen:

1. Eine Kugelschale mit dem mittleren Radius r und der Dicke $\Delta r \ll r$, deren Mittelpunkt im Sternzentrum liegt, enthält die Masse $\Delta m = \rho(r) \cdot 4\pi r^2 \cdot \Delta r$. Diese Schale umschließt eine Kugel mit dem Radius r und der Masse

$$m_r = 4\pi \int_0^r \rho(r) \cdot r^2 \; dr. \tag{5-21}$$

2. Die Stabilität der aus gasförmiger Materie bestehenden Sterne kommt dadurch zustande, daß an jeder Stelle des Sterninnern Gleichgewicht herrscht zwischen dem kontraktiv wirkenden Schweredruck und dem expansiv wirkenden Gasdruck. (Der ebenfalls expansiv wirkende Strahlungsdruck kann demgegenüber meist vernachlässigt werden; s. Aufg. 1, S. 397). Dieses *hydrostatische Gleichgewicht* wurde schon bei der Sonne kurz behandelt (s. Bd. I, S. 198). Der Druckunterschied zwischen Außen- und Innenfläche der oben betrachteten Kugelschale ist demnach allein durch die Schwerkraft bestimmt. Nun erfährt jedes Teilchen der Kugelschale von der in ihrem Innern befindlichen Masse m_r die gleiche Kraft, wie wenn m_r im Sternzentrum konzentriert wäre. Insgesamt wirkt also auf die Kugelschale die Gravita-

tionskraft $F = G \cdot m_r \cdot \Delta m / r^2$. Dividiert man durch die Fläche $4\pi r^2$ der Schale, so erhält man den Beitrag der Schale zum Gravitationsdruck

$$\Delta p = - G \cdot \frac{m_r \cdot \rho(r)}{r^2} \cdot \Delta r .$$

(Das Minuszeichen rührt davon her, daß der Druck p mit wachsendem Zentrumsabstand r abnimmt.)

Damit ergibt sich schließlich für das *Druckgefälle* im Stern:

$$\frac{\Delta p}{\Delta r} = - G \cdot \frac{m_r \cdot \rho(r)}{r^2} . \qquad (5\text{-}22)$$

3. Da die Temperatur der betrachteten Kugelschale zeitlich konstant ist, muß sie in der Zeiteinheit nach außen die gleiche Energie abgeben, die ihr von innen zugeführt wird. Nun wurde bei der Sonne festgestellt, daß die Energie überwiegend — abgesehen von der Wasserstoffkonvektionszone unter der Photosphäre — durch Strahlung transportiert wird (s. Bd. I, S. 211 ff.). Nimmt man dementsprechend auch bei den Fixsternen nahezu reinen Strahlungsenergietransport an, so muß die durch die Oberfläche der erwähnten Kugel mit Radius r nach außen strömende *Strahlungsleistung* gleich der in der Zeiteinheit in ihrem Innern erzeugten Energie sein:

$$L_r = 4\pi \int_0^r \rho(r) \cdot \epsilon(r) \cdot r^2 \; \mathrm{d}r \qquad (5\text{-}23)$$

4. Wie eine Flüssigkeit wegen der unvermeidlichen Reibungswiderstände nur dann durch ein Rohr strömen kann, wenn zwischen den Rohrenden ein Druckunterschied besteht, so ist die Abnahme des Strahlungsdrucks p_s mit zunehmendem Zentrumsabstand r die Voraussetzung für den Energietransport durch Strahlung vom Sternzentrum zur Oberfläche. Dabei ist — was hier ohne Beweis angegeben werden muß — die in der Zeiteinheit durch die betrachtete Kugelfläche mit Radius r transportierte Strahlungsleistung proportional zum Strahlungsdruckgefälle und außerdem zur durchstrahlten Fläche, so daß man mit dem Proportionalitätsfaktor α schreiben kann

$$L_r = - 4\pi r^2 \cdot \frac{\Delta p_s}{\Delta r} \cdot \alpha .$$

(Das Minuszeichen berücksichtigt die Tatsache, daß die Strahlung in Richtung abnehmenden Strahlungsdrucks strömt.) Je größer α ist, desto rascher verläuft bei gegebenem Strahlungsdruckgefälle der Energietransport nach außen. Da die Geschwindigkeit des Energietransports durch die Zahl der Absorptions- und Reemissionsprozesse der Photonen bestimmt ist, stellt α ein Maß für die freie Weglänge der Photonen dar und hängt deshalb von der Dichte und der chemischen Zusammensetzung der Sternmaterie ab.

Setzt man in die obige Gleichung den Ausdruck für den Druck schwarzer Strahlung $p_s = \frac{4}{3} \cdot \frac{\sigma}{c} \cdot T^4$ ein (σ ist die Konstante des Stefan-Boltzmann-Gesetzes, c die Vakuum-Lichtgeschwindigkeit; s. Bd. I, S. 322), so folgt mit $\Delta(T^4) = 4 T^3 \cdot \Delta T$ für das *Temperaturgefälle* im Stern

$$\frac{\Delta T}{\Delta r} = -\frac{3c}{16\sigma \cdot \alpha} \cdot \frac{L_{\mathrm{r}}}{4\pi r^2 \cdot T^3}.$$ (5-24)

5. Außerdem steht noch die *Zustandsgleichung* der Sternmaterie zur Verfügung, d. h. eine Gleichung zwischen den Zustandsgrößen Druck, Dichte und Temperatur. Wenn man die Sternmaterie als ideales Gas betrachten kann und der Strahlungsdruck gegenüber dem Gasdruck vernachlässigbar klein ist (für das Sonneninnere wurde dies in Bd. I, S. 198 ff. gezeigt), so gilt bei der mittleren molaren Masse M^* der Sternmaterie:

$$p = \frac{R^*}{M^*} \cdot \rho \cdot T \qquad (R^* \text{ ist die universelle Gaskonstante}).$$ (5-25)

6. Schließlich können aus der Atomphysik noch die Abhängigkeit der spezifischen Energieproduktion ϵ und der für den Strahlungstransport verantwortlichen Größe α von Dichte und Temperatur hergeleitet werden.

Damit ist bei gegebener chemischer Zusammensetzung der Sternmaterie das Problem der Bestimmung von $\rho(r)$, $T(r)$, $p(r)$ und $\epsilon(r)$ grundsätzlich gelöst. In der Praxis sind allerdings die Funktionen $\epsilon(\rho, T)$ und $\alpha(\rho, T)$ so kompliziert, daß erst durch den Einsatz elektronischer Rechenanlagen befriedigende Modelle für den Sternaufbau errechnet werden konnten. Eine für das Verständnis von Sternaufbau und Sternentwicklung sehr wichtige Beziehung kann jedoch schon durch elementare physikalische Überlegungen aus den Grundgleichungen abgeleitet werden: die *Masse-Leuchtkraft-Beziehung*. Sie gilt für Sterne, in denen die Umwandlung von Wasserstoff in Helium die alleinige Energiequelle ist.
Dabei müssen die den Sternaufbau beschreibenden Funktionen $\rho(r)$, $p(r)$, $T(r)$, $\epsilon(r)$ so bestimmt werden, daß die beobachtete Sternmasse m bei gegebener chemischer Zusammensetzung eine Kugel mit Radius R erfüllt, an deren Oberfläche die effektive Temperatur T_{eff} herrscht, so daß der Stern die beobachtete Leuchtkraft $L = 4\pi R^2 \cdot \sigma \cdot T_{\mathrm{eff}}^4$ (s. S. 373) besitzt. Demnach müssen die gesuchten Funktionen $\rho(r)$ und $\epsilon(r)$ die beobachteten Größen $m, R, T_{\mathrm{eff}}, L$ als Parameter enthalten. Setzt man diese Parameter in Gl.(5-21) ein, so ergibt sich für die Sternmasse

$$m = 4\pi \int_0^R \rho(r; m, R, T_{\mathrm{eff}}, L) \cdot r^2 \, \mathrm{d}r.$$

Ebenso ergibt sich aus Gl.(5-23) für die Leuchtkraft des Sterns

$$L = 4\pi \int_0^R \rho(r; m, R, T_{\mathrm{eff}}, L) \cdot \epsilon(r; m, R, T_{\mathrm{eff}}, L) \cdot r^2 \, \mathrm{d}r.$$

Mit der Definitionsgleichung für die effektive Temperatur

$$L = 4\pi R^2 \, \sigma \, T_{\mathrm{eff}}^4$$

hat man 3 Gleichungen für m, R, T_{eff} und L, aus denen zwei dieser Größen, z.B. R und T_{eff}, eliminiert werden können. Dann kann die Leuchtkraft als Funktion der Sternmasse angegeben werden:

$$L = f(m).$$ (5-26)

Da in die Lösung des Problems des Sternaufbaus die materialabhängigen Funktionen ϵ und α eingehen, ist auch die Funktion in Gl.(5-26) von der chemischen Zusammensetzung der Sternmaterie abhängig. Ist diese gegeben, so ist die Leuchtkraft eines Sterns eindeutig durch seine Masse bestimmt.

Nun haben alle Sterne, die ihre Energie ausschließlich aus der Verschmelzung von Wasserstoffkernen beziehen, eine sehr ähnliche chemische Zusammensetzung. Dies ist durch den Lebenslauf der Sterne bedingt: Sie haben sich alle aus interstellarer Materie gebildet, und mit der Umwandlung von Wasserstoff in Helium beginnen die Kernfusionsprozesse. Während des Wasserstoffbrennens ändert sich die chemische Zusammensetzung nur sehr langsam. Infolgedessen befinden sich über 90% aller Sterne in diesem Stadium. Für sie kann die Abhängigkeit der Leuchtkraft von der Masse, die sogenannte Masse-Leuchtkraft-Funktion, näherungsweise durch die folgende Überlegung gewonnen werden.
Nach Gl.(5-24) gilt für die Leuchtkraft

$$L \sim \alpha \cdot R^2 \cdot T^3 \cdot \frac{\Delta T}{\Delta r}.$$

Da α ein Maß für die freie Weglänge der Photonen in der Sternmaterie ist (s. S. 392), kann man $\alpha \sim \frac{1}{\rho}$ oder $\alpha \sim R^3/m$ setzen. Unter der Voraussetzung, daß die Energie im Sterninnern überall durch Strahlung transportiert wird, kann man das Temperaturgefälle grob abschätzen mit $\frac{\Delta T}{\Delta r} = \frac{T}{R}$. Dann folgt für die Leuchtkraft

$$L \sim \frac{R^4 \cdot T^4}{m}.$$ (5-27)

Darf man — wie eingangs erwähnt — die Sternmaterie als ideales Gas betrachten, so gilt nach der Zustandsgleichung (5-25) mit $\rho \sim m/R^3$:

$$T \sim \frac{p \cdot R^3}{m}.$$ (5-28)

Dabei erhält man für den Gravitationsdruck, der in dem betrachteten Gleichgewichtszustand gleich dem Gasdruck gesetzt werden darf (s. Bd. I, S. 200):

$$p \sim \frac{m^2}{R^4}.$$ (5-29)

Eliminiert man aus den Gleichungen (5-27) bis (5-29) p und T, so ergibt sich für die *Masse-Leuchtkraft-Beziehung*

$$L \sim m^3 \quad \text{oder} \quad L = \gamma \cdot m^3.$$ (5-30)

Der Proportionalitätsfaktor γ hängt von α und ϵ und damit von der chemischen Zusammensetzung der Sternmaterie ab.

Setzt man L und m zu den Werten $L_\odot$ und $m_\odot$ der Sonne in Beziehung, so erhält man aus Gl. (5-30)

$$\lg\left(\frac{L}{L_\odot}\right) = 3 \cdot \lg\left(\frac{m}{m_\odot}\right) + \lg\left(\frac{\gamma}{\gamma_\odot}\right), \qquad (5\text{-}31\text{a})$$

oder nach Einführung der absoluten bolometrischen Helligkeit nach Gl. (5-7):

$$M_{bol} = -7,5 \, \text{mag} \cdot \lg\left(\frac{m}{m_\odot}\right) + \text{const}, \qquad (5\text{-}31\text{b})$$

wobei die Konstante von der chemischen Zusammensetzung abhängt. Die grafische Darstellung von $\lg(L/L_\odot)$ bzw. M_{bol} in Abhängigkeit von $\lg(m/m_\odot)$ liefert nach Gl. (5-31a) bzw. (5-31b) Geraden.

Eine genauere Theorie der Masse-Leuchtkraft-Relation müßte insbesondere drei Faktoren berücksichtigen, die bei der hier ausgeführten groben Näherung außer Betracht geblieben sind: die Rolle der Konvektion beim Energietransport im Stern-innern, den Strahlungsdruck und die Änderung der chemischen Zusammensetzung während des Wasserstoffbrennens.

Bei der Untersuchung des Energietransports im Sonneninnern (s. Bd. I, S. 211 ff.) wurde bereits auf eine Wasserstoff-Konvektionszone unter der Photosphäre ge-schlossen, die nahezu den gesamten Energietransport übernimmt. Daß solche Be-reiche auch im Innern anderer Sterne auftreten können, ergibt sich aus der dort ent-wickelten Vorstellung über den konvektiven Energietransport; Voraussetzung dazu ist ein genügend starkes Temperaturgefälle. Nun herrscht bei niedrigeren Zentral-temperaturen der p-p-Prozeß beim Wasserstoffbrennen vor; er besitzt eine wesent-lich geringere Temperaturabhängigkeit als der CNO-Zyklus, der bei höheren Zentral-temperaturen dominiert (s. Bd. I, S. 208 ff.). Es ist also anzunehmen, daß bei masse-reicheren Sternen, die bei hoher Zentraltemperatur ihre Energie aus dem CNO-Zyklus gewinnen, die Energieerzeugung auf ein sehr kleines Zentralgebiet beschränkt ist, in dem die Temperatur nach innen so stark ansteigt, daß die Schichtung instabil wird; dann treten im Kern Konvektionsströmungen auf. Dagegen dürften bei Ster-nen mit kleinerer Masse, also niedrigerer Zentraltemperatur, d.h. vorherrschendem p-p-Prozeß, wie bei der Sonne Konvektionszonen unter der Oberfläche auftreten. Je nach der Lage der Konvektionszone — bei massereichen Sternen im Zentrum, bei masseärmeren Sternen unter der Oberfläche — und ihrer Ausdehnung werden sich Abweichungen von den Näherungsgleichungen (5-30) und (5-31) ergeben, denn diese wurden für reinen Strahlungsenergietransport hergeleitet.
Mit wachsender Sternmasse wird der Anteil des Strahlungsdrucks am Gesamtdruck immer größer (s. Aufg. 1, S. 397), so daß im Grenzfall vernachlässigbaren Gasdrucks für den Gesamtdruck näherungsweise der Strahlungsdruck eingesetzt werden kann (s. Bd. I, S. 322); dann folgt mit $p \sim T^4$ aus Gl. (5-27) mit (5-29)

$$L \sim m. \qquad (5\text{-}32)$$

Es ist also zu erwarten, daß mit zunehmender Sternmasse der Exponent von m in Gl. (5-30) immer kleiner wird und schließlich gegen 1 strebt.

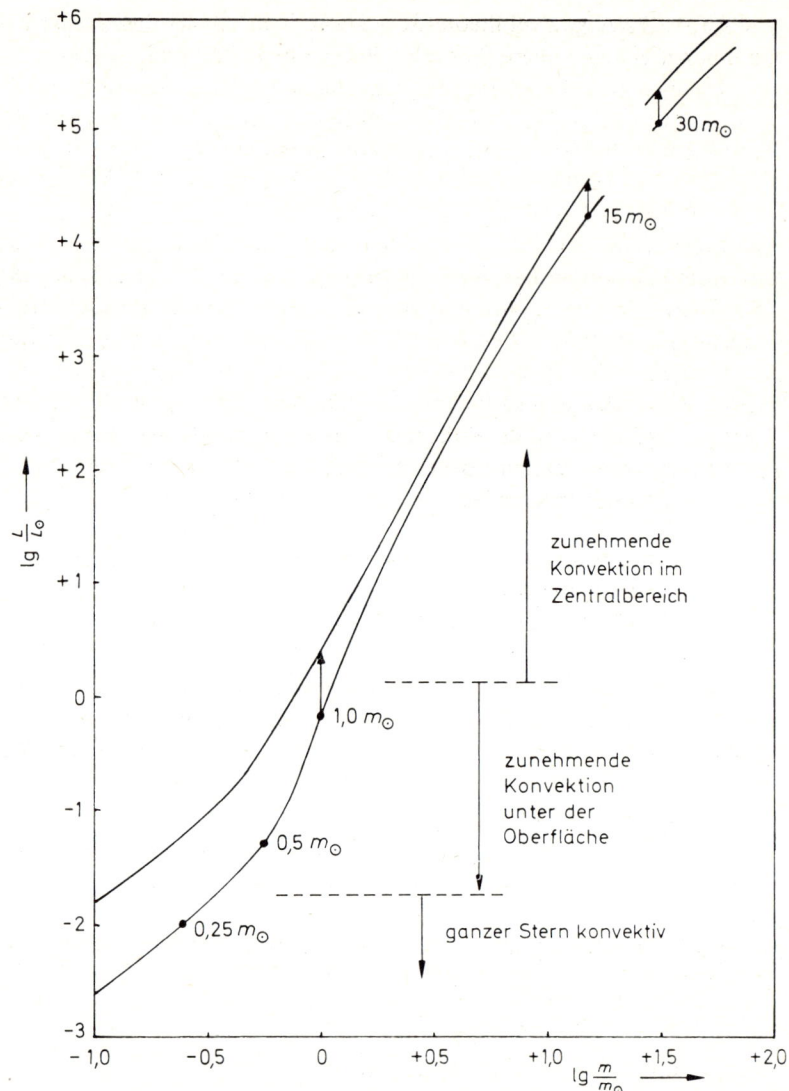

Abb. 5.12 Theoretische Masse-Leuchtkraft-Beziehung.
Untere Kurve für den Anfang, obere Kurve für das Ende der
Hauptreihenentwicklung. Angenommene Massenanteile der
chemischen Zusammensetzung: 70,8% H, 27,2% He, 2,0%
schwerere Elemente für $m \leqq 15\,m_\odot$, bzw. 70,0% H, 27,0%
He, 3,0% schwerere Elemente für $m \geqq 30\,m_\odot$.

Die Abb. 5.12 zeigt zwei theoretische Masse-Leuchtkraft-Beziehungen, die untere für den Anfang, die obere für das Ende der Entwicklungsphase, in der das Wasserstoffbrennen die einzige Energiequelle der Sterne ist. Als chemische Zusammensetzung wurde für $m \leq 15\,m_\odot$ die der Sonne angenommen; für die massereicheren Sterne mit $m \geq 30\,m_\odot$ wurde ein höherer Anteil schwerer Elemente berücksichtigt (s. dazu S. 520 f.). Sterne mit Massen über $1,1\,m_\odot$ besitzen einen konvektiven Kern, dessen Durchmesser mit der Sternmasse wächst. Für masseärmere Sterne findet man eine Konvektionszone unter der Oberfläche, die mit abnehmender Masse wächst und unterhalb von etwa $0,4\,m_\odot$ das ganze Innere erfüllt. – Die Näherungsgleichung (5-30) bzw. (5-31a) würde in der Abb. 5.12 einer Geraden mit der Steigung 3 entsprechen; sie ist erwartungsgemäß dort am besten brauchbar, wo die Konvektion auf ein kleines Kerngebiet beschränkt ist und der Strahlungsdruck noch vernachlässigt werden kann, also für Sternmassen über 2 und unter 30 Sonnenmassen. Dagegen ergibt sich für dominierenden Strahlungsdruck bei sehr großen Sternmassen tatsächlich ein Verlauf, der sich gemäß Gl.(5-32) durch eine Gerade mit der Steigung 1 approximieren läßt.

Die besten beobachteten Werte für Massen und Leuchtkräfte stammen von Doppelsternen; sie liegen zwischen $0,6\,m_\odot$ und $2\,m_\odot$ und fügen sich gut in den Verlauf der theoretischen Kurve der Abb. 5.12 ein.

Die Tatsache, daß die Leuchtkraft der Sterne nicht proportional zur Masse, sondern wesentlich rascher ansteigt – ein Stern mit doppelter Sonnenmasse hat mehr als die 8fache Strahlungsleistung der Sonne –, läßt den Schluß zu, daß die Phase des Wasserstoffbrennens und damit die Lebensdauer eines Sterns um so kürzer ist, je größer seine Masse ist. Für eine grobe Abschätzung kann man annehmen, daß der gesamte Energievorrat eines Sterns proportional zu seiner Masse, seine Lebensdauer also proportional zu m/L oder – unter Berücksichtigung von Gl.(5-30) – zu m^{-2} ist. Demnach hätte ein Stern von 30-facher Sonnenmasse eine etwa 900 mal kürzere Lebensdauer als die Sonne; sehr massereiche Sterne müssen daher noch verhältnismäßig jung sein.

Aufgaben

1. Der Gesamtdruck p in einem Stern setzt sich aus dem Gasdruck p_g und dem Strahlungsdruck p_s additiv zusammen. Wenn der Bruchteil β vom Gasdruck, der Bruchteil $(1 - \beta)$ vom Strahlungsdruck beigetragen wird, gilt für den Gasdruck im Falle eines idealen Gases $\beta p = \frac{R^*}{M^*} \cdot \rho \cdot T$ (R^* ist die universelle Gaskonstante, M^* die molare Masse) und für den Strahlungsdruck $(1 - \beta)p = \frac{4}{3} \cdot \frac{\sigma}{c} \cdot T^4$ (s. Bd. I, S. 322). Im hydrostatischen Gleichgewicht ist p gleich dem Gravitationsdruck, für den man die Abschätzung $p = \frac{G}{4\pi} \cdot \frac{m^2}{R^4}$ verwenden kann (s. Bd. I, S. 200).

a) Zeigen Sie, daß zwischen der Sternmasse m, der mittleren molaren Masse $M*$ und β der Zusammenhang besteht

$$\frac{1-\beta}{\beta^4} = (0{,}01\ \text{kmol}^4 \cdot \text{kg}^{-4}) \cdot \left(M*^2 \cdot \frac{m}{m_\odot}\right)^2.$$

b) Welche Werte liefert diese Abschätzung für Sterne, bei denen der Gasdruck 50%, 90%, 99% des Gesamtdrucks und die mittlere molare Masse $M* = 0{,}7$ kg/kmol ist?

2. Sirius (α Canis majoris) besitzt 23fache Sonnenleuchtkraft.
   a) Welche Masse ergibt sich für Sirius aus Abb. 5.12, wenn man annimmt, daß der Stern noch am Anfang seiner Hauptreihenentwicklung steht?
   b) Sirius gehört zur Spektralklasse A1 und besitzt deshalb die Oberflächentemperatur $T_{\text{eff}} = 9500$ K. Welchen Sternradius liefert die Gl.(5-9), welche mittlere Dichte und welche Fallbeschleunigung an der Oberfläche erhält man damit für Sirius?

5.2.2 Das Hertzsprung-Russell-Diagramm (HRD)

Das Hertzsprung-Russell-Diagramm ist eine grafische Darstellung, in der die absoluten Helligkeiten M_V einer großen Anzahl von Sternen über ihren Spektralklassen oder Oberflächentemperaturen T_{eff} aufgetragen sind; traditionsgemäß werden auf der Abszissenachse die Spektraltypen O bis M von links nach rechts angeordnet, so daß hohe Temperaturen links, tiefe rechts stehen. T_{eff} und M_V sind die am leichtesten aus den Beobachtungen ableitbaren physikalischen Zustandsgrößen der Fixsterne. T_{eff} kennzeichnet die aus der Oberflächeneinheit abgegebene Strahlungsleistung (s. Gl.(5-9), S. 373), M_V die Ausstrahlung der ganzen Sternoberfläche. Zum Vergleich mit der Theorie werden die Ordinatenwerte M_V oft in M_{bol} oder Leuchtkräfte L umgerechnet angegeben.

Die ersten dieser Zustandsdiagramme wurden 1911 von E. Hertzsprung für Sterne eines Sternhaufens und 1913 von H. N. Russell für die Sterne der Sonnenumgebung aufgestellt. Russell hatte schon damals ein großes, aus Spektren und vorwiegend trigonometrischen Entfernungsbestimmungen gewonnenes Material von Temperaturen und absoluten Helligkeiten zur Verfügung. Hertzsprung und Russell wollten sich zunächst mit Hilfe dieser Diagramme einen Überblick verschaffen über die bei Fixsternen möglichen Kombinationen von M_V und T_{eff} und ihre Häufigkeit. Der Leitgedanke bei diesen Untersuchungen war die Vermutung, man werde mit dem Einblick in die Zusammenhänge zwischen den Oberflächenparametern T_{eff} und M_V einen Zugang finden zum Verständnis des Sternaufbaus. Diese Hoffnung wurde erfüllt: Die HR-Diagramme der sonnennahen Sterne und der einzelnen Sternhaufen bilden das Beobachtungsmaterial, auf dem unsere Kenntnisse über Sternzustände und Sternentwicklungen beruhen.

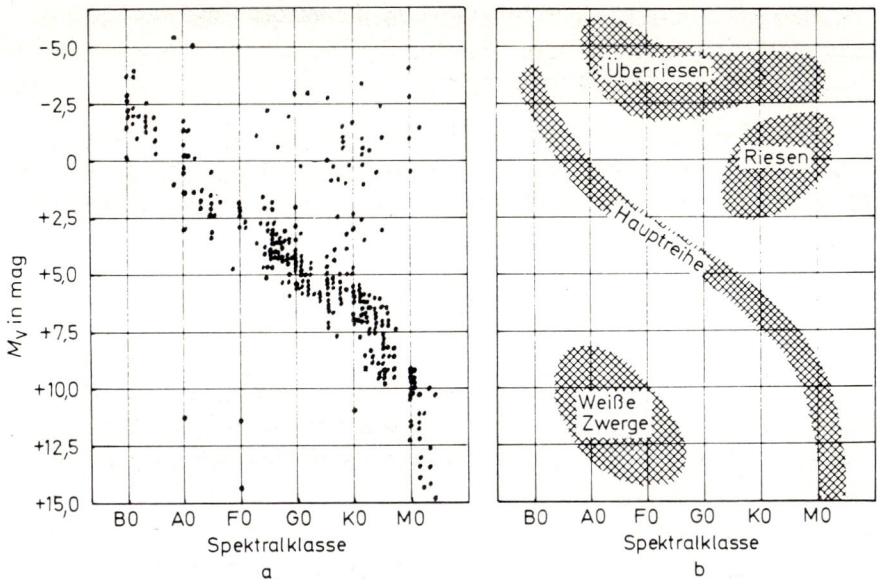

Abb. 5.13 Hertzsprung-Russell-Diagramm
(a) Original-Diagramm von Russell (1927)
(b) Schematische Darstellung

Abb. 5.13 zeigt ein von Russell stammendes Originaldiagramm aus dem Jahre 1927. Daraus können die wichtigsten Eigenschaften des Zustandsdiagramms abgelesen werden.

1. Die Sternpunkte sind auf bestimmte Bereiche des Diagramms beschränkt; demnach muß zwischen dem Spektraltyp (bzw. der Oberflächentemperatur T_{eff}) und der absoluten Helligkeit M_V (bzw. der Leuchtkraft L) ein Zusammenhang bestehen. Besonders auffallend ist die stark besetzte Diagonale von links oben (hohe Temperatur, große Leuchtkraft) nach rechts unten (niedrige Temperatur, geringe Leuchtkraft). Diese Diagonale heißt *Hauptreihe* (engl. main sequence) des HRD. Typische Hauptreihensterne sind Spika (B1), Regulus (B7), Wega (A0), Sirius (A1), die Sonne (G2), α Centauri B (K1).

2. Im rechten oberen Teil des Diagramms befindet sich eine Sterngruppe, deren absolute Helligkeit größer ist als die der Hauptreihensterne gleicher Spektralklasse. Diese Sterne heißen *Riesensterne*. Da sie nämlich bei gleicher Spektralklasse auch die gleiche Oberflächentemperatur T_{eff}, aber eine wesentlich größere Leuchtkraft L als die Hauptreihensterne haben, muß nach Gl.(5-9) $L = 4\pi R^2 \cdot \sigma \cdot T_{eff}^4$ ihr Radius R größer als der von Hauptreihensternen gleicher Spektralklasse sein. Zur Unterscheidung nennt man die Hauptreihensterne oft auch *Zwergsterne*. Kapella (G8) und Arktur (K2) sind Riesensterne.

Entlang des oberen Randes von Abb. 5.13 liegen noch einige Sterne, die von der Gruppe der Riesen deutlich abgesetzt sind; man bezeichnet sie als *Überriesen*. Beispiele sind Deneb (A 2) und Beteigeuze (M 2).

3. Links unterhalb der Hauptreihe findet man eine Gruppe von Sternen, deren absolute Helligkeit rund 10 mag kleiner als die der Hauptreihensterne gleicher Spektralklasse ist. Da diese Sterne überwiegend frühen Spektralklassen angehören und daher dem Auge weiß erscheinen, nennt man sie *Weiße Zwergsterne*. Die Helligkeitsdifferenz von 10 mag entspricht nach Gl.(5-6) einem Leuchtkraftverhältnis von 1 : 10 000; der Radius der Weißen Zwerge ist also nach Gl.(5-9) rund 100 mal kleiner als der entsprechender Hauptreihensterne, ihre Dichte (gleiche Masse vorausgesetzt) 10^6 mal größer, d.h. von der Größenordnung 10^8 kg/m^3 (vgl. Aufg. 1, S. 405). Der physikalische Zustand im Innern Weißer Zwerge dürfte daher von dem der Hauptreihensterne stark abweichen. Die beiden bekanntesten Weißen Zwerge sind die Doppelsternkomponenten Sirius B und Prokyon B (vgl. dazu S. 380f.).

Die Hauptreihe als Phase der Sternentwicklung

Das HRD gibt nicht nur Auskunft darüber, welche *Sternzustände* in der Natur verwirklicht sind, sondern es ermöglicht auch einen Einblick in die *Entwicklung* der Fixsterne. Hierin liegt die wesentliche Bedeutung des Diagramms. Das beobachtete räumliche Nebeneinander verschiedener Sternzustände − Hauptreihensterne, Riesen, Überriesen, Weiße Zwerge − wird mit Hilfe der Theorie des Sternaufbaus umgeordnet in ein zeitliches Nacheinander von Entwicklungsphasen. Wie die Entwicklungswege im HRD verlaufen, konnte erst gefunden werden, als die stellaren Energiequellen und ihre Ergiebigkeit bekannt waren und große Rechenanlagen die Lösung der Grundgleichungen des Sternaufbaus möglich machten.

Die durch ihre Oberflächenparameter T_{eff} und L als Hauptreihensterne ausgewiesenen Objekte befinden sich in der ersten Phase der Kernfusionen, in der die Umwandlung von Wasserstoff in Helium die einzige Energiequelle ist (vgl. S. 390). Diese Phase ist, gemessen an der Gesamtlebensdauer als strahlendes Objekt, sehr lang. Die lange Dauer des Wasserstoffbrennens ist also der Grund für die starke Besetzung der Hauptreihe; über 90 % aller Sterne, die wir beobachten, befinden sich in diesem Zustand. Für sie gilt die in 5.2.1 hergeleitete Masse-Leuchtkraft-Beziehung. Aber nicht nur ihre Leuchtkraft, sondern alle Zustandsgrößen der Hauptreihensterne sind eindeutig durch Masse und chemische Zusammensetzung bestimmt. Für Sterne mit reinem Wasserstoffbrennen gibt es also nur einen einzigen Gleichgewichtszustand. Deshalb hängt bei ähnlicher chemischer Zusammensetzung auch die effektive Temperatur nur von der Sternmasse ab; so erklärt sich die Verknüpfung von T_{eff} und M_V im HRD.

Die Punkte der Hauptreihe stellen eine Folge von Sternen dar, die nach ihrer Masse geordnet sind. In Abb. 5.14 sind für eine Anzahl von Hauptreihen-Punkten die Sternmassen angegeben. An dieser Figur ist der Zusammenhang zwischen der Hauptreihe des HRD und der Masse-Leuchtkraft-Beziehung besonders deutlich zu sehen;

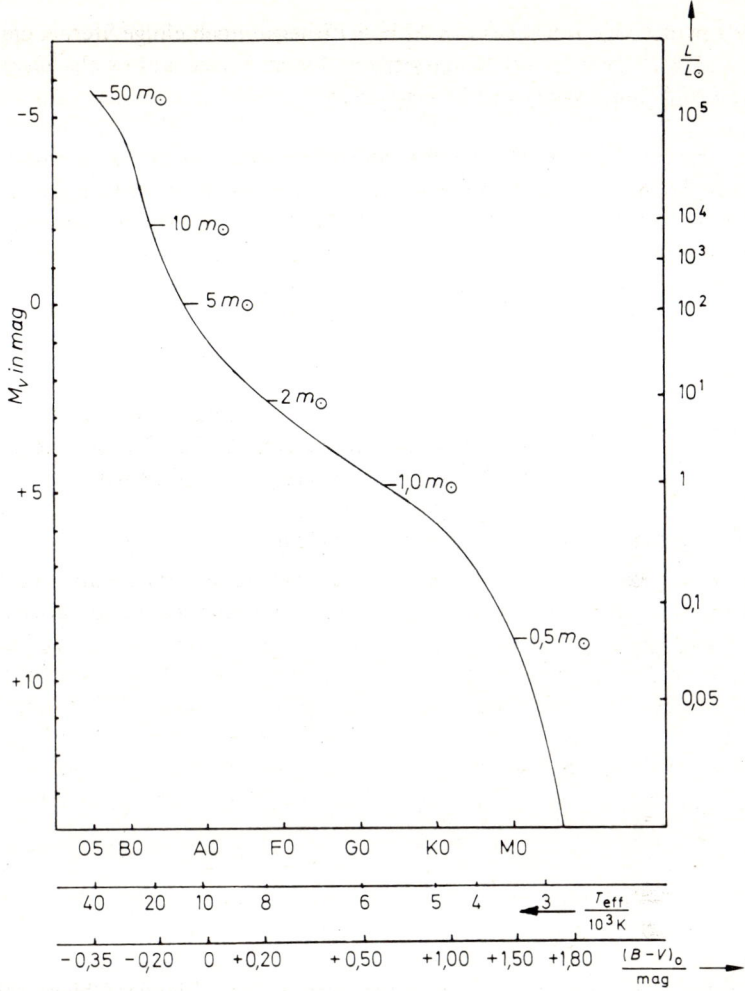

Abb. 5.14 Die Hauptreihe des Hertzsprung-Russell-Diagramms (schematisch) mit Angaben von Sternmassen.
Als Abszissen stehen Skalen der Spektralklassen, der effektiven Temperaturen oder der Farbenindizes zur Verfügung, als Ordinate links die absoluten visuellen Helligkeiten, rechts die Leuchtkräfte in Einheiten der Sonnenleuchtkraft.

zu der Funktion $L = f(m)$ ist die Abhängigkeit $T_{eff} = g(m)$ hinzugekommen. Daß die Hauptreihenpunkte in Abb. 5.13 nicht genau auf der durch diese beiden Funktionen bestimmten Kurve im HRD liegen, hat hauptsächlich drei Gründe: Unterschiede in der Anfangszusammensetzung der Sternmaterie, verschiedene Sternalter (mit zunehmendem Alter wächst der He-Anteil), Fehler in der Bestimmung der

absoluten Helligkeiten. Die anderen Sterngruppen im HRD, Riesen- und Überriesen-
sterne, Weiße Zwergsterne, stellen spätere Entwicklungsphasen dar; sie werden im
Abschnitt 5.3 behandelt. Die Entwicklung der Sterne nach dem Verlassen der
Hauptreihe verläuft in Abhängigkeit von der Masse sehr verschieden.

Das HRD ordnet die Sterne nach Leuchtkräften und Oberflächentemperaturen. Da
zwischen beiden Größen die Beziehung $L = 4\pi R^2 \cdot \sigma \cdot T_{\text{eff}}^4$ besteht, muß jedem
Punkt im Diagramm ein bestimmter Sternradius entsprechen. Für Sterne der Haupt-
reihe erhält man also aus dem HRD und der Masse-Leuchtkraft-Beziehung auch die
mittlere Dichte und die Fallbeschleunigung an der Oberfläche.

Der Zustand der Materie im Innern von Hauptreihensternen

Am Anfang dieses Abschnitts wurde die Feststellung getroffen, die Hauptreihensterne befänden sich wie die Sonne im Zustand des Wasserstoffbrennens (s. S. 390);
diese Behauptung erfordert noch eine Bestätigung. Dazu muß die Zentraltemperatur abgeschätzt und daraus auf den Mechanismus der Energieerzeugung geschlossen
werden.
Bei der Abschätzung der mittleren Temperatur des Sonneninnern $\overline{T}$ (s. Bd. I,
S. 198 ff.) wurde in die Zustandsgleichung idealer Gase $\overline{p} \cdot V = N \cdot k \cdot \overline{T}$ der mittlere Gravitationsdruck $\overline{p} = \dfrac{G}{4\pi} \cdot \dfrac{m^2}{R^4}$, das Volumen $V = \dfrac{4\pi}{3} R^3$ und die Teilchenzahl
$N = m/\overline{m}$ ($\overline{m}$ ist die mittlere Teilchenmasse) eingesetzt. Dadurch ergibt sich

$$\overline{T} = \frac{1}{3} \cdot \frac{G}{k} \cdot \overline{m} \cdot \frac{m}{R}.$$

Schreibt man diese Gleichung für einen Hauptreihenstern und die Sonne an und
setzt für beide bei gleicher chemischer Zusammensetzung gleiche mittlere Teilchenmasse $\overline{m}$ voraus, so erhält man

$$\overline{T} = \frac{m \cdot R_\odot}{m_\odot \cdot R} \cdot \overline{T}_\odot. \tag{5-33}$$

Nimmt man an, daß das Verhältnis von Zentraltemperatur zu mittlerer Temperatur
für alle Hauptreihensterne gleich ist, so gilt für die Zentraltemperatur eines Hauptreihensterns entsprechend

$$T_z = \frac{m \cdot R_\odot}{m_\odot \cdot R} \cdot 15 \cdot 10^6 \, \text{K}. \tag{5-34}$$

Dabei wurde für die Zentraltemperatur der Sonne $15 \cdot 10^6$ K eingesetzt (vgl. Bd. I,
S. 201).
Setzt man auch ungefähr gleiche Massenverteilungen in den Hauptreihensternen voraus, so erhält man mit der Zentraldichte $134 \cdot 10^3$ kg/m³ der Sonne für die Zentraldichte eines Hauptreihensterns

$$\rho_z = \frac{m}{m_\odot} \left(\frac{R_\odot}{R} \right)^3 \cdot 134 \cdot 10^3 \, \text{kg/m}^3. \tag{5-35}$$

Damit ergeben sich die Werte der Tab. 5.5.

Tab. 5.5 Schätzwerte für Zentraltemperaturen T_z und Zentraldichten ρ_z von Hauptreihensternen

Spektraltyp	O5	B0	A0	F0	G0	K0	M0
$L/L_\odot$	$3 \cdot 10^5$	$5 \cdot 10^4$	40	7	1,2	0,4	0,06
$m/m_\odot$	50	18	3,2	1,8	1,1	0,8	0,5
$R/R_\odot$	18	7,5	2,3	1,4	1,1	0,9	0,6
$\dfrac{T_z}{10^6 \text{ K}}$	42	36	21	19	15	13	12
$\dfrac{\rho_z}{10^3 \text{ kg m}^{-3}}$	1,1	5,7	35	88	111	147	310

Die Werte der Zentraltemperatur zeigen, daß die Materie im Innern aller Hauptreihensterne nahezu völlig ionisiert ist (vgl. dazu Bd. I, S. 204, Aufg. 2, und S. 258, Aufg. 3). Man hat es also mit einem Plasma aus freien Elektronen, Protonen und Alpha-Teilchen (He-Kernen) mit wenigen beigemischten schwereren Kernen und Ionen zu tun.

Als Kriterium dafür, ob dieses Plasma als ideales Gas betrachtet werden darf, kann das Verhältnis des „Durchmessers" d eines Protons (s. Bd. I, S. 201) zum mittleren Abstand D der Protonen benützt werden. Mit den Werten der Tab. 5.5 ergibt sich (s. Aufg. 2, S. 405)

$$0,0013 \leq \frac{d}{D} \leq 0,030.$$

Mit noch größerem Recht als Luft unter Normalbedingungen ($\frac{d}{D} \approx 0,1$; s. Bd. I, S. 203, Aufg. 1) kann also die Materie im Zentrum von Hauptreihensternen als ideales Gas betrachtet werden.

Ein Vergleich der Zentraltemperaturen aus Tab. 5.5 mit der Abb. 4.13 (s. Bd. I, S. 210) zeigt, daß tatsächlich in allen Hauptreihensternen Wasserstoffkernfusionsprozesse ablaufen, und zwar bei den Spektralklassen O bis F überwiegend der CNO-Zyklus, bei den Typen G bis M der p-p-Prozeß. Zum Beweis, daß die damit erzeugte Energie ausreicht, um die Strahlungsenergieverluste zu decken, muß die spezifische Energieerzeugung im Zentrum ϵ_z, die sich mit T_z-Werten der Tab. 5.5 aus Abb. 4.13 ergibt, mit der mittleren spezifischen Energieerzeugung $\bar\epsilon = \frac{L}{m}$ verglichen werden. Dabei ergibt sich für alle Hauptreihensterne $\epsilon_z > \bar\epsilon$ (s. Aufg. 3, S. 405). Das Wasserstoffbrennen reicht demnach in der Hauptreihe zur Energieversorgung aus.

Die Verweilzeit der Sterne auf der Hauptreihe

Die Oberflächenparameter T_{eff} und M_V, mit denen ein Stern sich im HRD als Objekt der Hauptreihe ausweist, beginnen sich stark zu verändern, wenn etwa 10% des Wasserstoffs in Helium umgewandelt sind. In diesem Entwicklungsstadium endet das reine Wasserstoffbrennen und damit der Hauptreihenzustand des Sterns; die Wanderung des (T_{eff}, M_V)-Punktes durchs HRD beginnt. Die Verweilzeiten der Sterne auf der Hauptreihe sind je nach der Masse der Sterne sehr verschieden. Die Zeitspanne, die der Stern auf der Hauptreihe verbringt, wird häufig auch als *Entwicklungszeit* bezeichnet; sie ist charakteristisch für die Gesamtlebensdauer eines Sterns. Alle späteren Gleichgewichtsphasen sind wesentlich kürzer.

Bleibt die Leuchtkraft L des Sterns während der Verweilzeit τ_{HR} auf der Hauptreihe konstant, so verbraucht er in dieser Phase seiner Entwicklung die Energie $L \cdot \tau_{\text{HR}}$. Nun werden bei Wasserstoff-Kernfusionsprozessen durchschnittlich $6{,}13 \cdot 10^{14}$ J aus 1 kg Wasserstoff gewonnen. Bestand der Stern ursprünglich zu 70% aus Wasserstoff, so verbraucht er auf der Hauptreihe 10% seines Wasserstoff-Vorrats, also die Masse $0{,}07 \cdot m$, und gewinnt daraus die Energie $L \cdot \tau_{\text{HR}} = 6{,}13 \cdot 10^{14} \frac{\text{J}}{\text{kg}} \cdot 0{,}07 \cdot m$. Daraus folgt für die Verweilzeit auf der Hauptreihe

$$\tau_{\text{HR}} = (0{,}43 \cdot 10^{14} \text{ J/kg}) \cdot \frac{m}{L}$$

Berücksichtigt man die Masse-Leuchtkraft-Beziehung Gl.(5–30), so erhält man mit $L/L_\odot = (m/m_\odot)^3$ und den Sonnenwerten $m_\odot = 2 \cdot 10^{30}$ kg, $L_\odot = 3{,}8 \cdot 10^{26}$ W für die Verweilzeit auf der Hauptreihe

$$\tau_{\text{HR}} = (2{,}3 \cdot 10^{17} \text{ s}) \cdot \left(\frac{m}{m_\odot}\right)^{-2} \quad \text{oder} \quad \tau_{\text{HR}} = (7{,}2 \cdot 10^9 \text{ a}) \cdot \left(\frac{m}{m_\odot}\right)^{-2} \quad (5\text{–}36)$$

Tab. 5.6 gibt Werte von τ_{HR} für Massen zwischen 50 und 0,5 Sonnenmassen.

Tab. 5.6   Verweilzeiten auf der Hauptreihe τ_{HR} für Sterne mit der gleichen chemischen Zusammensetzung wie die Sonne

Spektral-Typ	O 5	B0	A0	F0	G0	K0	M0
τ_{HR} / Jahre	$3 \cdot 10^6$	$2 \cdot 10^7$	$7 \cdot 10^8$	$2 \cdot 10^9$	$6 \cdot 10^9$	$1 \cdot 10^{10}$	$3 \cdot 10^{10}$

Der Tabelle ist zu entnehmen, daß die Entwicklungszeit im Bereich der Spektralklassen O 5 bis M 0 um 4 Zehnerpotenzen variiert; die Sterne mit den größten Massen haben die kürzeste Lebensdauer. Das wichtigste Ergebnis dieser Rechnungen ist die Feststellung, daß die Fixsterne nicht gleichzeitig, sondern zu verschiedenen Zeiten entstanden sind. Die Sonne hat ein Alter von $5 \cdot 10^9$ Jahren; dies folgt aus geologischen Untersuchungen mit der Annahme, daß Sonne und Erde gleich alt sind. Für O- und B-Sterne liegt die Entwicklungszeit zwischen 10^6 und 10^8 Jahren; wenn wir sie gegenwärtig auf der Hauptreihe beobachten, müssen sie bedeutend jünger als die Sonne sein. Der Prozeß der Sternentstehung dürfte demnach auch noch in der Gegenwart andauern. Dieser Schluß wurde für die Forschung zum Anlaß, im interstellaren Raum nach Orten und Mechanismen der Sternentstehung zu suchen.

Aufgaben

1. Sirius (α Canis majoris) ist ein visueller Doppelstern (vgl. S. 377 f.). Die schwächere Komponente Sirius B hat die Masse $m = 1,1 \cdot m_\odot$ und die Spektralklasse A 5.
   a) Welche Leuchtkraft müßte Sirius B nach der Masse-Leuchtkraft-Beziehung Gl. (5-31a) haben, wenn es sich um einen Hauptreihenstern mit gleicher chemischer Zusammensetzung wie die Sonne handelte?
   b) Tatsächlich hat Sirius B nur die Leuchtkraft $L = 0,010 \cdot L_\odot$, ist also kein Hauptreihenstern, sondern ein Weißer Zwerg. Welchen Radius, welche mittlere Dichte und welche Fallbeschleunigung an der Oberfläche erhält man aus Gl. (5-9) für Sirius B, wenn ein Hauptreihenstern des gleichen Spektraltyps, also der gleichen effektiven Temperatur, den Radius $1,7 \cdot R_\odot$ besitzt?

2. Bei idealen Gasen soll der gegenseitige Abstand D der Teilchen sehr groß gegenüber dem Teilchendurchmesser d sein. Welche Werte für das Verhältnis $\frac{d}{D}$ im Zentrum der Hauptreihensterne mit den Spektralklassen O 5, B 0, A 0, F 0, G 0, K 0, M 0 erhält man mit den in Bd. I, S. 201 hergeleiteten Gleichungen für den Teilchendurchmesser $d = (5,6 \cdot 10^{-6}\,\text{m} \cdot \text{K}) \cdot \frac{1}{T}$ und für den mittleren Teilchenabstand $D = \sqrt[3]{\overline{m}/\rho}$ mit der mittleren Teilchenmasse $\overline{m} = 1,2 \cdot 10^{-27}$ kg (auf 8 H-Kerne kommen rund 2 He-Kerne und 12 freie Elektronen), wenn man die Temperatur- und Dichte-Werte der Tab. 5.5 verwendet?

3. Ermitteln Sie mit Hilfe der Zentraltemperaturen T_z der Hauptreihensterne aus der Abb. 4.13 (Bd. I, S. 210) die spezifische Energieerzeugung im Zentrum ϵ_z; berechnen Sie außerdem mit den Werten der Tab. 5.5 die mittlere Energieerzeugung $\overline{\epsilon}$ der verschiedenen Spektraltypen von Hauptreihensternen (mittlere Energieerzeugung der Sonne $\overline{\epsilon}_\odot = L_\odot/m_\odot = 1,9 \cdot 10^{-4}$ W/kg).
   Stellen Sie $\lg(\epsilon_z/\overline{\epsilon})$ in Abhängigkeit von $\lg(T/\text{K})$ grafisch dar und versuchen Sie, den Kurvenverlauf mit der Temperaturabhängigkeit der beiden Wasserstoffkernfusionsprozesse zu deuten.

5.2.3 Spektroskopische Parallaxen und Leuchtkraftklassen

Das Hertzsprung-Russell-Diagramm zeigt, daß es Sterne gibt, die zwar gleiche Oberflächentemperaturen haben und deshalb dem gleichen Spektraltyp zugeordnet werden, deren Leuchtkräfte und Durchmesser aber ganz verschieden sind. Ein G 0-Stern der Hauptreihe hat z. B. die absolute Helligkeit $M_V = +4,6$ mag, während ein Riesenstern vom gleichen Spektraltyp $M_V = +1,0$ mag besitzt und ein G 0-Überriese im Extremfall $M_V = -8,0$ mag haben kann. Der Spektraltyp ist durch die Intensitäten der dunklen Absorptionslinien im Sternspektrum bestimmt; sie hängen von der Oberflächentemperatur ab. Sterne mit gleicher Oberflächentemperatur aber verschiedener Leuchtkraft müssen sich nach Gl. (5-9) in ihren Radien unterscheiden; die

Durchmesser der Riesen und Überriesen müssen wesentlich größer als die der Hauptreihensterne sein. Da die Masse der Riesen und Überriesen aber verhältnismäßig wenig über der von Hauptreihensternen gleichen Spektraltyps liegt, muß die Fallbeschleunigung $g = G \cdot m/R^2$ an der Oberfläche von Riesen und Überriesen wesentlich geringer als bei Hauptreihensternen sein. Tatsächlich hat für einen G0-Stern der Hauptreihe $g/g_\odot$ den Betrag 1,0, für einen Riesenstern 0,06 und für einen Überriesen nur 0,001 (Fallbeschleunigung an der Sonnenoberfläche $g_\odot$ = 274 m/s^2). Je höher aber die Fallbeschleunigung an der Sternoberfläche ist, desto größer ist der Druck in der Sternatmosphäre. Und da mit zunehmendem Druck die Spektrallinien verbreitert werden (Druckverbreiterung, s. Bd. I, S. 231 f.), müssen sich die verschiedenen Sterngruppen im HRD durch die Profile ihrer Spektrallinien unterscheiden. In der Tat sind die Balmerlinien des Wasserstoffs bei den Riesensternen schärfer als bei den Hauptreihensternen. Außerdem zeigt ein genauer Vergleich der Spektren von Sternen gleichen Spektraltyps, daß die Verhältnisse der Linienstärken von Ionen und neutralen Atomen bestimmter Elemente bei Riesen und Zwergen charakteristische Unterschiede aufweisen: In den Spektren der Riesen sind die von Ionen stammenden Linien relativ stärker. Auch dies beruht auf der Tatsache, daß der Elektronendruck in der Atmosphäre eines Riesensterns im Vergleich zum Druck in der Atmosphäre eines Hauptreihensterns niedriger ist. Je niedriger der Druck ist, desto geringer wird die Rekombinationswahrscheinlichkeit, und desto höher liegt der Ionisationsgrad der Materie in den Sternatmosphären. So hat z.B. die Linie des einfach ionisierten Strontiums Sr$^+$ mit der Wellenlänge 407,7 nm bei F5-Sternen eine umso größere Stärke, je größer die Leuchtkraft ist. Man kann daher bei F5-Sternen bekannter absoluter Helligkeit M_V für die Stärke dieser Linie eine Eichkurve herleiten, mit deren Hilfe für F5-Sterne mit unbekannter Entfernung die absolute Helligkeit bestimmt werden kann. Die so erhaltenen Werte von M_V nennt man *spektroskopische absolute Helligkeiten*.

Auf der Grundlage dieser empirischen Leuchtkraftkriterien (W. S. Adams und A. Kohlschütter 1914), die später aus der Theorie der Sternatmosphären erklärt werden konnten, entwickelten W. W. Morgan und P. C. Keenan am Yerkes-Observatorium das *MK-* oder *Yerkes-System* zur Einordnung der Sterne in *Leuchtkraftklassen*, die den Gruppierungen im HRD entsprechen. Sie verwendeten dazu das Stärkeverhältnis bestimmter Linien (z.B. für die Spektraltypen F2 bis K5 das Verhältnis der erwähnten Sr$^+$-Linie zu der benachbarten Linie λ = 406,3 nm des neutralen Eisens) und die Schärfe der Balmerlinien des Wasserstoffs.

Durch die Angabe der Leuchtkraftklasse zum Spektraltyp hat man eine zweidimensionale Klassifikation gewonnen, in die sich rund 99% aller Sterne einordnen lassen. Die Kennzeichnung im MK-System wird so vorgenommen, daß dem Spektraltyp die Leuchtkraftklasse (s. Tab. 5.7) angehängt wird; so schreibt man z.B. für die Sonne G2 V oder für Beteigeuze (α Orionis) M2 Ib.

Sobald für einen Stern aus dem Spektrum nicht nur der Spektraltyp, sondern auch die Leuchtkraftklasse bestimmt werden kann, läßt sich die absolute Helligkeit M_V einer Tabelle entnehmen (s. Tab. 5.8). Dabei erhält man für die Hauptreihensterne gute M_V-Werte, die sich zur Entfernungsbestimmung nach Gl. (5-5) eignen; so gewinnt man *spektroskopische Parallaxen*. Dagegen bedingt z. B. der große Unterschied der absoluten Helligkeiten zwischen einem K5 III- und einem K5 II-Stern eine erhebliche Unsicherheit in der Entfernungsangabe für Sterne dieser Leuchtkraftklassen.

Aufgabe

Der Stern α Aquarii hat das Spektrum G0 Ib und die scheinbare Helligkeit m_{vis} = 2,93 mag.
a) Welche absolute Helligkeit hat der Stern nach Tab. 5.8?
b) Welche spektroskopische Parallaxe ergibt sich für den Stern?

Tab. 5.7 Leuchtkraftklassen des MK-Systems und zugehörige Sterngruppen im Hertzsprung-Russell-Diagramm

Leuchtkraftklasse	Gruppe im HRD
Ia, Iab, Ib	Überriesen
II	helle Riesen
III	(normale) Riesen
IV	Unterriesen
V	Hauptreihensterne (Zwerge)
VI	Unterzwerge

Tabelle 5.8 Absolute Helligkeiten M_V/mag für die Leuchtkraftklassen (LC) und Spektralklassen (Sp) des MK-Systems

LC \ Sp	V	IV	III	II	Ib	Iab	Ia
O5	−5,6						
O7	−5,2						
O9	−4,7	−5,3	−5,7	−6,0	−6,1	−6,2	−6,2
B0	−4,2	−4,8	−5,0	−5,4	−5,8	−6,2	−6,2
B1	−3,6	−4,0	−4,4	−5,0	−5,7	−6,2	−6,6
B2	−2,5	−3,1	−3,6	−4,8	−5,7	−6,3	−6,8
B3	−1,7	−2,5	−3,1	−4,6	−5,7	−6,3	−6,8
B5	−1,0	−1,8	−2,2	−4,4	−5,7	−6,3	−7,0
B7	−0,4	−1,2	−1,6	−4,0	−5,6	−6,4	−7,1
B9	+0,5	−0,2	−0,4		−5,5	−6,5	−7,0
A0	+1,0	+0,3	+0,1		−5,2	−6,6	−7,1
A5	+2,1	+1,4	+1,1	−2,7	−4,8	−6,9	−7,7
F0	+2,7	+2,2	+1,5	−2,5	−4,8	−6,6	−8,5
F5	+3,6	+2,5	+1,7	−2,3	−4,6	−6,5	−8,2
G0	+4,6	+3,0	+1,0	−2,1	−4,6	−6,3	−8,0
G5	+5,2	+3,1	+1,0	−2,0	−4,6	−6,2	−8,0
K0	+5,8	+3,2	+1,2	−2,0	−4,6	−6,1	−8,0
K5	+7,5		0,0	−2,0	−4,6	−5,9	−8,0
M0	+8,9		−0,1	−2,5	−4,8	−5,7	−7,0
M5	+12,3						
M8	+16,5						

5.2.4 Die Farbe der Fixsterne und das Farben-Helligkeits-Diagramm (FHD)

Bei der überwiegenden Mehrzahl aller beobachtbaren Sterne ist die scheinbare Helligkeit so gering, daß keine Spektren gewonnen werden können. Für diese Sterne sind also die bisher geschilderten Methoden der Klassifizierung nicht anwendbar; deshalb können sie auch nicht ins HRD eingeordnet werden. Diese Schwierigkeit läßt sich jedoch auf dem Umweg über die *Sternfarbe* umgehen.

Da nämlich die Folge der Spektralklassen eine Temperaturskala darstellt (vgl. Tab. 5.9) und erfahrungsgemäß die Glutfarbe eines Temperaturstrahlers von seiner Temperatur abhängt, muß auch ein Zusammenhang zwischen Spektralklasse und

Tab. 5.9 Eigenfarbindizes $(B-V)_0$ und $(U-B)_0$ und effektive Temperaturen T_{eff} für die verschiedenen Typen der MK-Klassifikation

Spektraltyp, Leuchtkraft- klasse	$(B-V)_0$ mag	$(U-B)_0$ mag	T_{eff} K
Hauptreihe, V			
O5	−0,35	−1,15	40 000
B0	−0,31	−1,06	28 000
B5	−0,16	−0,55	15 500
A0	0,00	−0,02	9 900
A5	+0,13	+0,10	8 500
F0	+0,27	+0,07	7 400
F5	+0,42	+0,03	6 580
G0	+0,58	+0,05	6 030
G5	+0,70	+0,19	5 520
K0	+0,89	+0,47	4 900
K5	+1,18	+1,10	4 130
M0	+1,45	+1,28	3 480
M5	+1,63	+1,2	2 800
M8	+1,8		2 400
Riesen, III			
G0	+0,65	+0,3	5 600
G5	+0,85	+0,53	5 000
K0	+1,07	+0,90	4 500
K5	+1,41	+1,5	3 800
M0	+1,60	+1,8	3 200
M5	+1,85	+2,3	
Überriesen, I			
B0	−0,25	−1,2	30 000
A0	0,00	−0,3	12 000
F0	+0,25	+0,25	7 000
G0	+0,70	+0,60	5 700
G5	+1,06	+0,87	4 850
K0	+1,39	+1,34	4 100
K5	+1,70	+1,7	3 500
M0	+1,94	+1,7	
M5	+2,14		

Sternfarbe bestehen. Tatsächlich erscheint ein A-Stern, z.B. Sirius, dem Auge rein weiß, die B0-Sterne δ, ε und ζ aus dem Gürtel des Orion sind blauweiß, den G8-Stern Kapella empfindet das Auge gelblich, Aldebaran mit dem Spektraltyp K5 oder der M2-Stern Beteigeuze erscheinen gelbrot oder orange. Man kann demnach allein aus der Farbe eines Sterns seine Spektralklasse grob abschätzen.

Die Farbempfindung des menschlichen Auges ist jedoch individuell verschieden: Was der eine Beobachter als tiefgelb bezeichnet, nennt der andere orangefarben. Die Sternfarbe ist also nur dann zur Bestimmung der Spektraltypen schwacher Sterne geeignet, wenn ein objektiver Maßstab für Sternfarben entwickelt werden kann. Ein Weg dazu ist der Vergleich der scheinbaren Helligkeiten in verschiedenen Spektralbereichen. Davon kann man sich leicht überzeugen, indem man die Gegenstände seiner Umgebung durch verschiedenfarbige Filter betrachtet: Durch ein Filter, das nur rotes Licht durchläßt, erscheinen grüne Wiesen und der blaue Himmel verhältnismäßig dunkel, rote Gegenstände jedoch relativ hell; ein Grünfilter zeigt rote Mohnblüten nahezu schwarz, alle grünen Gegenstände wie Blätter sind demgegenüber hell. Betrachtet man entsprechend z.B. den B3-Stern η und den G7-Stern α aus dem Sternbild Großer Bär, die beide die gleiche scheinbare Helligkeit m_V = +1,8 mag besitzen, durch ein Blaufilter, so erscheint η Ursae majoris deutlich heller als α, während ein Rotfilter α heller erscheinen läßt.

Reproduzierbare Ergebnisse erhält man mit dieser Methode natürlich nur, wenn normierte Filter benützt werden, und zweckmäßigerweise verwendet man dazu die Filterkombinationen des internationalen UBV-Systems (s.S. 363). Ein Kennzeichen für die Sternfarbe ist dann die Differenz der scheinbaren Helligkeiten in zwei Spektralbereichen, wo stets die Helligkeit im langwelligen Bereich von der des kurzwelligen subtrahiert wird. Diese Differenz nennt man den *Farbenindex FI* des Sterns (vgl. S. 375):

$$FI = m_{\text{kurzw.}} - m_{\text{langw.}} \tag{5-37}$$

Besonders wichtig sind die Farbenindizes $B - V$ ($\approx m_{\text{pg}} - m_{\text{pv}}$) und $U - B$.

Durch geeignete Wahl der Skalen-Nullpunkte hat man erreicht, daß die scheinbare Helligkeit der A0-Sterne mit Beträgen zwischen 5,5 mag und 6,5 mag in allen Spektralbereichen gleich ist; für solche A0-Sterne ist also definitionsgemäß FI = 0. Der bereits mit dem bloßen Auge feststellbare Blauüberschuß im Licht der O- und B-Sterne bedeutet, daß bei ihnen $FI < 0$ ist, während sich für die Spektraltypen A1 bis M9 wegen des Rotüberschusses $FI > 0$ ergibt.

Farbenindizes können — meist durch lichtelektrische Messungen — auch für sehr schwache Sterne mit hoher Genauigkeit und relativ geringem Zeitaufwand gewonnen werden. Um sie als vollwertigen Ersatz für Spektraltypen verwenden zu können, ist die Aufstellung einer Eichskala für die Farbenindizes der verschiedenen Spektralklassen notwendig. Dabei ist zweierlei zu beachten:

Einmal unterscheiden sich Sterne gleicher Spektral-, aber verschiedener Leuchtkraft-Klasse in ihrem Absorptionslinienspektrum. Deshalb ist damit zu rechnen, daß die Farbenindizes auch von der Leuchtkraftklasse abhängen. — Zum andern durchsetzt das Licht vieler Sterne Staubwolken im interstellaren Raum, wobei es von den

Staubteilchen gestreut und absorbiert wird. Dadurch wird die scheinbare Helligkeit des Sterns um einen bestimmten Betrag Δm verringert (wobei der Betrag von m um Δm zunimmt), in den kurzwelligen Spektralbereichen stärker als in den langwelligen; es tritt also eine *Verfärbung* des Sterns auf, und zwar stets gegen das rote Ende des Spektrums hin. Zur Aufstellung der Eichskala dürfen also nur Sterne verwendet werden, deren Licht keine solche Verfärbung erfahren hat, die ihre *„Eigenfarbe"* zeigen. Die zugehörigen Farbenindizes bezeichnet man mit $(B-V)_0$ usw. Eine solche Eichskala enthält die Tab. 5.9.

Diagramme, bei denen als Abszisse der Farbenindex $(B-V)_0$, als Ordinate die visuelle Helligkeit aufgetragen ist, heißen *Farben-Helligkeits-Diagramme* (FHD). Sie haben den gleichen Inhalt wie die HR-Diagramme. Ihr Hauptanwendungsgebiet sind die Sternhaufen (s. S. 437 und S. 472 ff.). Die meisten Sternhaufen sind so weit entfernt, daß von den Sternen keine Spektren, sondern nur Farbenindizes gewonnen werden können. Andererseits darf man annehmen, daß alle Sterne eines Sternhaufens nahezu die gleiche Entfernung von uns haben; dies bedeutet, daß man im FHD als Ordinate zunächst die scheinbare statt der absoluten Helligkeit verwenden kann, denn absolute und scheinbare Helligkeit aller Sterne eines Haufens unterscheiden sich nur um den Entfernungsmodul (s. Gl. (5-5), S. 366).

Abb. 5.15 zeigt das FHD des nächsten Sternhaufens, der Hyaden. Die linke Ordinatenskala gibt die beobachteten scheinbaren Helligkeiten m_V, die rechte die absoluten Helligkeiten M_V. Bei den Hyaden kann M_V aus Gl. (5-5) berechnet werden, da die Entfernung des Haufens mit Hilfe der Sternstromparallaxe bestimmt werden konnte (s. S. 533 ff.). Im Vergleich zum HRD der Abb. 5.13 zeigt das FHD der Hyaden eine auffallend scharfe untere Begrenzung der Hauptreihe und eine geringe Streuung. Der Grund für diese Unterschiede liegt einerseits darin, daß alle Sterne eines Haufens nahezu gleichzeitig aus der gleichen Materiewolke entstanden sind. Im Gegen-

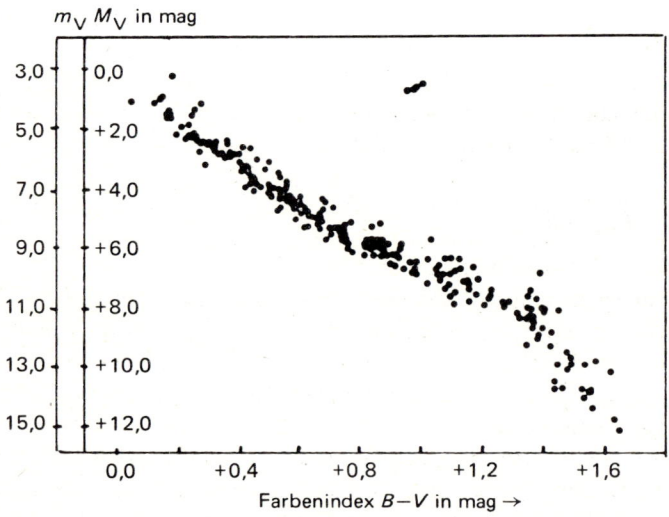

Abb. 5.15   Farben-Helligkeits-Diagramm der Hyaden

satz zu den Sternen der Abb. 5.13 haben sie also alle die gleiche chemische Zusammensetzung, und Sterne gleicher Masse befinden sich im gleichen Entwicklungszustand. Andererseits fällt bei einem Sternhaufen die Unsicherheit bei der Bestimmung individueller M_V-Werte weg, da für alle Sterne $m - M$ = const. ist. Wegen der gleichzeitigen Entstehung der Sterne eines Sternhaufens gestatten die Farben-Helligkeits-Diagramme von Sternhaufen wichtige Schlüsse auf das Alter der Haufensterne; sie spielen deshalb für die Erforschung der Sternentwicklung eine große Rolle (s. S. 439 ff.).

5.2.5 Die chemische Zusammensetzung der Sternatmosphären

Im Abschnitt 4.3 (s. Bd. I, S. 234 ff.) wurde gezeigt, wie durch eine quantitative Analyse des Linienspektrums der Sonne die chemische Zusammensetzung der Photosphäre erforscht werden kann. Auch bei den Fixsternen beruhen unsere Kenntnisse über die Zusammensetzung der Oberflächenschichten auf der Vermessung und Deutung von Linienintensitäten; die Analyse ist hier jedoch bedeutend schwieriger. Bei der Sonne können schwache Absorptionslinien verwendet werden; für sie wird der Zusammenhang zwischen der Äquivalentbreite (s. Bd. I, S. 233) und der Dichte der absorbierenden Teilchen durch die einfache Gl. (4-33) beschrieben. In den Spektren der meisten Fixsterne können dagegen nur starke Absorptionslinien ausgemessen werden, für die Gl. (4-33) nicht gilt. Außerdem besteht bei den Fixsternen gegenüber der Sonne die Schwierigkeit, daß die Größe der strahlenden Oberfläche und die Fallbeschleunigung in der Photosphäre nicht unabhängig vom Spektrum ermittelt werden können. Die Spektralanalyse der Fixsterne erfordert daher andere Methoden als die der Sonne. Um sie verstehen zu können, muß zuerst die Entstehung einer starken Absorptionslinie erläutert werden.

Die Energie der an Atomkerne gebundenen Elektronen kann nur ganz bestimmte, für das betreffende Element charakteristische Werte annehmen. Wenn nun die Energie eines Atoms oder Ions der Ionisationsstufe i (i = 0 bedeutet ein neutrales Atom) vom m-ten auf das k-te Energieniveau gehoben werden soll, kann die Differenzenergie z.B. in Form von Strahlung der Wellenlänge

$$\lambda_0 = \frac{h \cdot c}{E_{i,k} - E_{i,m}} \qquad \text{(vgl. Gl. (4-31), Bd. I, S. 231)}$$

zugeführt werden. Fällt also Strahlung der verschiedensten Wellenlängen, d.h. mit kontinuierlichem Spektrum, auf eine Gaswolke, die Atome oder Ionen auf dem Energieniveau $E_{i,m}$ enthält, so werden diese mit einer gewissen Wahrscheinlichkeit $f_{i,mk}$ auf das höhere Energieniveau $E_{i,k}$ gehoben. Die dazu nötige Energie geht der einfallenden Strahlung verloren, aber nach Gl. (4-31) nur bei der Wellenlänge λ_0; bei dieser Wellenlänge entsteht demnach im Spektrum der Strahlung ein Energieverlust, also eine dunklere Stelle, eine Absorptionslinie. Wie schon bei der Behandlung des Sonnenspektrums gezeigt wurde, ist die Breite dieser Absorptionslinien hauptsächlich durch zwei Mechanismen bestimmt: die *Doppler-* und die *Druckverbreiterung*

(s. Bd. I, S. 231 ff.). Der Dopplereffekt infolge thermischer Bewegung der absorbierenden Teilchen hängt nur von der Temperatur, nicht aber von der Dichte der Sternatmosphäre ab. Dagegen spielt die Druckverbreiterung erst bei hoher Atmosphärendichte eine Rolle, denn die Wahrscheinlichkeit für Zusammenstöße von Teilchen wächst mit der Dichte.

Schwache Absorptionslinien entstehen, wenn die Sternatmosphäre so wenige Atome bzw. Ionen auf dem Ausgangsniveau $E_{i,m}$ der betrachteten Absorptionslinie mit der Wellenlänge λ_0 enthält, daß die überwiegende Mehrzahl der zur Wellenlänge λ_0 gehörenden Photonen der Sternstrahlung die Sternatmosphäre ungestört durchläuft. Die Sternatmosphäre erscheint dann bei der Wellenlänge λ_0 durchsichtig. Die Absorptionsvorgänge, die den beobachteten Energieverlust in der Linie erzeugen, finden in allen durchstrahlten Atmosphärenschichten nahezu gleichmäßig statt. Deshalb ist der Energieverlust in einer schwachen Absorptionslinie proportional zur Gesamtzahl $N_{i,m} \cdot H$ der absorbierenden Teilchen auf dem Lichtweg H durch die Atmosphäre und zu den Übergangswahrscheinlichkeiten $f_{i,mk}$. In diesem Fall läßt sich also die Äquivalentbreite der Linie durch die einfache Beziehung darstellen

$$A_\lambda \sim f_{i,mk} \cdot N_{i,m} \cdot H. \tag{4-33}$$

Bei wachsender Teilchendichte $N_{i,m}$ wird ein immer größerer Teil der aus dem Sterninnern kommenden Photonen in der Sternatmosphäre absorbiert; die Sternatmosphäre wird bei der betrachteten Wellenlänge λ_0 in zunehmendem Maß undurchsichtig. Für die von uns beobachteten Absorptionsvorgänge spielen also die tieferen Atmosphärenschichten keine Rolle mehr. Deshalb kann für *Absorptionslinien mittlerer Stärke* die Äquivalentbreite A_λ nicht mehr zur Gesamtzahl $N_{i,m} \cdot H$ der absorbierenden Teilchen auf dem Lichtweg durch die Sternatmosphäre proportional sein. Dies zeigt sich auch in einer Veränderung des Profils der Absorptionslinie (s. Abb. 5.16): Wenn die Absorption im Linienkern so stark geworden ist, daß wir nur noch die thermische Strahlung der höchsten Atmosphärenschicht beobachten, kann sich die Linie bei steigender Absorption nicht mehr in die Tiefe vergrößern. Da aber die Wirkung des Dopplereffekts mit zunehmendem Abstand von λ_0 sehr rasch abnimmt (s. Bd. I, S. 231 f.), kann die Linie auch kaum mehr in die Breite wachsen. Bei Linien mittlerer Stärke nimmt daher die Äquivalentbreite mit steigender Teilchendichte viel langsamer zu als nach Gl. (4-33).

Mit weiter wachsender Teilchendichte wirken sich die immer häufigeren Zusammenstöße und Vorübergänge an geladenen Teilchen störend auf die Absorptionsvorgänge aus. Immer mehr der betrachteten Atome oder Ionen auf dem Energieniveau $E_{i,m}$ können deshalb Photonen absorbieren, deren Wellenlängen nicht in unmittelbarer Nachbarschaft von λ_0 liegen. Schließlich wird dieser Effekt als Druckverbreiterung der Spektrallinie beobachtbar. Während sich die Dopplerverbreiterung auf den Kern der Linie auswirkt, tritt die Druckverbreiterung bei den in Sternatmosphären herrschenden geringen Dichten nur in den Flügeln der Absorptionslinie in Erscheinung (in Abb. 5.16 punktiert). Bei dieser Druckverbreiterung wächst die Äquivalentbreite

412

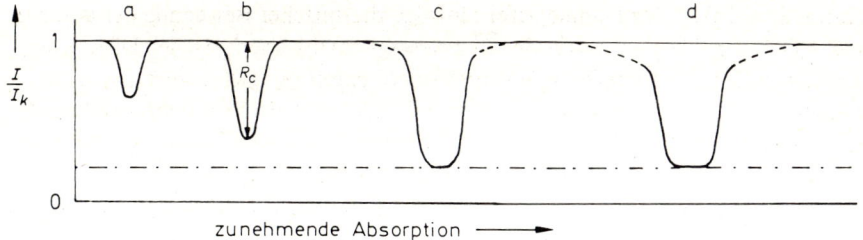

Abb. 5.16 Änderung des Profils von Absorptionslinien mit von (a) bis (d) wachsender Absorption (schematisch).
—————— Dopplerprofil, ——————Dämpfungsflügel.
Die schwachen Linien (a) und (b) entstehen in Sternatmosphären geringer Dichte, in denen die Stoßdämpfung vernachlässigbar gering ist; die Äquivalentbreite wächst proportional zur Anzahl der absorbierenden Teilchen auf dem Lichtweg. Die starken Linien (c) und (d) entstehen bei so hoher Teilchendichte, daß die Druckverbreiterung (Dämpfungsflügel) der Linien eine zunehmende Rolle spielt; ist die Intensität im Linienkern auf die Intensität der thermischen Oberflächenstrahlung gesunken (R_c ist das Verhältnis der zentralen Linieneinsenkung zur Kontinuumsintensität I_k), so kann die Linie bei zunehmender Absorption nur noch in die Breite wachsen.

wieder etwas stärker als bei den Absorptionslinien mittlerer Stärke mit reiner Dopplerverbreiterung; es gilt $A_\lambda \sim \sqrt{N_{i,m} H}$.
Stellt man die durch Doppler- und Druckverbreiterung bedingte Äquivalentbreite A_λ in Abhängigkeit von der Teilchenzahl auf dem Lichtweg $N_{i,m} \cdot H$ graphisch dar, so erhält man eine *Wachstumskurve* (s. Abb. 5.17).
Aus Zweckmäßigkeitsgründen stellt die Wachstumskurve nicht direkt A_λ in Abhängigkeit von $f_{i,mk} \cdot N_{i,m} \cdot H$ dar wie die Gl. (4-33), sondern den Logarithmus einer zu A_λ proportionalen, dimensionslosen Größe y_λ in Abhängigkeit vom Logarithmus einer zum Produkt $f_{i,mk} \cdot N_{i,m} \cdot H$ proportionalen und ebenfalls dimensionslosen Größe x_λ. Mit der Wellenlänge λ_0 des Linienzentrums, der Dopplerverbreiterung $\Delta\lambda_D$ (s. Bd. I, S. 232) und der zentralen Linieneinsenkung R_c gilt

$$x_\lambda = (4{,}99 \cdot 10^{-15} \text{ m}) \cdot \frac{\lambda_0^2}{R_c \cdot \Delta\lambda_D} \cdot f_{i,mk} \cdot N_{i,m} \cdot H$$
$$y_\lambda = \frac{A_\lambda}{2R_c \cdot \Delta\lambda_D} \,. \tag{5-38}$$

Der Parameter β der Wachstumskurven-Schar in Abb. 5.17 ist das Verhältnis der Druckverbreiterung $\Delta\lambda_s$ zur Dopplerverbreiterung $\Delta\lambda_D$.

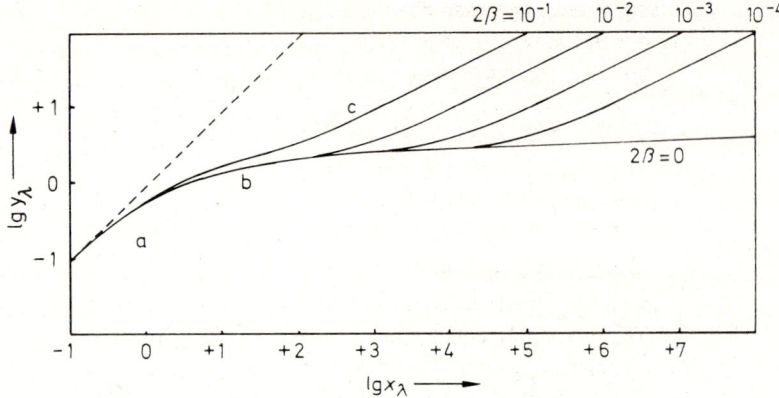

Abb. 5.17 Wachstumskurven
Änderung der Äquivalentbreite A_λ von Fraunhoferlinien mit
wachsender Anzahl $N_{i,m} \cdot H$ der absorbierenden Teilchen im
Lichtweg.
(a) schwache Linien (reine Dopplerverbreiterung; im Licht
der Linie durchsichtige Sternatmosphäre)
(b) mittelstarke Linien (reine Dopplerverbreiterung; im
Licht der Linie undurchsichtige Sternatmosphäre)
(c) starke Linien (dominierende Druckverbreiterung; im
Licht der Linie undurchsichtige Sternatmosphäre)
Abszissen sind die Logarithmen einer dimensionslosen Zahl
$x_\lambda \sim N_{i,m} \cdot H$; Ordinaten sind die Logarithmen einer dimen-
sionslosen Zahl $y_\lambda \sim A_\lambda$.
Der Parameter β der Kurvenschar ist das Verhältnis der
Druckverbreiterung $\Delta\lambda_s$ zur Dopplerverbreiterung $\Delta\lambda_D$ der
Linien.

Durch den Vergleich theoretisch berechneter und aus Beobachtungen abgeleiteter
Wachstumskurven wird es möglich, die relativen Häufigkeiten der Elemente in den
Sternatmosphären zu bestimmen. Man könnte mit Hilfe der Wachstumskurven aus
A_λ die relative Teilchendichte $N_{i,m} \cdot H$ ermitteln, wenn alle in x_λ und y_λ sonst
noch vorkommenden Größen bekannt wären. Daß dies in der Regel nicht der Fall
ist, bedeutet das Hauptproblem bei der Anwendung der Wachstumskurve. Die Be-
stimmung der Dopplerverbreiterung $\Delta\lambda_D$ und des Parameters $\beta = \Delta\lambda_s/\Delta\lambda_D$ berei-
ten große Schwierigkeiten; um sie messen zu können, müßte die Kontinuumsinten-
sität im Bereich der betrachteten Linie und der Einfluß des Spektrographen auf das
Linienprofil bekannt sein. Auch eine theoretische Ermittlung von $\Delta\lambda_D$ und β ist
nicht möglich, da hierzu die kinetische Temperatur, der Gasdruck und außerdem
eventuelle Mikroturbulenzgeschwindigkeiten nötig sind – alles Größen, die erst mit
Hilfe der Wachstumskurve bestimmt werden sollen.

Diese Schwierigkeiten kann man aber folgendermaßen umgehen: Hat man verschiedene Fraunhoferlinien des gleichen Elements und Ionisationszustandes i, deren Ausgangsenergieniveaus zusammenfallen oder wenigstens dicht beieinander liegen, so gilt nach dem Boltzmann-Theorem (s. Bd. I, S. 236 und 314) für das Verhältnis der Besetzungszahlen von Ausgangsniveaus mit den Nummern r und s:

$$\frac{N_{i,r}}{N_{i,s}} = \frac{g_{i,r}}{g_{i,s}}$$

($g_{i,r}$ und $g_{i,s}$ sind die statistischen Gewichte der Energieniveaus). Berücksichtigt man noch, daß die Dopplerverbreiterung $\Delta\lambda_D$ proportional zur Wellenlänge λ_0 ist (s. Bd. I, S. 232), so folgt für die Abszissen der beiden betrachteten Fraunhoferlinien mit den Wellenlängen λ_r und λ_s in der Wachstumskurve:

$$\lg x_r - \lg x_s = \lg \frac{g_{i,r} \cdot f_{i,rk} \cdot \lambda_r}{g_{i,s} \cdot f_{i,sl} \cdot \lambda_s}.$$

Ebenso gilt für die Ordinatendifferenz:

$$\lg y_r - \lg y_s = \lg \frac{A_r \cdot \lambda_s}{A_s \cdot \lambda_r}.$$

In diesen Ausdrücken kommen nur die Verhältnisse der Übergangswahrscheinlichkeiten f und der Äquivalentbreiten A vor, die wesentlich einfacher zu erhalten sind als die Absolutwerte. Die Gewichte g der Energieniveaus können aus Tabellen entnommen werden. Mit einer Serie von Linien mit zusammenfallenden Ausgangsniveaus läßt sich also eine empirische Wachstumskurve zeichnen, wenn man willkürlich die Werte $\lg x_0$, $\lg y_0$ einer bestimmten Linie als Nullpunkt wählt. Wegen der willkürlichen Wahl des Nullpunkts fällt die empirische Kurve in der Regel nicht mit einer der theoretischen Kurven zusammen. Sie muß parallel zu sich selbst so verschoben werden, daß sie möglichst gut mit einer der theoretischen Kurven zur Deckung kommt. Dann läßt sich sofort ein grober Wert für den zugehörigen Parameter β angeben. (Die Genauigkeit der Methode kann gesteigert werden, wenn man möglichst viele derartige empirische Kurven zeichnet und zusammenschiebt.)

Da jeder Punkt auf der empirischen Kurve zu einer bestimmten Fraunhoferlinie gehört, kann man nun für diese Linien aus der theoretischen Kurve die Werte von x_λ und y_λ ablesen. Für Sternatmosphären kann man in guter Näherung $R_c = 1$ setzen, da nur stärkere Linien verwendet werden; damit kann aus y_λ mit dem gemessenen Wert von A_λ die Dopplerbreite $\Delta\lambda_D$ berechnet werden. Bei bekanntem $f_{i,mk}$ liefert dann x_λ die relative Besetzungszahl $N_{i,m} \cdot H$ der Ausgangsniveaus. Um daraus die gesamte Besetzungszahl N_i einer Ionisationsstufe zu erhalten, benötigt man wie bei der Sonne die Saha-Gleichung (s. Bd. I, S. 237ff.). Durch Division von Gl. (4-40) und Gl. (4-41) ergibt sich mit dem Elektronendruck $p_e = N_e kT$ die Gleichung

$$\frac{N_{i+1}}{N_{i,m}} \cdot p_e = (6{,}65 \cdot 10^{-2}\,\text{Pa}) \cdot \frac{u_{i+1}}{g_{i,m}} \cdot \left(\frac{T}{\text{K}}\right)^{5/2} \cdot \exp\left(-\frac{\chi_i - \chi_{i,m}}{kT}\right). \tag{5-39}$$

Die Anregungsenergien χ_i und $\chi_{i,m}$ können aus Tabellen entnommen werden. Für eine Grobanalyse genügt es, die nach Tab. 5.9 zu dem betreffenden Spektraltyp gehörende effektive Temperatur einzusetzen. Dann liefert Gl. (5-39) zu jedem Wert von $N_{i,m} \cdot H$, der aus der Wachstumskurve ermittelt wurde, einen Wert von $N_{i+1} \cdot H \cdot p_e$. Hat man diese Werte für die verschiedenen Ionisationsstufen berechnet, so erhält man unter der Annahme, daß die Dicke H der absorbierenden Gasschicht für alle Ionisationszustände des betreffenden Elements gleich sei, durch Division die Quotienten N_{i+1}/N_i, mit denen dann wieder mit der Saha-Gleichung (4-41) der Elektronendruck p_e gewonnen werden kann. Damit lassen sich die relativen Häufigkeiten der Elemente durch Addition gewinnen:

$$N \cdot H = \sum_i N_i \cdot H.$$

Eine über diese Grobanalyse hinausgehende *Feinanalyse* muß insbesondere die Temperatur- und Druckschichtung in den Sternphotosphären berücksichtigen, die ihrerseits zu verschiedenen Äquivalenthöhen $H_n = \dfrac{k \cdot T}{m_n \cdot g}$ (m_n ist die Atommasse; s. Bd. I, S. 254) der einzelnen Anregungsniveaus führt. Man stellt dazu mit Hilfe der in der Grobanalyse ermittelten Daten ein Modell der Sternatmosphäre her, aus dem man dann die Eigenschaften des Spektrums herleitet. Diese vergleicht man mit den Beobachtungswerten, korrigiert das Modell entsprechend und wiederholt dies so oft, bis die erwünschte Übereinstimmung zwischen dem Spektrum der Modellatmosphäre und dem beobachteten Spektrum erreicht ist.

Die quantitative Analyse einer sehr großen Zahl von Sternspektren hat zu folgendem Bild von der *Häufigkeit der chemischen Elemente* in den Sternen geführt.

1. Die chemische Zusammensetzung der Oberflächenschichten ist für die überwiegende Mehrzahl der Sterne sehr ähnlich; sie entspricht den für die Sonnenphotosphäre ermittelten Häufigkeiten (s. Bd. I, S. 240 f.).

2. Aus der Theorie des Sternaufbaus ist bekannt, daß bei den meisten Sternen während der Kernfusionsphase keine bis zur Oberfläche reichende Durchmischung der Sternmaterie stattfindet. Dies hat zweierlei Konsequenzen. Einerseits ist die chemische Zusammensetzung, die wir in der Sternatmosphäre vorfinden, nicht gleich der Häufigkeitsverteilung im Zentralbereich des Sterns, wo durch die Verschmelzung leichterer zu schwereren Kernen die prozentuale Elementhäufigkeit sich ständig ändert. − Andererseits zeigt aber die Sternatmosphäre, weil keine Durchmischung stattfindet, durch lange Zeiten noch dasjenige Häufigkeitsverhältnis der Elemente, das vor dem Beginn des Wasserstoffbrennens, also kurz nach der Entstehung des Sterns aus der interstellaren Materie, im ganzen Stern vorhanden war. Deshalb erhalten wir aus der quantitativen Analyse der Sternspektren Informationen über die Zusammensetzung des interstellaren Mediums zur Zeit und am Ort der Sternentstehung.

Der Zeitpunkt, zu dem die Kernfusionsprozesse im Sternzentrum beginnen, der Stern also mit seinen Oberflächenparametern Temperatur und Leuchtkraft auf der Hauptreihe des HRD erscheint, wird als *Alter Null* des Sterns bezeichnet. Für das Alter Null können folgende Orientierungswerte für die Zusammensetzung der Sternmaterie angegeben werden (bezogen auf die Masse): Wasserstoff etwa 70%, Helium 25% bis 30%, alle anderen Elemente etwa 2% bis 3%. Auf Helium folgen in der Reihe abnehmender Häufigkeit Ne, O, N, Ar, dann C, Mg, Si, S, Fe. Von der Erkenntnis, daß in den Fixsternen der Wasserstoff den weitaus größten Massenanteil besitzt, wurde schon mehrfach Gebrauch gemacht.

3. In den Atmosphären einzelner Sterne sind Abweichungen von der normalen chemischen Zusammensetzung gefunden worden. Nach den Elementen, deren Häufigkeit besonders auffallend verstärkt ist, heißen diese Objekte *Helium-Sterne* bzw. *Kohlenstoff-Sterne*. Bei diesen Sterntypen scheint – im Gegensatz zur überwiegenden Mehrzahl der Sterne – Material an die Oberfläche gekommen zu sein, das sich bei den Kernverschmelzungen im Sternzentrum gebildet hat. Warum in diesen Einzelfällen die Sternmaterie durchmischt werden konnte, ist noch nicht bekannt.
Als *metallarme Sterne* wird eine Gruppe von Sternen bezeichnet, bei denen alle schwereren Elemente – also nicht nur die Metalle – relativ zu Wasserstoff und Helium sehr viel seltener sind als in der Sonnenphotosphäre. Weil die große Mehrzahl der Fraunhoferlinien von den Metall-Atomen und -Ionen stammt, bezeichnet man in der Astronomie oft die Gesamtheit aller Elemente außer Wasserstoff und Helium als „Metalle". Aus dynamischen Eigenschaften (große Bahnexzentrizität, große Neigung der Bahn gegen die galaktische Ebene) oder aus den Orten im galaktischen System (Kugelhaufen) kann man entnehmen, daß die metallarmen Sterne vor der Bildung der Milchstraßenscheibe entstanden sein müssen; sie gehören demnach zur ältesten Fixstern-Generation. Diese Objekte ermöglichen der Forschung einen Einblick in eine sehr frühe Entwicklungsphase des Milchstraßensystems.

Aufgabe

Berechnen Sie den Ionisationsgrad $N_1/(N_1 + N_0)$ des Wasserstoffs in den Photosphären von Hauptreihensternen nach der Saha-Gleichung (4-41) (s. Bd. I, S. 239)

$$\frac{N_1}{N_0} \cdot p_e = (6{,}65 \cdot 10^{-2}\ \text{Pa}) \cdot \frac{u_1}{u_0} \cdot \left(\frac{T}{\text{K}}\right)^{5/2} \cdot \exp\left(-\frac{\chi_0}{kT}\right)$$

(Für Wasserstoff sind die Zustandssummen $u_0 = 2$, $u_1 = 1$ und die Ionisationsenergie $\chi_0 = 13{,}6$ eV).
Verwenden Sie dazu die Werte des Elektronendrucks p_e aus der folgenden Tabelle und die effektive Temperatur aus Tab. 5.9.

Spektraltyp	B0 V	A0 V	F0 V	G0 V	K0 V	M0 V
$\lg\left(\dfrac{p_e}{P_a}\right)$	1,92	1,50	0,89	0,21	−0,36	−0,93

Zusammenfassung zu 5.2 „Der physikalische Zustand der Sterne"

1. Die überwiegende Mehrzahl der sichtbaren Sterne befindet sich in einem Zustand, in dem die Energieproduktion im Zentralbereich durch Kernfusionsprozesse stattfindet. Dabei ändern sich die Zustandsgrößen so langsam, daß man von einem Gleichgewichtszustand sprechen kann. Er ist bestimmt durch das hydrostatische Gleichgewicht zwischen Gas- und Schweredruck und durch zeitlich konstante Temperaturen. Die weitaus längste Gleichgewichtsphase ist durch die Energiegewinnung aus der Verschmelzung von 4 H-Kernen zu 1 He-Kern („Wasserstoffbrennen") gekennzeichnet.

2. Für den Gleichgewichtszustand des Sterninnern lassen sich Gleichungen angeben, aus denen der physikalische Aufbau des Sterns grundsätzlich hergeleitet werden kann. Bei gegebener chemischer Zusammensetzung ist die Leuchtkraft eindeutig durch die Sternmasse bestimmt (Masse-Leuchtkraft-Beziehung).

3. Die Fixsterne können mit wenigen Ausnahmen in ein zweidimensionales Schema eingeordnet werden (Hertzsprung-Russell-Diagramm, abgk. HRD), wobei die absolute Helligkeit M_V in Abhängigkeit vom Spektraltyp aufgetragen wird. Über 90% der Sterne liegen im HRD auf einer Linie, die man als Hauptreihe bezeichnet; diese Sterne beziehen ihre Energie ausschließlich aus dem Wasserstoffbrennen. Längs der Hauptreihe sind die Sterne nach ihrer Masse geordnet: Je größer die Sternmasse, desto höher die Leuchtkraft.
Weitere umschriebene Sterngruppen im HRD sind die Weißen Zwerge (mit extrem hohen Durchschnittsdichten), die Riesensterne (mit größeren Radien als die Hauptreihensterne gleichen Spektraltyps) und die Überriesen (mit absoluten Helligkeiten M_V um −6,5 mag). Die Entfernung all dieser Gruppen von der Hauptreihe ist altersbedingt.

4. Der Zustand der Materie im Innern von Hauptreihensternen unterscheidet sich qualitativ nicht von dem des Sonneninnern: Die Materie liegt als Wasserstoffplasma vor, dem ein kleiner Bruchteil He-Kerne beigemischt ist (etwa 3% aller Teilchen) und sehr wenige schwerere Kerne und Ionen; dieses Plasma kann in guter Näherung als ideales Gas betrachtet werden. Die Zentraltemperaturen liegen in der Größenordnung von 10^7 K. Bei großen Sternmassen dominiert der CNO-Zyklus (Energieerzeugung stark zum Zentrum konzentriert, konvektiver Kern), bei kleineren Sternmassen der p-p-Prozeß (Energieerzeugung mit abnehmender Temperatur immer stärker zum Zentrum konzentriert, konvektive Hülle).

5. Wenn ein Hauptreihenstern mehr als 10% seines Wasserstoffs in Helium verwandelt hat, beginnt er von der Hauptreihe abzuwandern; dies ist umso früher der Fall, je größer die Leuchtkraft, also je größer die Sternmasse ist.

6. Sterne mit gleicher Spektralklasse, aber verschiedener Leuchtkraft, unterscheiden sich durch die Intensitätsverhältnisse bestimmter Spektrallinien. Damit konnten Kriterien für die Einteilung der Sterne in Leuchtkraftklassen entwickelt werden. So entsteht eine zweidimensionale Klassifikation (MK-System oder Yerkes-System) nach Spektral- und Leuchtkraftklassen, in die sich die allermeisten Sterne einordnen lassen.
Aus der Leuchtkraftklasse kann die absolute Helligkeit und damit die Entfernung des Sterns bestimmt werden (spektroskopische Parallaxen).

7. Die Sternfarbe wird durch den Farbenindex $FI = m_{kurzw.} - m_{langw.}$ gekennzeichnet. Zwischen Spektraltyp und Farbenindex kann für jede Leuchtkraftklasse ein eindeutiger Zusammenhang hergeleitet werden. Man kann also im HRD den Spektraltyp durch den Farbenindex ersetzen und erhält so ein Farben-Helligkeitsdiagramm (FHD), in das auch sehr schwache Sterne eingeordnet werden können, von denen kein Spektrum gewonnen werden kann.

8. Zur quantitativen Spektralanalyse der Sternatmosphären kann man im Gegensatz zur Analyse der Sonnenphotosphäre meist nur starke Absorptionslinien verwenden. Für sie wird der Zusammenhang zwischen Äquivalentbreite und Dichte der absorbierenden Atome oder Ionen durch die Wachstumskurve geliefert. Die Dichte der absorbierenden Teilchen ergibt sich durch Vergleich einer empirischen mit theoretischen Wachstumskurven. Über die Saha-Gleichung erhält man daraus die Anteile der verschiedenen Elemente an der Photosphärenmaterie der Sterne. Dabei zeigt es sich, daß die Zusammensetzung der allermeisten Sternatmosphären sehr ähnlich ist und der Zusammensetzung der Sonnenphotosphäre gleicht. Daraus folgt, daß — mit wenigen Ausnahmen — keine Durchmischung der Sternmaterie stattfindet, daß also die chemische Zusammensetzung der Sternatmosphären identisch mit derjenigen ist, welche die Sterne vor Beginn der Kernfusionsprozesse (Alter Null) besessen haben.

5.3. Die Entwicklung der Fixsterne

Fixsterne sind physikalische Systeme, die unablässig riesige Energiemengen in den Weltraum strahlen. Da nach dem Energieerhaltungssatz im Stern keine Energie erzeugt werden kann, muß er mit einem ungeheuren Energievorrat geboren worden sein, der sich durch die Abgabe von Strahlungsenergie laufend verringert. Dadurch verändert sich aber zwangsläufig der physikalische Zustand des Sterns: er altert. Der Lebensweg eines Fixsterns wird bestimmt durch die verschiedenen Energieumwandlungsprozesse, die er im Laufe seiner Entwicklung zur Deckung seiner Strahlungsenergieverluste erschließen kann. Die beiden wichtigsten Energiequellen der

Sternstrahlung wurden bereits bei der Frage nach der Herkunft der Sonnenstrahlungsenergie diskutiert: die Gravitationsenergie und die Atomkernenergie (s. Bd. I, S. 204ff.). Zur Freisetzung von Gravitationsenergie muß der Stern seinen Radius verkleinern; während dieser Kontraktionsphasen erlebt er also grundlegende Änderungen seines physikalischen Zustands. Während der Gewinnung von Strahlungsenergie durch Kernfusionsprozesse befindet sich dagegen der Stern in gleichgewichtsähnlichen Zuständen, deren wichtigster — das Hauptreihenstadium mit der Verschmelzung von Wasserstoff- zu Heliumkernen — im vorhergehenden Abschnitt ausführlich behandelt wurde. — Wenn weder Kontraktion noch Kernfusionen imstande sind, den Strahlungsenergieverlust eines Sterns zu decken, so muß er seine innere Energie verringern, indem er sich abkühlt.

Die Kenntnisse über die verschiedenen Möglichkeiten der Energieumwandlung im Stern und über den Sternaufbau in den Gleichgewichtszuständen ermöglichen es, die Veränderungen im physikalischen Zustand der Fixsterne und damit ihren ganzen Lebensweg zu erforschen. Dies geschieht durch *Berechnung von Sternmodellen.* Dabei wird für einen bestimmten, durch Anfangswerte von Masse und chemischer Zusammensetzung gekennzeichneten Sterntyp eine Reihe von zeitlich aufeinander folgenden Modellen hergeleitet. Wegweiser und Kontrolle für den Gang dieser Rechnungen sind die im Hertzsprung-Russell-Diagramm (s. S. 398) niedergelegten Beobachtungsdaten. Drei Kriterien sind dabei für die Brauchbarkeit der Modellserien wichtig: Jedes Modell für den Sternaufbau darf nur zu solchen Wertepaaren der Oberflächenparameter effektive Temperatur und Leuchtkraft führen, die in der Natur beobachtet werden. Zum andern müssen die aus den Modellfolgen errechneten Zustandsänderungen im HR-Diagramm stetige Entwicklungswege ergeben. Schließlich muß die errechnete Dauer der einzelnen Gleichgewichtszustände der Häufigkeit entsprechen, mit der jede dieser Entwicklungsphasen im HR-Diagramm erscheint.

Der Lebensweg eines Fixsterns ist durch drei Phasen von sehr verschiedener Länge gekennzeichnet:

die relativ kurze *Vor-Hauptreihen-Entwicklung,* in der die Strahlungsenergie ausschließlich aus dem Vorrat an Gravitationsenergie, also durch Kontraktion gewonnen wird,

der lang anhaltende Gleichgewichtszustand während des Aufenthalts auf der *Hauptreihe,* in dem der Energieverlust durch die Kernumwandlung von Wasserstoff in Helium gedeckt wird.

die viel kürzere Phase der *Nach-Hauptreihen-Entwicklung*, in der Kontraktionen und Kernfusionen als Quellen für die ausgestrahlte Energie abwechseln.

Die Kenntnisse über die einzelnen Phasen sind noch sehr ungleich. Weitaus am besten verstanden wird der Hauptreihenzustand und die daran anschließende Entwicklung bis zum Stadium der roten Riesensterne; diese Tatsache ist dadurch zu erklären, daß die in diesem Abschnitt der Sternentwicklung ablaufenden physikalischen Vorgänge relativ wenig kompliziert sind, und daß wir hierfür das bei weitem umfangreichste Beobachtungsmaterial besitzen.

5.3.1 Sternentstehung und Entwicklung bis zur Hauptreihe

Die Entstehung der Sterne und die Frühphasen ihrer Entwicklung sind optisch nicht beobachtbar, da die Temperatur der betreffenden Objekte noch sehr niedrig ist. Trotzdem kennt man seit langem die Orte der Sternentstehung. Sterne der Spektraltypen O und B0 bis B2 sind nämlich noch so jung, daß sie sich noch nicht weit von ihrem Entstehungsort entfernt haben können (s. Tab. 5.6, S. 404). Sie befinden sich überwiegend in größeren und kleineren *Sternhaufen*, die ihrerseits von großen, oft sehr dichten *Wolken interstellarer Materie* umgeben sind. Das bekannteste Beispiel solcher Objekte sind die Trapezsterne im großen Orionnebel (ϑ^1 Orionis; Näheres s. S. 507). In solchen dichten Materiewolken nimmt man die Gebiete der *Sternentstehung* an.

Seit der Entwicklung hochauflösender Empfangsanlagen für kosmische Radiostrahlung und mit modernen Infrarotteleskopen ist innerhalb dichter Materiewolken in der Tat eine größere Anzahl von Objekten gefunden worden, die man als Vor- oder Frühstadien von Fixsternen ansieht. Die am besten erforschten Objekte sind die Infrarotquellen im Orionnebel und eine Strahlungsquelle mit der Bezeichnung W 3 im Sternbild Cassiopeia.

Diese Infrarot- und Radiobeobachtungen früher Sternentwicklungsphasen bilden einen Grundstein für die Modellrechnungen, die für Sternbildungsprozesse mit verschiedenen Massen durchgeführt wurden. Eine ähnliche Bedeutung haben optische Beobachtungen von Sternen, die sich noch in der Kontraktionsphase kurz vor dem Einsetzen der Kernfusionsprozesse befinden (Herbig-Haro-Objekte, T Tauri-Sterne [9]). Anhand solcher Modellrechnungen wurden die folgenden Vorstellungen über die Entwicklung der Sterne in der Vor-Hauptreihen-Phase entwickelt.

Voraussetzung für die Bildung eines Sterns ist das Auftreten einer *Gravitationsinstabilität* in einer der dichten interstellaren Wolken, die in einem „Zwischenwolkengas" viel geringerer Dichte eingebettet sind. Für eine solche Instabilität gilt anstelle des Virialsatzes (s. Bd. I, S. 324f.) die Ungleichung

$$\left|E_{\text{pot}}\right| > 2\left|E_{\text{kin}}\right|. \tag{5-40}$$

Nun ist die potentielle Energie einer kugelsymmetrisch aufgebauten Materiewolke mit dem Radius R und der Masse m (s. Bd. I, S. 322 ff.)

$$E_{\text{pot}} = -C \cdot G \cdot \frac{m^2}{R} \tag{5-41}$$

(C ist eine vom Aufbau der Wolke abhängige Konstante von der Größenordnung 1). Die kinetische Energie der Teilchen in einer solchen Wolke setzt sich zusammen aus thermischer Bewegungsenergie, Turbulenzenergie und Rotationsenergie. Solange die erste überwiegt, gilt

$$E_{kin} = \frac{3}{2} \cdot \frac{m}{m_1} \cdot k \cdot T \tag{5-42}$$

(m_1 ist die mittlere Masse eines einzelnen Teilchens der Wolke). Eliminiert man den Wolkenradius R mit Hilfe der mittleren Dichte $\rho = 3\,m/(4\pi R^3)$, so ergibt sich aus Gl. (5-40) mit (5-41) und (5-42) als Bedingung für die Gravitationsinstabilität der Wolke

$$C \cdot \left(\frac{4\pi}{3}\right)^{1/3} \cdot G \cdot m^{5/3} \cdot \rho^{1/3} > 3\,\frac{m}{m_1} \cdot k \cdot T.$$

Daraus folgt für die Masse einer gravitationsinstabilen Wolke

$$m > C' \cdot \left(\frac{k \cdot T}{G \cdot m_1}\right)^{3/2} \cdot \frac{1}{\sqrt{\rho}}. \tag{5-43}$$

Für die Proportionalitätskonstante C' liefert eine genaue Theorie den Wert 3,7.

Radiobeobachtungen der Emissionslinien interstellarer Moleküle ergeben, daß die Wolken, in denen Infrarotobjekte gefunden wurden, Dichten von etwa 10^4 H-Atomen im cm^3 und Temperaturen um 10 K haben. Die kollabierenden Wolken müssen deshalb nach Gl. (5-43) eine Mindestmasse von etwa 20 Sonnenmassen haben. Solange bei diesem Kollaps die Dichte der zunächst frei fallenden Teilchen unter rund 10^{11} cm^{-3} bleibt, wird die freiwerdende Gravitationsenergie vollständig abgestrahlt; die Wolkentemperatur ändert sich also nicht. Da jedoch der Gravitationsdruck mit abnehmendem Radius der Wolke rasch zunimmt, werden die Teilchen immer stärker aufs Zentrum hin beschleunigt.

An Stellen mit zufällig höherer Dichte erfolgt der Kollaps rascher (s. Aufg. S. 423); die Wolke zerfällt also in einzelne Teile, die ihrerseits bei genügend hoher Dichte wieder durch Inhomogenitäten aufgespalten werden, denn mit zunehmender Dichte und konstanter Temperatur sinkt nach Gl. (5-43) die Stabilitätsgrenze. Dieser Prozeß wird schließlich dadurch gestoppt, daß bei zunehmender Dichte die Absorption der Wärmestrahlung innerhalb des entstehenden Sterns — insbesondere durch die in der Sternmaterie etwa zu 1 % enthaltenen Staubteilchen — immer stärker wird und dieser sich zunehmend erwärmt. Mit steigender Temperatur wächst der Gasdruck und wird schließlich so groß wie der Gravitationsdruck, und zwar zuerst im Zentralbereich des betreffenden Wolkenfragments. Dort stellt sich also nahezu hydrostatisches Gleichgewicht ein; hierfür gilt der Virialsatz (s. Bd. I, S. 324f.). Demnach zieht sich dieser Zentralbereich von nun an nur noch so rasch zusammen, daß die Hälfte der frei werdenden Gravitationsenergie zur Deckung der Strahlungsverluste ausreicht; die andere Hälfte wird in innere Energie des entstehenden Sterns verwandelt. Die äußeren Teile dieses Protosterns befinden sich weiterhin im freien Fall; die Materie stürzt mit großer Geschwindigkeit auf den im Gleichgewicht befindlichen Kern. Bei einem Objekt von der Masse der Sonne dauert es etwa 10^6 Jahre, bis die ganze Hülle auf den Kern herabgeregnet ist (s. folgende Aufg.). Nach insgesamt 10^7 Jahren ist im Zentrum des Protosterns die Temperatur so weit gestiegen, daß die Kernfusionen der p-p-Kette (s. Bd. I, S. 208) einsetzen. Damit ist die erste Phase der Sternentwicklung beendet; der Stern hat die Leuchtkraft und effektive Temperatur des seiner Masse entsprechenden Hauptreihenzustandes erreicht.

Aufgabe

a) Welche Grenzmasse m_g muß nach Gl. (5-43) eine homogene Wasserstoffwolke mit der räumlichen Atomdichte n haben, damit sie bei der mittleren Temperatur $T = 10\,\mathrm{K}$ gravitationsinstabil werden kann? – Stellen Sie $\lg(m_g/m_\odot)$ in Abhängigkeit von $\lg(n/\mathrm{cm}^{-3})$ grafisch dar und machen Sie sich daran den auf S. 422 beschriebenen Fragmentierungsprozeß klar.

b) Solange die Teilchendichte einer kollabierenden Wolke noch genügend klein ist, kann man annehmen, daß sich die einzelnen Teilchen nach den Keplerschen Gesetzen (s. Bd. I, S. 72) um das Wolkenzentrum bewegen. Ein Teilchen, das sich im Abstand R vom Zentrum einer kugelsymmetrisch aufgebauten Wolke befindet, erfährt nämlich Gravitationskräfte nur von den Teilchen mit Zentrumsabständen $r \leq R$, deren Gesamtmasse im Wolkenzentrum vereinigt gedacht werden kann und während der freien Fallbewegung des betrachteten Teilchens konstant bleibt.
Welche Fallzeit ergibt sich für ein Teilchen, das ohne Anfangsgeschwindigkeit aus der Entfernung R frei zum Zentrum fällt, wenn bei seinem Start die mittlere Dichte der Wolke für $r \leq R$ den Betrag $\rho(R)$ besitzt? (Vgl. dazu Bd. I, S. 87, Aufg. 7). Wie lange dauert insbesondere der Kollaps einer Wolke mit der Dichte von 10^4 H-Atomen in $1\,\mathrm{cm}^3$?

5.3.2 Die thermischen Fusionsprozesse von Helium- und schwereren Kernen

Der Zustand der Hauptreihensterne, in denen die Verschmelzung von Wasserstoff- zu Helium-Kernen die einzige Quelle der Strahlungsenergie ist, wurde im vorhergehenden Abschnitt behandelt (s. S. 391 ff.), außerdem in Kapitel 4 (Bd. I, S. 197 ff.), denn die Sonne ist ein Hauptreihenstern. Dieser Gleichgewichtszustand dauert sehr lang (s. Tab. 5.6, S. 404). Dann schließt sich eine kürzere Phase an, die Nach-Hauptreihen-Entwicklung bis zum Erlöschen der Kernenergiequellen. Da während des Hauptreihenzustandes der Wasserstoff im Zentralbereich der Sterne weitgehend aufgebraucht wurde, muß in der nun folgenden Phase die durch Abstrahlung verloren gehende Energie entweder durch Fusion von schwereren Kernen gedeckt werden oder durch Kontraktionen, mit denen an bestimmten Stellen der Entwicklung zusätzlich Energie aus dem Gravitationsfeld der Sterne freigesetzt wird. Entscheidend für den Lebensweg eines Sterns nach dem Verlassen der Hauptreihe sind die Kernfusionsprozesse, die er noch in Gang setzen kann, nachdem das Wasserstoffbrennen im Sternzentrum erloschen ist. Zu ihrem Verständnis sind einige grundsätzliche Bemerkungen über Kernfusionsprozesse nötig.

Zur Abtrennung von Nukleonen (Protonen, Neutronen) von einem Atomkern muß man dem Kern Energie zuführen. Zerlegt man ihn auf diese Weise schließlich in einzelne Nukleonen, die nicht mehr aneinander gebunden sind, also die Bindungsenergie null haben, so muß die insgesamt zugeführte Energie den gleichen Betrag haben wie die Bindungsenergie des zusammengesetzten Kerns, jedoch entgegengesetztes Vorzeichen; die Bindungsenergie der Kerne ist daher stets negativ, und ihr Betrag nimmt mit der Nukleonenzahl im Kern zu. Die im Mittel auf 1 Nukleon entfallende Kernbindungsenergie zeigt Abb. 5.18. Soll durch Kernfusionsprozesse Energie freige-

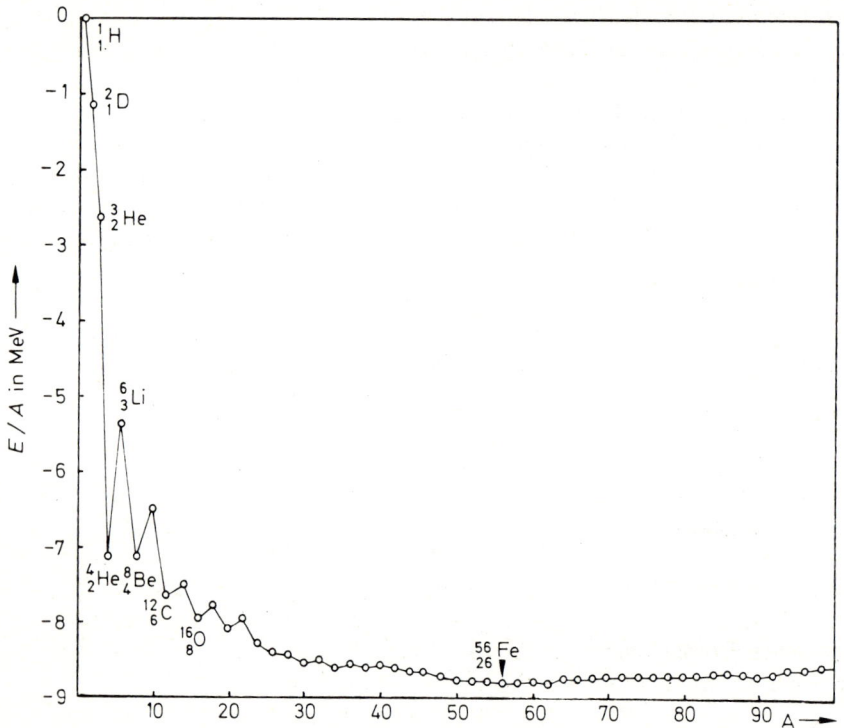

Abb. 5.18 Mittlere Bindungsenergie je Teilchen E/A für die leichteren Atomkerne, die bei Kernfusionsprozessen im Sterninnern eine Rolle spielen, aufgetragen in Abhängigkeit von der Massenzahl A. Das absolute Minimum dieser Funktion liegt etwa bei der Massenzahl 60. Für $A > 60$ steigt E/A nahezu monoton an. Bei Kernverschmelzungen wird Energie frei, wenn E/A für den Endkern niedriger als für die Ausgangskerne liegt.

setzt werden, so muß der Endkern eine kleinere Bindungsenergie haben als die Ausgangskerne; da bei der Fusion die Nukleonenzahl gleich bleibt, muß auch die mittlere Energie eines Nukleons für die Ausgangskerne größer als für den Endkern sein. Deshalb kommen für die Energiegewinnung durch Kernverschmelzung Kerne mit mehr als etwa 60 Nukleonen nicht in Frage.

Zu Beginn der Nach-Hauptreihen-Entwicklung besteht das Zentralgebiet der Sterne im wesentlichen aus He-Kernen (Alpha-Teilchen) und freien Elektronen, also einem Helium-Plasma. Wie schon die grobe Abschätzung in Tab. 4.2 (Bd. I, S. 206) zeigt, muß wegen der stärkeren elektrostatischen Abstoßung der He-Kerne wesentlich mehr Energie als bei H-Kernen aufgebracht werden, um sie in Kontakt zu bringen. Da diese Energie nur aus der thermischen Bewegungsenergie der Kerne stammen kann, benötigt der Stern für die thermische Fusion von He-Kernen eine rund 10 mal höhere Temperatur im Zentralbereich als während des Wasserstoffbrennens (s. Tab. 5.5, S. 403). In der Regel können bei den in Sternen herrschenden Temperaturen Kernfusionen nur durch den Tunneleffekt stattfinden (s. Bd. I, S. 207); deshalb liefern die Schätzwerte der Tab. 4.2 keinen Anhaltspunkt für die nötige Zündtemperatur.

Die Verschmelzung zweier He-Kerne führt zu einem $^{8}_{4}$Be-Kern, der jedoch spontan mit einer Halbwertszeit von ungefähr 10^{-16} s wieder in zwei He-Kerne zerfällt. Nur wenn einer der sehr seltenen $^{8}_{4}$Be-Kerne während seiner kurzen Lebensdauer von einem He-Kern getroffen wird, verschmilzt er bei einer Temperatur von mindestens 10^{8} K mit einer gewissen Wahrscheinlichkeit mit diesem nach der Reaktionsgleichung

$$^{8}_{4}\text{Be}(\alpha, \gamma)^{12}_{6}\text{C}. \tag{5-44}$$

Obwohl bei jedem dieser relativ seltenen Fusionsprozesse — es müssen nahezu gleichzeitig 3 Alpha-Teilchen zusammenstoßen und verschmelzen — nur 7,3 MeV frei werden gegenüber rund 26 MeV beim Wasserstoffbrennen, kann dieser *3α-Prozeß* bei genügend hoher Massendichte den Energiebedarf eines Sterns decken. — Dies wird noch dadurch begünstigt, daß ein Teil der entstandenen Kohlenstoff-Kerne mit einem weiteren Alpha-Teilchen zu einem Sauerstoffkern verschmilzt, wobei ebenfalls 7,2 MeV abgegeben werden.

Steigt die Temperatur über $5 \cdot 10^{8}$ K, so können sogar zwei Kohlenstoff-Kerne fusionieren. Dabei entsteht zuerst ein angeregter Magnesium-Kern, der dann unter Emission eines Protons oder eines Alpha-Teilchens (oder — viel seltener — eines Photons oder Neutrons) in einen stabileren Endzustand übergeht:

$$^{12}_{6}\text{C} + ^{12}_{6}\text{C} \rightarrow ^{24}_{12}\text{Mg} \rightarrow \begin{cases} ^{23}_{11}\text{Na} + ^{1}_{1}\text{H} + 2,2 \text{ MeV} \\ ^{20}_{10}\text{Ne} + ^{4}_{2}\text{He} + 4,6 \text{ MeV}. \end{cases} \tag{5-45}$$

Je tiefer die Energie der entstehenden Endprodukte liegt, desto häufiger kommen sie vor.

Bei Temperaturen zwischen 10^{9} K und $2 \cdot 10^{9}$ K werden weitere Kernverschmelzungen möglich, bei denen besonders $^{28}_{14}$Si, $^{32}_{16}$S und $^{24}_{12}$Mg entstehen, also Kerne, die man sich durch wiederholten Einfang von Alpha-Teilchen entstanden denken kann.

Daß der Alpha-Einfang für die Erzeugung schwerer Kerne im Sterninnern eine große Rolle spielt, zeigt die Zusammensetzung der Sternmaterie, wie sie z.B. die Tab. 4.4 für die Sonne angibt (s. Bd. I, S. 241); die erwähnten Elemente sind deutlich häufiger als solche mit benachbarten Ordnungszahlen. Kerne mit ungeraden Ordnungszahlen können durch Anlagerung oder Emission von Protonen entstehen, wie dies die Gl. (5-45) für den $^{23}_{11}$Na-Kern beweist.

Durch *Alpha-Einfang* können Kerne bis zum $^{40}_{20}$Ca aufgebaut werden; darüberhinaus wird die elektrostatische Abstoßung zwischen den zu verschmelzenden Kernen so groß, daß bei den in Sternen möglichen Temperaturen der Einfang von Alpha-Teilchen sehr unwahrscheinlich wird. Die Bildung schwerer Kerne dürfte hauptsächlich auf *Neutronen-Einfang* zurückzuführen sein.

Bei einigen 10^9 K werden Kernfusionsprozesse als Energiequellen wirksam, durch die Kerne bis zum $^{56}_{26}$Fe aufgebaut werden. Bei genügend hoher Dichte reagieren jedoch besonders die schwereren Kerne immer häufiger mit den sehr energiereichen Photonen der thermischen Strahlung des Plasmas, wobei aus weniger stabilen Kernen Protonen, Neutronen oder Alpha-Teilchen herausgeschlagen werden. Da diese sich rasch wieder an stabile Kerne anlagern, bildet sich schließlich ein stationäres Gleichgewicht zwischen Spaltungs- und Fusionsprozessen aus, wobei im Endergebnis keine Energie mehr frei wird und die Materie hauptsächlich aus $^{56}_{26}$Fe und Kernen mit benachbarten Massenzahlen besteht.

Ob ein Stern tatsächlich alle hier beschriebenen Kernfusionsprozesse zur Energieerzeugung erschließen kann, hängt davon ab, wie hoch sich seine Zentraltemperatur steigern läßt. Sterne mit geringeren Massen kommen über das He-Brennen nicht hinaus; nur bei den massereicheren Sternen können die höheren Kernfusionen gezündet werden. Da die Energieausbeute umso geringer ist, je schwerer die verschmelzenden Kerne sind, wird jede Kernfusionsphase schneller durchlaufen als die vorhergehende.

5.3.3 Die Entartung der Materie im Sterninnern

In der Entwicklung nach dem Verlassen der Hauptreihe treten Phasen auf, in denen die innersten Bereiche der Sterne sich stark zusammenziehen. Die erste dieser Kontraktionen ereignet sich in dem Helium-Kern, der sich während des langen Hauptreihenzustands gebildet hat (s. S. 431). Ähnliches tritt in mehreren späteren Phasen der Nach-Hauptreihen-Entwicklung ein. Bei diesen Kontraktionen kann die Dichte so groß werden, daß sich in der Energieverteilung der Elektronen charakteristische Abweichungen von der Maxwell-Verteilung (s. Bd. I, S. 207 u. 314) ergeben; man bezeichnet sie als *Entartung* des Elektronengases.

Das Innere eines Sterns befindet sich weitgehend im Zustand eines Plasmas, das aus Ionen und freien Elektronen besteht. Da diese in einem endlichen Raum eingeschlossen sind, kann jedes Teilchen nur bestimmte, diskrete Energiezustände annehmen. An einem einfachen Beispiel soll dies erläutert werden. Ein Teilchen befinde sich in einem würfelförmigen Körper der Kantenlänge L und soll sich nur parallel zu einer

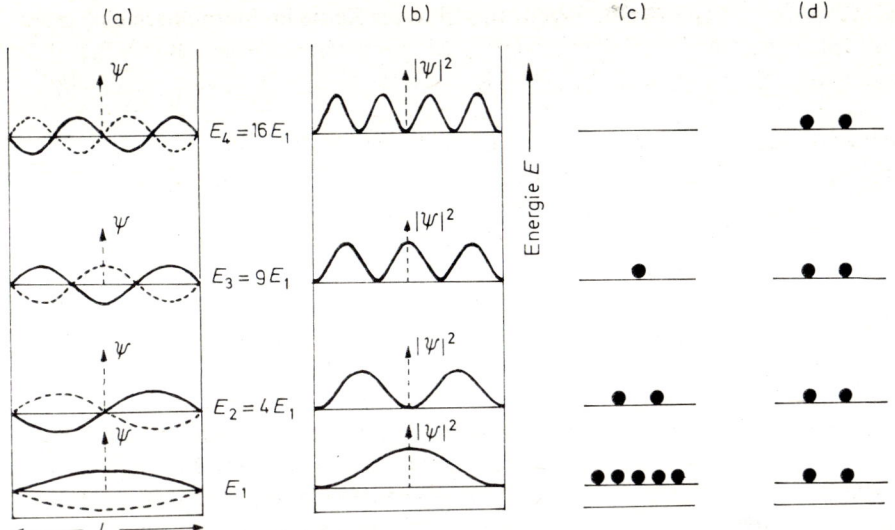

Abb. 5.19 Zur Gasentartung:
(a) Entstehung diskreter Energieniveaus für ein eindimensional bewegliches Teilchen, das auf einen Raum der Länge L beschränkt ist, durch die mit dem Teilchen gekoppelte Materiewelle der Amplitude ψ. (b) Die Aufenthaltswahrscheinlichkeit des Teilchens ist proportional zum Amplitudenquadrat $|\psi|^2$ der Materiewelle. (c) Maxwell-Boltzmann-Verteilung von 8 Teilchen auf die Energieniveaus. (d) Fermi-Dirac-Verteilung von 8 Teilchen, deren thermische Energie klein gegenüber ihrer Fermienergie ist.

Kantenrichtung bewegen können, so daß es dauernd zwischen zwei einander gegenüber liegenden Flächen hin und her reflektiert wird. Ohne besondere experimentelle Einwirkungen auf das Teilchen kann man nur sagen, daß es sich irgendwo auf dieser Wegstrecke der Länge L zwischen den beiden reflektierenden Wänden befindet. Nach den Gesetzen der Quantenmechanik können jedoch genauere Angaben über die Aufenthaltswahrscheinlichkeit des Teilchens gemacht werden. Besitzt das Teilchen den Impuls $\vec{p} = m \cdot \vec{v}$, so kann man ihm eine Welle der Wellenlänge $\lambda = \frac{h}{p}$ zuordnen (h ist das Plancksche Wirkungsquantum; s. Physik-Lehrbuch); bezeichnet man ihre Amplitude mit ψ, so ist $|\psi|^2$ ein Maß für die Aufenthaltswahrscheinlichkeit des Teilchens. Da sich das Teilchen in seinem beschränkten Aufenthaltsbereich in einem stationären Zustand befindet, muß dies auch für die ihm zugeordnete Welle gelten; es kann sich also nur um eine stehende Welle handeln, wie sie z.B. als Schwingung einer beiderseits eingespannten Saite auftritt (s. Physik-Lehrbuch). Nach Abb. 5.19 sind für die Wahrscheinlichkeitswelle nur ganz bestimmte Wellenlängen möglich. Für diese gilt

$$\lambda_k = \frac{2L}{k} \qquad (k = 1, 2, 3, \ldots).$$ (5-46)

Das Teilchen kann also nur die Impulse $p_k = k \cdot \dfrac{h}{2L}$ bzw. die kinetischen Energien

$$E_k = \frac{p_k^2}{2m} = \frac{h^2}{8mL^2} \cdot k^2 \qquad (k = 1, 2, 3, \ldots)$$ (5-47)

annehmen. Die statistische Verteilung der Teilchen auf diese Niveaus hängt von der Art der Teilchen ab. Gehorcht sie dem Boltzmann-Theorem, so ergibt sich für die kinetische Energie der Teilchen die *Maxwell-Verteilung* (s. Bd. I, S. 314); sie ist — bei gegebener Teilchenmasse — ausschließlich durch die Temperatur bestimmt. Dies ist nicht die einzig mögliche Verteilung.

Aus der Physik der Elektronenhülle ist bekannt, daß die Anzahl der Elektronen auf einer Schale durch das *Pauli-Prinzip* begrenzt ist: Jedes Energieniveau darf nur von höchstens zwei Elektronen mit entgegengesetztem Spin besetzt sein. Diese Regel gilt auch für andere Elementarteilchen mit halbzahligem Spin, z. B. Protonen und Neutronen. Ihre Geschwindigkeitsverteilung gehorcht deshalb nicht der Maxwell-Boltzmann-Statistik, sondern der *Fermi-Dirac-Statistik*; deshalb werden sie *Fermionen* genannt. Nach dem Pauli-Prinzip darf auch bei der vorhin betrachteten eindimensionalen Bewegung im Würfel jedes der nach Gl. (5-47) möglichen Energieniveaus höchstens von zwei Fermionen der untersuchten Sorte mit der Teilchenmasse m besetzt sein. Selbst wenn bei Annäherung an den absoluten Nullpunkt der Temperatur ($T = 0\,\mathrm{K}$) die mittlere thermische Bewegungsenergie $\frac{3}{2}\,kT$ der Fermionen verschwindet, kann ihre kinetische Energie eine untere Grenze nicht unterschreiten. Im bisher diskutierten eindimensionalen Fall erhält man diese Grenzenergie durch folgende Überlegung. Bewegen sich insgesamt N' Fermionen auf dem gleichen Weg wie das vorhin betrachtete Teilchen, so stehen ihnen die Energieniveaus der Gl. (5-47) zur Verfügung, von denen sie am absoluten Temperaturnullpunkt paarweise die untersten $N'/2$ Niveaus besetzen. Das höchste der hierbei besetzten Niveaus hat die Energie

$$E_0 = \frac{h^2}{8m \cdot L^2} \cdot \left(\frac{N'}{2}\right)^2 .$$ (5-48)

Befinden sich längs einer Würfelkante N' Fermionen, so ist ihre mittlere Dichte im Würfel $n = (N'/L)^3$. Eliminiert man damit N' aus Gl. (5-48), so ergibt sich für die Energie des höchsten bei $T = 0\,\mathrm{K}$ besetzten Niveaus im dreidimensionalen Fall

$$E_F = \left(\frac{3}{\pi}\right)^{2/3} \cdot \frac{h^2}{8m} \cdot n^{2/3} .$$ (5-49)

(Der Zahlenfaktor stammt aus der Fermi-Dirac-Statistik; ihn herzuleiten würde hier zu weit führen. S. dazu z. B. [10]).

Solange die mittlere thermische Energie $\frac{3}{2}\,kT$ der Teilchen gegenüber ihrer *Fermi-Energie* E_F vernachlässigt werden kann, ist die mittlere kinetische Energie von

Fermionen näherungsweise unabhängig von der Temperatur; ein solches Fermionengas heißt *entartet.* Als Entartungsbedingung gilt daher

$$\frac{3}{2}kT \ll E_F. \tag{5-50}$$

Die Materie im Sterninnern ist bei mittleren Temperaturen von der Größenordnung 10^7 K, wie sie in Hauptreihensternen herrscht, ein Plasma aus freien Elektronen und Protonen mit einem kleinen Zusatz schwererer Kerne bzw. Ionen, unter denen die He-Kerne überwiegen. Für die Frage der Entartung der Sternmaterie spielen jedoch nur die Elektronen und Protonen eine Rolle, denn die He-Kerne haben den Spin null und sind daher keine Fermionen. Da die Elektronen von den in Frage kommenden Fermionen die kleinste Masse haben, ist ihre Fermi-Energie nach Gl. (5-49) bei gleicher Teilchendichte am größten. Bei einer Kontraktion des Sterns entartet daher nach Gl. (5-50) zuerst das Elektronengas. Nun liegt die mittlere Elektronendichte im Innern von Hauptreihensternen unter 10^{31} m^{-3}, was einer Fermi-Energie von der Größenordnung 200 eV entspricht; die thermische Energie der Elektronen ist dagegen mindestens von der Größenordnung 1000 eV. Demnach ist die Entartungsbedingung (5-50) für das Elektronengas nicht erfüllt (s. Aufg. S. 430); die Materie in Hauptreihensternen ist vielmehr weit vom Entartungszustand entfernt und konnte deshalb im vorhergehenden Abschnitt zu Recht als ideales Gas behandelt werden.

Weiße Zwergsterne haben dagegen bei einer Innentemperatur der gleichen Größenordnung eine rund 10^6 mal größere mittlere Dichte als die Sonne. Deshalb liegt nach Gl. (5-49) ihre Fermi-Energie mit 200 000 eV weit über der thermischen Energie von etwa 1000 eV; das Elektronengas im Innern Weißer Zwergsterne ist demnach weitgehend entartet. Für das Protonengas sind dagegen thermische und Fermi-Energie von gleicher Größenordnung; das Protonengas ist also nach Gl. (5-50) noch nicht entartet. Die Entartung des Elektronengases hat weitreichende Folgen für den Aufbau der Weißen Zwergsterne. Dies zeigt die Berechnung des Gasdrucks.

Die kinetische Theorie der Gase liefert für den Zusammenhang zwischen dem Druck p und der mittleren kinetischen Energie $\bar{E}$ eines Gasteilchens die Beziehung $p = \frac{2}{3} \cdot n \cdot \bar{E}$, und für die mittlere kinetische Energie eines Fermions ergibt die Fermi-Dirac-Statistik bei vollkommener Entartung den Wert $\bar{E} = \frac{3}{5} E_F$. Daraus folgt für den Druck eines entarteten Fermionengases

$$p = \frac{2}{5} \cdot n \cdot E_F. \tag{5-51a}$$

Solange sich die Zusammensetzung der Sternmaterie nicht ändert, kann man die Elektronendichte n_e proportional zur Massendichte ρ ansetzen und erhält damit aus Gl. (5-51a) mit Gl. (5-49) für den Druck eines entarteten Elektronengases

$$p_e \sim \rho^{5/3}. \tag{5-51b}$$

Da die Partialdrücke aller anderen Teilchensorten gleich $\frac{3}{2}nkT$ und wegen Gl. (5-50) gegenüber dem Entartungsdruck des Elektronengases vernachlässigbar sind, gibt die Beziehung (5-51b) die Zustandsgleichung der Materie im Innern Weißer Zwergsterne. Hier gilt also die Zustandsgleichung idealer Gase (5-25) nicht mehr; der Druck hängt nur noch von der Dichte, aber nicht mehr von der Temperatur ab. Es wird sich zeigen, daß dies für die Entwicklung eines Sterns von entscheidender Bedeutung wird, sobald er keine Energie mehr aus Kernfusionsprozessen freisetzen kann (s. S. 458).

Wächst die Dichte und damit die Fermi-Energie der Elektronen infolge der Sternkontraktion so stark, daß die Elektronengeschwindigkeiten sich der Lichtgeschwindigkeit c nähern, so muß in Gl. (5-49) die Abhängigkeit der Teilchenmasse m von der Energie berücksichtigt werden, indem man nach der speziellen Relativitätstheorie $m = E/c^2$ einsetzt. Damit erhält man für die Fermi-Energie relativistisch entarteter Teilchen

$$E'_F = (6{,}9 \cdot 10^{-26} \text{ J} \cdot \text{m}) \cdot n^{1/3}. \qquad (5\text{-}52)$$

Der Übergang zu relativistischer Entartung des Elektronengases liegt etwa dort, wo die Fermi-Energie mit der Ruhenergie $m_0 c^2 = 8{,}2 \cdot 10^{-14}$ J $= 0{,}51$ MeV der Elektronen vergleichbar wird. Nach Gl. (5-49) bzw. Gl. (5-52) ist dies bei einer Elektronendichte der Größenordnung 10^{36} m^{-3} bzw. einer Massendichte von rund 10^9 kg/m^3 der Fall.

Für den Druck des relativistisch entarteten Elektronengases erhält man aus Gl. (5-51a) und (5-52) anstelle von Gl. (5-51b)

$$p'_e \sim \rho^{4/3}. \qquad (5\text{-}53)$$

Der Unterschied zwischen den Zustandsgleichungen des nichtrelativistisch und des relativistisch entarteten Elektronengases ist verantwortlich für die Tatsache, daß es für Weiße Zwergsterne eine obere Grenzmasse gibt (s. S. 460).

Aufgabe

Die Sonne hat die Masse $m_\odot = 2 \cdot 10^{30}$ kg, den Radius $R_\odot = 7 \cdot 10^8$ m und die mittlere Temperatur $T_\odot = 4 \cdot 10^6$ K.

a) Berechnen Sie unter der Annahme eines reinen Wasserstoff-Plasmas (Protonendichte = Elektronendichte) die mittlere Dichte $n_{e\odot}$ und die Fermi-Energie $E_{F\odot}$ der Elektronen im Sonneninnern und prüfen Sie an Hand der Gl. (5-50) nach, ob das Elektronengas in der Sonne entartet ist.

b) Ermitteln Sie unter den gleichen Voraussetzungen wie in Teilaufgabe a) mit Hilfe der Massen, Radien und Zentraltemperaturen für Hauptreihensterne aus Tab. 5.5 die Fermi-Energien E_F und die mittleren thermischen Energien E_{th} der freien Elektronen und stellen sie die Logarithmen dieser Energien in Abhängigkeit vom Spektraltyp grafisch dar. (Verwenden Sie zur Berechnung der mittleren Temperatur die für die Sonne in Bd. I, S. 201 hergeleitete Näherungsgleichung $T = \frac{1}{4}T_z$.)

5.3.4 Nach-Hauptreihen-Entwicklung bis zum Helium-Brennen

Am Ende der Hauptreihenphase hat sich im Zentralbereich eines Sterns ein stark mit Helium angereicherter Kern gebildet. Hat dieser He-Kern etwa 10 % der gesamten Sternmasse erreicht, so fängt er an, sich zusammenzuziehen; damit beginnt die Nach-Hauptreihen-Entwicklung. Sie ist äußerlich gekennzeichnet durch starke, teilweise auch rasche Veränderungen der Oberflächenparameter T_{eff} und L und deshalb entsprechende Wanderungen der Sternpunkte im Hertzsprung-Russell-Diagramm. Die Wege der Sternpunkte beginnen dabei — entsprechend den verschiedenen Sternmassen — an ganz verschiedenen Stellen der Hauptreihe, führen aber zunächst alle in den rechts oben gelegenen Bereich des HR-Diagramms mit kleinen Werten von T_{eff}, aber großen Leuchtkräften L. Aus der Definition der effektiven Temperatur (5-9) (s. S. 373) folgt, daß diese Sterne große Radien haben müssen; es handelt sich um rote Riesen oder Überriesen der Leuchtkraftklassen III bis I. In diesem Stadium beginnt die Umwandlung von Helium in schwerere Kerne nach dem 3α-Prozeß (s. S. 425).

Der Anfang der Nach-Hauptreihen-Phase hat für die Erforschung der Sternentwicklung eine große Bedeutung, denn er bietet eine besonders gute Möglichkeit zum Vergleich von Theorie und Beobachtung. Aus zahlreichen Modellrechnungen, die sich über den ganzen Massenbereich von etwa $0,4\,m_\odot$ bis $30\,m_\odot$ erstrecken, sind die inneren Veränderungen im Bereich der Energieerzeugung und die hierdurch bewirkten Veränderungen der beobachtbaren Größen T_{eff} und L bekannt. Davon wird bei der Bestimmung des Alters von Sternhaufen Gebrauch gemacht (s. S. 440).

Das Wasserstoff-Brennen findet bei den Hauptreihensternen in einem eng begrenzten Zentralbereich statt, der bei Sternen mit Massen über $1,5\,m_\odot$ wegen der hohen Zentraltemperatur konvektiv ist. Dieser ganze Bereich wird also gut durchmischt und gleichmäßig in Helium verwandelt. In den masseärmeren Sternen wandert dagegen die nichtkonvektive Brennzone langsam nach außen und hinterläßt dabei einen ständig wachsenden Helium-Bereich. (s. dazu auch S. 395). In beiden Fällen muß an der Grenze des mit Helium angereicherten Gebiets die Temperatur stetig verlaufen, also unmittelbar innerhalb dieser Grenze den gleichen Wert haben wie im benachbarten Außenbereich:

$$T_i(r) = T_a(r). \tag{5-54}$$

Wegen des hydrostatischen Gleichgewichts muß aber auch der Druck an der Grenzfläche stetig sein:

$$p_i(r) = p_a(r). \tag{5-55}$$

Ist n die Teilchendichte, so gilt nach der kinetischen Theorie der Gase

$$p = n \cdot k \cdot T. \tag{5-56}$$

Aus den Gl. (5-54) bis (5-56) folgt aber

$$n_i(r) = n_a(r). \tag{5-57}$$

Auch die Teilchendichte darf also an der Grenze des Helium-Bereichs keinen Sprung aufweisen. Weil nun die Teilchenzahl bei Kernfusionsprozessen abnimmt (beim H-Brennen entsteht aus 4 Protonen 1 He-Kern), muß das Zentralgebiet ständig kontrahieren, damit die Teilchendichte an seiner Oberfläche konstant bleibt. Dabei bewegen sich die Teilchen des Zentralbereichs nach innen, und es wird – wie bei einem zur Erdoberfläche fallenden Körper – Gravitationsenergie frei. Dieser Kontraktionsvorgang setzt ein, wenn etwa 10 % der Gesamtmasse des Sterns in Helium verwandelt ist; gleichzeitig beginnen sich T_{eff} und L zu ändern, die während der Hauptreihenphase nahezu konstant geblieben waren.

Welche Auswirkungen die Kontraktion des Helium-Kerns auf Volumen, Dichte, Oberflächentemperatur und Leuchtkraft des Sterns hat, geht aus der folgenden Überlegung hervor. Nicht nur während des Wasserstoffbrennens, sondern auch bei der anschließenden Schrumpfung des Helium-Kerns kann man näherungsweise annehmen, daß sich der Stern im hydrostatischen Gleichgewicht befindet. Dann gilt der Virialsatz (s. Bd. I, S. 324 f.), also auch $\Delta E_{kin} = -\frac{1}{2}\Delta E_{pot}$. Demnach muß die bei der Kontraktion freigesetzte Gravitationsenergie zur Hälfte in thermische Bewegungsenergie der Sternteilchen umgewandelt werden; da die Teilchenzahl nicht zunimmt, führt dies zwangsläufig zu einer Steigerung der Durchschnittstemperatur im Sterninnern. Die restliche Hälfte der frei werdenden Gravitationsenergie muß abgestrahlt oder in potentielle Energie der äußeren Teile des Sterns verwandelt werden. Alle diese Effekte bedeuten eine Vergrößerung des Sternradius und eine Leuchtkraftsteigerung. Bei den Sternen mit konvektivem Kern ist die Aufblähung relativ zur Leuchtkraftsteigerung so groß, daß die effektive Temperatur zuerst abnimmt und erst kurz vor dem Erlöschen des Wasserstoff-Brennens im Kern ansteigt; bei den masseärmeren Sternen steigt dagegen während der Aufblähung auch die effektive Temperatur. Tab. 5.10 soll einen Einblick vermitteln in die Änderung der Durchschnittswerte von Radius und mittlerer Dichte bei ihrer Wanderung in den Bereich der Riesen oder Überriesen im HR-Diagramm.

Tab. 5.10 Durchschnittswerte für Radien und mittlere Dichten (in Einheiten der Sonnenwerte) für Sterne verschiedenen Spektraltyps auf der Hauptreihe (V), im Bereich der Riesen (III) und der Überriesen (I)

Leuchtkraft-klasse	Radius $R/R_{\odot}$			Mittlere Dichte $\rho/\rho_{\odot}$		
	V	III	I	V	III	I
O5	18	–	–	0,008	–	–
B0	7,5	16	20	0,04	–	$6 \cdot 10^{-3}$
A0	2,6	6	40	0,19	–	$2,5 \cdot 10^{-4}$
F0	1,4	5	60	0,71	–	$5 \cdot 10^{-5}$
G0	1,1	6	100	0,96	$1 \cdot 10^{-2}$	$1 \cdot 10^{-5}$
K0	0,9	16	200	1,3	$9 \cdot 10^{-4}$	$1,6 \cdot 10^{-6}$
M0	0,6	40	500	2,0	$9 \cdot 10^{-5}$	$1,3 \cdot 10^{-7}$

Nachdem der Wasserstoff im Zentralbereich in Helium verwandelt ist und sich das Wasserstoffbrennen in eine langsam nach außen wandernde Schale verschoben hat (die bei massereicheren Sternen erst nach dem Ausbrennen des konvektiven Kerns zündet), beschleunigt sich die Kontraktion des Kerns und die Aufblähung der Hülle. In dieser Entwicklungsphase wandern die Sterne in relativ kurzer Zeit im HR-Diagramm ins Gebiet der Riesen oder — wenn ihre Masse sehr groß ist — in das der Überriesen (s. Abb. 5.20). Die in der Abbildung gekennzeichneten Entwicklungswege werden von den massearmen Sternen erheblich langsamer durchlaufen als von den massereichen Sternen. Bei Sternen mit mittleren und kleinen Massen führt die Kontraktion des Kerns zur Entartung des Elektronengases in diesem Bereich; dadurch wird die Kontraktion gebremst (vgl. Aufg. S. 430). Bei den massereicheren Sternen wird durch die fortwährende Durchmischung des konvektiven Kerns die Kontraktion aufgeschoben, bis beinahe der ganze Kernwasserstoff verbraucht ist. Dafür läuft die Kontraktion des Kerns und die damit einhergehende Aufblähung der Hülle umso schneller ab. Es ist deshalb wenig wahrscheinlich, Sterne in dieser Entwicklungsphase zu beobachten, und dies ist der Grund für die *„Hertzsprung-Lücke"* zwischen der oberen Hauptreihe und den Riesen bzw. Überriesen im HR-Diagramm. Die sich langsamer verändernden Sterne geringerer Masse sind dagegen auch auf ihren Entwicklungswegen zwischen der Hauptreihe und dem Riesenstadium beobachtbar. Dies ist am besten in den Farben-Helligkeits-Diagrammen älterer Sternhaufen zu erkennen (s. Abb. 5.24, S. 438, 5.28, S. 442).

Bei Sternen im Stadium der Roten Riesen steigt die Temperatur im Zentralbereich durch dessen Kontraktion immer mehr an, bis schließlich bei Sternen von mehr als $0,5\,m_\odot$ der $3\,\alpha$-Prozeß anläuft, mit dem das Helium in Kohlenstoff umgewandelt wird (s. S. 425). Sterne mit geringerer Masse sollten sich ohne Helium-Brennen direkt zu einem Weißen Zwerg entwickeln. Aus den Verweilzeiten auf der Hauptreihe aus Tab. 5.6 (s. S. 404) folgt jedoch, daß solche Sterne, auch wenn sie in einer Frühphase unseres Milchstraßensystems entstanden sind, gegenwärtig die Hauptreihe noch nicht verlassen haben können. Bei Sternen mit Massen von der Größenordnung der Sonnenmasse ist das Zentralgebiet beim Zünden des $3\,\alpha$-Prozesses bereits entartet. Die neu entstandene Energiequelle hat dort zwar einen Temperaturanstieg zur Folge; da aber der Entartungsdruck temperaturunabhängig ist (s. Gl. (5-51b)), führt dies zu keiner Druckerhöhung. Deshalb kann sich das Zentralgebiet nicht ausdehnen und dadurch einen Teil der Wärmeenergie in Gravitationsenergie verwandeln. Durch Rückkopplung über die stark temperaturabhängige spezifische Energieerzeugung (s. Abb. 4.13, Bd. I, S. 210) wächst die Zentraltemperatur immer weiter, bis schließlich (5-50) nicht mehr gilt, die Elektronenentartung also aufgehoben wird. Dann verhält sich auch die Materie im Zentralbereich wieder mehr und mehr wie ein ideales Gas: Der Stern dehnt sich aus, wobei er einerseits einen Teil der überschüssigen Energie in Gravitationsenergie überführt, andererseits durch Oberflächenvergrößerung verstärkt Energie abstrahlt. Zentraltemperatur und Sternradius stellen sich dann so ein, daß Energieproduktion und Energieabstrahlung gleich sind.

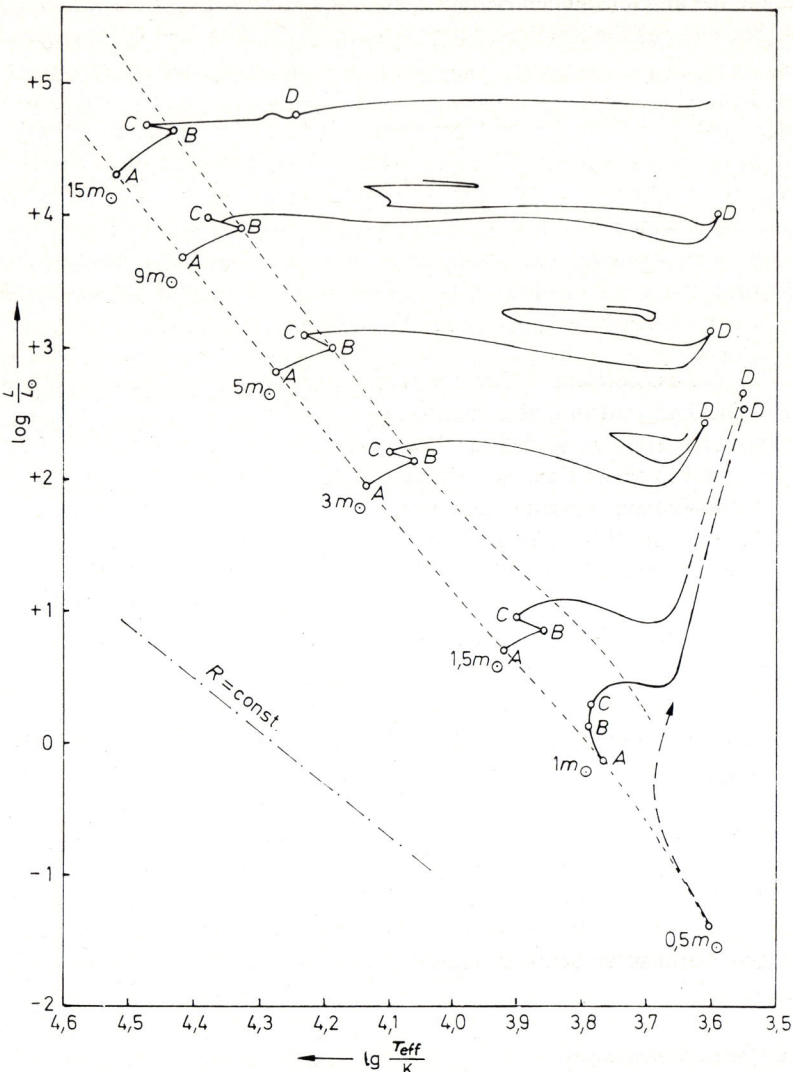

Abb. 5.20 Entwicklungswege von Sternen im Hertzsprung-Russell-Diagramm
Die Buchstaben entsprechen gleichartigen physikalischen Zuständen:

A: Ankunft auf der Hauptreihe
B: Beginn der Kontraktion des mit Helium angereicherten Zentralbereichs bei den Sternen mit $1,5\ m_\odot$ und darüber
C: Ende des Wasserstoffbrennens im Zentralbereich
D: Beginn des Heliumbrennens im Zentralbereich

Die gestrichelten Linien begrenzen die Hauptreihe. Die Linien konstanter Sternradien bilden eine Schar von Parallelen, von denen links unten eine eingezeichnet ist.

Während des anschließenden Helium-Brennens dürfte die Leuchtkraft nahezu konstant bleiben, der Sternradius aber abnehmen, denn nach der Zustandsgleichung idealer Gase (5-25) (s. S. 393) sinkt bei konstanter Temperatur der Gasdruck, wenn die mittlere Teilchenmasse zunimmt. Der Stern wird also im HR-Diagramm zunächst etwa horizontal nach links wandern (die damit verbundene Steigerung der Oberflächentemperatur T_{eff} wirkt sich auf die rund drei Zehnerpotenzen höhere Durchschnittstemperatur nicht aus). Die nächsten Entwicklungsstationen hängen dann von der Sternmasse ab. Nur wenn die Sternmasse größer als $1,4\,m_\odot$ ist, können durch starke Temperatursteigerungen im Zentrum neue Energiequellen erschlossen werden. Wenn diese Prozesse erloschen sind, entwickelt sich der Stern durch einen Kontraktionsprozeß zum Weißen Zwerg (s. S. 400).

Auch bei den massereicheren Sternen steigt mit zunehmender Kontraktion die Temperatur im Sternzentrum, aber mangels Gasentartung viel langsamer als bei den masseärmeren Sternen, so daß das Helium-Brennen wie später das Kohlenstoff-Brennen stets in einem gleichgewichtsähnlichen Zustand abläuft. Wenn im Kern das Kohlenstoff-Brennen einsetzt, kann weiter außen noch eine He-brennende und noch weiter außen eine H-brennende Schale vorhanden sein; die verschiedenen Kernfusionsphasen gehen also ineinander über. – Ob und wie diese massereicheren Sterne die stabilen Endzustände der Weißen Zwerge oder Neutronensterne erreichen, ist noch weitgehend unbekannt (s. dazu S. 458).

5.3.5 Die Sternhaufen und ihre Bedeutung für die Theorie der Sternentwicklung

Es gibt zwei Arten von Sternhaufen, die sich stark voneinander unterscheiden: die *Offenen Sternhaufen* und die *kugelförmigen Sternhaufen*. Die Offenen Sternhaufen sind überwiegend junge Gebilde; wegen ihrer starken Konzentration zur Milchstraßenebene werden sie vielfach auch als galaktische Haufen bezeichnet. Die kugelförmigen Sternhaufen gehören dagegen zu den ältesten Objekten unseres Sternsystems.

Die Offenen Sternhaufen

Offene Sternhaufen bestehen meist aus einigen hundert Sternen, die durch gegenseitige Gravitationskräfte miteinander wechselwirken (s. Abb. 5.21). Sie befinden sich häufig in Gebieten, die reich an interstellarer Materie sind (s. Abb. 5.22 und S. 508).
Die Tab. 5.11 enthält Daten von einigen Offenen Sternhaufen, die schon mit bloßem Auge wahrgenommen werden können und besonders gut erforscht sind.
Die Farben-Helligkeitsdiagramme der Sternhaufen wurden bereits im Abschnitt 5.2 behandelt (s. S. 410); dort zeigt die Abb. 5.15 das FHD der Hyaden. Die Abbildungen 5.23 und 5.24 enthalten die FH-Diagramme der Sternhaufen Praesepe und M 67. Die Entfernung der Hyaden wurde geometrisch nach der Methode der Sternstrom-

Abb. 5.21 Der Offene Sternhaufen M 44 (Praesepe) im Sternbild Krebs
(Daten s. Tab. 5.11 S. 437).

parallaxen bestimmt (s. S. 533 ff.) Die Entfernungen aller anderen Haufen der Tab.
5.11 wurden dadurch ermittelt, daß jeweils die Hauptreihe des betreffenden FH-
Diagramms (Ordinate m) mit derjenigen des Hyaden-FHD (Ordinate M) zur Dek-
kung gebracht wurde. Mit diesem Verfahren erhält man — sofern keine interstellare Absorption vorliegt — die Entfernungsmoduln $m - M$. Ist das Licht des Sternhaufens beim Durchgang durch interstellare Materie geschwächt und verfärbt
worden, so läßt sich.dieser Effekt eliminieren, wenn man Farbenindizes der Haufensterne in zwei Spektralbereichen (z. B. $U - V$ und $B - V$) bestimmt und mit diesen
Daten ein Zwei-Farben-Diagramm herstellt (s. z.B. [11]). Aus den so korrigierten

Abb. 5.22 Der Offene Sternhaufen M 45 (Plejaden) im Sternbild Stier
(Daten s. Tab. 5.11 S. 437). Die Sterne des Haufens sind in
interstellare Materie eingebettet, die das Sternlicht reflektiert (s. dazu S. 516).

Tab. 5.11 Daten einiger heller Offener Sternhaufen (Näheres im Text)

Bezeichnung und Ort (Stern-bild) des Stern-haufens	Stern-anzahl	Durchmesser		$m - M$	Entfer-nung in pc	Alter in Jahren
		scheinbar	linear in pc	mag		
Hyaden Stier	350	7°	4,7	3,0	40	$4 \cdot 10^8$
Plejaden M 45 Stier	250	2°	4,4	5,6	125	$5 \cdot 10^7$
Praesepe M 44 Krebs	200	1,5°	4,2	6,0	160	$4 \cdot 10^8$
M 67 Krebs	500	0,25°	3,6	9,6	830	$5 \cdot 10^9$
Doppelhaufen h } Persei χ }	350 300	0,5° 0,5°	19 21	13,3 13,6	2150 2450	} $2 \cdot 10^6$

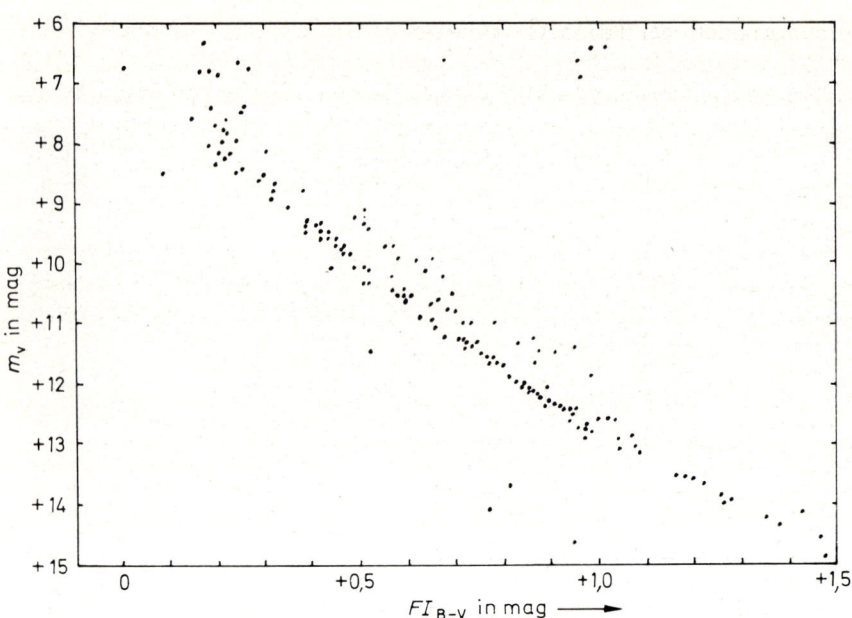

Abb. 5.23 Farben-Helligkeits-Diagramm des Offenen Sternhaufens
M 44 (Praesepe)

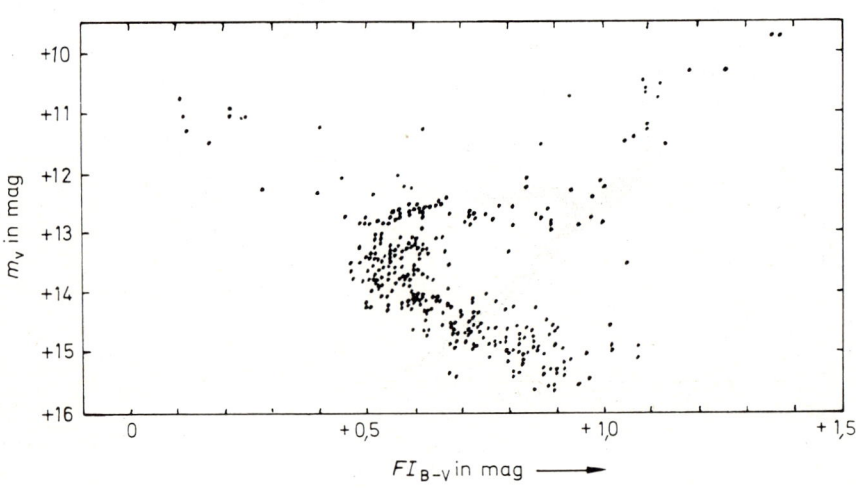

Abb. 5.24 Farben-Helligkeits-Diagramm des Offenen Sternhaufens
M 67.

Entfernungsmoduln der Tab. 5.11 wurden mit Gl. (5-5) die Entfernungen der Haufen berechnet (s. dazu Aufg. S. 443).

Da die Sterne eines Sternhaufens einerseits miteinander entstanden sein dürften, andererseits nahezu die gleiche Entfernung von uns haben, liefert das Farben-Helligkeits-Diagramm eine Kurve, die dem gleichen Sternalter entspricht, eine *Isochrone*. Diese Isochrone zeigt oft ein charakteristisches Knie in der Hauptreihe (s. Abb. 5.24 und besonders Abb. 5.25). Es entsteht dadurch, daß die massereichen Sterne wegen ihrer rascheren Entwicklung die Hauptreihe schon verlassen haben. Da sich die Sterne von der Hauptreihe zu entfernen beginnen, wenn sie etwa 10 % ihrer Masse in Helium verwandelt haben, und diese Zeit für verschiedene Sternmassen abge-

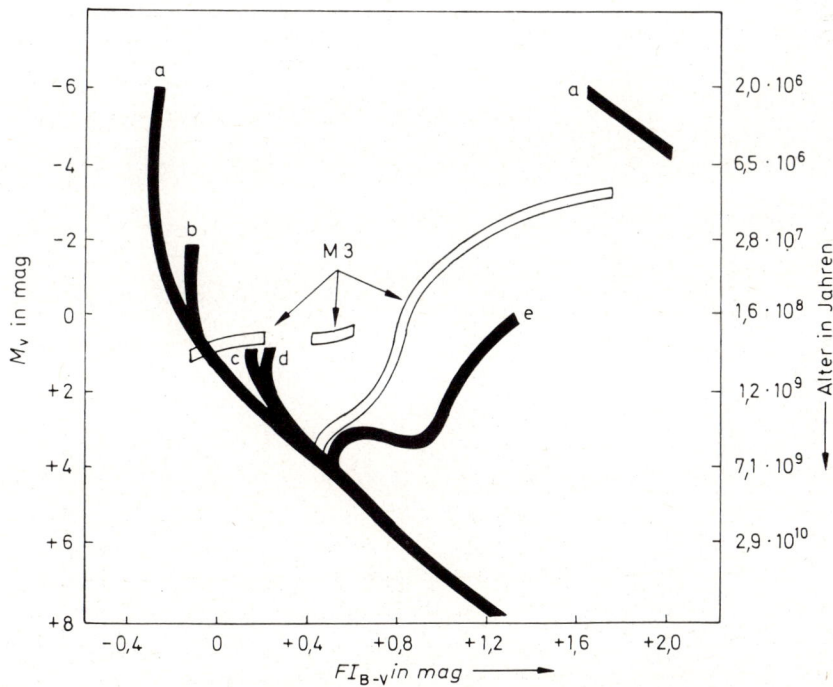

Abb. 5.25 Schematische Farben-Helligkeits-Diagramme der Offenen Sternhaufen h + χ Persei (a), Plejaden (b), Hyaden (c), Praesepe (d), M 67 (e) und des Kugelhaufens M 3. Aus der Lage des oberen Endpunkts der Hauptreihe und — bei M 67 und M 3 — aus der Höhe des Knies läßt sich das Alter des Sternhaufens bestimmen (rechte Ordinatenskala).

schätzt werden kann (s. Tab. 5.6, S. 404), folgt aus der Lage des Knies im FHD das Alter des Sternhaufens: Je tiefer das Knie liegt, desto älter ist der Sternhaufen (s. Abb. 5.25). Tab. 5.11 enthält die aus dem Hauptreihenknie bestimmten Alter der Sternhaufen in der letzten Spalte. — Diese Übereinstimmung eines theoretisch erschlossenen Vorgangs im Sterninnern (beginnende Kontraktion des Helium-Kerns) und eines beobachteten Oberflächenvorgangs (beginnende Abwanderung des Wertepaars T_{eff}, M_{V} von der Hauptreihe) ist ein sehr wichtiger Hinweis auf die Richtigkeit der Theorie der Sternentwicklung.

Abb. 5.26   Der Offene Sternhaufen M 67 im Sternbild Krebs

Offene Sternhaufen haben eine begrenzte *Lebensdauer*, da sie durch die Gezeiten-
kräfte der Milchstraßenrotation mit der Zeit aufgelöst werden, wenn sie nicht schon
vorher infolge überschüssiger Bewegungsenergie ihrer Mitglieder auseinanderdiffun-
dieren. Bei den meisten Offenen Sternhaufen liegt die Lebensdauer zwischen 10^9
und 10^{10} Jahren, und nur sehr konzentrierte Haufen wie M 67 (s. Abb. 5.26) können durch die gegenseitige Gravitationsanziehung ihrer Mitglieder länger zusammengehalten werden.

Die kugelförmigen Sternhaufen

Kugelförmige Sternhaufen (oder kurz: Kugelhaufen) sind nahezu kugelsymmetrisch
aufgebaut. Sie bestehen aus 10^4 bis 10^7 Sternen auf relativ engem Raum (s. Abb.
5.27). Ihre Durchmesser liegen meist unter 50 pc, und die Konzentration der Sterne
zum Zentrum hin ist sehr stark (s. dazu S. 473 f.).

Abb. 5.27 Der kugelförmige Sternhaufen M 13 im Sternbild Herkules

Die große Gesamtmasse deutet nach Gl. (5-43) (s. S. 422) darauf hin, daß sie aus Materie geringer Dichte entstanden sind, und tatsächlich beobachtet man sie noch in großer Entfernung von der galaktischen Ebene, also in Gebieten, wo die interstellare Materie nur sehr geringe Dichte besitzt (s. S. 475).

Die Farben-Helligkeits-Diagramme der Kugelhaufen sind untereinander sehr ähnlich. Der Knick liegt im unteren Teil der Hauptreihe, etwa bei $M_V = +3,5$ mag, und weist damit für alle Kugelhaufen auf ein sehr hohes Alter hin. Abb. 5.28 zeigt das FH-Diagramm des Kugelhaufens M 3; der von der Hauptreihe zu den roten Riesensternen führende Ast dieses Diagramms ist in Abb. 5.25 schematisch eingezeichnet. Dieser aufsteigende Ast liegt etwa 3 Größenklassen höher als bei gleichaltrigen Offenen Haufen. Modellrechnungen zeigen, daß die Lage dieses Teils des Entwicklungsweges mit der Metallarmut der Kugelhaufensterne erklärt werden kann; die Häufigkeit der Elemente, die schwerer als Helium sind, ist etwa 10 bis 100 mal geringer als bei der Sonne. Der zweite auffällige Unterschied gegenüber den FH-Diagrammen der Offenen Haufen ist der bei Kugelhaufen vorhandene *Horizontalast*; dies ist der mit Sternen dicht besetzte Streifen im Bereich $0,0 \text{ mag} \leqq (B-V) \leqq +0,6 \text{ mag}$, $15 \text{ mag} \leqq m_V \leqq 16 \text{ mag}$. Der Horizontalast wird von massearmen Sternen (etwa $0,6\, m_\odot$) gebildet;

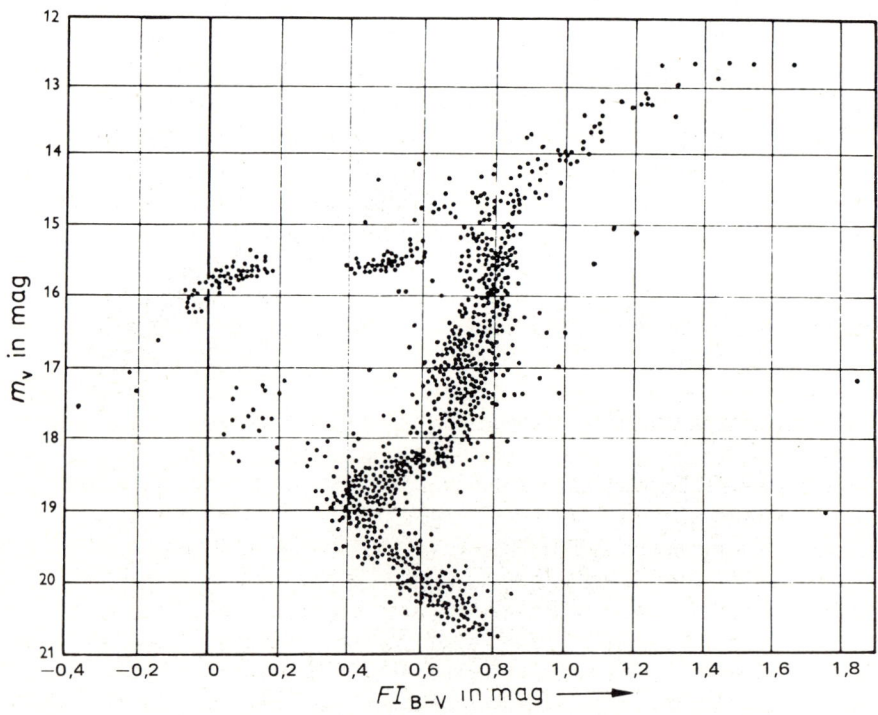

Abb. 5.28 Farben-Helligkeits-Diagramm des kugelförmigen Sternhaufens M 3 im Sternbild Jagdhunde

nur in ganz alten Sternhaufen können die sich sehr langsam entwickelnden Sterne geringer Masse so weit fortgeschritten sein, daß sie anschließend an den Aufenthalt im Riesengebiet den Horizontalast bevölkern. Diese Sterne hatten, als sie noch auf der Hauptreihe standen, wahrscheinlich etwas größere Massen (etwa $0,8\, m_\odot$); bei den Riesensternen wird vielfach spektroskopisch ein Abströmen von Gas, also ein Massenverlust beobachtet. Der im Diagramm sternfreie Mittelteil des Horizontalastes bei $+0,2\,\text{mag} \leqq (B-V) \leqq +0,4\,\text{mag}$ ist in Wirklichkeit nur frei von Sternen mit konstanter Helligkeit; an dieser Stelle stehen die Pulsationsveränderlichen vom Typ RR Lyrae (s. S. 444), die in vielen Kugelsternhaufen sehr häufig sind. Alle RR Lyrae-Sterne haben nahezu die gleiche mittlere absolute Helligkeit $M_V = +0,6\,\text{mag}$; sie sind deshalb das bevorzugte Mittel zur Entfernungsbestimmung von Kugelhaufen.

Nach dem Einsetzen des Helium-Brennens wandern die Sterne aus dem Gebiet der Riesen rasch nach links in den Horizontalast und verschieben sich dann langsam wieder zum Riesenast zurück. Dabei durchlaufen sie zum Teil mehrmals den Instabilitätsstreifen der Pulsationsveränderlichen im Bereich der RR Lyrae-Sterne, wo sie dann zu pulsieren beginnen (s. Abb. 5.30, S. 448).

Aufgabe

a) Zeichnen Sie auf transparentes Papier im Maßstab der Abb. 5.15 (S. 410) den Verlauf der Hauptreihe im Farben-Helligkeits-Diagramm der Praesepe aus Abb. 5.23 (S. 438). Legen Sie diese Grafik so auf das FH-Diagramm der Hyaden in Abb. 5.15, daß die Abszissenwerte $B - V$ übereinstimmen und beide Hauptreihen zur Deckung kommen. Bestimmen Sie durch Vergleich der Ordinatenachsen den Entfernungsmodul $m - M$ der Praesepe.

b) Das Sternlicht der Praesepe ist nicht durch interstellare Materie geschwächt. Welche Entfernung ergibt sich dann für die Praesepe aus Gl. (5-5) (S. 366)?

5.3.6 Spätphasen und Endzustände der Sternentwicklung

Die *Spätphasen* der Entwicklung werden von den Sternen sehr rasch durchlaufen. Unsere Kenntnisse über die in schneller Folge eintretenden Veränderungen sind noch sehr lückenhaft. Bei einem Teil der Sterne treten auffällige Helligkeitsveränderungen auf: periodische Schwankungen bei den Pulsationsveränderlichen, Helligkeitssteigerungen und -ausbrüche bei den Novae und Supernovae. Diese Erscheinungen gehören zusammen mit den Planetarischen Nebeln zu den wenigen Anhaltspunkten, die von seiten der Beobachtung als Grundlage für unser Verständnis der Spätphasen-Entwicklung geliefert werden. Die Theorie kann — über die Berechnungen aufeinanderfolgender Sternmodelle — in diesen Bereich der Sternentwicklung nur unter großen Schwierigkeiten eindringen. Bei vielen Sternen findet im Stadium der Roten

Riesen ein Massenverlust statt; das Ausmaß dieser Massenänderung bei bestimmten Spektraltypen ist unbekannt und kann in den Modellrechnungen nur versuchsweise berücksichtigt werden. Außerdem machen es die raschen und vielfältigen Spätphasen-Veränderungen in den Sternen erforderlich, für jeden Sterntyp gegebener Masse und chemischer Zusammensetzung eine große Anzahl von Modellen zu berechnen, die in sehr kurzen Zeitschritten die Entwicklung zu verfolgen suchen.

Im *Endzustand* der Entwicklung befinden sich diejenigen Sterne, in denen keine Kernfusionen mehr stattfinden. Hier können Beobachtung und Theorie wieder viel genauere Aussagen machen, als dies über die späten Entwicklungsphasen möglich ist.

a) Pulsationsveränderliche

Es ist zu erwarten, daß ein so kompliziertes physikalisches System wie ein Fixstern die raschen und einschneidenden Änderungen seiner Energieabstrahlung und Energieproduktionsprozesse nicht ohne Gleichgewichtsstörungen überstehen kann. Tatsächlich beobachtet man bei vielen Sternen Änderungen ihrer Helligkeit, die – dies zeigen Dopplereffekte ihrer Spektrallinien – von radialen Bewegungen ihrer Atmosphären begleitet sind. Wechseln hierbei Kontraktionen und Expansionen periodisch ab, so bezeichnet man sie als *Pulsationsveränderliche*. Von dieser Gruppe veränderlicher Sterne sollen hier drei Typen behandelt werden, die für die Sternentwicklung besonders wichtig sind: die *RR Lyrae-Sterne,* die *Delta-Cephei-Sterne* und die *Mira-Sterne.*

Beobachtungsergebnisse von RR Lyrae- und Delta-Cephei-Sternen

Die Sterne beider Gruppen zeichnen sich durch sehr regelmäßig verlaufende Helligkeitsänderungen aus. Die Namen der beiden Gruppen stammen von dem zuerst entdeckten Vertreter des Typs. δ Cephei ist ein mit bloßem Auge sichtbarer Stern; man findet ihn, wenn man die Strecke von β nach α Cygni an der Sphäre um sich selbst verlängert. RR Lyrae steht auf der Verbindungslinie zwischen δ Cygni und Wega; der Stern kann mit bloßem Auge nicht beobachtet werden. Die wichtigsten Daten der beiden Sterne enthält die Tab. 5.12.

Tab. 5.12 Wichtigste Daten der Pulsationsveränderlichen RR Lyrae und δ Cephei

Stern	scheinbare Helligkeit in mag Max.	Min.	Periode des Lichtwechsels	mittlere absolute Helligkeit $\overline{M}_V$/mag
RR Lyrae	7,1	8,0	13,6 h	+ 0,6
δ Cephei	3,6	4,3	5,4 d	− 3,5

Bei allen RR Lyrae-Sternen sind die Perioden kürzer als 1 Tag; die Amplituden der Helligkeitsschwankungen sind bei den meisten dieser Sterne sehr klein. Dagegen liegen die Perioden der Delta-Cephei-Sterne überwiegend zwischen 3 und 50 Tagen, ihre Amplituden zwischen 0,1 mag und 2 mag. Die Delta-Cephei-Sterne haben große absolute Helligkeiten; M_V liegt zwischen $-1,5$ mag und -5 mag. Im Milchstraßensystem sind etwa 5000 RR Lyrae-Sterne und 700 Delta-Cephei-Sterne bekannt. Der Polarstern ist ein Delta-Cephei-Veränderlicher.

Beide Gruppen von Pulsationsveränderlichen gehören zu den wichtigsten Entfernungsindikatoren im Weltall, da man ihre absoluten Helligkeiten kennt und daraus nach Gl. (5-5) (S. 366) ihre Entfernungen berechnen kann. Bei allen RR Lyrae-Sternen ist der Mittelwert der absoluten Helligkeiten $\overline{M}_V = \frac{1}{2}(M_{V,\text{max}} + M_{V,\text{min}})$ nahezu gleich. Dies läßt sich an den FH-Diagrammen der Kugelhaufen ablesen (s. Abb. 5.28, S. 442); die RR Lyrae-Sterne liegen stets an der gleichen Stelle des Horizontalastes, und die Horizontaläste aller Kugelhaufen haben die gleichen Koordinaten im FH-Diagramm. Die Bestimmung von $\overline{M}_V$ geschieht in ähnlicher Weise wie die Entfernungsbestimmungen der Offenen Sternhaufen: Die Hauptreihen in den FH-Diagrammen werden mit der Hyaden-Hauptreihe zur Deckung gebracht. Das Verfahren ist allerdings schwierig zu praktizieren: Wegen der großen Entfernungen der Kugelhaufen erscheinen die Hauptreihensterne so lichtschwach, daß ihre scheinbare Helligkeit nur bei wenigen Kugelhaufen bestimmt werden kann. Die Schwierigkeit wird dadurch noch vergrößert, daß wegen des hohen Alters der Kugelhaufen nur der unterste Teil der Hauptreihe, wo die Leuchtkräfte am kleinsten sind, von Sternen besetzt ist. Der beste Mittelwert der absoluten Helligkeiten der RR Lyrae-Sterne ist $\overline{M}_V = +0,6$ mag.

Bei den Delta-Cephei-Sternen sind absolute Helligkeit $\overline{M}_V$ und Periode T des Lichtwechsels verknüpft durch die Gleichung

$$\overline{M}_V = -1,67 \text{ mag} - (2,54 \text{ mag}) \cdot \lg \frac{T}{\text{d}}. \tag{5-58}$$

Diese *Perioden-Helligkeitsbeziehung* ermöglicht es, aus der beobachteten Periode eines Delta-Cephei-Sterns seine absolute Helligkeit und damit nach Gl. (5-5) seine Entfernung zu bestimmen. Sie wurde hergeleitet aus Beobachtungen von Delta-Cephei-Sternen der Kleinen Magellan-Wolke (vgl. S. 586). Diese Sterne haben nahezu die gleiche Entfernung von uns, die allerdings nicht bekannt war, so daß Gl. (5-58) nur bis auf eine additive Konstante hergeleitet werden konnte. Diese Konstante konnte mit Hilfe von Delta-Cephei-Sternen ermittelt werden, die in Offenen Sternhaufen mit bekannten Entfernungen gefunden wurden.

Die periodischen Helligkeitsänderungen der RR Lyrae- und der Delta-Cephei-Sterne kommen durch periodisch abwechselnde Ausdehnung und Kontraktion der Oberflächenschichten zustande. Die Sternradien ändern sich dabei um etwa 10% ihres Mittelwerts. Dies äußert sich in periodischen Verschiebungen der Spektrallinien durch den Dopplereffekt, die synchron zu den Helligkeitsänderungen verlaufen (s. Abb. 5.29). Gleichzeitig ändert sich auch die Oberflächentemperatur und damit

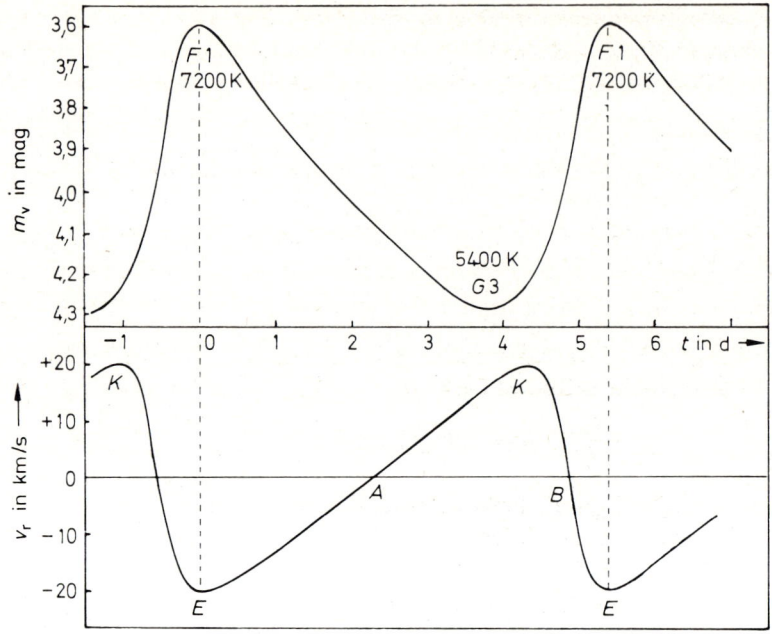

Abb. 5.29 Lichtkurve (oben) und Radialgeschwindigkeitskurve, bezogen auf den Sternmittelpunkt, (unten) für Delta Cephei. Positive Radialgeschwindigkeit bedeutet, daß sich die Sternoberfläche vom Beobachter weg bewegt; bei K ist also die Kontraktionsgeschwindigkeit, bei E die Expansionsgeschwindigkeit am größten. Bei A und B ist die Radialgeschwindigkeit null; der Radius hat bei A seinen größten, bei B seinen kleinsten Wert erreicht.

der Spektraltyp. Diese periodischen Temperaturänderungen sind die unmittelbare Ursache für die beobachteten Helligkeitsänderungen, nicht die periodischen Größenänderungen der strahlenden Oberfläche; Abb. 5.29 zeigt dies deutlich.

Entstehung und Aufrechterhaltung des Pulsationsvorgangs

Daß ein kugelförmiger Gasball — also auch ein Stern — radiale Schwingungen ausführen kann, ergibt sich aus den Gesetzen der Wellenlehre. Das Sternzentrum muß dabei jedenfalls in Ruhe bleiben. Denkt man sich aus dem Stern eine radiale Säule herausgeschnitten, so kann man diese mit der Luftsäule in einer einseitig geschlossenen Pfeife vergleichen, wobei das geschlossene Ende dem Sternzentrum entspricht. Die Akustik lehrt, daß die Grundschwingung einer solchen Pfeife der Länge L die Periode hat

$$T = \frac{4L}{c_s} .$$
(5-59)

Für die Schallgeschwindigkeit c_s in einem Gas mit der Dichte ρ und dem Druck p gilt aber (s. Physik-Lehrbuch)

$$c_s = \sqrt{\frac{c_p}{c_v} \cdot \frac{p}{\rho}}. \tag{5-60}$$

(c_v und c_p sind die spezifischen Wärmekapazitäten des Gases bei konstantem Volumen bzw. konstantem Druck.)
Für den Schweredruck gilt nach Gl. (5-29) (s. S. 394), wenn man mit $\rho \sim m/R^3$ die Masse durch die Dichte ersetzt:

$$p \sim \rho^2 \cdot R^2. \tag{5-61}$$

Mit (5-60) und (5-61) erhält man aus (5-59) für die Periode der Grundschwingung eines Gasballs der mittleren Dichte ρ:

$$T \sim \frac{1}{\sqrt{\rho}} \quad \text{oder} \quad T\sqrt{\rho} = \text{const.} \tag{5-62}$$

Die Größe $Q = T\sqrt{\rho/\rho_\odot}$ heißt Pulsationskonstante. Die Theorie liefert — jeweils mit verschiedenen Sternmodellen verschiedene — Werte um $Q = 0{,}1$ d.

Damit ist nun zwar bewiesen, daß ein Stern radiale Schwingungen ausführen kann, aber man müßte erwarten, daß diese — wie in einer angeblasenen Pfeife nach dem Aufhören des Anblasens — sehr rasch wieder abklingen. In Wirklichkeit beobachtet man aber bei der Mehrzahl der Pulsationsveränderlichen keine Amplitudenabnahme. Die Schwingung muß also durch irgendeinen Rückkopplungseffekt aus der stellaren Energiequelle laufend Energie zugeführt bekommen — wie die Pfeife durch den darüber streichenden Luftstrom.

Nach neueren Untersuchungen wird die Energiezufuhr über die Druckabhängigkeit des Absorptionsvermögens in den äußeren Schichten gesteuert. Steigt nämlich der Druck in der Sternatmosphäre infolge der Kontraktion an, so wächst die Temperatur. Handelt es sich um ein ionisiertes Gas, so wächst mit der Temperatur auch der Ionisationsgrad (vgl. Saha-Gleichung (4-41), Bd. I, S. 239); dabei wird ein Teil der freigesetzten Gravitationsenergie zur Ionisation verwendet und nicht in thermische Energie umgesetzt. Die betrachtete Gasschicht bleibt also bei der Kompression kühler als die oben und unten angrenzenden Schichten, in denen der Ionisationsgrad bei 0 % bzw. bei 100 % liegt. Das Absorptionsvermögen der teilweise ionisierten Schicht ist dann größer als das der benachbarten Schichten; sie entnimmt deshalb aus dem sie durchsetzenden Strahlungsstrom eine beträchtliche Energie — wie ein Schwamm in einem Wasserstrahl sich mit Wasser vollsaugt.
Durch diese Energieabsorption sinkt aber auch die Temperatur und damit der Gasdruck der weiter außen liegenden Schichten während der Kontraktion, so daß diese noch verstärkt wird. — Dehnt sich der Stern wieder aus, so sinkt mit dem Druck auch die Temperatur, was in der teilweise ionisierten Schicht den Ionisationsgrad senkt. Dadurch wird Ionisationsenergie frei, die nun durch Temperatur- und Drucksteigerung die Expansion verstärkt.

Zur Erzeugung dieses Rückkopplungseffekts kommen nur solche Schichten eines Sterns in Frage, in denen Wasserstoff oder Helium teilweise ionisiert sind, denn nur bei diesen beiden Elementen tritt die für den Effekt nötige Atom- bzw. Ionendichte auf. Die Ionisationsschicht des Wasserstoffs liegt in einer Tiefe, in der die Temperatur etwa 10 000 K beträgt, die des Heliums bei 12 000 K (einfache Ionisation) bzw. 40 000 K (doppelte Ionisation). Da die Ionisationsenergie des Wasserstoffs 13,6 eV, die des Heliums 24,6 eV bzw. 54,4 eV beträgt, ist diejenige Schicht der beste Energiespeicher, in welcher der Übergang vom einfach zum doppelt ionisierten Helium stattfindet. Damit die betreffende Schicht die nötige Energie speichern kann, muß sie genügend nahe an der Oberfläche liegen, wo die Schwingungsamplitude groß ist; andererseits muß aber auch die Masse, also die Dichte und Dicke der Schicht hinreichend groß sein, d. h. sie muß genügend tief liegen. Aus diesen sich widersprechenden Forderungen folgt, daß solche Rückkopplungsschwingungen nur unter besonderen physikalischen Bedingungen auftreten können, bei denen die betreffen-

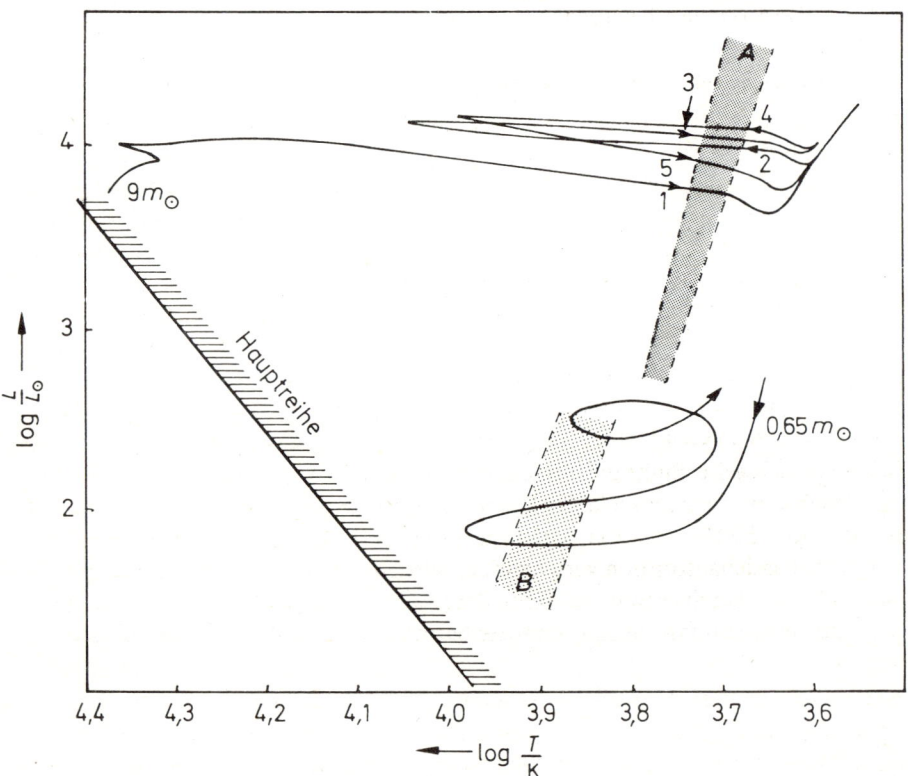

Abb. 5.30 Instabilitätsbereiche der Delta-Cephei-Sterne (A) und der RR Lyrae-Sterne (B) im Hertzsprung-Russell-Diagramm und Entwicklungswege je eines Prototyps dieser Veränderlichen nach Modellrechnungen.

den Ionisationszonen gerade in der richtigen Tiefe liegen, genügend ausgedehnt sind und keinen konvektiven Energietransport aufweisen, wie er z. B. in der Wasserstoffionisationszone der Sonne auftritt (s. Bd. I, S. 213). Sterne, die diese Bedingungen erfüllen, müssen ganz bestimmte Gebiete im HR-Diagramm einnehmen. Befinden sie sich dort, so ist die Wahrscheinlichkeit für das Auftreten von Schwingungen sehr groß, denn bereits kleine Unstetigkeiten des Strahlungsflusses, wie sie in der Nachhauptreihenentwicklung zwangsläufig auftreten, werden durch den erwähnten Rückkopplungseffekt so weit aufgeschaukelt, bis der Energieverlust durch Dämpfung gleich der Energiezufuhr aus dem Strahlungsstrom ist.

Die Abb. 5.30 zeigt die *Instabilitätsstreifen* für die RR Lyrae- und die Delta-Cephei-Sterne im Hertzsprung-Russell-Diagramm (mit den Koordinaten T_{eff} und L). Die Delta-Cephei-Sterne sind junge, massereiche Überriesen mit relativ niedrigem Wasserstoff- und hohem Metallgehalt. Sie können auf ihrer Wanderung von der Hauptreihe ins Gebiet der roten Überriesen den Instabilitätsstreifen mehrfach kreuzen. Die RR Lyrae-Sterne sind die schon im FH-Diagramm der Kugelhaufen erwähnten sehr alten Riesensterne von etwa $0,6 \, m_{\odot}$, die sich — nach dem Stadium als Rote Riesen — auf dem Horizontalast bewegen.

Langperiodische oder Mira-Veränderliche

Der Prototyp dieser Gruppe ist Omikron Ceti [12], dessen Veränderlichkeit bereits 1596 entdeckt wurde, und der daraufhin den Namen Mira (der wunderbare Stern) erhielt. Mira-Sterne bilden die zahlreichste Gruppe veränderlicher Sterne; ihr Platz im HR-Diagramm weist sie als Riesen der Spektralklasse M oder K aus (90 % davon sind Me-Sterne, d.h. Sterne der Spektralklasse M mit Emissionslinien im Spektrum). Die visuellen Helligkeitsamplituden liegen zwischen 3 mag und 5 mag und nehmen mit der Periodenlänge zu; die bolometrischen Helligkeitsschwankungen sind wesentlich geringer. Ihre Pulsationskonstante ist im Mittel $Q = 0,096$ d. Die Formen der Lichtkurven sind sehr variabel und von Stern zu Stern verschieden. Die Perioden liegen zwischen 80 d und 1000 d. Die Atmosphärentemperatur schwankt bei diesen Sternen gerade in einem Intervall, in dem die Bildung bzw. Dissoziation von Molekülen vor sich geht: Sinkt die Temperatur, so bilden sich Moleküle, die mit ihrer Bandenabsorption die visuelle Helligkeit stark herabsetzen, obwohl die Temperatur nur um rund 500 K schwankt; steigt die Temperatur, so dissoziieren die Moleküle, d. h. ihre Bandenabsorption verschwindet wieder. — Während eines Drittels der Periode treten die bereits erwähnten Emissionslinien auf, größtenteils jene der Balmerserie des Wasserstoffs; sie sind unmittelbar nach dem Helligkeitsmaximum am stärksten.

Die Gruppe der Mira-Sterne scheint uneinheitlich zu sein; sie besteht vermutlich aus verschieden alten Exemplaren, die aber alle eine ausgedehnte *Wasserstoff-Konvektionszone* unter ihrer Oberfläche haben. Da ihre Massen bei $1 \, m_{\odot}$, ihre Radien bei einigen $100 \, R_{\odot}$ liegen, befinden sie sich nahe der Stabilitätsgrenze für Sterne, so daß schon geringe Änderungen im konvektiven Energietransport beträchtliche Schwankungen im physikalischen Aufbau der äußeren Schichten hervorrufen können. Diese

Vorstellung wird unterstützt durch die Beobachtungstatsache, daß der Prozentsatz der Mira-Veränderlichen unter den M-Sternen von M 1 nach M 8 zunimmt und hier nahezu 100 % erreicht. Möglicherweise sind sogar alle roten Riesensterne mehr oder weniger veränderlich.

b) Novae. Planetarische Nebel

Die Novae sind nicht „neue Sterne", wie es der Name sagt, sondern Sterne, die durch einen Lichtausbruch innerhalb von Stunden oder Tagen ihre Helligkeit um etwa 10 bis 14 Größenklassen steigern. Im Maximum werden absolute Helligkeiten zwischen −6 mag und −10 mag erreicht. Nach dem Maximum nimmt die Helligkeit schnell wieder ab; sie sinkt im Laufe von Wochen oder Monaten etwa wieder auf den Wert, den sie vor dem Helligkeitsausbruch hatte. Nur bei nahen Objekten tritt das seltene Ereignis ein, daß eine Nova mit bloßem Auge gesehen werden kann. Die Nova Aquilae 1918 war mit der scheinbaren Maximalhelligkeit −1 mag die bislang hellste Nova des 20. Jahrhunderts.

Die Änderungen im Spektrum einer Nova bestehen im Maximum in Violett-Verschiebungen der Absorptionslinien, dann in der Abklingphase im Auftreten heller und breiter Emissionslinien. Diese spektralen Veränderungen zeigen an, daß die äußersten Schichten des Sterns plötzlich stark expandieren; von dieser gewaltigen Volumvergrößerung kommt die Helligkeitssteigerung. Der Expansionsvorgang endet mit der Abschleuderung der äußersten Schichten der Sternmaterie. Die abgeschleuderte Hülle bewegt sich weiter nach außen; dabei nimmt ihre Dichte immer mehr ab. Diese Hülle konnte bei einzelnen Novae direkt beobachtet und die Vergrößerung ihres scheinbaren Durchmessers konnte gemessen werden. Die abgestoßene Masse liegt bei $10^{-5}\, m_{\odot}$ bis $10^{-4}\, m_{\odot}$, die abgestrahlte Energie ist von der Größenordnung 10^{38} J (zur Abstrahlung dieser Energie würde die Sonne etwa 10000 Jahre benötigen).

Das Nova-Phänomen ist ein Ereignis in der späten Entwicklungsphase enger Doppelsternsysteme. Beide Komponenten eines solchen Systems sind zwar zur gleichen Zeit entstanden; wenn sie aber sehr verschiedene Massen haben, verläuft ihre Entwicklung mit ganz verschiedener Geschwindigkeit. Ein Nova-Ausbruch kann eintreten, wenn der ursprünglich massereichere Stern sich nach dem Verlassen der Hauptreihe unter Massenverlust schon bis zum Endstadium des Weißen Zwerges entwickelt hat, während die masseärmere Komponente sich in der Expansionsphase befindet, die zum Zustand des Roten Riesensterns führt. Wenn größere Mengen der expandierenden Materie unter den Gravitationseinfluß des Weißen Zwerges geraten und auf seine Oberfläche stürzen, wird dort so viel Energie frei, daß die damit verbundene Temperatursteigerung zum Zünden von Wasserstoff-Kernfusionsprozessen in seiner Atmosphäre ausreicht. Expansion, Helligkeitsausbruch und Hüllenabschleuderung sind die sichtbaren Zeichen dafür, daß bei diesen Kernfusionen große Energiemengen freigesetzt werden.

Die Planetarischen Nebel und ihre Zentralsterne

Planetarische Nebel sind leuchtende Gashüllen, die von einem Roten Riesenstern abgeschleudert worden sind. Die bekanntesten Objekte sind der Ringnebel im Sternbild Leier und ein ähnliches Gebilde im Sternbild Wassermann (s. Abb. 5.31). Der Stern verliert durch diesen Vorgang etwa 20 % seiner Masse. Die Nebelhülle dehnt sich mit mäßiger Geschwindigkeit aus (20 bis 30 km/s); nach einer Expansionszeit von höchstens 100 000 Jahren ist die Dichte so gering geworden, daß das Gebilde nicht mehr gesehen werden kann. Planetarische Nebel sind also relativ kurzlebige Erscheinungen.

Das Leuchten der Nebel wird durch die UV-Strahlung des Zentralsterns verursacht; der Anregungsmechanismus ist der gleiche wie bei den Emissionsnebeln (s. S. 500 ff.). Die Zentralsterne zeichnen sich durch sehr hohe Oberflächentemperaturen zwischen

Abb. 5.31   Ringnebel NGC 7293 im Sternbild Wassermann

20 000 K und 100 000 K und niedrige Leuchtkräfte aus. Die Sterne müssen also sehr kleine Objekte sein; sie befinden sich nach dem Massenverlust wahrscheinlich in einer Phase kurz vor dem Erreichen des Stadiums eines Weißen Zwerges. Die Massenabschleuderung selbst konnte noch nicht beobachtet und erforscht werden; es ist aber sicher, daß es sich hier um einen ganz anderen Vorgang handelt als beim Nova-Ausbruch in einem engen Doppelsternpaar.

c) Supernovae

Supernovae erscheinen sehr viel seltener als Novae und zeigen einen unvergleichlich größeren Strahlungsausbruch: Ihre Leuchtkräfte übersteigen im Maximum die der normalen Novae um das 10 000fache. Die Beobachtungsgrundlagen dieser Ereignisse sind gegenwärtig noch sehr unzureichend. In außergalaktischen Sternsystemen, also in großen Entfernungen, konnten dank intensiver Überwachung bisher etwa 400 Supernova-Ausbrüche beobachtet werden; dabei ließen sich in etwa 100 Fällen Lichtkurven gewinnen, und bei einigen wenigen Objekten konnten Spektren aufgenommen werden. In unserem eigenen Sternsystem sind wir bezüglich der Supernova-Ereignisse selbst auf einige Berichte aus dem Mittelalter und dem Beginn der Neuzeit angewiesen; die bisher letzte Supernova im Milchstraßensystem wurde 1604, also noch vor der Erfindung des Fernrohrs, beobachtet. Nachfolgeobjekte dieser historischen und sehr vieler praehistorischer Supernovae in der Galaxis können jedoch auch heute noch festgestellt werden: Die bei den Ereignissen ausgeschleuderte Materie ist als expandierende Nebelhülle optisch und besonders gut durch ihre Radiostrahlung beobachtbar; in zwei Fällen konnten die Reststerne aufgefunden und als Pulsare identifiziert werden (s. S. 461).

Aus dem Mittelalter sind — fast ausschließlich durch chinesische und japanische Aufzeichnungen — sichere Berichte über fünf Supernova-Ereignisse erhalten, und zwar aus den Jahren 185, 393, 1006, 1054, 1181. Unter ihnen ist die Supernova von 1054 am bekanntesten geworden. In diesem Jahr leuchtete im Sternbild Stier ein neuer Stern auf, dessen scheinbare Helligkeit etwa −5 mag betragen haben muß. Er war 23 Tage lang auch am Taghimmel sichtbar und konnte insgesamt 2 Jahre lang beobachtet werden. An der betreffenden Stelle, etwa 1° nordwestlich von ζ Tauri, befindet sich heute ein Nebel von ovaler Gestalt, der wegen seiner Ähnlichkeit mit einer Krabbe als *Crab-Nebel* bezeichnet wird (s. Abb. 5.32 und S. 457). Der Crab-Nebel wurde von Ch. Messier im Jahre 1764 in seinen Nebelkatalog aufgenommen; er trägt die Bezeichnung M 1. Der Nebel ist mit seiner scheinbaren Helligkeit von 8 bis 9 mag auch in kleineren Fernrohren zu sehen.
1572 trat eine Supernova im Sternbild Cassiopeia auf, die von Tycho Brahe systematisch beobachtet wurde. Ihre scheinbare Maximalhelligkeit war −4 mag, und sie konnte bis zum Frühjahr 1574 mit bloßem Auge wahrgenommen werden. Ihr Überrest ist wie der Crab-Nebel sowohl optisch als auch durch seine Radio- und Röntgenstrahlung beobachtbar.
Schon bald danach konnte Johannes Kepler im Jahre 1604 eine weitere Supernova beobachten; sie stand im Sternbild Ophiuchus (Schlangenträger) und hatte im Maxi-

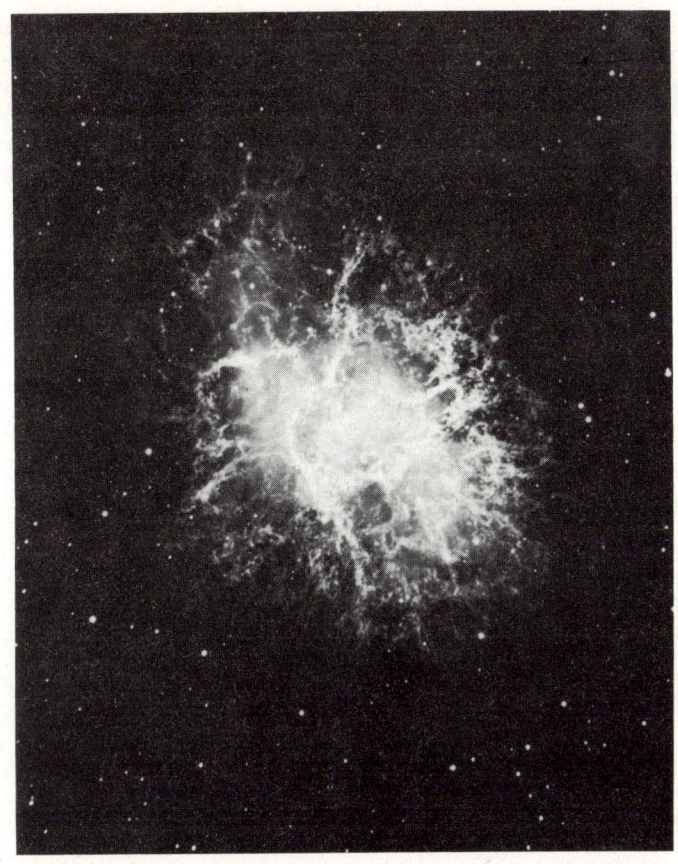

Abb. 5.32   Crab-Nebel M 1 im Sternbild Stier

mum die scheinbare Helligkeit −2,5 mag. Der Supernova-Rest konnte optisch und radio-optisch identifiziert werden.

Die hellste aller historischen Supernovaé war ein Objekt, das im Jahre 1006 im Sternbild Lupus (Wolf) aufleuchtete. Nach den ostasiatischen und arabischen Quellen und der Beschreibung eines Mönches aus dem schweizerischen Kloster St. Gallen dürfte die Maximalhelligkeit bei −8 bis −10 mag gelegen haben.

Der große, nahezu kreisförmige Nebelring im Sternbild Schwan, der sich aus den Cirrus-Nebel (NGC 6992) und dem Sturmvogel-Nebel (NGC 6960) zusammensetzt, ist der Rest einer prähistorischen Supernova-Explosion (s. Abb. 5.33).

Nach dem Verlauf der *Lichtkurven,* die an außergalaktischen Supernovae beobachtet wurden, unterscheidet man *zwei Typen*; sie unterscheiden sich auch deutlich in den Spektren und den umgesetzten Energiebeträgen. Wegen der sehr großen Entfernungen der Objekte und der immer noch relativ geringen Anzahl der Ereignisse

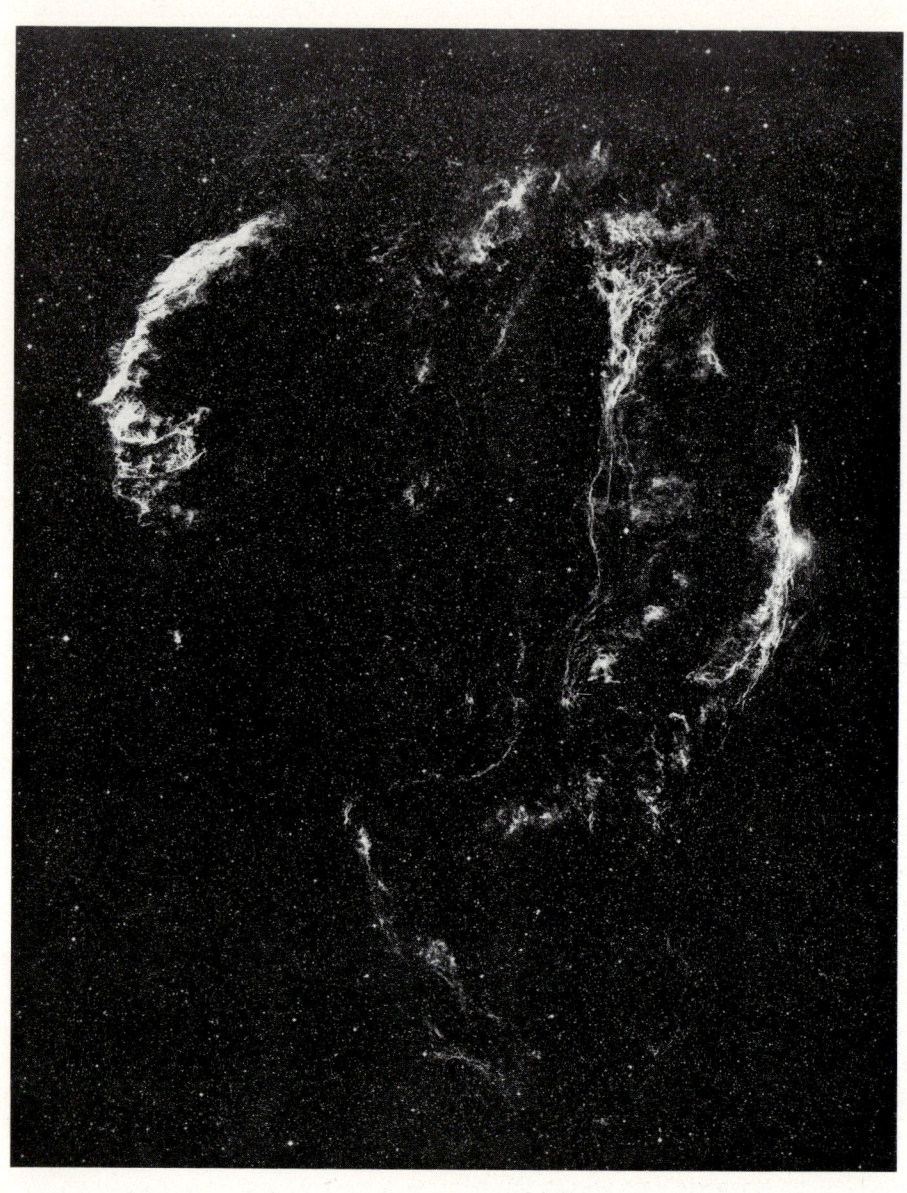

Abb. 5.33 Nebelring im Sternbild Schwan

haben die Beobachtungsdaten bisher nur zu Ansätzen einer Deutung der Supernova-Ausbrüche und der Unterschiede zwischen den Typen I und II geführt.

Die absolute Helligkeit im Maximum liegt für den Typ I bei $M_V = -19$ mag; Typ II ist im Maximum rund 2 Größenklassen schwächer. Beide Typen steigern ihre Helligkeit in wenigen Tagen um etwa 20 mag. Dopplerverschiebungen der Spektrallinien zeigen sehr hohe Expansionsgeschwindigkeiten an; sie liegen beim Typ I bei 20 000 km/s, beim Typ II bei 10 000 km/s. Supernovae vom Typ II sind fast ausschließlich in Spiral-Galaxien gefunden worden; beim Typ I kann keine solche Bevorzugung eines bestimmten Galaxientyps festgestellt werden.

Der Energieverlust beim Supernova-Ausbruch kommt außer durch Abstrahlung auch durch Abschleuderung von Materie zustande. Insgesamt verliert der Stern dabei 10^{43} bis 10^{44} J. Dies entspricht 1 bis 10 % der Kernfusionsenergie, die von der Sonne durch Umwandlung ihres gesamten Wasserstoff-Vorrats in Helium freigesetzt werden kann. Die Prae-Supernovae sind wahrscheinlich massereiche Sterne; man schätzt, daß sie beim Ausbruch etwa $1\,m_\odot$ abschleudern.

Die galaktischen Supernova-Überreste

Alle galaktischen Supernova-Überreste zeichnen sich durch eine mehr oder weniger starke Radiostrahlung aus, deren spektrale Energieverteilung einem charakteristischen Gesetz gehorcht: Für die Bestrahlungsstärke eines Empfängers auf der Erde im Frequenzintervall zwischen f und $f + \Delta f$ gilt nämlich

$$E_f \cdot \Delta f = E_0 \cdot \left(\frac{f}{100\,\text{MHz}}\right)^{-\alpha} \cdot \Delta f. \tag{5-63}$$

Dabei ist E_0 die spektrale Bestrahlungsstärke bei der Frequenz 100 MHz.

Der *Spektralindex* α hat für den Crab-Nebel den Wert 0,26, für die Nova Tycho 0,6; für die bekannten Supernova-Reste gilt $0,2 < \alpha < 0,8$. Eine solche spektrale Energieverteilung beweist, daß die Radiostrahlung der Supernova-Hüllen nicht thermischen Ursprungs sein kann. Ist nämlich die strahlende Gaswolke im betrachteten Spektralgebiet undurchsichtig (optisch dick), so gehorcht ihre thermische Strahlung dem Planckschen Gesetz (s. Bd. I, S. 316 ff.), für das im Radiobereich die Rayleigh-Jeans-Näherung verwendet werden darf; dabei gilt für die spektrale Bestrahlungsstärke $E_f \sim f^2$. Für optisch dünne Schichten wird die thermische Strahlung frequenzunabhängig; der Spektralindex thermischer Radiostrahlung liegt also im Bereich $-2 \leqq \alpha \leqq 0$.

Dagegen besitzt Strahlung, die von sehr schnellen Elektronen bei ihrer Spiralenbewegung in Magnetfeldern abgestrahlt wird, gerade ein Energieverteilungsgesetz der Form (5-63). Da eine solche Strahlung zuerst in den Elektronenbeschleunigern vom Typ Synchrotron beobachtet wurde, heißt sie *Synchrotronstrahlung*. Während bei thermischer Strahlung die spektrale Bestrahlungsstärke mit der Frequenz wächst oder für durchsichtige (optisch dünne) Schichten konstant bleibt, nimmt sie für Synchrotronstrahlung mit wachsender Frequenz ab (s. Abb. 5.34). Synchrotronstrahlung kommt im Kosmos häufig vor, z.B. im Jupiter-Magnetfeld (s. Bd. I, S. 159), bei der aktiven Sonne (s. Bd. I, S. 304), bei Radiogalaxien (s. S. 596) und Quasaren

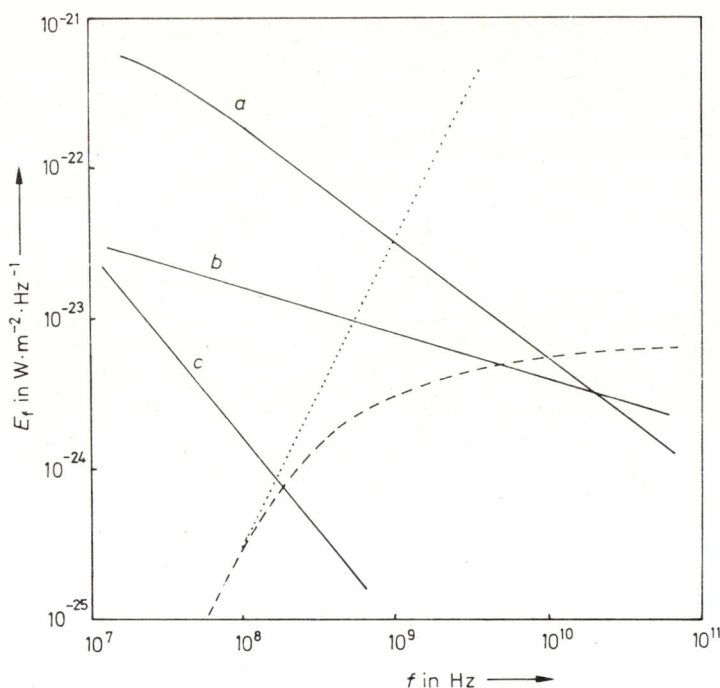

Abb. 5.34   Spektren typischer kosmischer Radiostrahler
(Abhängigkeit der spektralen Bestrahlungsstärke E_f des
Empfängers von der Frequenz f).
——————— Synchrotronstrahler:
(a) Cas A, (b) Crab-Nebel, (c) Crab-Pulsar
— — — — — Thermischer Strahler: Orion-Nebel
• • • • • • • • • Schwarzer Strahler (Antennentemperatur 0,46 K)

(s. S. 615). Der Spektralindex α hängt von der Energieverteilung der strahlenden
Elektronen ab. Ist die Zahl der Elektronen mit der Energie E durch ein Potenz-
gesetz der Form $N(E) \sim E^{-\gamma}$ darstellbar, so gilt $\alpha = \dfrac{\gamma - 1}{2}$. Aus dem Spektralindex
läßt sich also die Energieverteilung der für die Synchrotronstrahlung verantwort-
lichen relativistischen Elektronen (Elektronen, die sich nahezu mit Lichtgeschwindigkeit bewegen) abschätzen.
Die stärkste Radiostrahlungsquelle des ganzen Himmels befindet sich im Sternbild
Kassiopeia; sie trägt die Bezeichnung Cas A. Abb. 5.35 zeigt ihr Radio-Isophoten-
bild. Cas A ist mit Sicherheit ein Supernova-Überrest. Die optisch wahrnehmbaren
Hüllenreste expandieren, und ihre Geschwindigkeiten deuten auf einen Expansions-
beginn um das Jahr 1670. Dieser Supernova-Ausbruch ist nicht beobachtet worden,
da an der betreffenden Stelle dichte Wolken interstellaren Staubes das Licht der
dahinter stehenden Sterne besonders stark schwächen. Die Radiostrahlung von

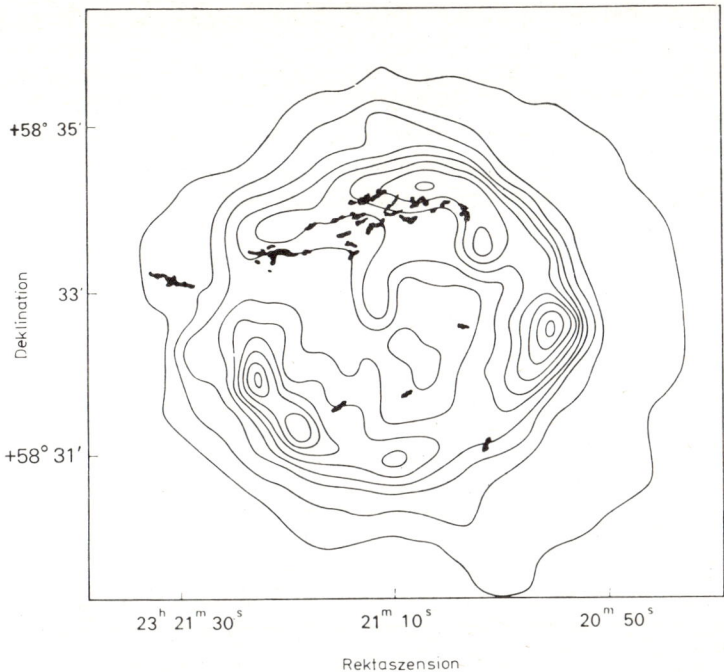

Abb. 5.35 Radiokarte für den Supernova-Rest Cas A bei der Wellenlänge 21,3 cm.
Die Linien gleicher Strahlungstemperaturen folgen in Abständen von 6000 K aufeinander. Die stärksten optisch wahrnehmbaren Nebel sind ebenfalls eingetragen.

Cas A besitzt bei der Ankunft auf der Erde die spektrale Bestrahlungsstärke
(s. Abb. 5.34)

$$E_\mathrm{f} = (1{,}86 \cdot 10^{-22}\ \mathrm{W} \cdot \mathrm{m}^{-2} \cdot \mathrm{Hz}^{-1}) \cdot \left(\frac{f}{100\ \mathrm{MHz}}\right)^{-0{,}77}.$$

Beim Crab-Nebel ist die optische Strahlung besonders gut untersucht worden. Das
Spektrum besteht aus einem Kontinuum, dem Emissionslinien (besonders der
Balmerserie des Wasserstoffs) überlagert sind. Die Quelle der Emissionslinien sind
die Nebelfasern (Filamente), die auf Abb. 5.32 deutlich sichtbar sind. Die Konti-
nuumstrahlung stammt aus dem strukturlosen Zentralgebiet des Nebels. Spektrale
Intensitätsverteilung und lineare Polarisation der kontinuierlichen Strahlung zeigen,
daß es sich auch im sichtbaren Bereich um Synchrotronstrahlung handelt, deren
Spektralindex $\alpha = 1{,}15$ allerdings wesentlich höher liegt als im Radiobereich. Die
Synchrotronstrahlung des Crab-Nebels reicht aber noch weit über den sichtbaren
Spektralbereich hinaus ins Gebiet der Röntgen- und Gammastrahlen. – Röntgen-
Synchrotron-Strahlung wurde auch an anderen Supernova-Überresten festgestellt,
so z.B. an den Objekten der Jahre 1006 und 1572 und an Cas A.

Die Gasnebel, die als Überreste von Supernova-Explosionen in der Galaxis beobachtet werden, zeigen charakteristische Expansionsbewegungen. Beim Crab-Nebel, dessen scheinbare Durchmesser $4' \times 6'$ betragen, vergrößert sich die große Halbachse jährlich um $0,22''$, während sich aus dem Dopplereffekt eine Expansionsgeschwindigkeit von 1450 km/s ergibt. Für eine Gruppe der bei Cas A beobachteten Nebelfetzen sind die entsprechenden Werte $0,42''$ im Jahr – bei einem Durchmesser der Quelle von etwa $4'$ – und 7440 km/s; der Nebelring im Schwan hat einen Durchmesser von $2,6°$, sein Radius wächst um $0,03''$ im Jahr mit der Geschwindigkeit von etwa 45 km/s.

d) Die Endzustände der Sternentwicklung

Als Endphasen der Sternentwicklung bezeichnet man diejenigen Zustände, die sich nach Erschöpfung der Kernfusions-Energiequellen einstellen. Mit dem Erlöschen der Kernumwandlungen sinkt die Temperatur im Sterninnern. Nach der Zustandsgleichung idealer Gase (5-25) (s. S. 393) verringert sich dadurch – bei zuerst konstanter Dichte – auch der Gasdruck; das hydrostatische Gleichgewicht wird gestört, und der Stern erfährt einen Gravitationskollaps. Dabei wächst die Dichte, und die Sternmaterie entartet zunehmend (s. S. 426 ff.). Der Entartungsdruck nimmt zu und kann so groß werden wie der Schweredruck, so daß der Kollaps gestoppt wird und der Stern wieder in einen hydrostatischen Gleichgewichtszustand übergeht, der sehr lange anhält. Je nach der Masse des kollabierenden Sterns sind zwei verschiedene Gleichgewichtszustände möglich: die Weißen Zwergsterne und die Neutronensterne.

Die Weißen Zwergsterne

Bei Weißen Zwergsternen besteht hydrostatisches Gleichgewicht zwischen Schweredruck und dem Druck des nichtrelativistisch entarteten Elektronengases (s. S. 429); dieser Gleichgewichtszustand ist unabhängig von der Temperatur, bleibt also auch erhalten, wenn der Stern sich nun langsam abkühlt. Alle übrigen Teilchen im Stern – H- und He-Kerne und schwerere Ionen – sind nach Gl. (5-50) und (5-49) noch nicht entartet, verhalten sich also wie ein ideales Gas, dessen Partialdruck aber relativ zu dem der Elektronen vernachlässigbar ist. Dagegen wird die Materiedichte nahezu ausschließlich durch die Ionen bestimmt.

Schon lange bevor die Quantentheorie den Aufbau der Weißen Zwerge mit der Gasentartung physikalisch deuten konnte, waren diese Objekte beobachtet und als Sterne mit sehr hoher Dichte und sehr kleinem Durchmesser erkannt worden (s. dazu S. 381). Dem Hertzsprung-Russell-Diagramm Abb. 5.13 (S. 399) kann man entnehmen, daß die beobachtbaren Mitglieder dieses Sterntyps hohe effektive Temperaturen und sehr geringe Leuchtkräfte haben; die Maximalwerte liegen bei $T_{\text{eff}} \approx 25\,000$ K, $L/L_\odot \approx 0,01$, $M_V \approx +10$ mag. Mit den mittleren Werten der effektiven Temperaturen und Leuchtkräfte folgt aus Gl. (5-9) (S. 373) für den mittleren Radius eines Weißen Zwerges $R \approx 0,013\,R_\odot \approx 1,4\,R_{\text{Erde}}$.

Die Masse des Weißen Zwerges Sirius B wurde in Tab. 5.3 (S. 381) mit $1{,}1\,m_\odot$ angegeben. Für die Gesamtheit aller Weißen Zwerge mit bekannten Massen ergibt sich als Mittelwert $0{,}6\,m_\odot$. Aus den mittleren Werten von Radius und Masse folgt als Durchschnittsdichte $4 \cdot 10^5$ g/cm^3; die Dichte im Zentrum liegt bei 10^7 g/cm^3. Ein Weißer Zwerg ist also ein Stern, der etwa die Masse der Sonne, aber nur ungefähr die Größe der Erde hat.

Die absoluten Helligkeiten der Weißen Zwerge liegen zwischen +10 mag und +16 mag. Wegen dieser Lichtschwäche können diese Objekte nur identifiziert werden, wenn sie nicht weiter als etwa 100 pc entfernt sind. Sichere Erkennungsmerkmale sind die aus Parallaxenmessungen und scheinbaren Helligkeiten gewonnenen absoluten Helligkeiten, Massenbestimmungen in Doppelsternsystemen und die starke Druckverbreiterung der Spektrallinien (s. S. 411), eine Folge des starken Schwerefeldes an der Sternoberfläche ($g = 10^6$ m/s^2). – Die räumliche Dichte der Weißen Zwerge ist sehr hoch; sie scheint bei 6 bis 10 % der Gesamtzahl aller Sterne in Sonnenumgebung zu liegen (s. dazu Tab. 6.6, S. 479). Diese hohe Raumdichte deutet darauf hin, daß bei einem sehr großen Teil aller Sterne der Entwicklungsgang schließlich zum Stadium des Weißen Zwerges führt.

Nun geht die Entwicklung von Sternen um $0{,}6\,m_\odot$ so langsam vor sich, daß solche Sterne, selbst wenn sie in der frühesten Entwicklungsphase unseres Sternsystems entstanden sind, den Zustand der Weißen Zwerge noch nicht erreicht haben können. Die heute als Weiße Zwerge beobachteten Objekte müssen also früher, als sie noch im Hauptreihenstadium waren, größere Massen besessen haben. Wie der Massenverlust in der Nach-Hauptreihen-Entwicklung vor sich ging, ist noch weitgehend unbekannt. Man kennt jedoch aus der Beobachtung drei Arten von Massenverlust bei Sternen in dieser Entwicklungsphase: Langsames Abdiffundieren von Materie bei Roten Riesensternen, die von Zentralsternen abgestoßenen Planetarischen Nebel, die Abschleuderung von Gashüllen bei Nova-Ausbrüchen.

Die mehr als 1000 bekannten Weißen Zwerge zeigen alle Farben vom bläulichen Weiß bis Rot; ihre effektiven Temperaturen liegen demnach in einem weiten Intervall. Wegen der sehr kleinen Oberflächen strahlen die Sterne, die zunächst mit hohen Oberflächentemperaturen Weiße Zwerge geworden sind, den Rest ihrer Wärmeenergie nur sehr langsam ab. Bis aus einem weißen ein roter Zwergstern geworden ist, vergehen einige 10^9 Jahre. Da während dieser Phase das Sternvolumen durch das Gleichgewicht zwischen dem Schweredruck und dem Entartungsdruck der Elektronen bestimmt ist, die beide temperaturunabhängig sind, ändert sich der Radius nicht mehr.

Der Radius eines Weißen Zwerges ist – außer von der chemischen Zusammensetzung – nur von der Sternmasse abhängig. Für den Schweredruck p_s gilt nämlich, wenn man in Gl. (5-29) (S. 394) den Sternradius mit $\rho \sim m/R^3$ durch die mittlere Dichte ρ ersetzt:

$$p_s \sim m^{2/3} \cdot \rho^{4/3}. \tag{5-64}$$

Der Druck nichtrelativistisch entarteter Elektronen wächst nach Gl. (5-51b) beim Kollaps eines Sterns nach dem Aufhören der Kernfusionsprozesse demnach rascher als der Gravitationsdruck; dies ist der Grund dafür, daß die Kontraktion in einem hydrostatischen Gleichgewicht endigen kann. Für dieses gilt dann mit $p_s = p_e$ die Bedingung

$$\rho_{max} \sim m^2 \quad \text{oder} \quad m \cdot R^3 = \text{const.} \tag{5-65}$$

Je größer die Masse eines entstehenden Weißen Zwerges ist, desto höher wird im Endzustand seine Dichte, und desto kleiner wird sein Radius.

Ist jedoch die Sternmasse größer als 1,4 $m_\odot$, so wächst vor dem Erreichen des hydrostatischen Gleichgewichts die Elektronendichte und damit ihre Fermi-Energie so stark an, daß die Geschwindigkeiten der Elektronen in die Nähe der Lichtgeschwindigkeit c gelangen, das Elektronengas also relativistisch entartet. Der Druck p_e' des relativistisch entarteten Elektronengases wächst aber nach Gl. (5-53) (S. 430) für einen Stern bestimmter Masse proportional zum Schweredruck nach Gl. (5-64). Da während des Kollapses $p_s > p_e'$ ist, bleibt diese Beziehung auch bei relativistischer Entartung des Elektronengases erhalten. Es stellt sich also bei Sternen mit Massen über 1,4 $m_\odot$ kein hydrostatisches Gleichgewicht zwischen Entartungsdruck der Elektronen und Schweredruck ein; der Entartungsdruck kann das Zusammenstürzen des Sterns nicht mehr aufhalten. Deshalb gibt es keine Weißen Zwerge mit Massen über 1,4 $m_\odot$.

Neutronensterne, Pulsare

Wahrscheinlich verlieren die meisten Sterne nach dem Verlassen der Hauptreihe so viel Materie, daß ihre Masse beim Einsetzen der letzten Kontraktionsphase unter der Grenzmasse 1,4 $m_\odot$ liegt; sie endigen dann als Weiße Zwerge.

Was mit den Sternen geschieht, deren Masse zu groß ist, als daß sich das Gleichgewicht zwischen Schweredruck und Entartungsdruck nichtrelativistischer Elektronen im Zustand des Weißen Zwerges einstellen könnte, kann theoretisch vorausgesagt werden. Wenn die Elektronendichte des kollabierenden Sterns so groß geworden ist, daß die Fermi-Energie der relativistisch entarteten Elektronen über 0,78 MeV ansteigt, dringen die Elektronen in die Atomkerne ein und reagieren dort mit Protonen nach der Gleichung $_1^1p + {_{-1}^0}e + 0,78 \text{ MeV} \rightarrow {_0^1}n$ (inverser Beta-Zerfall). Dadurch sinkt die Ordnungszahl der Atomkerne immer weiter, und schließlich geben sie die überschüssigen Neutronen ab. Während bei diesem Prozeß die Elektronen verschwinden, entsteht ein Neutronengas, das bei weiterer Kompression schließlich nichtrelativistisch entartet. Entsprechende Überlegungen, wie sie für den Elektronendruck in Weißen Zwergsternen angestellt wurden, führen zu dem Ergebnis, daß der Druck des nichtrelativistisch entarteten Neutronengases viel größer ist als die Summe der Partialdrücke schwerer Teilchen. Der Neutronendruck ergibt sich aus Gl. (5-49) (s. S. 428), wenn man für m die Neutronenmasse einsetzt; er gehorcht deshalb auch der Gl. (5-51b), allerdings mit einer 1836mal kleineren Proportionalitätskonstanten auf der rechten Seite, da die Masse des Neutrons rund 1836mal größer als die des Elektrons ist. Wie bei den Weißen Zwergen stellt sich auch hier bei nicht zu großer Sternmasse ein hydrostatisches Gleichgewicht ein, diesmal zwischen dem Druck des nichtrelativistisch entarteten Neutronengases und dem Schweredruck. Dabei gelten wieder die Gleichungen (5-65), aber – bei gegebener Sternmasse m – mit einer $1836^2 \approx 6 \cdot 10^9$ mal größeren Dichte als bei den Weißen Zwergen und dementsprechend einem etwa 2000 mal kleineren Radius. Diese Gleichgewichtszustände heißen *Neutronensterne*; ihre Dichte liegt im Mittel bei 10^{14} bis 10^{15} g/cm^3 und entspricht damit etwa der Dichte in Atomkernen. Auch Neutronensterne können sich nur bilden, wenn die Sternmasse nicht zu groß ist, da sonst das Neutronengas relativistisch entartet und sich dann kein hydrostatisches Gleichgewicht mehr einstellen kann – ganz entsprechend den Vorgängen in relativistisch entartetem Elektronengas (s. S. 460). Die Grenze liegt bei 2 bis 3 $m_\odot$, was bei der angegebenen Dichte Sterndurchmessern von 10 bis 20 km entspricht. So kleine Sterne, die zudem infolge einer starken Neutrinoabstrahlung verhältnismäßig rasch kühler werden, sollten an sich unbeobachtbar sein. Sie machen sich aber glücklicherweise indirekt bemerkbar: Es sind die *Pulsare*. Diese Sterne senden periodisch äußerst kurze Radioblitze aus, die – wie ein Knall in der Akustik – ein kontinuierliches Spektrum besitzen. Bei den bis 1978 entdeckten etwa 150 Pulsaren liegt die Pulsdauer überwiegend zwischen 10 und 100 ms; die Pulsperioden betragen 0,03 s bis 3,7 s. Die Periodenlänge nimmt bei allen Objekten langsam zu. Aus der spektralen Energieverteilung im Wellenlängenbereich zwischen 2 cm und 30 m und der linearen Polarisation der Strahlung muß geschlossen werden, daß es sich um Synchrotronstrahlung handelt (s. Abb. 5.34, S. 456).

Obwohl der Erzeugungsmechanismus der Strahlungspulse noch unbekannt ist, kann man mit Sicherheit sagen, daß es sich bei den Pulsaren um Neutronensterne handelt. Dafür gibt es folgende Gründe: Einerseits ist die Pulsperiode und ihre zeitliche Änderung außerordentlich genau definiert; so betrug beim Crab-Pulsar am Anfang des Jahres 1969 die Periode 0,033 0976 s, und sie nahm um $1,3 \cdot 10^{-5}$ s im Jahr zu. Für einen Vorgang, der sich so exakt abspielt, kommt nur die Rotation eines Sterns in Frage; der Strahlungspuls käme dann dadurch zustande, daß der Stern ein enges Bündel Synchrotronstrahlung aussendet, das – wie das Licht eines Leuchtturms – bei jeder Umdrehung des Sterns die Erde einmal trifft. Die Pulsperiode wäre dann gleich der Umdrehungsdauer des Sterns. Andererseits können nur Neutronensterne mit ihrer hohen Dichte so rasch rotieren, ohne von der Zentrifugalkraft zerrissen zu werden. Für die Stabilität des Sterns muß die Zentrifugalbeschleunigung am Äquator kleiner als die Fallbeschleunigung sein, also für einen kugelförmigen Stern mit Masse m, Radius R und Rotationsdauer T

$$4\pi^2 R/T^2 < G \cdot m/R^2 .$$

Für die mittlere Dichte eines solchen Sterns gilt demnach

$$\bar\rho > (1,4 \cdot 10^{11} \text{ kg m}^{-3}) \cdot \left(\frac{T}{\text{s}}\right)^{-2} .$$

Speziell gilt beim Crab-Pulsar ($T = 0{,}033$ s): $\bar\rho > 1{,}3 \cdot 10^{14}$ kg/m^3. Nur Neutronensterne mit ihren mittleren Dichten von über 10^{17} kg/m^3 erfüllen diese Bedingung.

Bei zwei Pulsaren konnte festgestellt werden, daß sie Reststerne eines Supernova-Ausbruchs sind; das eine Objekt ist der Zentralstern des Crab-Nebels, das andere der

Vela-Pulsar, der von einem prähistorischen Supernova-Ereignis im Sternbild Vela am Südhimmel stammt. Die Pulse des Crab-Pulsars werden nicht nur im Radio-, sondern auch im Infrarot-, im sichtbaren, Röntgen- und Gammastrahlungsbereich beobachtet. Der Vela-Pulsar zeigt ebenfalls nicht nur Radiostrahlungspulse; auch sein sichtbares Licht besteht aus kurzen Strahlungsblitzen.

Jede weitere Suche nach Supernova-Resten in der Umgebung von Pulsaren bzw. umgekehrt nach Pulsaren in Supernova-Resten ist bisher erfolglos geblieben. Aus der Tatsache, daß aber der Crab- und der Vela-Pulsar als Reststerne eines Supernova-Ereignisses nachgewiesen sind, kann man jedoch schließen, daß Supernova-Explosionen während des Kollapses bei der Bildung eines Neutronensterns erfolgen können, bevor der Entartungsdruck des Neutronengases den Stern nochmals stabilisiert. Möglicherweise wird die Explosion hervorgerufen durch die enorme kinetische Energie, die bei dem sehr rasch verlaufenden Zusammenfall des Sterns den Neutronen zugeführt wird. Eine explosive Freisetzung von Energie kann auch dadurch ausgelöst werden, daß während des Kollabierens plötzlich noch einmal Kernfusionsprozesse an Kohlenstoff- oder Sauerstoff-Kernen gezündet werden.

Ein Stern, der beim Erlöschen der Kernprozesse eine Masse oberhalb der Grenzmasse von Neutronensternen hat, kollabiert bis **zur** relativistischen Entartung des Neutronengases und kann dann nicht mehr stabilisiert werden. Seine Dichte wird so hoch, daß ihn keine Strahlung mehr verlassen kann; er wird unbeobachtbar. Solche *„Schwarze Löcher"* können sich jedoch durch ihre Gravitationswirkung bemerkbar machen; sie sollten deshalb nachweisbar sein, wenn sie als Komponente in einem Doppelsternsystem auftreten ([13], [14]).

Zusammenfassung zu 5.3, „Die Entwicklung der Fixsterne"

1. Die Entwicklung eines Fixsterns weist drei Hauptphasen auf: Die Vor-Hauptreihen-Phase, bei der die einzige Energiequelle für die Sternstrahlung die bei der Kontraktion frei werdende Gravitationsenergie ist; die Hauptreihen-Phase, während der nur Wasserstoff-Kernfusionsprozesse die nötige Strahlungsenergie liefern; die Nachhauptreihen-Phase, in der Kontraktionen und Kernfusionsprozesse des Heliums und schwererer Kerne als Energiequellen abwechseln.

2. In der relativ kurzen Sternbildungsphase wirken zufällige Verdichtungen in dichten interstellaren Wolken als Gravitationszentren für die umgebende Materie, die dadurch verdichtet wird, teilweise in kleinere kollabierende Elemente zerfällt, und schließlich durch Selbstabsorption ihrer Wärmestrahlung ihre Zentraltemperatur so weit steigert, daß die p-p-Kette der Wasserstoff-Kernreaktionen zündet.

3. Die längste Phase in der Sternentwicklung ist diejenige, in der sich der Stern mit seinen Oberflächenwerten T_{eff} und L auf der Hauptreihe des HR-Diagramms befindet.

4. Der Stern verläßt die Hauptreihe, wenn die Masse des Heliums, das durch Wasserstoff-Kernfusionen im Zentralgebiet des Sterns entstanden ist, etwa 10% der Gesamtmasse des Sterns ausmacht. Hat er eine genügend große Masse, so kann er durch Kontraktion des Helium-Kerns seine Zentraltemperatur bis zum Zünden von Helium-Kernfusionsprozessen steigern. Gleichzeitig dehnt sich seine Hülle aus und kühlt sich ab; der Stern wandert in das Gebiet der Roten Riesen im HR-Diagramm.

5. Sterne mit genügend großen Massen können durch Temperatursteigerungen im Zentralbereich als Folge sukzessiver Kontraktionen Fusionsprozesse schwererer Kerne zünden. Da die hierbei freigesetzte Energie jedoch immer geringer wird, verläuft jede Kernfusionsphase rascher als die vorhergehende.

6. Sternhaufen sind Systeme von bis zu einigen Millionen Sternen, die durch ihre gegenseitigen Gravitationskräfte zusammengehalten werden. Da die Sterne eines Haufens etwa gleichzeitig entstanden sind und gleiche Entfernungen von der Erde haben, stellen die Farben-Helligkeits-Diagramme von Sternhaufen Linien gleichen Sternalters dar (Isochronen). Ein Kennzeichen für das Alter des Haufens ist der Knick in der Hauptreihe des FH-Diagramms; Sterne mit Massen oberhalb der Knickstelle haben die Hauptreihe schon verlassen, die masseärmeren Sterne unterhalb des Knicks verbrauchen ihren Wasserstoff langsamer und befinden sich deshalb noch auf der Hauptreihe.

7. Man unterscheidet Offene (galaktische) und kugelförmige Sternhaufen. – Offene Sternhaufen enthalten bis zu einigen hundert Sternen. Sie sind junge Gebilde und befinden sich im Bereich dichter interstellarer Materie in der Milchstraßenscheibe. – Kugelförmige Sternhaufen sind sehr alt. Sie enthalten in etwa kugelsymmetrischer Anordnung einige tausend bis Millionen Sterne, die sich durch einen relativ geringen Metallgehalt auszeichnen. Sie sind nicht zur Milchstraßenebene hin konzentriert. Ihr Farben-Helligkeits-Diagramm zeichnet sich durch die Existenz eines Horizontalastes aus.

8. In den Spätphasen der Sternentwicklung treten Pulsationen auf, die periodische Helligkeitsänderungen der Sterne zur Folge haben. Die wichtigsten Pulsationsveränderlichen sind die Delta-Cephei-Sterne, die RR Lyrae-Sterne und die Mira-Sterne. Da für Delta-Cephei-Sterne eine Perioden-Helligkeits-Beziehung die Möglichkeit bietet, für diese Überriesen selbst auf große Distanz die absolute Helligkeit zu bestimmen, und da für RR Lyrae-Sterne die mittlere Helligkeit nahezu gleich ist, bieten diese beiden Typen von Veränderlichen sehr wichtige Entfernungsmarken im Weltall. Einfachstes Unterscheidungsmerkmal der beiden Typen ist die Periodenlänge; sie liegt bei den RR Lyrae-Sternen stets unter, bei den Delta-Cephei-Sternen über einem Tag.
Die Pulsationen treten bei ganz bestimmten Entwicklungszuständen der beiden Sterntypen auf, während denen sie einen für sie charakteristischen Instabilitätsstreifen im HR-Diagramm durchqueren.

9. Novae sind Erscheinungen in den Spätphasen der Entwicklung von Doppelstern-systemen mit Komponenten unterschiedlicher Masse. Wenn Materie des langsamer sich entwickelnden Sterns auf die Oberfläche des bereits zum Weißen Zwerg ent-wickelten Partners herunterregnet, kann dort so viel Energie frei werden, daß Kern-fusionen in der Wasserstoff-Hülle des Weißen Zwerges zünden und dieser seine Hülle explosionsartig abstößt.

10. Bei den Supernovae übersteigt der Helligkeitsausbruch den der Novae um das 10 000-fache. Auch die abgeschleuderte Masse ist sehr viel größer als bei den Novae, und ihre Geschwindigkeit ist höher. Die Nebelreste strahlen Synchrotronstrahlung aus, die bei einigen Supernova-Resten vom Radio- bis zum Röntgen-Bereich reicht. Die Ursache des Ausbruchs ist noch unbekannt.

11. Wenn ein Stern seine Kernenergiequellen erschöpft hat, erleidet er einen Gravi-tationskollaps. Ist seine Masse nicht größer als $1,4 \, m_\odot$, so endigt der Kollaps bei einem Weißen Zwerg, in einem Gleichgewichtszustand zwischen Schweredruck und Entartungsdruck nichtrelativistischer Elektronen. Da dieser Zustand temperatur-unabhängig ist, kühlen sich Weiße Zwerge bei konstantem Radius langsam ab.

12. Bei Sternmassen zwischen 1,4 und 2 bis $3 \, m_\odot$ erreichen die Elektronen vor der Einstellung des hydrostatischen Gleichgewichts eines Weißen Zwerges relativistische Geschwindigkeiten. In diesem Fall gilt eine andere Zustandsgleichung, die kein Gleichgewicht zwischen Schweredruck und Entartungsdruck der Elektronen ermög-licht. Der Stern kollabiert weiter.
Mit zunehmender Energie können die Elektronen in die Atomkerne eindringen und dort Protonen in Neutronen umwandeln; die überschüssigen Neutronen tropfen von den Atomkernen ab. Da nun die Teilchen kleinster Masse die Neutronen sind, kon-trahiert der Stern bis zur nichtrelativistischen Entartung des Neutronengases. Dann stellt sich ein hydrostatisches Gleichgewicht ein bei einem Sternradius von der Grö-ßenordnung 10 km und einer Dichte, die derjenigen der Atomkerne entspricht. Diese Neutronensterne kühlen sich bei konstantem Radius durch starke Neutrino-Strahlung rasch ab.

13. Pulsare sind Neutronensterne, die Strahlungsblitze im Radio- und auch in kürze-ren Wellenlängen-Bereichen emittieren. Die Perioden liegen höchstens bei einigen Sekunden; die Pulsdauer ist größenordnungsmäßig 10 mal kleiner. Es handelt sich mit hoher Wahrscheinlichkeit um einen Leuchtturmeffekt, d.h. der Stern rotiert und überstreicht bei jeder Umdrehung die Erde mit einem engen Synchrotronstrah-lungsbündel. Zwei Pulsare wurden als Reststerne von Supernova-Ereignissen identi-fiziert: Crab-Pulsar und Vela-Pulsar.

14. Sterne mit Massen oberhalb der Grenzmasse von Neutronensternen endigen im Zustand eines schwarzen Loches, aus dem uns keine Signale irgendeiner Art mehr erreichen können. Schwarze Löcher müßten aber als Komponenten von Doppel-sternsystemen nachweisbar sein.

6. Das galaktische Sternsystem

In dem von uns überschaubaren Weltall kommt Materie fast ausschließlich innerhalb von *Sternsystemen* vor. Ein Sternsystem ist ein räumlich abgegrenztes Gebilde, das mit Sternen, Sternhaufen und interstellarer Materie erfüllt ist. Wir kennen drei Haupttypen solcher Sternsysteme, die sich durch ihre Form und durch die Anordnung der Sterne voneinander unterscheiden: *Spiralsysteme, elliptische Systeme* und *unregelmäßige Systeme*. Der von Sternsystemen eingenommene Raumanteil ist klein gegenüber den nicht mit Materie erfüllten Raumbereichen.

Sonne und Erde befinden sich innerhalb eines Sternsystems; es heißt *Milchstraßen-* oder *galaktisches System* (griech. gala = Milch). Aufgabe des Abschnitts 6.1 ist es, die Kenntnisse über Größe und Gestalt dieses galaktischen Sternsystems und über die Anordnung der Sterne im System zu vermitteln. Abschnitt 6.2 ist der gas- und staubförmigen Materie zwischen den kompakten Himmelskörpern, der interstellaren Materie, gewidmet. Im Abschnitt 6.3 wird der Bewegungszustand der Materie innerhalb des Systems behandelt. Es ist wichtig, beim Kennenlernen dieser Forschungsergebnisse im Bewußtsein zu haben: unser Milchstraßensystem ist eine der − in riesiger Anzahl vorhandenen − typischen Einheiten, in denen die Materie des Weltalls sich angeordnet findet.

6.1 Die Sterne des Systems und ihre Anordnung

6.1.1 Die Erscheinung der Milchstraße

Die *Milchstraße* ist ein schwach leuchtendes Band, das längs eines Großkreises die ganze Himmelskugel überzieht. Von Mitteleuropa aus sind im Verlauf eines Jahres etwa $270°$ dieses Großkreises beobachtbar. Im Fernrohr lösen sich große Bereiche des flächenhaften Leuchtens in einzelne Lichtpunkte auf; dies wurde schon von Galilei (1610) wahrgenommen. Die Erscheinung kommt also durch das gemeinsame Leuchten einer sehr großen Anzahl von Fixsternen zustande. Fast alle diese Sterne haben so geringe scheinbare Helligkeiten, daß sie als Einzelobjekte für das bloße Auge nicht sichtbar wären.

Auf allen Sternkarten ist die Milchstraße eingezeichnet; damit man die Erscheinung mit bloßem Auge wahrnehmen kann, muß der Himmelshintergrund dunkel sein, darf also nicht durch den Mond oder irdische Lichter aufgehellt werden. Die günstigste Zeit für diese Beobachtungen sind die Monate August und September, in denen ein besonders heller Teil der Milchstraße am Südhimmel steht; er durchzieht, vom Horizont aufsteigend, die Sternbilder Schütze, Adler, Schwan. Der weitere Verlauf der Milchstraße führt durch die Sternbilder Kassiopeia, Perseus, Fuhrmann, Einhorn, Großer Hund. Der Helligkeitsunterschied zwischen unserer Sommermilchstraße (Sternbilder Schütze bis Schwan) und dem im Winter sichtbaren Teil (Sternbilder Fuhrmann bis Großer Hund) ist sehr groß.

Helligkeit und Struktur des Milchstraßenbandes zeigen starke lokale Ungleichförmigkeiten. Auffallend helle Sternwolken wechseln sich ab mit dunklen Bereichen, in denen fast keine Sterne zu stehen scheinen. Beispiele, die mit bloßem Auge beobachtet werden können, sind die helle Scutum-Wolke zwischen den Sternbildern Adler und Schütze und die beginnende Zweiteilung der Milchstraße im Sternbild

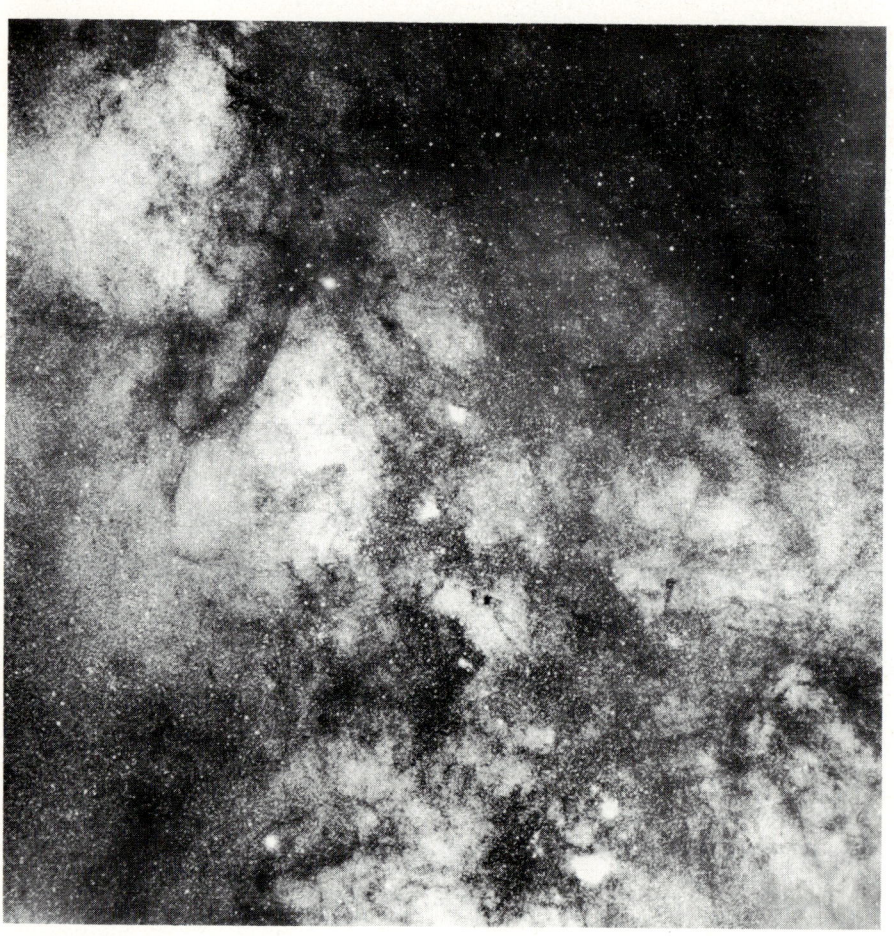

Abb. 6.1 Verlauf der Milchstraße von der Scutum-Wolke (links oben) zum Sternbild Schütze (rechts unten). Aufnahme aus dem Milchstraßenatlas von Ross-Calvert; Kantenlänge des Bildes 20°.

Schwan. Die scheinbar sternleeren Bereiche sind Zeichen für das Vorhandensein von interstellarer Materie; dies ist das Ergebnis von Untersuchungen, die im Abschnitt 6.2 beschrieben werden. An den feinen Staubteilchen, die dem interstellaren Gas beigemischt sind, wird das Licht der hinter den Dunkelwolken stehenden Sterne gestreut; dies bewirkt, daß nur ein kleiner Teil dieses Sternlichtes zum Beobachter gelangt. Milchstraßen-Photographien zeigen sehr viele Einzelheiten des Strukturreichtums (vgl. Abb. 6.1).

Die Erscheinung der Milchstraße am Himmel gibt uns die Möglichkeit, zu einer ersten Vorstellung von der *räumlichen Anordnung* der Sterne in unserem Sternsystem zu gelangen. Um diesen Übergang von der Sphäre in den Raum vollziehen zu können, ist es zunächst notwendig, sich den Verlauf der Milchstraße über die gesamte Himmelskugel — also auch über den bei uns nicht sichtbaren Teil des Sternhimmels — deutlich vorzustellen. Dazu soll die Abb. 6.2 helfen, in der die ganze Sphäre durch zwei Kreisflächen wiedergegeben ist. Zentren der beiden Kreisscheiben sind der nördliche (links) und der südliche Himmelspol; in beiden Figuren ist der Himmelsäquator der begrenzende Kreis. Der Großkreis der Milchstraße an der Sphäre erscheint hier in Gestalt von zwei — schraffiert gezeichneten — Bögen.

In der Erforschung und Beschreibung des galaktischen Sternsystems wird ein spezielles Koordinatensystem verwendet: die sphärischen Koordinaten *galaktische Länge l* und *galaktische Breite b*. Die Lage des Systems ist definiert durch den galaktischen Äquator, den Großkreis durch die Mitte des Milchstraßenbandes. Seine genaue Festlegung wird ermöglicht durch die starke Konzentration der interstellaren Materie

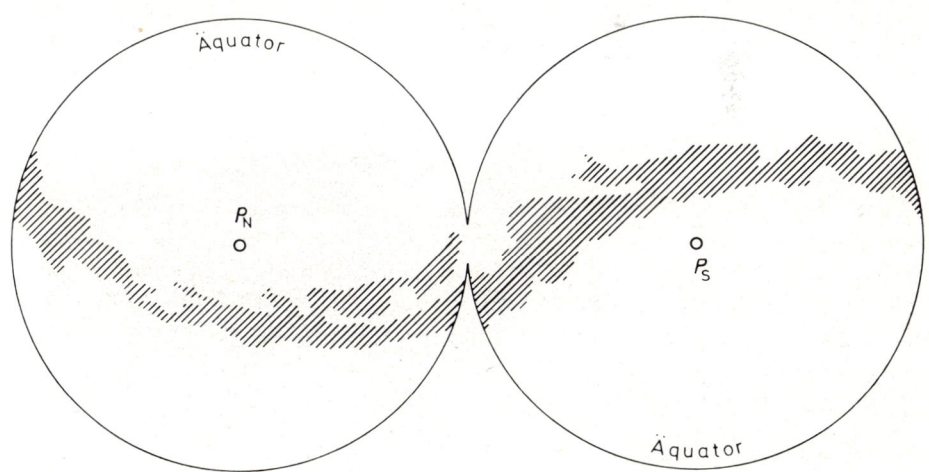

Abb. 6.2 Verlauf der Milchstraße auf der nördlichen (links) und südlichen Himmelshalbkugel. Begrenzende Kreise: Himmelsäquator.

Tab. 6.1 Orientierungswerte der galaktischen Längen einiger Sternbilder der nördlichen Milchstraße

Sternbild	l	Sternbild	l
Schütze	0°	Perseus	150°
Adler	50	Fuhrmann	180
Schwan	80	Einhorn	210
Kassiopeia	120		

zur Symmetrieebene unseres Sternsystems. Der Nullpunkt der Längenzählung auf dem Äquator liegt in der Richtung zum galaktischen Zentrum im Sternbild Schütze; die Längen werden ostwärts von 0° bis 360° gezählt (s. Tab. 6.1). Der galaktische Nordpol liegt im Sternbild Coma Berenices, der Südpol im Sternbild Sculptor. Die galaktische Breite wird vom Äquator zum Nordpol positiv, zum Südpol negativ von 0° bis 90° gezählt.

Aufgabe

Versuchen Sie, in den Monaten August und September den hellsten Teil der Milchstraße in den Sternbildern Schwan, Adler, Schütze zu beobachten. Am Ort des Beobachters darf der Himmel in keiner Weise durch irdische Lichtquellen aufgehellt sein; der Anblick der Milchstraße belohnt das Suchen nach einem solchen Standort. Suchen Sie, nach Vorbereitung mit einer Sternkarte, die bei dem Stern γ Cygni beginnende Zweiteilung der Milchstraße, die helle Scutum-Wolke und die große Sagittarius-Sternwolke. Unmittelbar westlich von der Sagittarius-Wolke liegt die Richtung zum galaktischen Zentrum.

6.1.2 Die Sterne der Milchstraße im Raum

Die am Sternhimmel beobachtete Erscheinung der Milchstraße wird durch eine bestimmte räumliche Anordnung der Sterne hervorgerufen: Die Fixsterne der Milchstraße bilden in dem uns umgebenden Weltraum eine ebene Schicht. Die Ausdehnung dieser Schicht in Richtung des galaktischen Äquators ist zunächst unbekannt. Die Tatsache, daß die Milchstraße am Himmel einen Großkreis bildet, läßt darauf schließen, daß sich Sonne und Erde innerhalb der durch die große Sterndichte ausgezeichneten Schicht befinden. In Abb. 6.3 sind die Sichtbedingungen von einem innerhalb der Schicht gelegenen Beobachtungspunkt S längs verschiedener Sehstrahlen schematisch dargestellt.

In Richtung derjenigen Sehstrahlen, die bis zu großen Entfernungen innerhalb der Schicht verlaufen (wie 1, 1a, 2), projizieren sich außerordentlich viele Fixsterne als

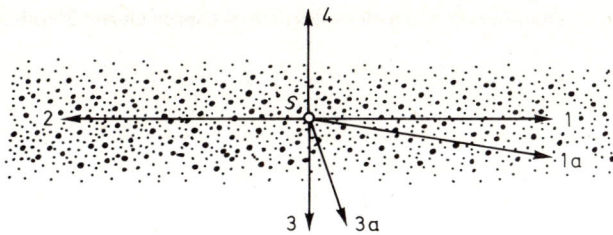

Abb. 6.3 Schematischer Querschnitt durch die Sternschicht der Milchstraße. Sichtbedingungen für einen Beobachter S längs verschiedener Sehstrahlen.

Lichtpunkte auf eine kleine Fläche des Himmelshintergrundes. Auf Sehstrahlen, die
nur für ein kurzes Stück innerhalb der Schicht verlaufen (Pfeile 3, 3a, 4), findet
man pro Flächeneinheit vergleichsweise nur eine geringe Anzahl von Sternen. Schon
beim ersten Anblick zeigen sich im Milchstraßenband beträchtliche Unterschiede
der Breite und der scheinbaren Sterndichte, und bei genauerer Beobachtung ergeben
sich bis in die kleinsten Details sehr abwechslungsreiche Strukturen. Daraus muß
man schließen, daß der räumliche Aufbau dieser Schicht sehr viel komplexer ist,
als es im Schema der Abb. 6.3 zum Ausdruck kommt.

Richtige Vorstellungen vom Zustandekommen der Milchstraßen-Erscheinung und
von der Existenz eines flachen Sternsystems von endlicher Ausdehnung wurden von
Thomas Wright (1750) und Immanuel Kant (1755) entwickelt. Wilhelm Herschel
(1738–1822) zählte in vielen ausgewählten Himmelsrichtungen die mit seinem
selbstkonstruierten lichtstarken Spiegelteleskop sichtbaren Sterne und entwickelte
aus seinen Abzählungen die Modellvorstellung eines stark abgeplatteten Sternsystems, dessen Zentralebene durch die Milchstraße markiert ist. Allerdings führten
die Beobachtungen von Herschel und zahlreiche spätere Milchstraßen-Untersuchun-
gen, die sich bis zum Beginn des 20. Jahrhunderts erstreckten, in einer Hinsicht zu
einem falschen Ergebnis: man glaubte die Beobachtungen so deuten zu müssen, daß
die Sonne nahe dem Zentrum unseres Sternsystems gelegen sei. Erst mit Shapleys
Entdeckung des Systems der Kugelsternhaufen im Jahre 1917 erfolgte der Durch-
bruch vom heliozentrischen zum *galaktozentrischen Sternsystem* (s. S. 475). Die
falsche Vorstellung von der zentralen Lage der Sonne ist ein Zeichen für eine typische, große Schwierigkeit, in der sich die optische Astronomie befindet, wenn sie
Größe und Gestalt unseres Sternsystems erforschen will. Die Lage der Sonne inmit-
ten der galaktischen Ebene macht es uns unmöglich, diese Zentralschicht in ihrer
Ausdehnung und Struktur zu überschauen. Die allermeisten der Sterne, die wir in
der Milchstraße sehen, sind Vordergrundobjekte; die große Flächendichte der
Sterne, vor allem aber die schwächende und auslöschende Wirkung des interstellaren
Staubes auf das Sternlicht machen es uns unmöglich, in weiter entfernte Bereiche
des Systems zu blicken. Die Entwicklung von Radio- und Infrarot-Astronomie
haben hier — wenigstens in bezug auf bestimmte Gruppen von Objekten — neue
Möglichkeiten erschlossen.

Bevor die wesentlichen, trotz der erwähnten Schwierigkeiten erhaltenen Resultate über die Sterne des Milchstraßensystems besprochen werden, sollen die beiden Wege angegeben werden, auf denen wichtige Erkenntnisse über Größe und Struktur des Systems gewonnen werden konnten: der Blick zu benachbarten Sternsystemen und die Entdeckung des Systems der Kugelhaufen. An den Nachbarsystemen kann abgelesen werden, welches die richtigen Fragen sind, die bei der Erforschung der Struktur unseres eigenen Systems gestellt werden müssen; die Entdeckung des Kugelhaufensystems hat uns die richtige Vorstellung von der Größenordnung des galaktischen Systems und vor allem den Zahlenwert für den Abstand der Sonne vom galaktischen Zentrum erbracht.

6.1.3 Der Blick auf die benachbarten Sternsysteme

Die Materie, die wir im Weltall vorfinden, ist in Sternsystemen angeordnet. Diese Systeme zeigen in ihren Strukturen eine sehr große Vielfalt; sie lassen sich jedoch nach Form und Sternverteilung in drei — am Anfang dieses Abschnitts schon genannte — Gruppen ordnen: *Spiralsysteme, elliptische* und *unregelmäßige Sternsysteme*. Diese drei Typen von Systemen sind in den Abbildungen 6.4 bis 6.7 durch Beispiele dargestellt. Das in Abb. 6.5 wiedergegebene Sternsystem NGC 891 gehört in die Gruppe der Spiralsysteme, obwohl wegen des Blickes auf die Kante nichts von der Spiralstruktur wahrgenommen werden kann. Aus einem Anschauungsmaterial von sehr vielen Exemplaren kennen wir das Aussehen dieses System-Typs in allen durch die Blickrichtung bedingten Veränderungen vom Blick auf die Fläche (Abb. 6.4) bis zum Blick auf die Kante (Abb. 6.5). Das bekannteste Beispiel eines Spiralsystems, dessen flächenhafte Ausdehnung wir in starker perspektivischer Verkürzung wahrnehmen, ist der Andromeda-Nebel M 31.

Die Bilder der Sternsysteme und eine kurze Beschreibung der drei Typen sollen zeigen, wie sich aus einer vergleichenden Betrachtung des Aufbaus dieser Systeme Erkenntnisse über Gestalt und Struktur unseres eigenen Systems ergeben, die aus Beobachtungen am Milchstraßensystem allein nicht gewonnen werden können. Wegen unserer Position in der Zentralschicht des Systems und wegen der sehr beschränkten Reichweite unserer optischen Forschung innerhalb dieser Schicht ist es unmöglich, die Gestalt und Struktur des ganzen Milchstraßensystems zu überschauen. Hier bietet der Blick auf die benachbarten außergalaktischen Systeme die entscheidende Hilfe. Sie entspringt aus der Beantwortung der Frage: Wie sieht für einen Beobachter innerhalb eines elliptischen, eines irregulären und eines Spiralsystems der Sternhimmel aus? Ist es in jeder der drei Systemarten möglich, am Himmel die Erscheinung einer Milchstraße wahrzunehmen?

Die *elliptischen Systeme* haben eine Sternverteilung, die vom Zentrum aus in allen Richtungen des ellipsoidisch umgrenzten Raumes mit großer Regelmäßigkeit stetig abnimmt. Diese Regelmäßigkeit in der Sternverteilung, die wir als Beobachter von

Abb. 6.4 Das Spiralsystem M 51

Abb. 6.5 Das Sternsystem NGC 891,
ein von der Kante gesehenes
Spiralsystem.

Abb. 6.6 Das elliptische Sternsystem
NGC 205, eines der beiden
Begleitersysteme des
Andromeda-Nebels

Abb. 6.7 Die Große Magellan-Wolke,
ein unregelmäßies Sternsystem

außen an den elliptischen Sternsystemen wahrnehmen, wird sich auch einem Beobachter darbieten, den wir uns als Bewohner eines Planeten innerhalb eines solchen Systems vorstellen können. Der sprunghafte Übergang in der an die Sphäre projizierten Sterndichte, den wir an den Rändern des Milchstraßenbandes wahrnehmen, kann am Sternhimmel innerhalb eines elliptischen Systems nicht vorhanden sein. Hieraus darf geschlossen werden, daß das Milchstraßensystem kein elliptisches Sternsystem ist.

Die Bezeichnung *„unregelmäßige Systeme"* (Abb. 6.7) bezieht sich nicht nur auf die äußere Gestalt, sondern ebenso auf die Verteilung der Sterne im System. Diese Ungleichförmigkeiten in der Sternanordnung sind so groß, daß für einen Beobachter innerhalb eines solchen Systems am Sternhimmel nicht die Erscheinung eines Milchstraßenbandes auftreten kann.

Es bleiben noch die *Spiralsysteme* (Abb. 6.4 und 6.5). Alle diese Systeme haben in ihren groben Umrissen eine rotationssymmetrische, mehr oder weniger abgeplattete Gestalt; sie sind in ihrer Form mit einem Diskus vergleichbar. Die Raumdichte der Sterne ist am größten in einer flachen, das ganze System durchziehenden Scheibe; sie nimmt in den Richtungen senkrecht zu dieser Scheibe sehr schnell ab. Ein Beobachter, der sich innerhalb der zentralen Sternschicht eines Spiralsystems befindet, wird als Projektion der räumlichen Sternverteilung die Erscheinung einer Milchstraße wahrnehmen, so wie wir sie an unserem Sternhimmel sehen.

Die Kenntnisse über die Sternverteilung in den verschiedenen Typen der außergalaktischen Systeme konnte erst durch die Analyse der mit sehr lichtstarken Spiegelteleskopen erhaltenen Aufnahmen der Sternsysteme gewonnen werden. Aus diesen Resultaten wurde auf dem Wege des hier geschilderten Gedankenganges gefolgert, daß unser Milchstraßensystem mit hoher Wahrscheinlichkeit ein Spiralsystem ist. Auf der Grundlage dieser Arbeitshypothese entwickelte sich die Erforschung der Form des Systems, der Sternverteilung in der Symmetrieebene und der Struktur des Zentralgebietes. Von besonderer Wichtigkeit ist dabei die Frage, ob das Milchstraßensystem in seiner Zentralebene Strukturen von Spiralarmen besitzt, wie wir sie von unseren Nachbarsystemen kennen.

6.1.4 Die Kugelsternhaufen

Die ersten Grundkenntnisse über die Dimensionen unseres Sternsystems sind aus Beobachtungen von *Kugelsternhaufen* und den in ihnen enthaltenen Sternen abgeleitet worden. Die 130 bekannten Sternhaufen dieses Typs umgeben und durchdringen das galaktische Sternsystem. Ihre geordnete Raumverteilung ist erforschbar und ermöglicht es, von der Größe des Systems der Kugelsternhaufen auf die Dimensionen des darin eingebetteten Milchstraßensystems zu schließen. Die Abb. 6.8 zeigt schematisch die gegenseitige Lage der beiden Systeme, die von Entstehung und Entwicklung her organisch miteinander verbunden sind.

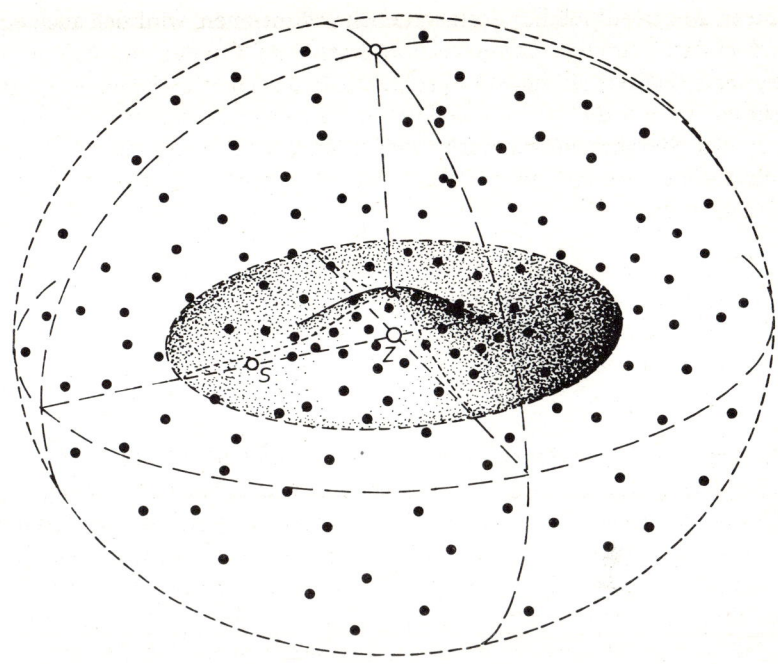

Abb. 6.8 Das Milchstraßensystem und die Anordnung der Kugelsternhaufen; schematische Darstellung. Z Zentrum des Milchstraßensystems, S Sonne.

a) *Typische Eigenschaften der Kugelsternhaufen*

Zum Verständnis der Rolle der Kugelsternhaufen als Strukturelemente der Galaxis
sind einige Informationen über *Kugelsternhaufen als Einzelobjekte* nötig, die über
das hinausgehen, was in Kapitel 5 im Zusammenhang mit Fragen der Sternentwicklung über Kugelhaufen erwähnt worden ist (s. S. 441). Typische Merkmale von
Kugelsternhaufen sind in Tab. 6.2 zusammengestellt.

Tab. 6.2 Die Kugelsternhaufen des galaktischen Systems; typische Merkmale

Zahl der bekannten Haufen	130
Vermutete Gesamtzahl im galaktischen System	etwa 200
Zahl der Haufen mit gut bekannten Entfernungen	90
Durchmesser	Größenordnung zwischen 10 pc und 100 pc
Anzahl der Sterne in einem Haufen	10^5 bis 10^6
Mittlere absolute visuelle Helligkeit eines Kugelhaufens	-8 mag

In Mitteleuropa kann nur der Kugelhaufen M 13 bei sehr guten Sichtbedingungen mit bloßem Auge gesehen werden; er steht 2,5° südlich vom Stern η Herculis. Einige weitere Haufen können bei der Beobachtung im Fernglas oder mit einem Fernrohr als runde, neblige Objekte erkannt werden (s. Tab. 6.3). Die beiden hellsten Kugelhaufen stehen am Südhimmel: Omega Centauri und 47 Tucanae; sie haben die scheinbare Helligkeit 4 mag und sind deshalb für das bloße Auge sichtbar.

Tab. 6.3 Einige helle Kugelsternhaufen. Ordnung nach der Nummer im „New General Catalogue of Nebulae and Clusters of Stars" (NGC)

Nummer NGC	Bezeichnung und Sternbild	Galaktische Koordinaten		Scheinbare visuelle Helligkeit in mag	Entfernung in kpc	Bemerkungen
		l	b			
104	47 Tucanae	306°	−45°	4,0	5,1	am Südhimmel
5139	ω Centauri	309	+15	3,6	5,0	am Südhimmel
5272	M 3 Canes venatici	42	+79	6,4	12	gut beobachtbar
5904	M 5 Serpens	4	+47	5,9	8,5	—
6121	M 4 Scorpius	351	+16	6,0	2,8	nahe bei Antares
6205	M 13 Hercules	59	+41	5,9	7,6	gut beobachtbar
6656	M 22 Sagittarius	10	−8	5,1	3,0	am Rande der großen Sagittarius-Sternwolke
7078	M 15 Pegasus	65	−27	6,4	14	—

Die Abb. 5.27 (S. 441) zeigt den am Nordhimmel am leichtesten auffindbaren Kugelhaufen M 13. Der scheinbare Durchmesser an der Sphäre beträgt 18′, der lineare Durchmesser 50 pc. Der Abstand von der Sonne ist 7600 pc. Die Sternanzahl hat die Größenordnung 500 000; in den Außenbereichen des Haufens wurden Sternzählungen vorgenommen, anschließend wurde nach innen durch Flächenhelligkeitsvergleiche extrapoliert. Aus der nahezu kreisförmigen Begrenzung aller Kugelhaufen wird auf ihre sphärische Gestalt geschlossen. Die Dichtezunahme in Richtung Zentrum ist sehr stark. Die mittlere Sterndichte in den Haufen beträgt etwa 0,4 Sterne pro pc³; in den Zentralbereichen werden jedoch Werte erreicht, die zwischen 100 und 1 000 Sternen pro pc³ liegen. Die Abstände der Sterne sind auch im Zentralgebiet eines Kugelhaufens noch sehr groß, verglichen mit den Sterndurchmessern. Daß der Mittelteil eines Haufens sich auf der photographischen Aufnahme als zusammenhängende helle Fläche darstellt, kommt hauptsächlich von dem begrenzten Auflösungsvermögen des Fernrohrs und von der Luftunruhe während der Aufnahme. Wie auf S. 442 ausführlich dargelegt wurde, gehören die Kugelhaufen zu den ältesten Objekten des galaktischen Systems. Theoretische Untersuchungen zeigen, daß ihre über sehr lange Zeit erhalten gebliebene Stabilität eine Folge der großen Anzahl und der hohen räumlichen Dichte der in ihnen enthaltenen Sterne ist.

b) *Das System der Kugelhaufen*

Sehr viele Kugelsternhaufen enthalten pulsationsveränderliche Sterne vom Typ RR Lyrae. Die absoluten Helligkeiten dieser kurzperiodischen Veränderlichen sind bekannt; der mittlere Wert ist $\overline{M_V}$ = + 0,6 mag (vgl. S. 445). Aus den scheinbaren und absoluten Helligkeiten können die Sternentfernungen und damit die *Entfernungen der Kugelhaufen* bestimmt werden (Gl. 5-5). Die in Tab. 6.3 gegebenen Abstände sind auf diese Weise erhalten worden. Das RR Lyrae-Verfahren wurde von dem amerikanischen Astronomen H. Shapley um das Jahr 1917 zum ersten Male in großem Umfang angewandt. Shapley entdeckte mit seinen Resultaten die Existenz des Kugelhaufensystems und erkannte gleichzeitig, daß dieses nahezu sphärische System und das durch die Milchstraßen-Sternschicht gekennzeichnete galaktische System die beiden Bestandteile *einer* Einheit sind.

Wir orientieren uns an Abb. 6.8. Der Ort der Sonne ist mit S bezeichnet. Für sehr viele Kugelhaufen sind die Abstände von S bestimmbar. Dabei zeigt sich, daß diese Haufen insgesamt in ihrer räumlichen Anordnung ein Rotationsellipsoid geringer Abplattung ausfüllen. Sie bilden ein System, das einen gut bestimmbaren geometrischen Mittelpunkt hat; er ist in Abb. 6.8 mit Z bezeichnet. Bis zu Shapleys Entdeckung war zwar die Existenz des galaktischen Sternsystems, nicht aber seine Ausdehnung in der Zentralebene bekannt. Man vermutete, daß die Sonne nahe dem Zentrum des Systems steht; der durch Sternzählungen erfaßte Beobachtungsbereich erstreckte sich in der Milchstraßenebene höchstens bis zu einem Abstand von etwa 2 kpc von der Sonne — nach unserer heutigen Kenntnis vom Aufbau des Milchstraßensystems ist dies nur etwa ein Fünftel des Abstandes zwischen S und Z.

Nun entdeckte Shapley: Die Milchstraßenebene, diese flache Schicht sehr hoher Sterndichte, liegt in der Symmetrieebene des Kugelhaufensystems. Das bedeutet umgekehrt: Das Zentrum Z des Kugelhaufensystems liegt in der Milchstraßenebene, wenn man sich diese Ebene weit über die damals bekannte Erstreckung hinaus vergrößert denkt. Schließlich weist die Richtung von S nach Z in eine Gegend des Sternhimmels, in der die Milchstraße besonders breit und hell, in Teilbereichen aber auch besonders stark von Dunkelmaterie erfüllt erscheint: in das Sternbild Schütze. Aus diesen Befunden zog Shapley den Schluß, daß das als Diskus gekennzeichnete Milchstraßensystem ähnliche Dimensionen hat wie das Kugelhaufensystem und daß die Zentren beider Systeme identisch sind. Diese zunächst als Arbeitshypothese verwendete Vermutung hat sich bestätigt; wir haben in dem überschaubaren Kugelhaufensystem ein Mittel, um die Größe des nicht überschaubaren Milchstraßensystems kennen zu lernen. Der Ort der Sonne innerhalb des Sternsystems ist stark exzentrisch; die Bestimmung der Lage des Kugelsternhaufen-Zentrums relativ zur Sonne ist eine der wenigen Methoden, mit denen man den Abstand der Sonne vom galaktischen Zentrum berechnen kann. Dieser Abstand SZ beträgt 10 kpc.

Aufgabe

Welche mittleren scheinbaren Helligkeiten haben die RR Lyrae-Sterne ($M = + 0,6$ mag) in den Kugelhaufen 47 Tucanae, M 5 und M 3 (Entfernungen der Haufen s. Tab. 6.3)? Warum darf bei diesen Sternhaufen zur genäherten Entfernungsbestimmung die Gl. (5-5) ohne Berücksichtigung interstellarer Absorption verwendet werden? Woher kommen, bei so großen Unterschieden in den Haufenentfernungen, die geringen Unterschiede in den scheinbaren Helligkeiten der RR Lyrae-Sterne?

6.1.5 Die Dimensionen des galaktischen Sternsystems

Moderne Untersuchungen über die Dimensionen und die Form des galaktischen Systems ergeben das in Abb. 6.9 skizzierte Bild. Die Bedeutung der in dieser Abbildung gegebenen Zahlenwerte ist in Tab. 6.4 erklärt.

Tab. 6.4 Die Dimensionen des Milchstraßensystems

Abstand der Sonne vom galaktischen Zentrum	10 000 pc
Abstand der Sonne von der Grenzzone des Systems, in der galaktischen Ebene .	5 000 pc
Durchmesser des Sternsystems	30 000 pc
Mittlere Dicke der Schicht, die durch das Milchstraßenband in Erscheinung tritt	nicht über 1 000 pc
Durchmesser des Systems der Kugelsternhaufen	50 000 pc

Der von den Kugelhaufen – über die Dimensionen des in Abb. 6.9 schraffiert gezeichneten Sternsystems hinaus – eingenommene Bereich wird als *galaktischer Halo* oder galaktische Korona bezeichnet. In Abb. 6.9 ist dieses Gebiet durch eine Ellipse geringer Exzentrizität schematisch umgrenzt. In diesem Halo sind – außerhalb der Kugelhaufen – zahlreiche einzeln stehende RR Lyrae-Sterne gefunden worden. Diese speziellen Objekte sind wegen ihrer großen absoluten Helligkeit und durch ihren Lichtwechsel relativ leicht nachzuweisen; ihre Entfernungen ergeben sich mit dem bekannten $\overline{M}_V = + 0,6$ mag. Es ist jedoch unbekannt, wie groß die Gesamt-Sterndichte in diesem Halo-Bereich ist. Daher fehlen uns gegenwärtig noch genaue Informationen über den Anteil der Halo-Masse an der Gesamtmasse des ganzen Systems, das sich aus dem eigentlichen galaktischen System und dem Kugelhaufen-System zusammensetzt.

Die mittlere Schichtdicke der *galaktischen Scheibe* beträgt weniger als 1000 pc. Das Zentralgebiet des Milchstraßensystems erstreckt sich in der Richtung senkrecht zur galaktischen Ebene jedoch weit über diese durchschnittliche Schichtdicke hinaus. Der senkrechte Durchmesser des Systems beträgt im Zentrum mindestens 3000 pc. Dieser Wert ist abgeleitet aus Entfernungsbestimmungen absolut sehr heller Sterne, die in Richtung des Sternbildes Schütze (galaktisches Zentrum) über

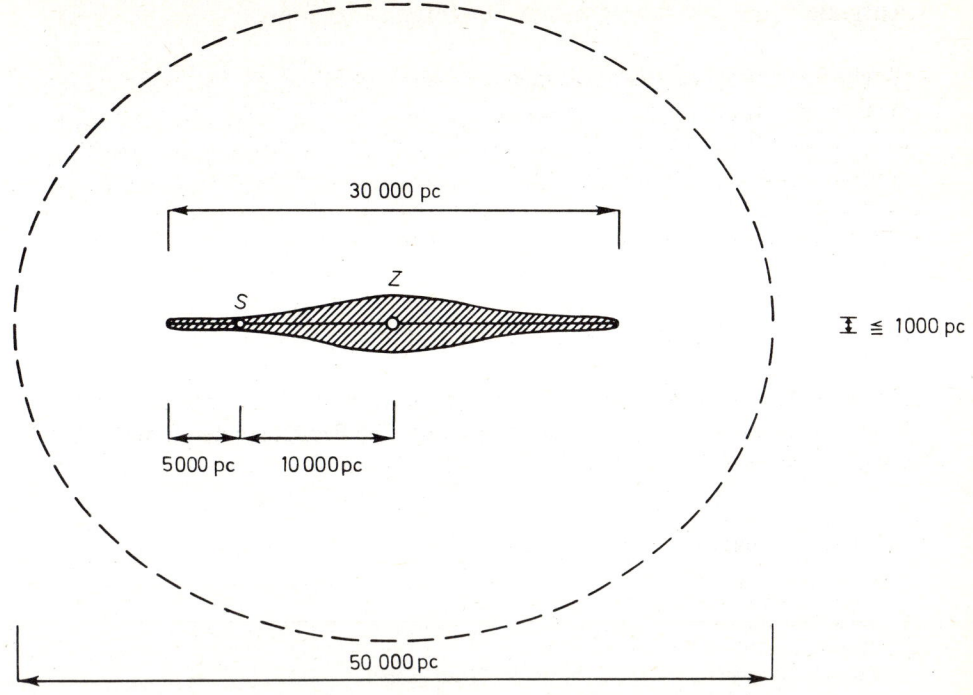

Abb. 6.9 Schematischer Querschnitt durch das galaktische System mit
Angabe einzelner Dimensionen. Schraffiert: galaktische Scheibe.
Große Ellipse: Begrenzung des galaktischen Halos.

und unter der galaktischen Ebene stehen. Die Sichtbehinderung durch interstellare
Wolken und durch die dichte Sternkonzentration ist in diesen niederen galaktischen
Breiten schon sehr viel geringer als in der galaktischen Ebene selbst.

Aufgabe

Welche galaktischen Breiten haben Sterne, die im Abstand von 1000 und 1500 pc
senkrecht über und unter dem galaktischen Zentrum stehen?

6.1.6 Die Sternverteilung in der Umgebung der Sonne

Die scheinbare Häufigkeit an der Sphäre

Die Zahl der Sterne, die unter günstigsten Bedingungen mit bloßem Auge gesehen werden können, beträgt für den Bereich zwischen Himmelsnordpol und –35° Deklination etwa 3500. An der ganzen Himmelskugel sind höchstens 6000 Sterne, etwa bis zur scheinbaren Helligkeit 6 mag, mit bloßem Auge zu sehen.

Wegen der räumlichen Konzentration der Sterne in der galaktischen Scheibe erscheint uns im Bereich des galaktischen Äquators die Sterndichte an der Sphäre am größten; sie nimmt mit wachsender galaktischer Breite stark ab. Mittlere Anzahlen $N(m)$ für die Äquator- und Polbereiche sind in Tab. 6.5 gegeben; die Werte gelten jeweils für die Gesamtheit der Sterne, die heller sind als die in der ersten Spalte gegebene scheinbare Helligkeit. Das Anwachsen der Sternzahlen mit abnehmender scheinbarer Helligkeit hat zwei Ursachen: es werden immer mehr Sterne mit geringen absoluten Helligkeiten und immer weiter entfernte Sterne erfaßt.

Tab. 6.5 Mittlere Dichte der Sterne an der Sphäre

scheinbare Helligkeit $\dfrac{m}{\text{mag}}$	$N(m)$ Quadratgrad	
	galaktischer Äquator	galaktische Pole
6,0	0,25	0,06
11,0	50	10
16,0	6 000	350
21,0	200 000	3 000

Die räumliche Sterndichte in der Sonnenumgebung

Die Raumverteilung der Sterne in ihrer Gesamtheit und die Anordung der Objekte einzelner nach physikalischen Kennzeichen ausgewählter Gruppen ist naturgemäß für das Gebiet der Sonnenumgebung am besten bekannt. Die Untersuchungen erfordern in Beobachtung und Reduktion einen großen Arbeitsaufwand. Von jedem Objekt müssen, in gröberer oder feinerer Klassifizierung, mindestens Oberflächentemperatur und Leuchtkraft bekannt sein. Diese Parameter werden durch Helligkeitsmessungen in mehreren Farbbereichen oder durch die Aufnahme von Spektren erhalten.

a) *Die Raumdichte der Sterne*

Innerhalb der Entfernung 5 pc von der Sonne sind 44 Sterneinheiten bekannt. Diese Gesamtheit gliedert sich in 24 Einzelsterne, 11 Doppelsternsysteme, 2 Dreifachsysteme und 7 Sterne mit unsichtbaren Begleitern.

Die Raumdichte der Sterne in Sonnenumgebung beträgt 0,15 Sterne pro pc^3. Die Entfernung des nächsten Fixsterns, α Centauri, entspricht mit 1,3 pc (4,3 Lichtjahren) den durchschnittlichen Sternabständen in Sonnenumgebung. Denkt man sich in den Hauptstädten Europas je eine Kirsche als Modell eines Sterns, so ergibt dies ein Bild der räumlichen Sterndichte in der Nachbarschaft der Sonne.

b) *Die Massendichte der Sterne und die Gesamtdichte der stellaren und interstellaren Masse in Sonnenumgebung*

Wählt man als Masseneinheit die Sonnenmasse $m_\odot = 2 \cdot 10^{30}$ kg, so erhält man aus der Gesamtheit aller beobachteten Sterne in Sonnenumgebung für die Sterndichte Werte zwischen 0,06 und 0,07 $m_\odot$ pc^{-3}. Die Gesamt-Massendichte im gleichen Bereich ist höher; sie enthält noch zwei weitere Anteile: die interstellare Materie, etwa 0,02 $m_\odot$ pc^{-3}, und die unbeobachteten Sterne, die lichtschwach oder völlig dunkel sind. Dieser letzte Anteil ist wahrscheinlich hoch, er wird auf 0,05 $m_\odot$ pc^{-3} geschätzt.

c) *Die Verteilung der Sterne einzelner Spektral- und Leuchtkraftklassen*

Tab. 6.6 Dichteanteile der Sterne einzelner Spektral- und Leuchtkraftklassen in Sonnenumgebung

Sterngruppe	Dichte ρ in 0,001 $m_\odot/pc^3$
O, B	1
A	1
F	3
G V	4
K V	9
M V	25
G III	0,8
K III	0,1
Weiße Zwergsterne	20

In Tab. 6.6 sind die Dichteanteile der in Sonnenumgebung am stärksten vertretenen Objektgruppen angegeben. Bei den lichtschwachen K V- und M V-Sternen reichen die Informationen über die Verteilung bis etwa 1000 pc Abstand von der Sonne. Das ist innerhalb der galaktischen Ebene ein Entfernungsbereich, in dem die Sterndichte zwar lokal stark wechselt, aber keine ausgeprägte Zu- oder Abnahme zeigt. Die B- und die hellen A-Sterne können in der Ebene noch in Abständen von 2000 pc und weiter lokalisiert werden. Diese hellen Sterne zeigen eine Tendenz zur Bildung von Sternwolken oder kleineren Aggregaten; die Erscheinung hängt möglicherweise mit der Existenz von Spiralarm-Abschnitten in der Umgebung der Sonne zusammen (s. S. 483 ff.).

479

d) *Der Verlauf der Sterndichte in Richtung senkrecht zur galaktischen Ebene*

In der Richtung senkrecht zur galaktischen Ebene, die gewöhnlich als z-Richtung bezeichnet wird, zeigen alle Sterngruppen eine starke Dichteabnahme. Wegen dieses ausgeprägten Verhaltens ist es hier bedeutend einfacher als innerhalb der galaktischen Ebene, zu klaren Resultaten über die Sterndichten zu gelangen. Außerdem werden die Untersuchungen dadurch erleichtert, daß der stark zur Ebene konzentrierte interstellare Staub die Sicht in der z-Richtung nur unwesentlich behindert und die Helligkeitsmessungen nicht stark verfälschen kann. In Tab. 6.7 ist für einzelne Sterntypen der Grad der Konzentration zur galaktischen Ebene gegeben. Für jede dieser Objektgruppen läßt sich der Dichteverlauf mit z in erster Näherung als Exponentialfunktion darstellen. Daher kann man zur Kennzeichnung der Schichtdicke eine charakteristische Länge, die *Skalenhöhe* β benutzen, die durch

$$\rho\,(z) = \rho\,(0) \cdot \exp\left(-\frac{z}{\beta}\right)$$

definiert ist. $\rho\,(0)$ ist die Dichte in der galaktischen Ebene. β gibt die Höhe über der Zentralebene, in der die räumliche Dichte der betreffenden Sternart auf e^{-1}, d.h. auf etwa 37 % des Maximalwertes gesunken ist. Je kleiner der Zahlenwert der Skalenhöhe β ist, desto stärker ist die Konzentration zur galaktischen Ebene. Die weitaus stärkste Konzentration zeigen die O- und B-Sterne, die Delta-Cephei-Sterne und die Offenen Sternhaufen.

Tab. 6.7 Skalenhöhen β für verschiedene Sterntypen und für Sternhaufen

Objekt-Gruppe	$\dfrac{\beta}{pc}$	Objekt-Gruppe	$\dfrac{\beta}{pc}$	Objektgruppe	$\dfrac{\beta}{pc}$
O	50	G V	350	Delta-Cephei-Sterne	45
B	60	K V	350	Offene Sternhaufen	80
A	120	M V	350	Kugelsternhaufen	4000
F	190	G III	400		
		K III	270		

6.1.7 Die Sterne im galaktischen Zentralbereich

Der Blick zum galaktischen Zentrum

Das Studium der Zentren benachbarter Spiralsysteme läßt erwarten, daß der galaktische Zentralbereich eine sehr massereiche, helle Ansammlung von Sternen ist, deren räumliche Dichte in Richtung auf das Gravitationszentrum des Systems stark zunimmt. Die Erforschung dieses Gebietes in unserem Sternsystem ist mit sehr großen Schwierigkeiten verbunden. Beobachtungen in den drei großen Spektralbereichen der optischen, infraroten und radiofrequenten Strahlung haben einige wichtige Kenntnisse erbracht. Die Radiobeobachtungen liefern Aussagen über die Gaskomponente der Zentralmaterie; sie fördern speziell über den galaktischen

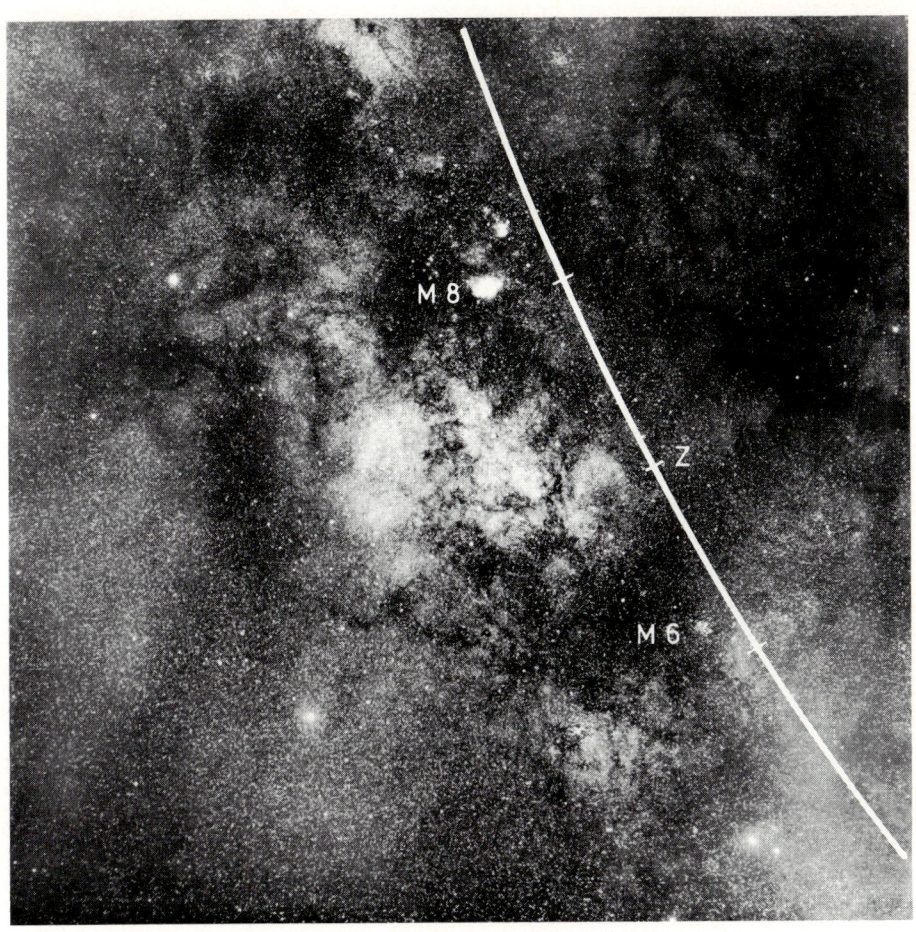

Abb. 6.10 Milchstraße in den Sternbildern Schütze, Ophiuchus, Skorpion. Das Bild schließt südlich an die Milchstraßenaufnahme
Abb. 6.1 an. Die eingezeichnete Linie ist der galaktische
Äquator; Z bezeichnet die Richtung zum galaktischen Zentrum. M 8 ist ein Emissionsnebel („Lagunen-Nebel"), M 6 ein
heller Offener Sternhaufen.

Kern ständig wachsende Erkenntnisse zutage. Informationen über die Sterne im
Zentralbereich erhalten wir außer durch optische Beobachtungen insbesondere
aus den Strahlungsmessungen im nahen Infrarot. Die Abb. 6.10 diene zur Verdeut-
lichung. Das Sternfeld zeigt die Milchstraße in Richtung galaktisches Zentrum.
Links von Z liegt die große Sagittarius-Sternwolke. In dieser Richtung sind die
Beobachtungsmöglichkeiten günstig; der Blick kann weit ins Innere des Milchstraßensystems vordringen, weil die Extinktion des Sternlichtes durch die Streuung
an Partikeln des interstellaren Staubes hier relativ geringfügig ist. Das ist in der Rich-

tung zum Zentrum Z und in dem rechts oberhalb von Z gelegenen großen Dunkel-
gebiet im Sternbild Ophiuchus völlig anders. Gerade in Richtung Z ist die Extinktion sehr groß; der Staub scheint über den ganzen Bereich zwischen Sonne und Zentrum verteilt zu sein und verhindert im sichtbaren Spektralbereich jeden Einblick
in das Zentralgebiet. Die mächtige Dunkelwolke im Ophiuchus ist ein Vordergrund-
Gebilde; die Wolke liegt in einer Entfernung zwischen 200 und 300 pc, die Gesamt-
absorption in dieser Richtung ist viel geringer als in der genauen Richtung zum
Zentrum.

Die optischen Beobachtungen

Die Sterne der Sagittarius-Wolke sind weit entfernt; sie gehören aber noch nicht
dem eigentlichen Zentralgebiet des Milchstraßensystems an. In dieser Wolke sind
einige „galaktische Fenster" gefunden worden; das sind ganz kleine Bereiche an
der Sphäre, in denen man − wegen minimaler interstellarer Absorption − bis in
Entfernungen von 10 000 pc (Größenordnung Zentrumsabstand) und darüber hinaus blicken kann. Die Beobachtungen in diesen kleinen Feldern haben den im Zentralbereich erwarteten sehr großen Sternreichtum aufgezeigt. Helligkeitsmessungen
in drei Farbbereichen lassen große Mengen von sehr hellen Riesensternen der Klassen K III und M III erkennen. Diese K- und M-Riesen liefern auch in den Zentren
der Nachbar-Spiralsysteme den größten Anteil des sichtbaren Lichtes; sie haben
niedrige Oberflächentemperaturen und strahlen einen großen Teil ihrer Energie im
nahen Infrarot aus.

Die Zwergsterne der unteren Hauptreihe sind in den galaktischen Fenstern nur in
der Klasse G V als Einzelobjekte nachweisbar; ihre Anzahl ist außerordentlich groß.
Die K V- und M V-Sterne sind wegen ihrer geringen absoluten Helligkeit nicht beobachtbar. Nach der in Sonnenumgebung und im Zentrum des Andromeda-Nebels
beobachteten dominierenden Häufigkeit der K- und besonders der M-Zwergsterne
darf man annehmen, daß diese Sterne auch im galaktischen Zentralgebiet den Hauptanteil an Sternzahl und Masse stellen.

Die Infrarot-Beobachtungen

Der Betrag der *interstellaren Extinktion* ist stark von der Wellenlänge des Lichtes
abhängig (s. S. 509). Licht von größerer Wellenlänge wird an den Teilchen des interstellaren Staubes in geringerem Maße gestreut als kurzwellige Strahlung. Daher ist
die Helligkeitsminderung für die rote und infrarote Komponente des Sternlichtes,
das Dunkelwolken zu durchqueren hat, sehr viel geringer als für den blauen Anteil.
Das ganze optisch nicht erreichbare Zentralgebiet des Milchstraßensystems wird
durch Infrarotbeobachtungen erforscht. Die Strahlungsmessungen erstrecken sich
über den Wellenlängenbereich von $\lambda = 1 \mu m$ bis 1 mm; die meisten Beobachtungen
liegen im Gebiet von 1 μm bis 20 μm, wo die Erdatmosphäre für die von außen
kommende Strahlung größere Fenster hat. In Richtung des innersten Zentralbereichs
der Galaxis, vom Zentrum bis zu einem Abstand von etwa 20 pc, ist eine starke
Strahlung im nahen Infrarot ($\lambda = 2,2 \mu m$) registriert worden. Es wird angenommen,

daß dies die integrierte Strahlung einer großen Menge von kühlen K- und M-Riesensternen ist; nach den Beobachtungen in den galaktischen Fenstern und in den benachbarten Systemen sind im galaktischen Zentralgebiet Sterne dieser Typen zu erwarten.

Der Zentralbereich als Sternhaufen

Die Auswertung aller Beobachtungen ergibt, daß das Zentralgebiet des galaktischen Systems ein Bereich ist, den man sich als riesigen Sternhaufen von ellipsoidischer Gestalt vorzustellen hat. Als Orientierungsangaben kann man die Durchmesserwerte von etwa 2000 pc in der Ebene und 1500 pc in der dazu senkrechten Richtung betrachten (vgl. dazu auch Abb. 6.9). In Abb. 6.10 begrenzen die beiden Striche auf dem galaktischen Äquator den Bereich an der Sphäre, der hier als Zentralbereich (Durchmesser 2 kpc) definiert wurde. In diesem Volumen nimmt die Sterndichte zum Zentrum stark zu; den Hauptanteil an Sternzahl und Masse bilden die M V-Sterne. Die große Helligkeit des galaktischen Zentrums, die ein außerhalb des Systems befindlicher Beobachter wahrnehmen könnte, kommt etwa zu gleichen Teilen von den hellen Riesensternen der Klassen G III, K III, M III und von den äußerst zahlreichen, aber lichtschwachen Zwergsternen G V, K V, M V. Die *Gesamtmasse* des galaktischen Zentralbereichs liegt bei $2 \cdot 10^{10} m_\odot$; dies sind etwa 10 % der Masse des ganzen Milchstraßensystems.

6.1.8 Die Frage nach der Spiralstruktur

Die starke Helligkeit der *Spiralarme*, die diese an außergalaktischen Systemen zu einem auffälligen Strukturmerkmal macht, stammt hauptsächlich von zwei Komponenten: von ionisierten Wasserstoff-Wolken und von blauweißen Riesen- und Überriesensternen der Spektralklassen O und B. Diese aus Beobachtungen gewonnenen Kenntnisse über Gas und Sterne als Spiralarm-Indikatoren bilden die Basis für die Erforschung der Spiralstruktur unseres eigenen Sternsystems im optischen Bereich.

Es ist auch bekannt, warum gerade Sterne der genannten Spektralklassen die für die Strukturforschung am besten geeigneten Objekte sind. Die Sterne bilden sich aus dem interstellaren Medium, das in den Spiralarmen konzentriert ist. Allerdings bleiben sie nicht an ihren Entstehungsorten, sondern durchwandern auf individuellen Bahnen das Sternsystem. Es ist aber zu erwarten, daß mindestens die jüngsten, erst vor kurzer Zeit entstandenen Sterne sich noch in der Nähe ihres Geburtsortes befinden; sie müßten also die Spiralarme markieren. Als sehr junge Sterne sicher zu erkennen sind die Riesen- und Überriesensterne der Typen O, B 0, B 1, B 2. Diese Sterne haben große Massen und sehr große Strahlungsleistungen; sie verbrauchen daher ihren Energieinhalt sehr rasch und durchlaufen ihren ganzen Lebensweg in höchstens einigen 10^7 Jahren. Wenn wir Sterne der Typen O bis B 2 an einem Ort des Himmels beobachten, so können wir sicher sein, daß sie vor relativ kurzer Zeit in der Nähe des beobachteten Ortes entstanden sind. Sterne mit kleineren

Massen, besonders die Hauptreihensterne der Spektralklassen A bis M, bilden sich zwar in viel größerer Anzahl aus dem interstellaren Medium. Ihre Verweildauer auf der Hauptreihe ist jedoch groß und es gibt keine Möglichkeit, die jungen Objekte unter ihnen herauszufinden. Deshalb sind diese Sterne bei der Suche nach Spiralarmen in unserem Sternsystem als Indikatoren unbrauchbar.

Unter den Sternen der Spektraltypen O bis B 2, die wegen ihrer kurzen Lebensdauern zur Markierung der Spiralarme in erster Linie in Frage kommen, eignen sich aber nur Objekte mit genügend genau bekannten Entfernungen für diese Aufgabe. Diese Voraussetzung ist für Einzelsterne in der Regel nicht erfüllt, wohl aber für die Mitglieder von *Sternassoziationen* und *Offenen Sternhaufen* (vgl. S. 435). Die große Zahl der Sterne solcher Gruppen ermöglicht über die Dreifarben-Photometrie (s. S. 436) sichere Angaben ihrer mittleren Entfernungen. Der sicherste Weg, um aus Sternen etwas über die Struktur unseres Milchstraßensystems zu erfahren, ist also die Ortsbestimmung Offener Sternhaufen, die Riesensterne der Klassen O bis B 2 enthalten.

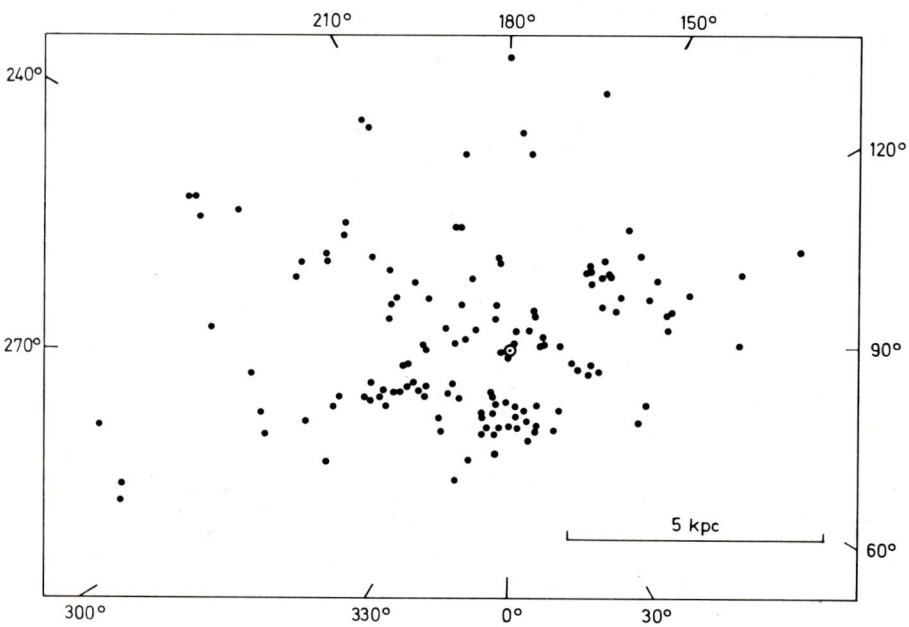

Abb. 6.11a Anordnung von 153 jungen Offenen Sternhaufen; frühester Spektraltyp O bis B 2. Die Bildebene ist die galaktische Ebene, auf die alle Orte der Sternhaufen projiziert sind. ⊙ Lage der Sonne. Galaktische Längen sind am Rande verzeichnet; bei 0° liegt die Richtung zum galaktischen Zentrum.

Die bisherigen Resultate liefern nur Andeutungen einer in der weiteren Sonnenumgebung vorhandenen Struktur. Abb. 6.11 a zeigt die galaktische Verteilung von
153 Offenen Haufen, in denen als früheste Spektraltypen O- bis B2-Sterne vorkommen. Die Anordnung der Punkte weicht zwar deutlich von einer zufälligen
Verteilung ab, ergibt aber keineswegs das klare Bild von Spiralarmen. Andererseits
läßt eine entsprechende Figur, in der sämtliche Offenen Haufen mit bekannten
Entfernungen eingetragen sind, in der Verteilung der Punkte keinerlei Struktur
erkennen. Man kann aus diesem Ergebnis die erwartete Tatsache ablesen, daß die
älteren Haufen (Spektraltyp ab B3) in der Zeit von ihrer Entstehung bis zur Gegenwart schon so weit von ihren auf den Spiralarmen gelegenen Ursprungsorten weg-
gewandert sind, daß in ihrer jetzigen Lage keine Spuren der Systemstruktur mehr
erkennbar sind.

Das Studium der Spiralstruktur vieler außergalaktischer Systeme hat aufgezeigt,
daß die Ausgeprägtheit dieser Struktur durch zwei Parameter bestimmt wird: durch
die *Abplattung* und die *Masse* des Systems. Danach darf man in unserem Sternsystem eine Spiralstruktur erwarten, die aus zahlreichen Windungen mit vielen Ver-
zweigungen und Verbindungsstücken besteht. Eine solche Struktur kann sich in
dem kleinen Feld der Sonnenumgebung nicht als einfaches, klares Muster zeigen.

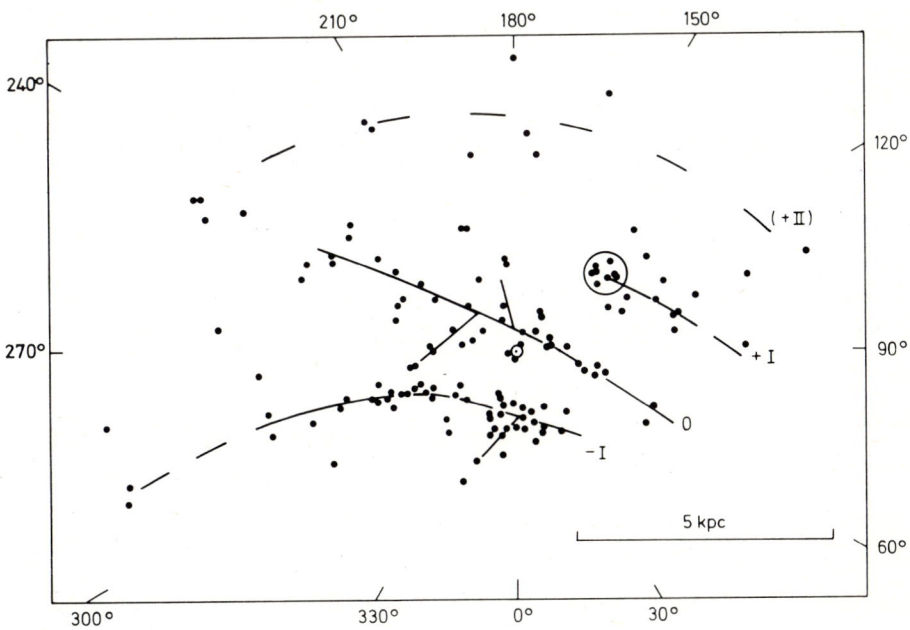

Abb. 6.11 b Anordnung der jungen Offenen Sternhaufen mit eingezeichneten Linien, die den möglichen Verlauf von Spiralarmen in
Sonnenumgebung anzeigen.

485

Dieses aus der Erforschung der außergalaktischen Systeme abgeleitete Ergebnis ermöglicht eine vorsichtige Deutung des Befundes der Abb. 6.11 a. Außer den jungen Offenen Haufen sind noch einige andere Sterngruppen, besonders aber die als H II-Regionen bezeichneten großen leuchtenden Wasserstoffwolken als Spiralarm-Indikatoren geeignet. (s. S. 500). Aus der Kombination der mit allen optischen Indikatoren erhaltenen Resultate ist die in Abb. 11 b eingetragene Deutung hervorgegangen. Die Punktverteilung ist die gleiche wie in Abb. 11 a; zusätzlich eingezeichnet sind Bögen und Linien, die als *Teile von Spiralarmen* und als Interarm-Verbindungen betrachtet werden. Am deutlichsten ausgeprägt sind die beiden mit +I und 0 bezeichneten Streifen und das große Bogenstück -I. Die Sonne liegt nahe dem inneren Rand des mittleren dieser drei Streifen. Alle auf dem mit +II bezeichneten Bogen liegenden Haufen sind sehr weit entfernt; ihre Zusammengehörigkeit **kann** vorläufig nur vermutet werden. Aus den in den Abb. 6.11 links unten liegenden Punkten kann abgelesen werden, daß die Entfernungsbestimmung Offener Sternhaufen bis zu Abständen von 8 kpc vorgedrungen ist; der beobachtungstechnische Aufwand bei den Helligkeitsmessungen dieser weit entfernten und daher sehr lichtschwachen Sterne ist groß.

Für die drei Streifen +I, 0, -I werden auch vielfach die folgenden Namen verwendet

+I   Perseus-Arm
0   Orion- oder lokaler Arm
−I   Carina-Sagittarius-Arm

Der mittlere Abstand zwischen zwei Streifen, von Mitte zu Mitte, beträgt rund 2 kpc; benachbarte Ränder haben einen Abstand von etwa 1 kpc.

Die in Abb. 6.11b in einen Kreis eingeschlossenen Sternhaufen (am linken Ende des Streifens +I) sind Objekte, die in den Sternbildern Perseus und Kassiopeia stehen. Zu ihnen gehört auch der Doppelhaufen h und χ Persei (s. Tab. 5.11 auf S. 437). Abb. 6.12a zeigt diesen Teil der Milchstraße. In Abb. 6.12 b ist die Lage der hellen Kassiopeia-Sterne und mehrerer der Haufen von Abb. 6.11 angegeben.

6.1.9 Sternpopulationen und Entwicklungsvorgänge im Milchstraßensystem

a) *Die großräumige Sternverteilung*

Die Größe des Bereiches, für den Informationen über die Sternverteilung im Milchstraßensystem erhalten werden können, ist abhängig von der absoluten Helligkeit der Sterne und von der galaktischen Breite, in der die Objekte stehen. Absolut helle Einzelsterne, Offene Sternhaufen und besonders Kugelhaufen sind noch in Entfernungen wahrnehmbar, die weit über den in 6.1.6 beschriebenen Bereich der Sonnenumgebung hinausgehen. Alle Verfahren zur Entfernungsbestimmung erfordern außer den scheinbaren Helligkeiten Kenntnisse über die absoluten Helligkeiten und über die Lichtschwächung durch die interstellare Materie. Die absoluten Helligkeiten werden aus Spektralmessungen oder, bei den Pulsationsveränderlichen, aus den Lichtkurven erhalten; die Helligkeitsminderung beim Durchgang durch die interstellare Materie wird durch Messungen der Verfärbung des Sternlichtes bestimmt (s. S. 511 ff.).

Die durch die Zahlen der Tab. 6.7 gegebene Sternverteilung relativ zur Zentralebene findet sich im ganzen Milchstraßensystem, soweit es überhaupt optisch überschaubar ist. Die stärkste Konzentration zur galaktischen Scheibe zeigen die blauen Überriesen- und Riesensterne der Spektraltypen O und B0 bis B2; wir finden diese Sterne in der gleichen schmalen Mittelschicht wie die interstellare Materie. Auch die Offenen Sternhaufen, die Delta-Cephei-Sterne, sowie die späteren B- und die A-Sterne sind stark zur Ebene konzentriert. Dann folgen mit geringerer Konzentration die Hauptreihensterne der Typen F, G, K, M. Besonders schwache Konzentrationen zur Zentralebene zeigen die RR Lyrae-Sterne; sie reichen bis in den von den Kugelhaufen erfüllten Halo des Sternsystems.

Aus den Kenntnissen über die Sterndichte in Sonnenumgebung und die Sternverteilung in weiter entfernten Gebieten kann bei bekanntem Volumen des Sternsystems die *Gesamtzahl der Sterne* im Milchstraßensystem abgeschätzt werden. Es ergibt sich als Größenordnung $2 \cdot 10^{11}$ Sterne.

b) *Chemische Zusammensetzung der Sterne; Metallhäufigkeit*

Die Kenntnisse über die Raumverteilung werden ergänzt durch Informationen über weitere Eigenschaften, die der Beobachtung zugänglich sind: *Alter, chemische Zusammensetzung, Bewegungen der Sterne.* Altersangaben sind nur bei wenigen Objekttypen möglich: bei massereichen Sternen und bei Sternhaufen. Die sehr massereichen Sterne sind durchweg jung; eine Abschätzung des Alters ergibt sich aus dem Maximalalter, das die Sterne eines bestimmten Spektraltyps (O5, O6, O7 usw.) überhaupt erreichen können. Das Alter der Sterne in Offenen und Kugelhaufen wird aus der Lage des Abknickpunktes in den Farbhelligkeitsdiagrammen bestimmt (s. S. 439 f.).

Die spektralanalytischen Untersuchungen über die *Häufigkeit der Elemente* in den Sternatmosphären haben gezeigt, daß bei der großen Mehrzahl der Sterne die relativen Häufigkeiten sehr ähnlich sind. Wasserstoff ist das bei weitem häufigste Element im Kosmos überhaupt. Dann kommt an zweiter Stelle Helium. Die Häufigkeit von He läßt sich nur bei Sternen mit hohen Oberflächentemperaturen bestimmen. Dabei ergab sich für alle untersuchten Objekte eine auffällige Konstanz des Häufigkeitsverhältnisses von Wasserstoff und Helium; die Atomzahlen verhalten sich durchweg etwa wie 10 : 1 (vgl. dazu die auf die Masse bezogenen Werte auf S. 417).

Abb. 6.12a Teile der Sternbilder Perseus und Kassiopeia. Die Milchstraße verläuft horizontal; die nördliche Begrenzung ist hier besonders scharf ausgeprägt.

Gegenüber H und He sind die Häufigkeiten aller schwereren Elemente sehr gering. In der Atmosphäre der Sonne liefern die Elemente mit Ordnungszahlen $Z \geqq 3$, die man in der Astronomie oft pauschal als „Metalle" bezeichnet, nur etwa 0,14% der Gesamtzahl der Atome (s. Bd. I, S. 240). Die spektrale Analyse der Sternatmosphären zeigt, daß diese schwereren Elemente untereinander in allen Objekten fast die gleichen relativen Häufigkeiten haben. Dagegen schwankt das Verhältnis ϵ der Häufigkeit aller Metall-Atome zur Häufigkeit der Wasserstoff-Atome in viel weiteren Grenzen. Die auffälligste Erscheinung dabei ist die Metallarmut, die allgemein bei den Halo-Kugelhaufen und den Einzelsternen im galaktischen Halo gefunden wird.

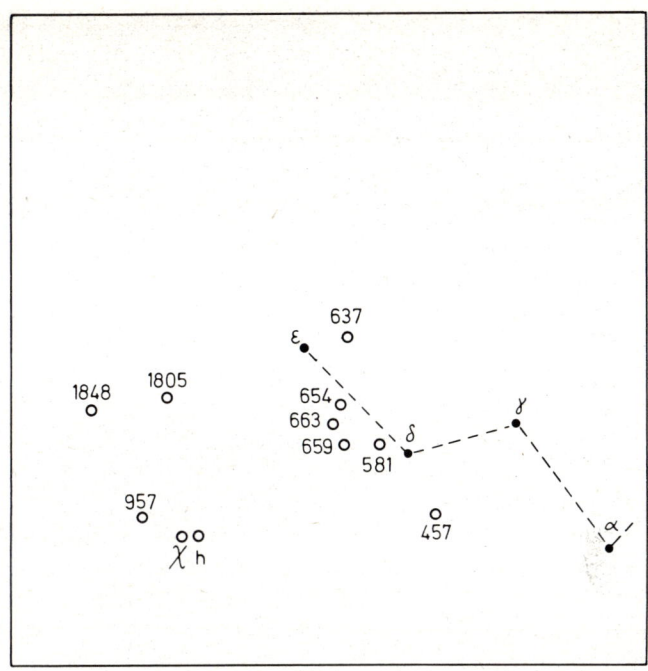

Abb. 6.12 b Bezeichnung von Sternen und Offenen Haufen der Abb. 6.12 a. Nummern aus dem NGC. Alle markierten Offenen Haufen haben Entfernungen zwischen 2000 und 2500 pc.

Bei diesen Objekten, die durch ihren Bereich im Milchstraßensystem und durch ihr Alter ausgezeichnet sind, liegt die relative Metall-Häufigkeit ϵ nur bei 1/500 bis 1/3 des für die Sonnenatmosphäre gefundenen Wertes $\epsilon_\odot$.

c) *Die Populationen*

Um die Informationen über die Sterne des Milchstraßensystems zu einem Einblick in die *Entwicklung des Systems* weiterverarbeiten zu können, bedient man sich des Begriffes der *Stern-Populationen*. Eine Population ist eine sehr große Gruppe von Sternen, die während einer bestimmten Epoche entstanden sind und ähnliche chemische Zusammensetzung sowie eine typische Raumanordnung und eine typische Verteilung der Geschwindigkeiten haben. Die Gesamtheit der Sterne des galaktischen Systems läßt sich durch drei Populationen beschreiben; sie heißen

> Population II oder Halo-Population
> Alte Population I oder Scheiben-Population
> Junge Population I oder Spiralarm-Population.

Die *Population II* besteht aus sehr alten, metallarmen Sternen. Diese Objekte haben sich zu einer Zeit gebildet, als unser Sternsystem die Ausdehnung und Gestalt des jetzigen Kugelhaufensystems hatte. Die Sterne der Population II finden sich in Kugelhaufen und als Einzelsterne. Ein Beispielobjekt für diese Population ist der Kugelhaufen M 92 im Sternbild Herkules; die Häufigkeit ϵ der Metalle relativ zum Wasserstoff ist in M 92 etwa 200 mal kleiner als in der Sonnenatmosphäre. Die Einzelsterne der Population II können an beliebigen Stellen im Halo entstanden sein. Sie bewegen sich um das Massenzentrum des Systems in Bahnen, die gegen die galaktische Scheibe stark geneigt sind und große Exzentrizitäten haben. Daher findet man diese alten Sterne nicht nur im Halo, sondern auch in der Scheibe. In der weiteren Sonnenumgebung sind viele Sterne bekannt, die der Population II angehören. Sie sind am leichtesten an ihren großen Geschwindigkeiten relativ zur Sonne zu erkennen und werden wegen dieser Eigenschaft als Schnelläufer bezeichnet.

Die Sterne und Sternhaufen der Population II haben ein Alter von der Größenordnung 10^{10} Jahre; sie sind die ältesten beobachtbaren Objekte des galaktischen Systems. Alle Sterne, die jetzt noch von dieser Population vorhanden sind, haben geringe Massen. Die massereichen Sterne dieser Generation haben ihre Entwicklung schon durchlaufen und haben einen größeren Teil der in ihnen durch Kernumwandlungen gebildeten schwereren Elemente an das interstellare Medium abgegeben.

Als *Population I* bezeichnet man alle Sterne, die später als die metallarmen Sterne der Population II entstanden sind. Innerhalb dieser Gesamtheit werden diejenigen Sterne, die erst vor kurzer Zeit entstanden oder noch in Bildung begriffen sind, als junge Population gesondert betrachtet. Durch die beiden zeitlichen Abgrenzungen wird die *Alte Population I* definiert. Sie umfaßt etwa 90% aller Sterne des Milchstraßensystems; diese Sterne erfüllen das System in seiner jetzigen Gestalt, so wie es in Abb. 6.9 skizziert ist. Innerhalb dieses Bereiches zeigt die räumliche Verteilung eine ziemlich starke Konzentration zum galaktischen Zentrum. Die Metallhäufigkeit ϵ relativ zum Wasserstoff gleicht überwiegend dem für die Sonnenatmosphäre ermittelten Wert $\epsilon_\odot$; es ist $1/3 \leqq \epsilon/\epsilon_\odot \leqq 3$. Auch in der alten Population I haben die massereichen Sterne den durch Kernumwandlungen bestimmten Teil ihrer Entwicklung bereits beendet. Die Population besteht überwiegend aus langlebigen Sternen mit sonnenähnlichen und geringeren Massen. Die Sonne selbst gehört zu dieser alten Population I.

Zur *Jungen Population I* gehören diejenigen Sterne, deren Raumanordnung identisch mit der Verteilung der interstellaren Materie ist. Wie das Gas, aus dem sich die Sterne bilden, haben die Objekte der jungen Population I eine sehr starke Konzentration zur galaktischen Ebene. Zu dieser Population gehören die jungen Offenen Sternhaufen und diejenigen Einzelsterne, deren Alter höchstens einige 10^8 Jahre beträgt. Bei den Einzelsternen sind nur Sterne der Spektralklassen O und B und die noch nicht auf der Hauptreihe angekommenen Objekte, wie die T Tauri-Sterne [9], als Mitglieder der jungen Population I erkennbar. Die vier hellen Trapezsterne

ϑ^1 im Orionnebel (s. dazu S. 507) gehören zu dieser Population. Da die Sternbildung aus interstellarer Materie nur auf den Spiralarmen erfolgt, wird für die junge Population I vielfach auch der Name *Spiralarmpopulation* verwendet.

d) Die Entwicklung des Sternsystems

Das Milchstraßensystem hat eine dynamische Entwicklung durchlaufen. Die Populationen sind Markierungen auf diesem Entwicklungsweg. Die ältesten Objekte sind fast sphärisch verteilt, die jüngsten Sterne sind stark zur galaktischen Ebene konzentriert; zeitlich und räumlich dazwischen liegen die Sterne der alten Population I, die ein stark abgeplattetes Ellipsoid ausfüllen. Die Astronomen versuchen, geleitet von den Beobachtungsdaten, die mechanische und chemische Entwicklung des Sternsystems in ihren einzelnen Stufen nachzuzeichnen. Für eine vollständige Lösung dieser Aufgabe werden noch weit mehr Beobachtungsergebnisse gebraucht als bis jetzt vorhanden sind.

Das Milchstraßensystem mit der jetzigen Massen- und Geschwindigkeitsverteilung seiner Objekte hat sich durch *gravitatives Kollabieren* einer sehr großen Gaswolke geringer Dichte gebildet. Diese Urwolke, die als *Protogalaxis* bezeichnet wird, muß sich zunächst aus einem größeren Materieverband gelöst haben und damit ein mechanisch abgeschlossenes System geworden sein. Ein schnelles Kollabieren eines solchen Systems in Richtung auf ein oder mehrere Gravitationszentren wird durch die in der Wolke vorhandenen Bewegungen verhindert. Die nach außen gerichteten Komponenten der ungeordneten Bewegungen einzelner Wolkenteile und die Rotation des Gesamtsystems wirken der Gravitation entgegen. Die kinetische Energie der turbulenten Teilwolken-Bewegungen verwandelt sich ziemlich schnell durch Zusammenstöße und Reibung in Wärme; der Drehimpuls der Gesamtrotation bleibt erhalten. Er verhindert eine Kontraktion der Gaswolke in Richtung auf die Rotationsachse; das System kollabiert parallel zur Rotationsachse zu einem flachen Ellipsoid.

Während des Kollabierens hat die *Bildung von Sternen* stattgefunden. Die ältesten noch nachweisbaren Objekte sind die Kugelhaufen und die Einzelsterne der Population II. Daran anschließend sind bei einem wahrscheinlich zunächst schnellen, dann langsameren Zusammenfallen der Gaswolke die Sterne der alten Population I entstanden. Der gegenwärtige Zustand wurde mit der starken Konzentration von Gas und Staub zur galaktischen Ebene erreicht. Aus diesem Medium bilden sich noch jetzt die Sterne der jungen Population I.

Aufgabe

Wie groß ist die mittlere Gasdichte in einer Protogalaxis mit dem Radius 30 000 pc gewesen? Aus der Protogalaxis sollen sich $2 \cdot 10^{11}$ Sterne mit durchschnittlich je 0,9 $m_\odot$ gebildet haben; die Masse der noch vorhandenen interstellaren Materie möge $0,2 \cdot 10^{11}$ $m_\odot$ betragen. 1 pc $= 3,1 \cdot 10^{16}$ m; $m_\odot = 2 \cdot 10^{30}$ kg. Angabe des Resultates in g cm^{-3} und in H-Atomen cm^{-3}.

Zusammenfassung zu 6.1 „Die Sterne des Systems und ihre Anordnung"

1. Die Milchstraße überzieht die Himmelskugel längs eines Großkreises; die Erscheinung entsteht durch das Leuchten einer sehr großen Anzahl von Sternen. Der in Mitteleuropa sichtbare Teil der Milchstraße hat die größte Helligkeit in den Sternbildern Schütze, Adler, Schwan, die geringste Helligkeit in den Bildern Fuhrmann und Einhorn.

2. Die Sterne der Milchstraße bilden im Raum eine ebene Schicht. Durch die Lage der Erde innerhalb der zentralen Schicht wird die Erforschung von Größe und Struktur des Systems sehr erschwert.

3. Der Blick auf die benachbarten Sternsysteme zeigt, daß das Milchstraßensystem nicht ein elliptisches oder irreguläres System sein kann, sondern die Gestalt eines Spiralsystems hat. Diese Erkenntnis macht es wahrscheinlich, daß das System auch eine Spiralstruktur besitzt.

4. Sehr viele der 130 bekannten Kugelsternhaufen enthalten RR Lyrae-Sterne. Mit Kenntnis der mittleren absoluten Helligkeit dieser Sterne (+0,6 mag) können die Entfernungen der Kugelhaufen bestimmt werden. Die Haufen sind in einem nahezu sphärischen System angeordnet. Der geometrische Mittelpunkt des Kugelhaufensystems ist mit dem Zentrum des galaktischen Systems identisch.

5. Das Milchstraßensystem hat die Gestalt eines stark abgeplatteten Rotationsellipsoids. Der Systemdurchmesser (die große Achse des Ellipsoids) beträgt 30 000 pc, der Abstand der in der Mittelebene gelegenen Sonne vom Zentrum 10 000 pc. Die Dicke des Systems liegt im Mittel unter 1000 pc.

6. Der größte Teil der Sterne der Sonnenumgebung sind K- und M-Sterne der Leuchtkraftklasse V. In der galaktischen Ebene sind innerhalb des Beobachtungsraumes keine großen Schwankungen der räumlichen Sterndichte bemerkbar. In Richtung senkrecht zur Ebene nimmt die Dichte sehr schnell ab. Die stärkste Konzentration zur galaktischen Ebene zeigen die O-, B- und Delta-Cephei-Sterne sowie die Offenen Sternhaufen.

7. Der galaktische Zentralbereich ist, ähnlich wie der helle Kern des Andromeda-Nebels, ein Gebiet mit sehr hoher räumlicher Sterndichte. Die besten Informationen werden aus Infrarotbeobachtungen erhalten. Das galaktische Zentrum ist, wegen der dazwischen liegenden interstellaren Wolken, optisch nicht wahrnehmbar. Der Zentralbereich mit einem Durchmesser von 2000 pc in der galaktischen Ebene und 1500 pc in der dazu senkrechten Richtung enthält etwa 10% der Masse des ganzen Milchstraßensystems.

8. Die besten optischen Spiralarm-Indikatoren in der Umgebung der Sonne sind sehr junge Sternhaufen, in denen sich Sterne der Typen O bis B2 befinden. In der Raumanordnung dieser Haufen zeigen sich, abweichend von einer zufälligen Verteilung, streifenförmige Strukturen. Die drei am stärksten hervortretenden Strukturen werden als Perseus-, Orion- und Sagittarius-Arm bezeichnet.

9. Das Milchstraßensystem enthält insgesamt etwa $2 \cdot 10^{11}$ Sterne. Die chemische Zusammensetzung der Sternatmosphären ist für die meisten Sterne sehr ähnlich; doch zeigen die ältesten Objekte des Sternsystems, Kugelhaufen und Halo-Sterne, eine auffallende Unterhäufigkeit der Elemente mit $Z \geqq 3$ (,,Metalle") gegenüber den in der Sonne gefundenen, normalen relativen Häufigkeiten der Atomzahlen H : He : Metalle.

10. Die Generationenfolge der Sterne läßt sich durch drei Populationen beschreiben: die Halo-Population (Pop II), die Scheiben-Population (alte Pop I) und die Spiralarm-Population (junge Pop I). Die Sterne bildeten sich, während die aus Gas sehr geringer Dichte und Staub bestehende Protogalaxis zur Scheibe des Milchstraßensystems kollabierte.

6.2 Die interstellare Materie

6.2.1 Die Bestandteile Gas und Staub und ihre Beobachtung

Ein kleiner Teil der Materie des galaktischen Systems ist nicht in Sternen konzentriert, sondern nimmt als äußerst fein verteiltes Medium den Raum zwischen den Sternen ein. Diese *interstellare Materie* besteht überwiegend aus *Gas*; das Gas ist mit kleinen festen Teilchen, dem interstellaren *Staub*, durchmischt. Das Massenverhältnis Gas : Staub ist etwa 100 : 1; der Hauptbestandteil des Gases ist Wasserstoff. Der Anteil der interstellaren Materie an der Gesamtmasse des Milchstraßensystems beträgt höchstens 10%.

Das interstellare Medium ist sehr stark zur galaktischen Ebene konzentriert. Beobachtungen an außergalaktischen Spiralsystemen zeigen, daß die in diesen Systemen vorhandene interstellare Materie der *Träger der Spiralstruktur* ist. Sicher ist dies im Milchstraßensystem auch der Fall. Es ist jedoch sehr schwierig, von interstellaren Wolken oder Verdichtungen, die in der galaktischen Ebene in bestimmten Richtungen beobachtet werden, die Entfernungen zu bestimmen und auf diese Weise die Spiralstruktur aufzufinden. Entfernungsangaben von optisch wahrnehmbaren Wolken können nur gemacht werden, wenn man die Abstände von Sternen kennt, die mit dem interstellaren Objekt in Verbindung stehen. Das radiooptisch beobachtbare interstellare Gas kann lokalisiert werden, wenn man seinen Bewegungszustand kennt; siehe S. 554 ff.

Die *Dichte des interstellaren Mediums* ist sehr gering. Die mittlere Dichte des Gases beträgt 10^{-24} g cm^{-3}, das bedeutet etwa 1 Atom im Kubikzentimeter. (Die Erdatmosphäre enthält am Erdboden 10^{19} Moleküle im Kubikzentimeter.). Die mittlere Dichte des Staubes ist 10^{-26} g cm^{-3}. Die *Häufigkeiten der Elemente* im interstellaren Gas sind den in den Sternatmosphären beobachteten Häufigkeiten ähnlich: Wasserstoff 70 bis 80%, Wasserstoff und Helium zusammen 96 bis 98% der gesamten Gasmasse. Interstellare Staubkörner sind umso häufiger, je kleiner sie sind; optisch machen sich jedoch diejenigen Teilchen am stärksten bemerkbar, deren Durchmesser in der Größenordnung der Lichtwellenlängen, also bei 0,1 μm bis 1 μm liegen.

Vom weitaus größten Teil der interstellaren Materie erhalten wir kein Licht. Trotzdem gibt es vielfältige Möglichkeiten, sie zu beobachten; die Deutung und quantitative Auswertung der Beobachtungen ist in fast allen Fällen sehr schwierig. Die Hauptkomponente ist das *interstellare Gas*; es besteht zu 95% aus neutralen Atomen und Molekülen, 5% der Gasteilchen sind ionisiert. Das nichtleuchtende neutrale Gas wird überwiegend im radiooptischen Wellenlängenbereich beobachtet; H, He und zahlreiche Moleküle emittieren langwellige Strahlung mit einem Linienspektrum, dessen Wellenlängen zwischen 2 mm und 30 cm liegen. Aus den Radiobeobachtungen der 21 cm-Linie des neutralen Wasserstoffs werden die Grundinformationen über die räumliche Verteilung und die Rotationsbewegung dieses Hauptbestandteils der interstellaren Materie gewonnen.

Interstellares Gas, das sich in der Nachbarschaft sehr heißer Sterne befindet, kann optisch sichtbar werden. Die starke Ultraviolettstrahlung des Sternes ionisiert das ihn umgebende Gas; als Folge der Ionisierung treten nicht-thermische Leuchtvorgänge auf, hauptsächlich das Rekombinationsleuchten des Wasserstoffs, das beim Einfang freier Elektronen durch ein Proton entsteht. Das bekannteste Beispiel optisch leuchtenden interstellaren Gases ist der Orion-Nebel.

Der *interstellare Staub* zeigt sich am auffälligsten in den großen und kleinen Dunkelwolken, die sich im ganzen Milchstraßenband in großer Zahl finden. Das Licht der in und hinter den Wolken stehenden Sterne wird an den Körnchen des interstellaren Staubes gestreut; dieser Streuvorgang bewirkt eine Abschwächung des Sternlichtes. Der Beobachter nimmt in den betreffenden Richtungen sternarme und sternleere Dunkelgebiete innerhalb der hellen Sternwolken der Milchstraße wahr. Die im Sternbild Schwan beginnende und sich weiter nach Süden fortsetzende Aufspaltung des Milchstraßenbandes in zwei getrennte Zweige wird durch große, zentral in der Milchstraßenebene liegende Dunkelwolken hervorgerufen; diese Erscheinung ist mit bloßem Auge mühelos bemerkbar. Daß der interstellare Staub trotz seiner geringen Teilchendichte eine so auffällige Helligkeitsminderung des Sternlichtes bewirkt, liegt an den riesigen Dimensionen der Räume, die von interstellarer Materie erfüllt sind. Die Staubteilchen können auch als helle Wolken sichtbar werden, wenn im Bereich der Dunkelgebiete besonders helle Sterne stehen, die den Staub beleuchten. Beispiel: die hellen Wolken, von denen die Sterne des Offenen Sternhaufens der Plejaden (Sternbild Stier) umgeben sind (siehe Abb. 5.22).

Zur Kennzeichnung der Richtungen, in denen die Erforschung der interstellaren Materie vorangetrieben wird, können drei Schwerpunkte angegeben werden.

1. Die Frage nach der *Spiralstruktur*. Die Feststellung, wie die interstellare Materie innerhalb der galaktischen Ebene verteilt ist, soll die Existenz, die Anordnung und die Feinstruktur der Spiralarme aufzeigen.

2. Die interstellare Materie fungiert als ein Glied in der Kette der *Entwicklungsabläufe* im Sternsystem. Die Sterne bilden sich aus der interstellaren Materie und geben in den Spätphasen ihrer Entwicklung mindestens einen Teil ihrer Masse wieder an dieses Medium zurück. Die Forschung sucht die physikalischen Voraussetzungen und den Ablauf dieser beiden, der Beobachtung äußerst schwer zugänglichen Vorgänge zu verstehen.

3. Die Erforschung der *Wechselwirkungen* zwischen den einzelnen Komponenten der interstellaren Materie und zwischen Materie und Strahlung führt zu physikalischen Kenntnissen, die durch Labor-Experimente nicht erhalten werden können. Besondere Bemühungen gelten dem Verständnis der Vorgänge, die zur Bildung der im interstellaren Raum beobachteten Moleküle führen.

Die Reihenfolge, in der die einzelnen Komponenten der interstellaren Materie hier behandelt werden, richtet sich nach der Häufigkeit ihres Vorkommens: Gas dunkel – hell, Staub dunkel – hell. Besonderes Gewicht wird dabei auf die gut beobachtbaren Erscheinungen gelegt, die hellen Gasnebel und die dunklen Staubwolken.

6.2.2 Die interstellaren Absorptionslinien

Die meisten Informationen über das *nichtleuchtende interstellare Gas* werden durch radiooptische Beobachtungen erhalten. Dieses dunkle Gas macht sich aber auch im optischen Wellenlängenbereich durch einen Absorptionsvorgang bemerkbar. Aus dem Licht eines Sternes, das auf dem Wege zum Beobachter interstellare Wolken durchlaufen muß, wird von den Atomen und Molekülen des Gases Strahlung bestimmter Wellenlängen absorbiert. Durch diesen Vorgang werden dem Sternspektrum zusätzlich dunkle Linien aufgeprägt. Diese *interstellaren Linien* unterscheiden sich von den Fraunhoferlinien, die in der Atmosphäre des Sternes entstehen, durch ihre Schärfe und durch verschobene Wellenlängen (s. Abb. 6.13). Die Schärfe der Linien ist eine Folge der geringen Dichte und der niedrigen Temperatur des interstellaren Mediums; die in den Sternatmosphären wirksamen Effekte der Doppler- und Druckverbreiterung sind hier nicht vorhanden. Die Linienverschiebungen beruhen auf dem Dopplereffekt; die interstellaren Gaswolken haben radiale Geschwindigkeiten, die im allgemeinen nicht mit der Radialgeschwindigkeit des Sternes identisch sind.

Unter den etwa 50 bekannten interstellaren Atom- und Moleküllinien sind am stärksten die gelbe Natriumlinie (Fraunhofer D) und die an der UV-Grenze liegenden Linien H und K des Ca^+. Obwohl Wasserstoff der weitaus überwiegende Bestandteil

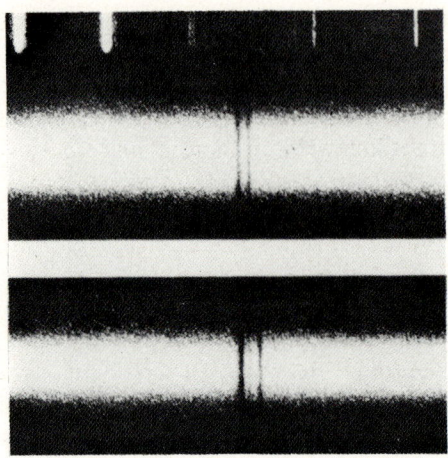

Abb. 6.13 Teile zweier Sternspektren mit der zweifach aufgespaltenen interstellaren Absorptionslinie K des Ca^+. Die Mehrfach-Aufspaltung ist eine oft beobachtete Erscheinung; sie tritt ein, wenn das Licht des Sternes mehrere hintereinander liegende Gaswolken durchläuft, deren Radialgeschwindigkeiten verschieden sind.

des interstellaren Gases ist, treten die Balmerlinien nicht als Absorptionslinien auf. In dem kalten interstellaren Gas befinden sich fast alle Atome und Ionen im Grundzustand niedrigster Energie; die Absorptionslinien der Balmerserie entstehen aber bei Übergängen der Elektronen des H-Atoms aus dem ersten angeregten Zustand in höhere Energieniveaus.

Die günstigsten Studienobjekte sind Spektren von heißen Sternen und von spektroskopischen Doppelsternen. Der Linienreichtum der kühlen Sterne macht das Auffinden der interstellaren Linien meistens unmöglich. In Doppelsternspektren sind die interstellaren Linien besonders leicht zu identifizieren, weil sie an den von der Bahnbewegung herrührenden periodischen Dopplerverschiebungen der stellaren Linien nicht teilnehmen. An einem solchen Objekt, dem spektroskopischen Doppelstern δ Orionis, wurden die Absorptionslinien des interstellaren Gases im Jahre 1904 von J. Hartmann entdeckt und sogleich richtig gedeutet. Durch das Studium dieser Linien erlangte man schon im Beginn unseres Jahrhunderts die ersten Kenntnisse über die Existenz und die geringe Dichte des interstellaren Gases in der weiteren Umgebung der Sonne, lange bevor die Radiobeobachtungen mit ihrem großen Informationsreichtum einsetzten.

6.2.3 Die radiofrequente Strahlung kosmischer Objekte und die radio- astronomischen Beobachtungen

Von den Objekten des Kosmos wird elektromagnetische Strahlung in einem sehr großen Wellenlängenbereich, von der kurzwelligen Gamma- und Röntgen-Strahlung bis zu radiofrequenten Wellen, emittiert. Die Erdatmosphäre ist nur für zwei Teilbereiche dieses ganzen Spektrums durchlässig. Durch das *optische Fenster* kommt Strahlung zwischen den Wellenlängen λ = 300 nm und 2000 nm (2 μm), durch das *Radiofenster* Strahlung zwischen λ = 1 mm und 20 m bis an die Erdoberfläche. Die Grenzen in λ sind unscharf; die kurzwellige Strahlung ($\lambda < 300$ nm) wird überwiegend von den Ozon-Molekülen, die Infrarotstrahlung wird hauptsächlich vom Wasserdampf in der Erdatmosphäre absorbiert. Radiowellen mit $\lambda > 20$ m werden von der Ionosphäre reflektiert (vgl. Band I, S. 146, 152). Die durch diese Eigenschaften der Atmosphäre bedingten Beobachtungsbeschränkungen werden mehr und mehr beseitigt durch Messungen mit Instrumenten, die von Raketen, Satelliten und Raumsonden in die höhere Atmosphäre oder in den interplanetaren Raum getragen werden.

Als Beobachtungsgeräte für die aus dem Weltraum kommende radiofrequente Strahlung dienen *Radioteleskope* (s. Bd. I, S. 44). Bei der überwiegenden Mehrzahl dieser Instrumente wird die ankommende Strahlung von einer parabolförmigen Reflektor-Antenne aufgefangen und einer im Brennpunkt der Reflektorfläche befindlichen Speiseantenne zugeführt. Von dort wird die gesammelte Energie als Signal über Verstärker zu Meß- und Registriergeräten geleitet. Die geringen Intensitäten der Strahlung und die Abhängigkeit des Winkelauflösungsvermögens von Wellenlänge und Antennendurchmesser machen es notwendig, Radioteleskope mit sehr großen Antennenflächen zu bauen. Der kleinste Winkelabstand ρ zweier Objektpunkte, die man noch getrennt beobachten kann, ist direkt proportional der Wellenlänge λ der empfangenen Strahlung und umgekehrt proportional zum Durchmesser D der Antenne (s. Bd. I, S. 36 f.):

$$\rho \sim \frac{\lambda}{D}.$$

Als Maß für die Stärke der von einer Radioquelle ankommenden Strahlung dient die *spektrale Strahlungsflußdichte* E_f. Die im optischen Bereich verwendeten Strahlungsempfänger integrieren über einen größeren Wellenlängenbereich. Dagegen registrieren Radioteleskope und Empfänger nur die Strahlung in einem engen Frequenzband mit einer bestimmten mittleren Frequenz f. E_f gibt die Strahlungsleistung an, die von der Flächeneinheit in einer Bandbreite von 1 Hz aufgefangen wird. Die *Einheit* der spektralen Strahlungsflußdichte E_f ist 1 Jansky (Kurzzeichen Jy); es gilt

$$1 \text{ Jy} = 10^{-26} \text{ W m}^{-2} \text{ Hz}^{-1}.$$

Schon aus der Wahl dieser Einheit läßt sich ersehen, wie schwach die von den kosmischen Radioquellen empfangene Strahlung ist.

Zu den kosmischen Quellen radiofrequenter Strahlung gehören die ruhige und die aktive Sonne, heiße Gaswolken und das neutrale Gas der Milchstraße, das galaktische Zentrum, Überreste von Supernovae, Pulsare, außergalaktische Sternsysteme, Quasare. Die Strahlung vieler dieser Quellen hat nichtthermischen Ursprung. Bei allen genannten Objekten und Objekt-Gruppen haben die Radiobeobachtungen und ihre Deutung bereits in wenigen Jahrzehnten zu einer sehr großen Erweiterung des astronomischen Wissens geführt.

6.2.4 Die radiofrequente Kontinuum- und Linien-Strahlung des interstellaren Gases

a) *Die Kontinuum-Strahlung*

In den Monaten Dezember 1931 und Januar 1932 wurde von dem amerikanischen Radioingenieur K. Jansky die erste aus dem Weltraum kommende radiofrequente Kontinuum-Strahlung empfangen. Mit dieser Entdeckung beginnt die Geschichte der Radioastronomie. Die von Jansky in den Jahren 1931 bis 1935 bei den Wellenlängen 14,6 m und 10 m beobachtete, aus der Richtung der Milchstraße kommende Strahlung ist ein Komplex mehrerer Erscheinungen, die sich in den Strahlungsquellen und Erzeugungsmechanismen voneinander unterscheiden. Das zur Milchstraße konzentrierte interstellare Gas ist an diesem Phänomen mit zwei Komponenten beteiligt. Die eine Komponente ist thermische Strahlung, die aus heißen Gaswolken von beschränkter Größe kommt. Das Gas dieser Wolken ist weitgehend ionisiert; die thermische Kontinuum-Strahlung entsteht bei der Beschleunigung freier Elektronen durch geladene Teilchen (frei-frei-Übergänge). Die Objekte, aus denen diese Strahlung kommt, senden auch sichtbares Licht aus (Beispiel Orion-Nebel). Die andere Komponente der Kontinuum-Strahlung des Milchstraßengases ist nichtthermische Synchrotronstrahlung. Diese Strahlung entsteht, wenn sich hochenergetische, sehr schnelle Elektronen in Magnetfeldern bewegen. Die beiden Komponenten können durch den Spektralverlauf ihrer Strahlungsflüsse unterschieden werden (vgl. Abb. 5.34, S. 456).

b) *Die Linienstrahlung des Wasserstoffs*

Die Beobachtungen einer *Spektrallinie des neutralen Wasserstoffs* bei der Wellenlänge 21,1 cm (Frequenz 1420 MHz) liefern sehr wichtige Informationen über Verteilung und Bewegungen des nichtleuchtenden interstellaren Gases. Die Emissionslinie entsteht dadurch, daß im Grundzustand des H-Atoms das Elektron seine Spinrichtung, die zuvor parallel zu der des Protons war, um 180° dreht. Die beiden Zustände haben eine sehr geringe Energiedifferenz. Der energetisch höhere Zustand (Kernspin parallel Elektronenspin) wird durch Stöße angeregt; der Übergang zum niedrigeren Zustand (antiparallel) erfolgt spontan. Bei diesem Übergang werden Photonen mit der Energie $6 \cdot 10^{-6}$ eV emittiert; diese Strahlung hat die Wellenlänge 21,1 cm. Die Existenz der Linie wurde 1944 von H. van de Hulst, Leiden, aufgrund atomtheoretischer Berechnungen vorausgesagt; die Entdeckung gelang im Jahre

1951 durch Ewen und Purcell, Harvard, und wenig später durch mehrere Beobachter in Holland und Australien. Die Linie kann nur dort emittiert werden, wo der Wasserstoff eine sehr geringe Dichte hat, also im interstellaren Medium. In den Sternatmosphären ist dagegen die Gasdichte so hoch, daß der energetisch höhere Zustand durch Zusammenstöße der Atome zerstört wird, lange bevor der spontane Übergang erfolgt.

Der neutrale Wasserstoff ist der Hauptbestandteil der interstellaren Materie; er ist in der 21 cm-Linie direkt wahrnehmbar geworden. Die Beobachtungen in diesem langwelligen Spektralbereich werden durch den interstellaren Staub nicht behindert, da Radiowellen – im Gegensatz zu sichtbarem Licht – von den Staubkörnern nicht merklich absorbiert oder gestreut werden. Im Gebiet der Radiofrequenzen ist das ganze galaktische System überschaubar.

Eines der ersten Resultate der 21 cm-Beobachtungen war die Feststellung, daß der interstellare Wasserstoff in einer sehr *dünnen Schicht* in der galaktischen Ebene konzentriert ist. Die Skalenhöhe β dieser Schicht beträgt 125 pc (Definition der Skalenhöhe s. S. 480). Im ganzen inneren Teil des Sternsystems, bis etwa zum Abstand der Sonne vom Zentrum, ist die Schicht sehr eben; in den Außenbereichen wird sie dicker und ist leicht aufgebogen. Innerhalb der Zentralschicht ist die Dichte des neutralen Wasserstoffs sehr ungleichförmig; aus Beobachtungen der 21 cm-Linie ergibt sich als Mittelwert 1 H-Atom pro Kubikzentimeter, in Wolken 10 bis 50 Atome cm^{-3}. Mit Hilfe der Rayleigh-Jeans-Näherung des Planckschen Strahlungsgesetzes lassen sich aus den beobachteten Intensitäten I_f in bestimmten Richtungen die Temperaturen der Wasserstoffwolken ermitteln. Die Gl. (6), Band I S. 318, liefert die zu einer Strahlungsintensität I_f einer thermischen Quelle gehörende Strahlungstemperatur T_f. Dieses T_f ist die Temperatur eines schwarzen Körpers, der bei gleicher Winkelgröße die gleiche Strahlung der Frequenz f liefert wie die betrachtete Quelle. Wenn die Strahlungsquelle optisch dick ist (s. S. 455), dann ist T_f nahe gleich der kinetischen Temperatur der Gaswolke. Die aus den Intensitätsmessungen der 21 cm-Linie bestimmten Temperaturen des neutralen Gases liegen zwischen 10 und 150 K.

Aus Wellenlängen-Verschiebungen der 21 cm-Linie, die als Dopplereffekt zu deuten sind, können *großräumige Bewegungen* des interstellaren Gases abgeleitet werden. Das Gas nimmt an der Rotation des galaktischen Systems teil. Die Radiobeobachtungen ergeben Zahlenwerte der Rotationsgeschwindigkeit in verschiedenen Abständen vom galaktischen Zentrum; sie führen außerdem zu einem Einblick in die räumliche Verteilung des interstellaren Gases, in der sich eine Spiralstruktur andeutet. Die Betrachtung dieser Resultate und Zusammenhänge wird auf S. 554 weitergeführt.

c) *Die interstellaren Moleküle*

Radioastronomische Beobachtungen im Bereich der mm- und cm-Wellen haben zur Auffindung weiterer Emissionslinien von H und He und vor allem zur Entdeckung *zahlreicher Molekülarten* im interstellaren Medium geführt. Bei diesen interstellaren Molekülen überwiegen die Verbindungen der Elemente Wasserstoff, Kohlenstoff, Stickstoff und Sauerstoff. Das zweiatomige Wasserstoff-Molekül H_2 ist im interstellaren Raum wahrscheinlich in großen Mengen vorhanden. Man nimmt an, daß der Wasserstoff in den dichteren interstellaren Gaswolken fast ausschließlich in molekularer Form vorliegt. Das H_2 emittiert keine Linien im Bereich der Radiofrequenzen; es findet sich aber in mehreren der durch Radiobeobachtungen entdeckten Moleküle, z. B. in dem sehr verbreiteten Formaldehyd H_2CO. Direkt nachgewiesen sind die interstellaren H_2-Moleküle durch ihre Absorption im ultravioletten Spektralbereich. Diese Moleküle befinden sich wegen der geringen Materie- und Strahlungsdichte im interstellaren Raum beinahe alle im Grundzustand. Sie können also aus der Sternstrahlung nur solche Photonen absorbieren, die sie aus dem Grundzustand in höhere Energiezustände überführen; die zugehörigen Wellenlängen sind die des Lyman-Bandenspektrums im UV. Am besten sind diese Absorptionen auf dem Untergrund eines genügend hellen UV-Kontinuums zu beobachten. Tatsächlich hat man durch spektrographische Untersuchungen des Lichtes heißer Sterne von Satelliten und Raumsonden aus in einigen Fällen die Lyman-Absorptionsbanden des interstellaren molekularen Wasserstoffs gefunden.

6.2.5 Das leuchtende interstellare Gas, Emissions-Nebel und H II-Regionen

a) *Erscheinung und Energiequelle*

Ein großer Teil des interstellaren Gases ist dunkel und hat Temperaturen um 100 K. In der Nachbarschaft von Sternen mit sehr hohen Oberflächentemperaturen wird das Gas jedoch zum *Leuchten angeregt* und damit beobachtbar; der große Orion-Nebel ist das hellste dieser Objekte. Die leuchtenden Gaswolken bestehen größtenteils aus ionisiertem Wasserstoff (H^+), sie werden *H II-Regionen* genannt; diese Bezeichnung stammt von einer früher gebräuchlichen Schreibweise der Ladungsstufen der Ionen. Die größeren, auffälligen Gebilde werden auch als *Emissions-Nebel* bezeichnet. Zusammensetzung und Leuchtmechanismus der H II-Regionen lassen sich aus den Ergebnissen spektroskopischer Untersuchungen des Nebelleuchtens erklären.

Die Sterne, die durch ihre Strahlung die Veränderungen im Gas ihrer Umgebung hervorrufen, müssen Oberflächentemperaturen von mindestens 25 000 K haben. Bei diesen Sternen der Spektraltypen O bis B 1 ist die Ultraviolettstrahlung intensiv genug, um den neutralen Wasserstoff in der nahen Umgebung vollständig zu ionisieren. Als Folge der Ionisierung tritt das Leuchten der Gaswolke im Lichte einzelner Spektrallinien ein; außerdem steigt die Temperatur der Wolke auf etwa 10 000 K.

b) *Die Photoionisation*

Fast alle Wasserstoff-Atome des interstellaren Gases befinden sich im Grundzustand. Der erste angeregte Zustand liegt 10,2 eV über dem Grundzustand, die Ionisationsenergie beträgt 13,6 eV. Das H-Atom im Grundzustand kann aus der Strahlung eines benachbarten Sternes Photonen absorbieren, deren Energien bestimmte Werte zwischen 10,2 eV und 13,6 eV besitzen; die zugehörigen Wellenlängen liegen zwischen 121,5 nm und der Lyman-Seriengrenze bei 91,2 nm. Außerdem kann das H-Atom alle Photonen mit Energien von 13,6 eV und darüber absorbieren und dadurch ionisiert werden (s. Abb. 6.14a); diese Photonen stammen aus dem Konti-

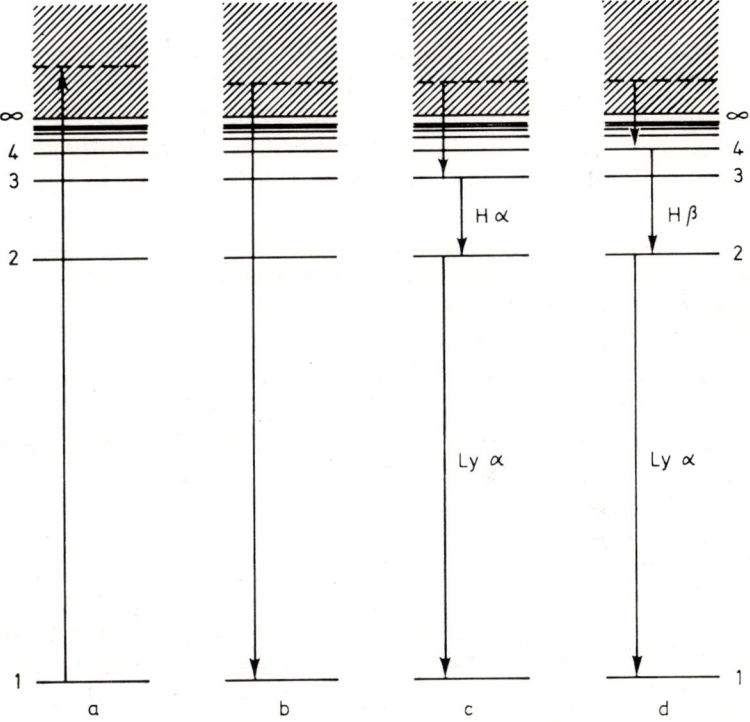

Abb. 6.14 Photoionisation eines Wasserstoffatoms aus dem Grundzustand (a) und drei Beispiele möglicher Rekombinationen. b: Direkter Übergang in den Grundzustand; Emission eines Lc-Photons, das sofort wieder absorbiert wird. c und d: Stufenübergänge vom 3. und 4. Niveau, bei denen ein Hα- bzw. Hβ-Quant emittiert wird. Die Lage der Horizontalstriche im Kontinuum soll anzeigen, daß die Photoelektronen bei der Rekombination fast immer etwas weniger Energie besitzen, als sie bei der Ionisation erhalten haben; siehe dazu den Text S. 503, Absatz d.

nuum auf der kurzwelligen Seite der Lyman-Seriengrenze und werden deshalb als Lyman-Kontinuum-Photonen, abgekürzt Lc-Photonen, bezeichnet. Die bei der Ionisation frei werdenden Elektronen heißen Photoelektronen.

In der von einem Stern mit mindestens 25 000 K Oberflächentemperatur ausgehenden Strahlung ist die Dichte der Lyman-Kontinuum-Photonen so hoch, daß in der nahen Umgebung des Sternes alle H-Atome einer interstellaren Wolke ionisiert werden. Auch nach einer Rekombination zwischen Proton und Photoelektron tritt sehr schnell wieder eine Ionisierung des soeben gebildeten neutralen Atoms ein. Die Größe der von der Strahlung eines einzelnen Sternes ionisierten Region hängt von der Temperatur des Sternes und von der Dichte des Mediums ab. Die meisten H II-Regionen und Emissionsnebel sind sehr unregelmäßig in Helligkeitsverteilung und Begrenzung. Dieses komplexe Erscheinungsbild entsteht durch das Vorhandensein mehrerer anregender Sterne und durch das Hervortreten dunkler Staubwolken, die sich in den Gaswolken befinden. Die Abb. 2.20 in Bd. I (S. 37) zeigt einen Teil des jungen Offenen Sternhaufens NGC 2264 im Sternbild Einhorn und Teile des mit diesem Haufen verbundenen Emissionsnebels. Vor dem Emissionsnebel liegt der dunkle Kegelnebel. Der Offene Haufen NGC 2264 enthält etwa 50 Sterne der Spektralklasse O. Der hellste der das Nebelleuchten anregenden Sterne ist S Monocerotis; er hat die scheinbare Helligkeit 4,7 mag und den Spektraltyp O 7.

c) *Rekombination, Nebelleuchten*
Der Hauptanteil des im optischen Bereich wahrnehmbaren Leuchtens eines Emissionsnebels stammt von den Balmerlinien Hα, Hβ, ..., die als Folge der Rekombination von Proton und Photoelektron entstehen. Erfolgt bei einer Rekombination ein sofortiger, stufenloser Übergang in den Grundzustand (Abb. 6.14b), so wird dabei wieder ein Lyman-Kontinuum-Photon emittiert, das in der Lage ist, ein anderes H-Atom zu ionisieren. Die meisten Rekombinationen enden jedoch zunächst in einem angeregten Zustand; anschließend erfolgen spontan kaskadenartige Übergänge zu niedrigeren Niveaus. Beim ersten dieser Schritte, der Rekombination, findet ein frei-gebunden-Übergang des Elektrons statt; die Wellenlänge des dabei emittierten Photons hängt von der Überschußenergie und von dem Niveau ab, auf das die Rekombination führt. Insgesamt entsteht bei der Rekombination eine kontinuierliche Emission, von der ein Teil in den optischen Beobachtungsbereich fällt. Das Paschen-Kontinuum entsteht bei Rekombinationen auf den 3. angeregten Zustand; es liegt für das H-Atom bei $\lambda < 820{,}4$ nm. Für das Balmer-Kontinuum (Rekombination auf den 2. angeregten Zustand) gilt $\lambda < 364{,}6$ nm (Ultraviolett). Bei den auf die Rekombination folgenden Übergängen zu niedrigeren Niveaus erscheinen im optischen Bereich die *Balmerlinien in Emission* (s. Abb. 6.14c, d). Die stärkste Linie ist Hα; sie liegt im roten Spektralbereich. Die Abbildung 2.20, auf die oben hingewiesen wurde, ist die Wiedergabe einer Rot-Aufnahme mit dem 5-m-Teleskop auf dem Mt. Palomar.

Außer den Balmerlinien sind vom Erdboden aus in den Emissionsnebeln auch zahlreiche *Rekombinationslinien* des Wasserstoffs im Bereich der *Radiowellen* beobachtbar. Diese Linien haben sehr geringe Intensitäten; sie entstehen bei Übergängen zwischen sehr hoch angeregten, nahe benachbarten Niveaus. Die Bezeichnung H138β für eine bei der Wellenlänge 6 cm beobachtete Emissionslinie bedeutet zum Beispiel, daß diese Linie beim Übergang vom Energieniveau 140 auf das Niveau 138 entsteht. Die Messung von Intensitäten und Doppler-verschobenen Wellenlängen solcher Linien hat große Bedeutung für die Bestimmung der Temperaturen, Dichten und systematischen Bewegungen weit entfernter H II-Regionen; diese Beobachtungen im Bereich der Radiofrequenzen werden durch den interstellaren Staub nicht behindert.

Die für den anregenden Stern angegebene Mindesttemperatur von 25 000 K ist ein Orientierungswert. Bei und unterhalb dieser Temperatur gibt es einen fließenden Übergang zwischen den beiden Erscheinungsformen Emissions- und Reflexions-Nebel (s. S. 516). Schon für einen Stern der Spektralklasse B 5 ist der Anteil der Lyman-Kontinuum-Photonen an der Gesamtstrahlung sehr niedrig; die Ionisierung der den Stern umgebenden H-Atome ist entsprechend gering und das Rekombinationsleuchten ist schwach. Dagegen ist die Helligkeit eines solchen B 5-Sternes so groß, daß der vom Stern beleuchtete Staubanteil des interstellaren Mediums die Sternumgebung als Reflexionsnebel sichtbar werden läßt. Dieses vom Staub stammende Reflexionsleuchten wird bei Nebeln in der Umgebung eines O- bis B 1-Sternes vom Emissionsleuchten des Gases überstrahlt.

d) *Heizung und Kühlung des Gases, metastabile Niveaus*

Fast alle ionisierenden Lyman-Kontinuum-Photonen haben Energien, die etwas größer als der erforderliche Minimalwert 13,6 eV sind. Die überschüssige Energie tritt als kinetische Energie der Photoelektronen auf. Ein Teil dieser Überschußenergie kann in der kurzen Zeit, ehe ein Elektron rekombiniert, mindestens zwei Arten von Umwandlungen erfahren. Durch diese Vorgänge tritt sowohl eine bedeutende Aufheizung als eine der Heizung entgegenwirkende Kühlung des Gases ein.

Jedes Photoelektron überträgt einen Teil seiner bei der Ionisierung erhaltenen kinetischen Energie durch *elastische Stöße* auf andere Elektronen und auf die Ionen des Gases. Durch diese Zusammenstöße erhöht sich die mittlere Geschwindigkeit der Teilchen und damit die kinetische Temperatur des Gases. Außer dieser Verteilung der kinetischen Energie werden durch *unelastische Stöße* der Photoelektronen die Ionen einiger bestimmter Elemente in einen angeregten Zustand versetzt; bevorzugt sind dabei Sauerstoff, Stickstoff und Neon. Die durchschnittliche kinetische Energie der freien Elektronen beträgt nur wenige eV. Stoßanregungen, die durch diese Elektronen verursacht werden, können daher nur bei solchen Atomen und Ionen des Gasnebels zustande kommen, die niedrig über dem Grundzustand gelegene Energieniveaus besitzen. Für neutrale Atome ist dies nur bei einigen Elementen mit sehr geringer kosmischer Häufigkeit der Fall. Die als Folge solcher Anregungen auftre-

tenden Emissionslinien sind viel zu schwach, als daß sie in den Spektren von
H II-Regionen beobachtet werden könnten. Anders ist es jedoch für bestimmte
Ionen. Die Ionen O^+, O^{2+}, N^+, Ne^{2+} haben *metastabile Niveaus*, die 2 bis 3 eV über
dem Grundzustand liegen. Die Elemente O, N, Ne sind zwar in allen kosmischen
Objekten mit sehr viel geringerer Häufigkeit vorhanden als H und He. Die Bedingungen für die Anregung der niedrigsten Niveaus durch Stöße von Photoelektronen
sind aber bei den genannten Ionen äußerst günstig. Alle Spektren von Emissionsnebeln, H II-Regionen, Novae und Planetarischen Nebeln zeigen die als Folge der
Stoßanregung entstehenden Emissionslinien in hoher Intensität.

Die Verweilzeiten von Atomen und Ionen auf normalen instabilen Energieniveaus
sind von der Größenordnung 10^{-8} s. Die Verweilzeiten auf metastabilen Niveaus
sind bedeutend länger; sie können Sekunden, Stunden und Jahre betragen. Die
Emissionslinien, in denen die spontanen Strahlungsübergänge aus metastabilen Zuständen sichtbar werden, heißen *verbotene Linien*. Sie sind im Labor nur unter
äußerst günstigen Bedingungen beobachtbar; fast alle metastabilen Zustände werden
vor Ablauf der Verweilzeit durch Zusammenstöße der Partikel strahlungslos beendet.
In den interstellaren Wolken ist jedoch die Dichte so gering, daß nach langen,
störungsfreien Verweilzeiten die spontanen Strahlungsübergänge zustande kommen.
Einige der stärksten in Emissionsnebeln und H II-Regionen auftretenden verbotenen
Linien sind in Tab. 6.8 zusammengestellt; Spalte 3 enthält die Anregungsenergien
der metastabilen Niveaus. Das typische Linienspektrum einer H II-Region ist in Abb.
6.15 skizziert.

Tab. 6.8   Verbotene Linien in H II-Regionen

Ion	$\dfrac{\lambda}{nm}$	Anregungs-energie	Farbbereich
O^+	372,6 372,9	} 3,3 eV	} UV
O^{2+}	495,9 500,7	} 2,5 eV	} grün, stärkste Linien
N^+	654,8 658,4	} 1,9 eV	} rot
Ne^{2+}	386,7 396,8	} 3,2 eV	} UV

Die von der Stoßanregung verursachte Strahlung verläßt den Nebel, ohne absorbiert
zu werden. Die unelastischen Stöße der Photoelektronen entziehen also den Teilchen
der Wolke thermische Bewegungsenergie; dies ist der stärkste, der Nebelaufheizung
entgegen wirkende Prozeß.

Ein weiterer Teil der Überschußenergie wird verbraucht, wenn die Photoelektronen
bei frei-frei-Übergängen an anderen geladenen Teilchen elektromagnetische Wellen
abstrahlen. Das kontinuierliche Spektrum dieser Strahlung kann im Bereich der
cm- und dm-Wellen beobachtet werden; s. S. 498.

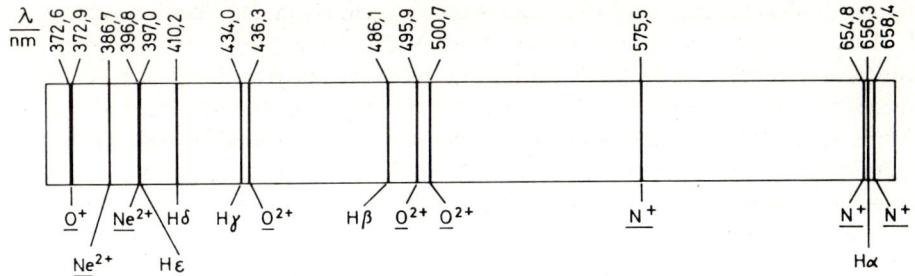

Abb. 6.15 Charakteristische Linien im Spektrum einer H II-Region. Helle Linien auf einem schwachen Kontinuum; verbotene Linien sind unterstrichen.

Zwischen der Heizung durch Photoionisation und der Kühlung durch Stoßanregung bildet sich ein Gleichgewichtszustand heraus bei Temperaturen, die etwa zwischen 7000 und 15 000 K liegen. Der Kühlungsmechanismus hat dabei die Wirkung eines Thermostaten. Bei niedrigen Temperaturen kommen wegen der geringen Geschwindigkeiten der Elektronen nur wenige Anregungen von O- und N-Ionen zustande. Dagegen ist bei hohen Temperaturen der Kühlungsmechanismus stark wirksam, weil viele Anregungen in metastabile Niveaus durch Elektronenstöße stattfinden.

Die beobachteten Temperaturen von Emissionsnebeln und H II-Regionen werden durch Intensitätsmessungen an Linien im optischen und im Radiobereich erhalten. Die Werte sind aus den relativen Intensitäten mehrerer verbotener Linien sowie aus den Intensitäten von Radio-Linien in verschiedenen Wellenlängen abgeleitet.

Die in einer interstellaren Gaswolke durch die Ultraviolett-Photonen eines in der Wolke stehenden Sternes bewirkten *energetischen Veränderungen* können in einem Schema übersichtlich dargestellt werden:

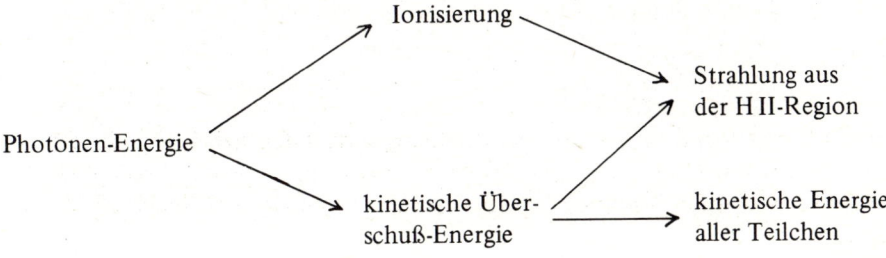

6.2.6 Der Orion-Nebel

Der große Orion-Nebel ist der hellste *Emissionsnebel* am nördlichen Sternhimmel;
der Ort ist auf den meisten Sternkarten durch den Stern ϑ Orionis gekennzeichnet.
Schon in einem kleinen Fernrohr, sogar schon mit einem lichtstarken Feldstecher
erhält man ein Bild des Nebels, das Strukturen erkennen läßt. Der Abstand von der
Sonne beträgt 500 pc, der Durchmesser des Nebels etwa 6 pc. Abb. 6.16a zeigt den
Nebel; die Skizze der Abb. 6.16b verdeutlicht die Beschreibung.

Abb. 6.16a Der Orion-Nebel. Norden ist oben, Osten links.

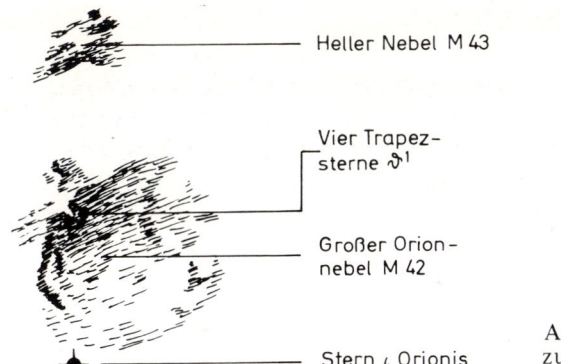

Heller Nebel M 43

Vier Trapez-
sterne ϑ^1

Großer Orion-
nebel M 42

Stern ι Orionis

Abb. 6.16b Skizze
zum Orion-Nebel.

Der Orion-Nebel ist eine große H II-Region von hoher Gasdichte. Die Energiequelle
für Ionisation und Leuchten ist die UV-Strahlung von vier sehr heißen, an der Sphäre
dicht beieinander stehenden Sternen. Alle vier Sterne heißen ϑ^1 Orionis; die vier
Komponenten A, B, C, D bilden ein Trapez, der größte Abstand (zwischen A und
D) beträgt 22 Bogensekunden. Die Sterne liegen im Nebel unmittelbar westlich von
der dunklen Bucht; die scheinbaren Helligkeiten liegen zwischen der 5. und 8. Größenklasse. Im Fernrohr sind die Sterne sehr gut zu sehen; auf den meisten Aufnahmen werden sie vom Licht des Nebels überstrahlt. Die Sterne ϑ^1 gehören zu einem
großen Offenen Sternhaufen von etwa 500 Sternen; mehrere kleinere Haufen und
Sternassoziationen stehen in der nahen Umgebung. Die Dichte der Moleküle und
Atome im Nebel ist sehr hoch: 10^4 cm^{-3} im zentralen Teil (Umgebung der ϑ-Sterne),
in den Randgebieten immer noch 10^2 cm^{-3}. Die Temperatur ist höher als 10 000 K.

Der Nebel enthält große Mengen von *interstellarem Staub*, dessen Dichte ebenfalls
sehr hoch ist. Die Partikelwolken werden als lichtabsorbierende Dunkelgebiete unmittelbar wahrnehmbar im südwestlichen Teil des Nebels und im Bereich zwischen
dem großen Nebel M 42 und dem kleineren hellen Nebel M 43.

Die Beobachtungen von Infrarot-Strahlung und von radiofrequenten Moleküllinien
im Orionnebel haben große Bedeutung für die Erforschung der Zusammenhänge,
die zwischen dem Vorkommen von interstellarem Staub, der Bildung von Molekülen und der Sternentstehung bestehen. Die beiden Arten der Strahlung kommen
teils aus sehr kleinen (Punktquellen), teils aus größeren Bereichen (Wolken). Die
Punktquellen von Infrarot- und Radiostrahlung liegen an der Sphäre fast genau am
gleichen Ort; bei den Wolken ist die Lage der Intensitätszentren identisch. Die
Infrarotstrahlung ist bisher überwiegend im Spektralbereich zwischen 1 μm und
22 μm beobachtet worden; für diese Wellenlängen besitzt die sonst im IR undurch-
lässige Erdatmosphäre „Fenster". Die Strahlung stammt mit größter Wahrscheinlichkeit von Staubwolken, die Temperaturen im Bereich von 1000 K bis herab zu
100 K haben. Die Aufheizung des Staubes erfolgt durch die Strahlung von Proto-

sternen in verschiedenen Entwicklungsstufen; die Bildung solcher Vorstufen künftiger Fixsterne geht hinter den als Hüllen wirkenden Staubwolken vor sich. Die Gesamtheit der Beobachtungen von Infrarot-Sternen, Infrarot-Wolken und T Tauri-Sternen führt zu der Annahme, daß der ganze Zentralbereich des Orion-Nebels gegenwärtig ein Ort kontinuierlicher Sternentstehung ist. Auch die als Energiespender für den Nebel fungierenden ϑ^1-Sterne sind — gemessen in der kosmischen Zeitskala — ganz junge Objekte; sie haben sich vor höchstens 10^6 Jahren gebildet.

Dichte Wolken von Staubpartikeln scheinen eine Voraussetzung für die *Molekülbildung* im interstellaren Raum zu sein. In dem interstellaren Medium sehr geringer Dichte haben Atome, die an der Oberfläche von festen Teilchen haften, die größte Aussicht, sich zu Molekülen zu vereinigen. Die Erhaltung solcher Moleküle wird dann dadurch begünstigt, daß die Staubteilchen als Schutz vor den zerstörenden Wirkungen von stellarer UV-Strahlung und von kosmischer Partikelstrahlung wirken (s. S. 521).

Außer dem Orion-Nebel gehören die folgenden fünf Objekte zu den hellsten und größten Emissionsnebeln am nördlichen Sternhimmel.

Nummer im Messier-Katalog	Name	Sternbild
– – – –	Rosette-Nebel	Monoceros
M 16	Irregulärer Nebel	Serpens
M 17	Omega-Nebel	Sagittarius
M 20	Trifid-Nebel	Sagittarius
M 8	Lagunen-Nebel	Sagittarius

Die vier Objekte in den Sternbildern Serpens und Sagittarius sind auf dem Milchstraßenbild Abb. 6.1 zu finden; M 16 und M 17 in der Mitte des Bildes, M 20 und M 8 nahe dem unteren Rand, etwas rechts von der Mitte (diese beiden Nebel auch auf Abb. 6.10). Zu allen fünf Nebeln gehören Offene Sternhaufen; die heißesten Sterne dieser Haufen sind die Energiequellen der Emissionsnebel. Eine kleinere sehr helle H II-Region, die nur von einem einzelnen Stern angeregt wird, ist der Nebel um γ Cassiopeiae. Dieser Stern hat ein B0-Spektrum, die scheinbare Helligkeit schwankt zwischen 1,6 mag und 3,0 mag; sein Abstand von der Sonne beträgt 160 pc.

6.2.7 Der interstellare Staub

a) *Die Dunkelwolken der Milchstraße, Schwächung und Verfärbung des Sternlichtes*
Die Abb. 6.5 auf S. 471 zeigt ein außergalaktisches Sternsystem, dessen Mittelebene durch einen breiten dunklen Streifen gekennzeichnet ist. Eine durch das

ganze System hindurchgehende Schicht von interstellarem Staub macht sich auf diese Weise bemerkbar. Diese Staubschicht geht bis an den Rand des Systems; die in der Nähe der Mittelebene stehenden Sterne können vom Beobachter, der auf die Kante des Systems blickt, nicht wahrgenommen werden. Die gleiche Erscheinung findet sich auf vielen Bildern außergalaktischer Sternsysteme.

Das Milchstraßensystem ist in gleicher Weise von einer solchen Schicht durchzogen (Abb. 6.17). Die Staubpartikel sind dem interstellaren Gas beigemischt; beide Komponenten, Gas und Staub, haben großräumig etwa die gleiche Verteilung. Die vom irdischen Beobachter wahrnehmbaren Dunkelobjekte haben die Struktur von Wolken der verschiedensten Größen und Formen. Fast alle diese Wolken befinden sich in geringen Entfernungen, höchstens im Abstand von 1000 pc. Auf eine Vordergrund-Dunkelwolke im Sternbild Ophiuchus wurde schon auf S. 482 im Zusammenhang mit Abb. 6.10 aufmerksam gemacht. Die Wolken des interstellaren Staubes bilden für das bloße Auge in der Sternbilderfolge

Schwan – Adler – Schlange – Ophiuchus – Schütze – Skorpion

eine unregelmäßige, aber sich in galaktischer Länge über $90°$ kontinuierlich fortsetzende auffällige Erscheinung. Auf Sternkarten und an Abb. 6.17a kann abgelesen werden, daß sich dieser die Milchstraße durchziehende Dunkelstreifen anschließend an das Sternbild Skorpion noch durch das in Mitteleuropa nicht sichtbare Sternbild Norma bis etwa zum Stern α Centauri fortsetzt. Auch im weiteren Verlauf der südlichen Milchstraße finden sich – in den Sternbildern Crux, Carina, Vela, Puppis – große, gegen die helle Milchstraße scharf kontrastierende Dunkelgebiete.

Die *Kenntnisse über die Staubkomponente* des interstellaren Mediums werden durch die Analyse des Lichtes von Sternen erhalten, die in oder hinter den Dunkelwolken stehen. Wenn das Sternlicht auf dem Wege zum Beobachter durch Wolken von interstellarem Staub läuft, wird es in dreierlei Weise verändert, es wird geschwächt, verfärbt und polarisiert. *Verfärbung* und *Polarisation* sind direkt beobachtbar; die *Schwächung* der Sternhelligkeit wird aus der beobachteten Verfärbung berechnet. Schon die Beobachtungen im visuellen Spektralbereich führen zu Aussagen über die Größe der Staubteilchen und über die Dimensionen und Partikeldichten der Wolken. Die Kenntnisse sind wesentlich präziser und reichhaltiger geworden, seitdem mit spezifischen Detektoren, die auf Raketen und Satelliten installiert sind, Beobachtungen im ultravioletten und infraroten Bereich gemacht werden können.

Der Verfärbungseffekt beim Durchgang durch die Staubwolke besteht in einer *Rötung des Sternlichtes*. Es tritt eine Verfälschung der Intensitätsverteilung im kontinuierlichen Spektrum des hinter der Wolke stehenden Sternes ein. Diese Verfälschung des Kontinuums wird bemerkbar, weil aus dem Linienspektrum des Sternes die Oberflächentemperatur und damit die wahre Intensitätsverteilung im Kontinuum bestimmt werden kann (vgl. S. 373). ζ Persei ist ein Stern dritter Größe,

Abb. 6.17a Zentralbereich der Milchstraße. Rotaufnahme, 140°-Weit-
winkelkamera der Universität Bochum, La Silla, Chile.

etwa 8° über dem Plejaden-Sternhaufen; er ist 250 pc von uns entfernt. Das Sternbild Perseus ist reich an kleineren Dunkelwolken; ζ Persei steht innerhalb einer solchen Wolke. Der aus dem Linienspektrum erschlossene Spektraltyp ist B 1; danach
muß ζ Persei ein sehr heißer Stern von blauer Farbe sein. Die Beobachtungen zeigen
jedoch ζ Persei als einen Stern von deutlich roter Färbung. Die Ursache dieser Diskrepanz liegt in der Streuung des Sternlichtes an den Partikeln des zwischen Stern
und Beobachter liegenden interstellaren Staubes. Der Streueffekt ist wellenlängen-
abhängig; von kurzwelliger Strahlung wird ein großer Anteil aus der Richtung vom
Stern zum Beobachter abgelenkt, mit wachsender Wellenlänge wird dieser gestreute
Anteil geringer. Mit dieser Erklärung der Verfärbung als Folge einer wellenlängen-
abhängigen Streuung ist gleichzeitig ein Hinweis darauf gegeben, wie sich dieser

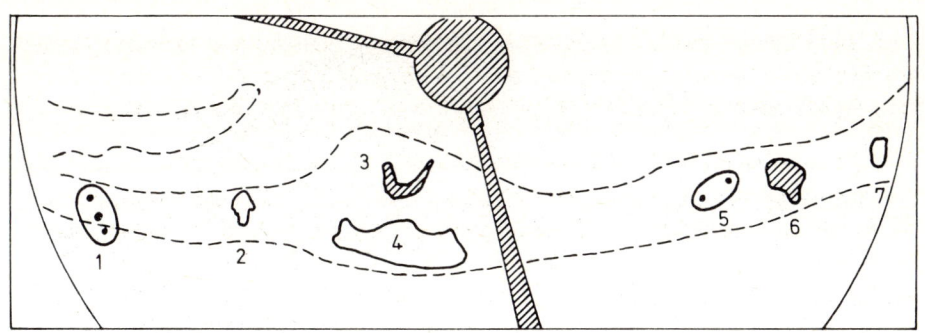

Skizze zur Identifizierung einzelner Objekte in Abb. 6.17a.

Abb. 6.17b 1 Sternbild Adler; 2 Helle Scutum-Wolke; 3 Dunkle
Ophiuchus-Wolke (in Abb. 6.10 oben rechts); 4 Große
Sagittarius-Wolke; 5 Sternbild Centaurus; 6 Dunkelwolke
„Großer Kohlensack" im Sternbild Kreuz des Südens;
7 Heller Nebel bei η Carinae.

physikalische Vorgang auswirkt auf die Werte von scheinbaren Helligkeiten eines
Sternes, die in verschiedenen Farbbereichen gemessen werden. Bei jeder Wellenlänge tritt als Wirkung des Durchganges durch den interstellaren Staub eine Abschwächung der scheinbaren Helligkeit ein; diese Abschwächung ist jedoch in ihrem
Betrag vom Farbbereich der Messung abhängig. Blauhelligkeiten m_B werden stärker
herabgedrückt als Rothelligkeiten m_R. Das Sternlicht bekommt dadurch einen mehr
oder weniger starken „Rotstich". Wenn eine Rauchwolke vor der Sonnenscheibe
vorbeizieht, kann man eine ganz entsprechende Beobachtung machen: Die Sonne
erscheint hinter der Rauchwolke röter.

b) Effektive Wellenlängen, Farbenexzess E, Helligkeitsminderung A

Der *Betrag der Verfärbung* des Sternlichtes kann, mit Kenntnis des Spektraltyps
und mit einer Eichskala der Farbindizes, durch photometrische Messungen ermittelt werden. Innerhalb eines möglichst großen Spektralbereichs werden bei drei,
sechs oder mehr normierten Wellenlängen die scheinbaren Helligkeiten des *verfärbten Sterns* gemessen. Hierzu verwendet man überwiegend Farbfilter mit verschiedenen Durchlaßbereichen. Die Empfindlichkeitsschwerpunkte der Filter werden als
effektive Wellenlängen λ_{eff} bezeichnet; Tab. 6.9 gibt Teildaten aus einem photometrischen Farbsystem.

Tab. 6.9 Effektive Wellenlängen aus dem Farbsystem von H. L. Johnson

Farbbereich	Filter-Band Bezeichnung	$\dfrac{\lambda_{\text{eff}}}{\text{nm}}$
Ultraviolett	U	360
Blau	B	440
Grün	V	550
Rot	R	770
Infrarot	I	880

Aus den Helligkeiten bei verschiedenen effektiven Wellenlängen berechnet man die zugehörigen Farbenindizes, z. B. aus den scheinbaren Helligkeiten m_B (blau) und m_V (visuell, grün) den Farbenindex

$$FI_{BV} = m_B - m_V = B - V. \tag{6-1}$$

Die Eigenfarbenindizes *unverfärbter Sterne* $(m_B - m_V)_0 = (B-V)_0$ und $(m_U - m_B)_0 = (U-B)_0$ sind in Tab. 5.9 (s. S. 408) zusammengestellt.

Hat das Sternlicht interstellare Staubwolken durchlaufen, so werden die Beträge der in den verschiedenen Spektralbereichen gemessenen scheinbaren Helligkeiten umso stärker verändert, je kürzer die Wellenlänge des betreffenden Bereichs ist, die Blauhelligkeit m_B beispielsweise um 0,5 mag, die Grünhelligkeit m_V nur um 0,3 mag. Der verfälschte Farbenindex ist hier also um 0,2 mag größer als der Eigenfarbenindex des beobachteten Sterns. Der Betrag der Farbenindex-Verfälschung wird als *Farbenexzeß* bezeichnet:

$$E_{B-V} = (m_B - m_V) - (m_B - m_V)_0, \tag{6-2a}$$

oder allgemein für jede Kombination effektiver Wellenlängen:

$$E = FI_{\text{verfärbt}} - FI_{\text{unverfärbt}}. \tag{6-2b}$$

Die $FI_{\text{verfärbt}}$ sind die primären Beobachtungsgrößen. Aus diesen an einem Stern gemessenen verfälschten Helligkeitsdifferenzen läßt sich — über die Farbenexzesse E — die unbekannte, einer direkten Messung nicht zugängliche *Verminderung der Sternhelligkeit* durch interstellaren Staub bei einer bestimmten Wellenlänge λ ableiten. Diese Helligkeitsminderung wird mit A_λ bezeichnet und in Größenklassen gemessen

$$A_\lambda = m_{\lambda, \text{verfärbt}} - m_{\lambda, \text{unverfärbt}}.$$

Bezeichnet man mit m_V die verfärbte, mit $m_{V,0}$ die unverfärbte Grünhelligkeit, so ist

$$A_V = m_V - m_{V,0}. \tag{6-3a}$$

Entsprechend gilt

$$A_B = m_B - m_{B,0}. \tag{6-3b}$$

Nach Gl. (6-2) gilt dann für den Farbenexzeß in diesem Spektralbereich

$$E_{B-V} = A_B - A_V, \tag{6-4}$$

und allgemein

$$E_{\lambda-V} = A_\lambda - A_V. \tag{6-4*}$$

Gl. (6-4) ist die Schlüsselbeziehung zur Herleitung von A-Werten und der Verfärbungskurve aus den beobachteten $FI_{\text{verfärbt}}$. Mit den Helligkeitsminderungen A_V erhält man die unverfälschten scheinbaren Helligkeiten $m_{V,0}$ und damit die richtigen

Entfernungen der hinter den Wolken stehenden Sterne. Die *Verfärbungskurve* zeigt die Form der Abhängigkeit der A-Werte von λ auf und liefert dadurch Informationen über die Natur der streuenden Staubteilchen.

c) *Verfärbungskurve, Bestimmung von A*

Der erste Schritt zur Ableitung der Verfärbungskurve ist die Bestimmung von Farbenexzessen E aus Helligkeitsmessungen an verfärbten Sternen. Messungen an einem einzelnen Stern sind zu ungenau für die Herstellung einer Verfärbungskurve; man benötigt dazu vielmehr eine große Zahl von Teststernen. Für jeden Stern, dessen Spektraltyp bekannt sein muß, mißt man bei möglichst vielen effektiven Wellenlängen die scheinbaren Helligkeiten und bildet aus ihnen die Farbenindizes $(U-V)$, $(B-V), (V-R), (V-I), \ldots$ Mit Hilfe der zum Spektraltyp des Sterns gehörenden Eigenfarbenindizes (s. Tab. 5.9, S. 408) berechnet man die Farbenexzesse E_{U-V}, $E_{B-V}, E_{R-V}, E_{I-V}$ usw., die alle (wie die Farbenindizes) auf die visuelle Helligkeit m_V bezogen sind. Diese aus den Messungen an vielen Teststernen gewonnenen Farbenexzesse bilden das Material zur Herleitung der Verfärbungskurve. Die für verschiedene Sterne erhaltenen Werte der Farbenexzesse werden in der Regel ganz verschieden sein; bei jedem Stern, dessen Licht Dunkelwolken durchläuft, ist E proportional der Zahl der streuenden Teilchen N im Lichtweg. Durch Multiplikation mit einem geeigneten Normierungsfaktor kann man aber die Farbenexzesse auf die gleiche Teilchenzahl N reduzieren; in der Praxis wählt man diesen Faktor so, daß $E_{B-V} = 1$ mag wird. Eine solche Normierung ist möglich, da sich gezeigt hat, daß die Verfärbungskurve für nahezu alle im Milchstraßensystem untersuchten Dunkelwolken die gleiche Gestalt hat. Die normierten Farbenexzesse werden in Abhängigkeit von $1/\lambda$ aufgetragen (Abb. 6.18). Der Nullpunkt der Farbenexzesse liegt bei

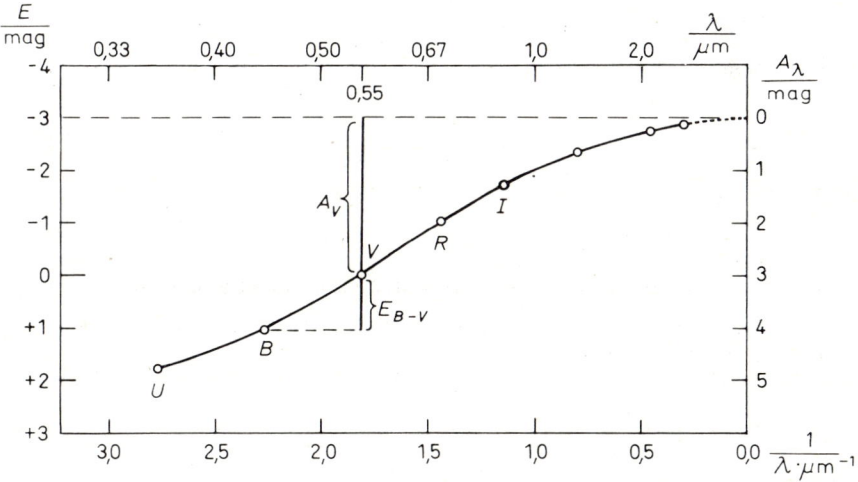

Abb. 6.18 Verlauf der interstellaren Verfärbung mit der Wellenlänge (Rötungskurve), normiert auf einen $(B-V)$-Farbenexzeß 1,0 mag. Schematisch nach H. L. Johnson-D. Mihalas.

$E_{V-V} = 0$; die Farbenexzesse E_{R-V}, E_{I-V} sind nach Gl. (6-4*) negativ, da der Helligkeitsverlust im kurzwelligen sichtbaren Spektralbereich größer als im roten oder infraroten Bereich ist.

In der *Rötungskurve* Abb. 6.18 ist die gestrichelt gezeichnete Extrapolation der Kurve nach rechts besonders wichtig; der Grund dafür wird im folgenden deutlich werden. Um den Sicherheitsgrad dieser Extrapolation zu erhöhen, sind im Infrarot noch drei weitere Werte gemessen und eingezeichnet worden; sie gehören zu den Wellenlängen 1,25 μm, 2,20 μm, 3,50 μm, bei denen Fenster der Wasserdampfabsorption in der Erdatmosphäre liegen. Extrapoliert man die Kurve nach rechts für $\frac{1}{\lambda} \to 0$ bzw. $\lambda \to \infty$, so können die gesuchten A_λ-Werte bestimmt werden. Für Strahlung von sehr großer Wellenlänge ist nämlich die Streuung an den Staubteilchen vernachlässigbar klein, sodaß man $A_\infty = 0$ setzen kann. Da Gl. (6-4*) für beliebige Spektralbereiche gilt, kann man auch ansetzen

$$E_{V-\infty} = A_V - A_\infty = A_V. \tag{6-5}$$

Trifft man mit der Extrapolation nach rechts den richtigen, für $\frac{1}{\lambda} = 0$ gültigen Wert der Ordinate, dann sind die senkrechten Abstände zwischen den Kurvenpunkten und der gestrichelten horizontalen Geraden die normierten A_λ-Werte. Die Rötungskurve Abb. 6.18 stellt demnach die Wellenlängenabhängigkeit von A_λ und damit das *Verfärbungsgesetz* dar. Die Umrechnung der normierten A_λ in die für die einzelnen Sterne gültigen individuellen Werte geschieht folgendermaßen. Aus der Abb. 6.18 entnimmt man $A_V = 3$ mag; mit $E_{B-V} = 1$ mag ergibt sich dann allgemein

$$R_V = \frac{A_V}{E_{B-V}} = 3 \tag{6-6}$$

(*R* bedeutet ratio = Verhältnis). Damit kann man für jeden Stern aus dem beobachteten (nicht normierten) Farbenexzeß E_{B-V} die Helligkeitsminderung A_V und dann allgemein aus jedem $E_{\lambda-V}$ mit A_V und Gl. (6-4*) A_λ berechnen; siehe dazu auch die Aufgabe auf S. 517.

d) *Das Extinktionsgesetz. Größe, Form und chemische Zusammensetzung der Staubteilchen*

Die Rötungskurve liefert mit dem Verlauf und den Zahlenwerten von *A* die Grundinformationen über das Medium, durch das die Helligkeitsminderung und die Verfärbung zustande kommt. Hat der Stern, dessen Licht untersucht wird, die Leuchtkraft *L*, während infolge der Lichtschwächung am interstellaren Staub nur *L′* beobachtet wird, so gilt nach Gl. (5-6) (s. S. 367) für die Lichtschwächung

$$A_\lambda = 2,5 \text{ mag} \cdot \lg\left(\frac{L}{L'}\right).$$

Befinden sich auf dem Lichtweg in einer Säule mit Einheitsquerschnittfläche insgesamt *N* Staubteilchen mit dem mittleren optischen Wirkungsquerschnitt s_λ, so gilt (s. Bd. I, S. 311 ff.):

$$L' = L \cdot \exp(-N \cdot s_\lambda).$$

Setzt man dies in die vorhergehende Gleichung ein, so ergibt sich

$$A_\lambda = 2,5 \ \text{mag} \cdot N \cdot s_\lambda \cdot \lg e,$$

oder

$$A_\lambda = 1,086 \ \text{mag} \cdot N \cdot s_\lambda. \tag{6-7}$$

Die Gl. (6-7) besagt: Die Schwächung A_λ der Helligkeit bei einer bestimmten Wellenlänge ist der Zahl der im Lichtweg befindlichen Teilchen und dem optischen Wirkungsquerschnitt des einzelnen Staubteilchens direkt proportional. Der optische Wirkungsquerschnitt s_λ wird auch als *Extinktionsquerschnitt* bezeichnet; er hängt außer von der Wellenlänge λ des Lichtes auch von der Größe, Form und chemischen Beschaffenheit der Teilchen im Lichtweg ab. Extinktion bedeutet Helligkeitsminderung. Die durch interstellare Staubteilchen verursachte Helligkeitsminderung kommt ganz überwiegend durch Streuung der Photonen an den Staubpartikeln zustande; nur ein sehr geringer Anteil ist auf echte Absorption zurückzuführen, bei der Strahlungsenergie in Wärme verwandelt wird. In der Physik des interstellaren Staubes wird der Begriff Extinktion für die Summe beider Prozesse, Streuung und Absorption, verwendet.

Der Mittelteil der Rötungskurve, von λ = 0,35 μm bis 1 μm, kann näherungsweise als Gerade dargestellt werden, d.h. daß A_λ in diesem Bereich näherungsweise eine lineare Funktion von λ^{-1} ist. Theorie und Experiment zeigen aber, daß ein derartiges Extinktionsgesetz gerade dann vorliegt, wenn die streuenden Partikel Durchmesser von der Größenordnung der Wellenlänge des gestreuten Lichtes besitzen (vgl. Band I, S. 263). Demnach besteht derjenige Anteil des interstellaren Staubes, der die Helligkeitsminderung und Verfärbung bewirkt, aus Teilchen mit Durchmessern zwischen ungefähr 10^{-5} und 10^{-4} cm. Aus Polarisationsbeobachtungen kann geschlossen werden, daß diese Teilchen stark *asymmetrische Formen* haben. Das Sternlicht, das Dunkelwolken durchlaufen hat, ist polarisiert; und da in allen Beobachtungsrichtungen ein enger Zusammenhang zwischen Rötung und Polarisationsgrad festgestellt wird, ist es sicher, daß die Polarisation durch den Staub bewirkt wird. Damit Polarisation des Lichtes eintritt, müssen die Teilchen längliche Formen haben; außerdem muß eine bestimmte Orientierung ihrer Längsachsen bevorzugt sein. Die Ausrichtung der Teilchen wird durch schwache interstellare Magnetfelder bewirkt.

Schon aus dem Verlauf der Rötungskurve vom nahen Ultraviolett bis zum nahen Infrarot konnten Aussagen über die *chemischen Bestandteile* der Staubpartikel gemacht werden. Die Sicherheit dieser Angaben konnte durch Beobachtungen im UV, die von Satelliten aus angestellt wurden, und durch Beobachtungen mit Infrarot-Teleskopen wesentlich gesteigert werden. Der Verlauf der Extinktionskurve im UV ist bis λ ≈ 100 nm bekannt; im IR existieren bis λ ≈ 20 μm (20 000 nm) reichende Spektren von Staubobjekten, zum Beispiel von der Infrarotquelle im Orionnebel. Nach diesen Beobachtungen ist sicher, daß Wassereis, Silikate, Graphit, Siliziumcarbid zu den Bestandteilen der interstellaren Staubkörner gehören.

e) *Die Bestimmung korrekter photometrischer Entfernungen*

Die Werte von A_V, die aus einer Rötungskurve abgelesen oder mit der Beziehung (6-6) aus Farbenexzessen hergeleitet werden, ermöglichen die Bestimmung richtiger Entfernungswerte für die in oder hinter Staubwolken stehenden Sterne. Durch die Extinktion des Lichtes werden die scheinbaren Helligkeiten $m_{V,0}$ der Sterne verändert; man beobachtet die scheinbare Helligkeit $m_V = m_{V,0} + A_V$ (Gl. 6-3a). Würde man diesen Wert in die für den nichtabsorbierenden Raum geltende Beziehung (5-5), den Entfernungsmodul

$$m_{V,0} - M_V = 5 \text{ mag} \cdot \lg\left(\frac{r}{10 \text{ pc}}\right),$$

anstelle von $m_{V,0}$ einsetzen, so erhielte man für die Sternentfernungen r zu große Werte. Erst wenn man die Helligkeitsminderung A_V durch interstellare Extinktion kennt, kann man die beobachteten scheinbaren Helligkeiten vom Extinktionseffekt befreien und dann aus dem obigen Entfernungsmodul die richtige Entfernung herleiten. Die überwiegende Mehrzahl aller Sternentfernungen wird photometrisch bestimmt. Da die ganze galaktische Ebene von interstellarem Staub erfüllt ist, hat die Möglichkeit, A_V-Werte aus Farbenexzessen abzuleiten und damit die beobachteten scheinbaren Helligkeiten zu korrigieren, fundamentale Bedeutung für die Bestimmung richtiger Dimensionen im Sternsystem.

f) *Die Reflexionsnebel*

Die Staubpartikel des interstellaren Mediums werden von den Sternen, die sich innerhalb der Wolken befinden, beleuchtet. Nur wenn die absolute Helligkeit der Sterne sehr groß ist, ist die beleuchtete Staubregion so hell und groß, daß die Erscheinung als *Reflexionsnebel* wahrgenommen werden kann. Das Spektrum eines solchen Nebels ist dem Spektrum des beleuchteten Sternes sehr ähnlich; es unterscheidet sich wesentlich von dem durch helle Linien ausgezeichneten Spektrum eines Emissionsnebels oder einer H II-Region. Der Beleuchtungseffekt kommt durch den gleichen Streuprozeß zustande, der die Minderung und Rötung des Sternlichtes hervorruft. Beim Sternlicht, das uns durch eine Staubwolke erreicht, dominiert diejenige Farbe, die der Streuung am wenigsten unterliegt; daher der Rötungseffekt. Die hellen Staubteilchen des den Stern umgebenden Reflexionsnebels senden uns dagegen überwiegend den Anteil des Sternlichtes zu, der am stärksten gestreut wird: das kurzwellige blaue Licht. Aus dem gleichen Grunde gibt das an atmosphärischen Partikeln gestreute Sonnenlicht dem Himmel seine blaue Farbe. Die Reflexionsnebel sind daher in ihrer Farbe um einen kleinen Betrag blauer als der Stern, von dem jeweils das Licht des Nebels stammt.

Der Offene Sternhaufen der Plejaden enthält mehrere Reflexionsnebel, die auf allen nicht gar zu kurz belichteten Aufnahmen sehr eindrucksvoll in Erscheinung treten. Der Sternhaufen ist 125 pc entfernt; er enthält etwa 250 Sterne. Alle hellen Sterne gehören den Spektraltypen B 5 bis B 9 an, mit Oberflächentemperaturen im Bereich 16 000 K bis 12 000 K. Der interstellare Staub, der sich im Gebiet des Sternhaufens befindet, wird in der Umgebung der B-Sterne in Gestalt heller Wolken sichtbar. Die größten dieser Wolken gehören zu den vier ein Trapez bildenden Sternen Maja, Alcyone, Merope, Elektra (s. S. 437, Abb. 5.22).

g) *Der interstellare Staub im Sternbild Skorpion*

Die Abb. 6.19a ist die Wiedergabe einer Aufnahme des Sternatlas von Ross-Calvert; das Bild enthält ein Grenzgebiet der Sternbilder Ophiuchus und Scorpius. Die Kartenskizze der Abb. 6.19b dient der Identifizierung der hellen Sterne. Das Sternfeld liegt am Rande der Milchstraße, nahe der Richtung zum galaktischen Zentrum, westlich von dem Sternfeld der Abb. 6.10. Die Daten von acht hellen Sternen sind in Tab. 6.10 zusammengestellt; die Sterne sind nach Rektaszension geordnet.

Das Vorhandensein von interstellarer Materie ist auf Abb. 6.19a deutlich zu erkennen. In den von links auf die Sterne ρ Ophiuchi und 22 Scorpii zulaufenden dunklen Streifen zeigt sich interstellarer Staub; diese Dunkelwolken liegen im Raum vor der großen Menge der Sterne, die die Erscheinung der Milchstraße hervorrufen. In der unmittelbaren Nähe der Sterne ρ Ophiuchi und 22 Scorpii geht die Dunkelmaterie der beiden Streifen in helle Wolken über; die Staubpartikel reflektieren das Licht dieser beiden hellen Sterne. Auch bei den Sternen α, σ und ν Scorpii sind Reflexionsnebel wahrnehmbar. Die meisten der von hellen Nebeln umgebenen Sterne im Skorpion haben Spektren vom Typ B0 bis B2; die absoluten Helligkeiten liegen im Bereich $M_V = -3$ bis -4 mag. Die Sterne sind also absolut sehr hell. Aber auch der rote Stern α Scorpii = Antares (Spektrum M1) ist von einem Reflexionsnebel umgeben. Antares ist ein Überriese; er hat zwar eine sehr niedrige Oberflächentemperatur (unter 3000 K), besitzt aber trotzdem die große absolute Helligkeit $M_V = -4{,}8$ mag, da seine Oberfläche sehr groß ist.

Aufgabe

Die in Gl. (6-6) eingeführte Größe R_V ist das Verhältnis der Helligkeitsminderung A im Bereich der Farbe V zur Differenz der Minderungen in den Farben B und V

$$R_V = \frac{A_V}{E_{B-V}} = \frac{A_V}{A_B - A_V}.$$

Durch zahlreiche Untersuchungen hat sich gezeigt, daß der Wert von R_V für viele Bereiche der interstellaren Materie der gleiche ist; R_V hat ungefähr den Wert 3. An einigen Stellen fanden sich höhere Werte, die zwischen 3 und 4 liegen; eine besondere Ausnahme bildet die Gegend des Orion-Nebels, dort ist $R_V \approx 6$.

Der Wert von R_V hängt wesentlich von der Größe der streuenden Teilchen ab; die vielfach gefundene Konstanz von R_V deutet darauf hin, daß im allgemeinen keine bedeutenden Unterschiede zwischen den Staubpartikeln in den verschiedenen, der optischen Beobachtung zugänglichen Regionen des galaktischen Systems bestehen.

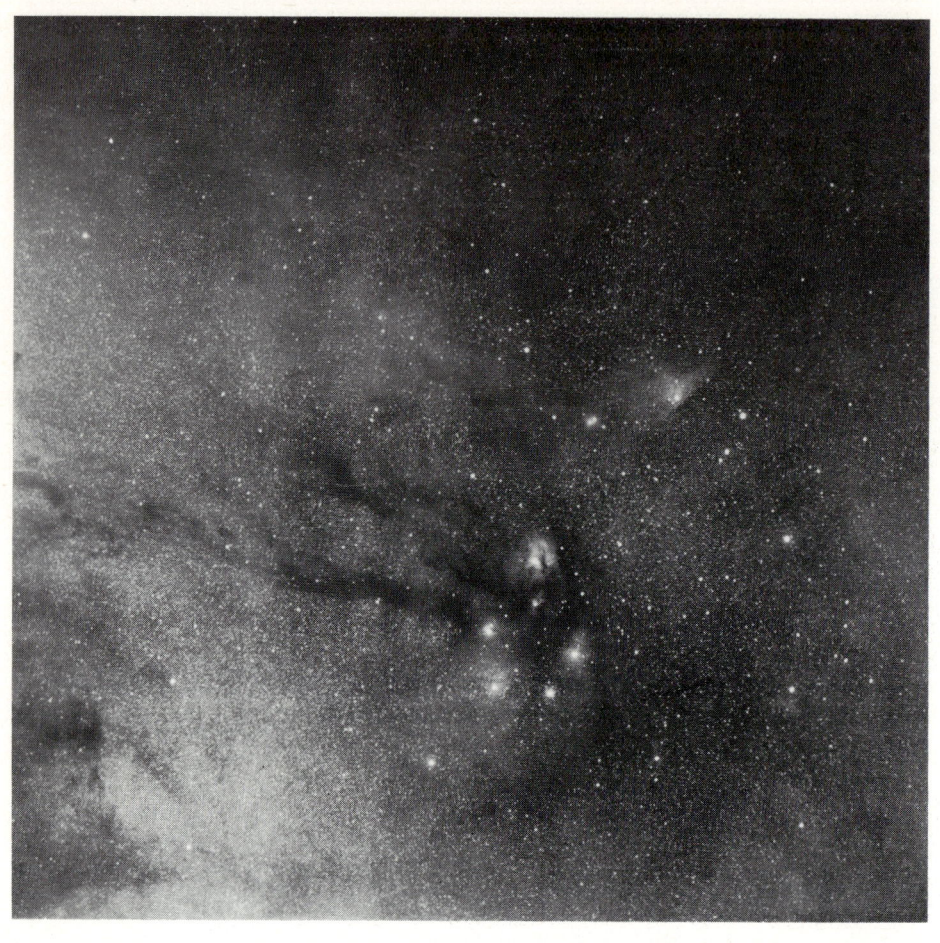

Abb. 6.19a Randgebiet der Milchstraße in den Sternbildern Ophiuchus und Scorpius.

Der Wert $R_V = 3$ wird häufig benutzt, um aus Helligkeitsmessungen in den Farben B und V allein – ohne Ableitung einer ganzen Rötungskurve – Werte von A_V und damit korrigierte scheinbare Helligkeiten $m_{V,0}$ und korrekte Sternentfernungen r zu erhalten.

Für die beiden Sterne α Persei und ι Orionis sind bekannt
aus dem Linienspektrum: Spektraltyp, Leuchtkraftklasse, absolute Helligkeit M_V
aus den Helligkeitsmessungen: die durch interstellaren Staub verfälschten scheinbaren Helligkeiten m_B und m_V, also auch der verfärbte Farbenindex $(B - V)$.

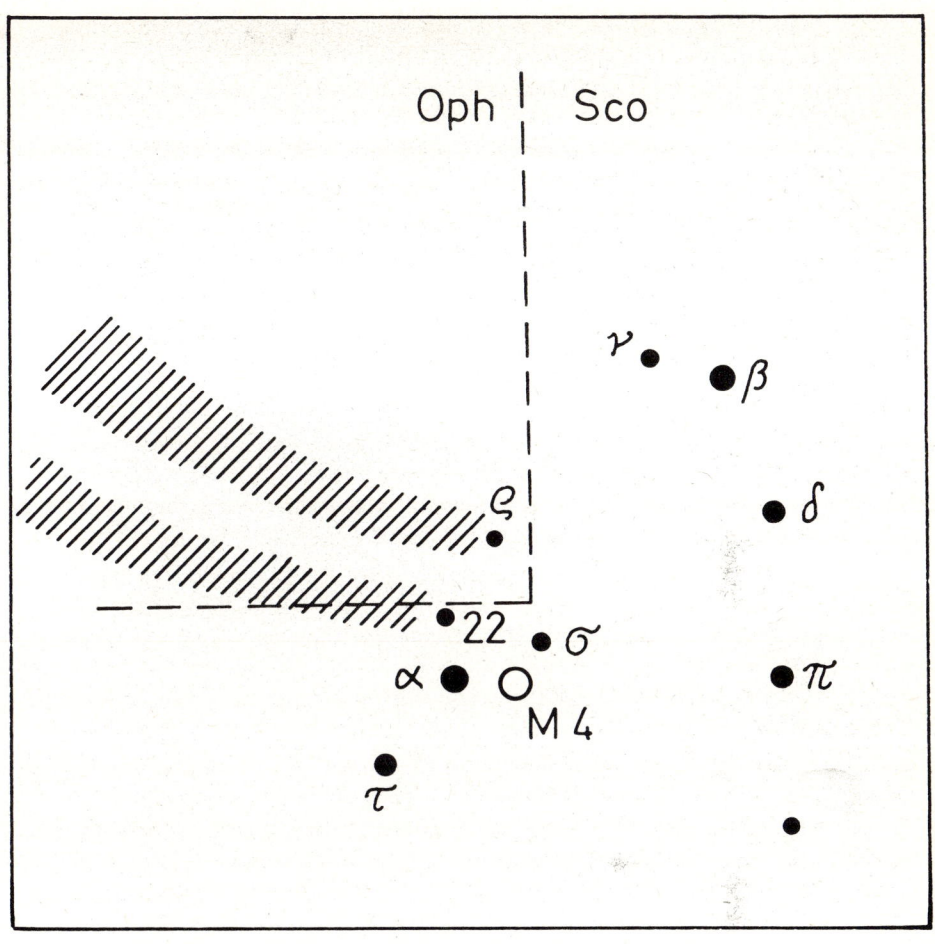

Abb. 6.19b Skizze zur Identifizierung der hellen Sterne in Abb. 6.19a.
M 4 ist ein Kugelsternhaufen.

Tab. 6.10 Helle Sterne im oberen Bereich des Sternbildes Skorpion

Name	$\dfrac{m_V}{mag}$	Spektrum	Entfernung in parsec
π Scorpii	2,9	B 1	170
δ Scorpii	2,3	B 0	170
β Scorpii	2,6	B 1	175
σ Scorpii	2,9	B 1	175
ρ Ophiuchi	4,6	B 2	180
α Sco Antares	0,9	M 1	140
22 (= i) Scorpii	4,8	B 2	170
τ Scorpii	2,8	B 0	180

Ferner kennt man die Eigenfarbenindizes $(B-V)_0$ für die Spektraltypen und Leuchtkraftklassen der beiden Sterne. Für α Persei gilt der aus dem Perseus-Gebiet abgeleitete Wert $R_V = 3$, für ι Orionis der von der Gegend Orion-Nebel hergeleitete Wert $R_V = 6$.

Stern	Spektrum	$\dfrac{M_V}{\text{mag}}$	$\dfrac{m_{B \text{ beob.}}}{\text{mag}}$	$\dfrac{m_{V \text{ beob.}}}{\text{mag}}$	Eigenfarben-index $\dfrac{(B-V)_0}{\text{mag}}$	R_V
α Persei	F 5 I b	−4,6	2,61	2,13	+ 0,37	3
ι Orionis	O 9 III	−5,7	3,02	3,25	−0,31	6

Wie groß sind für jeden der beiden Sterne die Farbenexzesse E_{B-V}, die Schwächung der Helligkeit A_V, die unverfälschte scheinbare Helligkeit $m_{V,0}$ und die korrekte Entfernung r? Wie groß wären die verfälschten Entfernungen, wenn man zur Berechnung von r die unkorrigierten $m_{V \text{ beob.}}$ verwenden würde?

6.2.8 Die interstellare Materie im Ablauf der Entwicklungsvorgänge

Seitdem bekannt ist, welche Vorgänge und Veränderungen im Sterninneren den Lebensablauf der Fixsterne bestimmen, findet die Astronomie mehr und mehr die richtigen Wege, um die großen *Entwicklungsvorgänge* in den Sternsystemen zu erforschen. Dabei tritt immer klarer zutage, daß die interstellare Materie während der ganzen Entwicklungsgeschichte eines Sternsystems grundlegende Funktionen zu erfüllen hat. Die Fixsterne bilden sich aus der interstellaren Materie; sie geben in den Spätphasen ihrer Entwicklung einen Teil der Materie wieder an das interstellare Medium zurück. Dieser kontinuierliche Fluß der Vorgänge unterscheidet sich von einem reinen Kreislauf der Materie in zweifacher Weise. Ein Teil des in Sternen konzentrierten Gases geht der interstellaren Komponente für immer verloren; diese Reste finden sich hauptsächlich in den sehr langsam abkühlenden Weißen Zwergsternen und ihren nicht mehr leuchtenden Nachfolge-Objekten (vgl. 5.3.3 und 5.3.6). Der andere irreversible Prozeß während der Sternentwicklung ist der Aufbau schwererer Atomkerne aus leichteren Kernen. Die Materie, die von den Sternen zum interstellaren Medium zurückfließt, ist nicht mehr die gleiche, aus der die Sterne gebildet wurden. Die Kernfusionen im Sterninneren bewirken eine ständige Anreicherung der Gesamtmaterie mit schwereren Elementen.

Der Umwandlungsvorgang *interstellarer in stellare Materie* und das Zurückfließen der Materie vom Stern in das interstellare Medium entziehen sich zum großen Teil der direkten Beobachtung; das Verstehen der Mechanismen dieser Vorgänge muß in mühevollem Zusammenwirken von Beobachtung und Theorie erarbeitet werden. Die Kenntnisse über die kurzen Lebenszeiten der O- und B-Sterne haben zunächst zum Auffinden der Gebiete im Sternsystem geführt, in denen die Sternentstehungs-vorgänge zu suchen sind; speziell O-Sterne können sich wegen der Kürze ihrer Lebenszeit nicht weit vom Entstehungsort entfernen. Diese Sterne stehen in starken Verdichtungen des interstellaren Mediums und rufen dort die Erscheinung der leuchtenden H II-Regionen hervor. Einige der schon in großer Zahl bekannten Infrarot-Sterne stehen gerade in diesen kompakten Regionen der interstellaren Materie; an den gleichen Stellen werden besonders starke Emissionen von OH- und H_2O-Molekülen im Mikrowellenbereich beobachtet. Es wird angenommen, daß die Infrarotstrahlung an diesen Stellen von einer Staubhülle stammt, die einen ent-stehenden Stern umgibt. Eine solche Hülle kann sich während der Kontraktions-phase des Protosterns durch Kondensation aus der interstellaren Materie bilden.

Das *Zurückfließen von Sternmaterie* in das interstellare Gas findet wahrscheinlich bei den meisten Sternen als länger andauernder Vorgang in der Riesenstern-Phase statt. Während dieses Stadiums ist die Schwerebeschleunigung an der Oberfläche gering; größere Gasmassen können ständig aus der Atmosphäre des Sterns in den interstellaren Raum entweichen. Bei einigen Sterngruppen – Mira-Veränderlichen, P Cygni-Sternen – werden violettverschobene Spektrallinien beobachtet; diese Erscheinung zeigt das Vorhandensein expandierender Gashüllen an. Die Planeta-rischen Nebel sind Gashüllen von sehr großem Ausmaß; in vielen Fällen kann die Expansionsbewegung spektroskopisch beobachtet werden. Bei dem Ereignis eines Supernova-Ausbruchs wird ein großer Teil der Sternmaterie spontan abgeschleudert.

Ein sehr wichtiger Hinweis darauf, daß während der Lebenszeit der Sterne Massen-verluste eintreten, kommt von den Weißen Zwergsternen. Diese Sterne befinden sich im Endstadium der Entwicklung, ihre absoluten Helligkeiten sind sehr gering. Aus der Häufigkeit der Weißen Zwergsterne in Sonnenumgebung kann geschlossen werden, daß diese Objekte im Sternsystem sehr zahlreich sind. Die Weißen Zwerge haben ganz überwiegend kleine Massen. Sterne mit Massen, die kleiner als die Sonnenmasse sind, entwickeln sich aber sehr langsam; solche Sterne können – auch wenn sie zu den ältesten Objekten des Sternsystems gehören – das Stadium der Weißen Zwerge noch nicht erreicht haben. Diese Diskrepanz zwischen Beobach-tungsbefund und Zeitskala spricht dafür, daß die Objekte, die jetzt als Weiße Zwerg-sterne mit kleinen Massen beobachtet werden, während ihres Hauptreihenstadiums größere Massen gehabt haben.

6.2.9 Die kosmische Strahlung

In den äußeren Bereich der Erdatmosphäre dringt ständig ein Strom sehr *energie-reicher* aus dem Milchstraßensystem stammender *Partikel* ein. Die Bestandteile dieser Strömung sind hauptsächlich Atomkerne; dabei überwiegen Protonen ganz stark gegenüber Helium- und schwereren Kernen. Die Strömung enthält ferner Elektronen und Positronen und hat auch eine Komponente kurzwelliger elektromagnetischer Strahlung. Die Gesamtheit dieser Erscheinung heißt *kosmische Strahlung*. Der größte Teil der in der kosmischen Strahlung auftretenden Teilchen wird durch die Ionisierung nachgewiesen, die die Teilchen in der von ihnen durchdrungenen Materie bewirken. Die Zahl der Kerne, die in einer Sekunde die Erdatmosphäre treffen, ist von der Größenordnung 10^{18}. Diese Teilchen stammen aus dem Gesamtbereich des galaktischen Sternsystems und bewegen sich mit *Geschwindigkeiten*, die der Lichtgeschwindigkeit nahe kommen. Sie sind die einzigen Bestandteile der Materie, die aus kosmischen Weiten kommend die Erde erreichen.

Die Beobachtung der kosmischen Strahlung und die Deutung ihrer Herkunft ist sehr schwierig. Der außerirdische Ursprung wurde in den Jahren 1911 bis 1914 durch V. Hess und W. Kolhörster nachgewiesen; aus dieser Zeit stammen die auch heute noch verwendeten Namen *Höhenstrahlung* und *kosmische Ultrastrahlung*. Innerhalb der Atmosphäre und an der Erdoberfläche wird eine *Sekundärkomponente* (a) beobachtet. Sie entsteht in der hohen Atmosphäre, zwischen 2000 und 20 km Höhe, durch Zusammenstöße der aus der Galaxis kommenden Kerne der Primärstrahlung mit den Atomen und Molekülen der Luft. Die *Primärstrahlung* (b) selbst wird nachgewiesen und analysiert durch Geräte, die von Ballons in den Randbereich der Erdatmosphäre oder von künstlichen Satelliten weiter hinaus in den Raum getragen werden. Diese Beobachtungen zeigen, daß die kosmische Strahlung aus allen Richtungen mit gleicher Intensität kommt. Die hauptsächlich durch die schwachen interstellaren Magnetfelder bewirkte Isotropie verhindert eine direkte Feststellung von Herkunft und Entstehung der kosmischen Strahlung. Erste Schritte zur Beantwortung dieser Fragen sind durch die Beobachtung der radiofrequenten *Synchrotronstrahlung* und durch die von Satelliten aus betriebene *Gamma-Astronomie* möglich geworden (c). Synchrotronstrahlung wird von sehr schnellen Elektronen emittiert, Gammaquanten können sich als Folgeprodukte von Kern-Zusammenstößen bilden. Die Beobachtung beider Arten von elektromagnetischer Strahlung gibt Hinweise darauf, wo die energiereichen Kerne und Elektronen der kosmischen Strahlung herkommen.

a. Die in der Atmosphäre und an der Erdoberfläche beobachtbare *Sekundärstrahlung* besteht hauptsächlich aus drei Anteilen: der Nukleonen-Komponente, der Myonen-Komponente und der Photonen-Komponente. Diese Teilchen entstehen durch den Zusammenstoß eines sehr energiereichen Primärkernes mit einem Sauerstoff- oder Stickstoffkern der Atmosphäre. Die Nukleonen-Komponente besteht aus Protonen und Neutronen, die aus dem getroffenen Kern verschieden schnell herausfliegen können. – Die Myonen-Komponente besteht aus Teilchen, die sich bei dem Zusammenstoß aus der kinetischen Energie der Kerne neu bilden. Zunächst entstehen geladene und ungeladene π-Mesonen, dann bilden sich aus den geladenen π-Mesonen Myonen und Neutrinos, schließlich zerfallen die Myonen in Elektronen und Neutrinos. Die *Myonen* wurden 1937 bei Beobachtungen der kosmischen Strahlung entdeckt. Diese Elementarteilchen zeichnen sich dadurch aus, daß sie dicke Materieschichten ohne Wechselwirkungen mit Atomkernen und fast ohne

Energieverlust durchdringen können. Daher dringt ein großer Teil der in der Atmosphäre entstehenden Myonen bis an die Erdoberfläche durch; die weitaus meisten der in Meereshöhe beobachteten Partikel der kosmischen Sekundärstrahlung sind Myonen. – Beim Zerfall der neutralen π-Mesonen entsteht die dritte Hauptkomponente der Sekundärstrahlung. Sie besteht aus Gammaquanten. Aus je einem Gammaquant können sich weiterhin ein positives und ein negatives Elektron bilden.

b. Die *Primärkomponente* besteht aus Atomkernen und Elektronen. Unter den Kernen dominieren die Protonen mit 93%; es folgen Helium-Kerne mit 6,3% und alle schwereren Kerne mit zusammen 0,7%. Die Zahl der Elektronen verhält sich zur Zahl der Kerne etwa wie 1 : 100. Die kinetischen Energien aller Primärteilchen sind sehr hoch, sie umfassen den Bereich von 10^8 eV bis 10^{20} eV. Die Häufigkeit der Teilchen nimmt mit steigender Energie sehr schnell ab. Diese geladenen Teilchen bewegen sich im Milchstraßensystem nicht geradlinig wie die Photonen der elektromagnetischen Strahlung, sondern durchlaufen in den interstellaren Magnetfeldern vielfach verschlungene Bahnen. Dies bewirkt, daß die Teilchen bei der Ankunft an der Erde keinerlei Informationen über ihren Ursprungsort enthalten.

c. Es ist bisher nicht mit Sicherheit bekannt, in welchen Objekten und Vorgängen die Teilchen der kosmischen Strahlung ihren *Ursprung* haben. Es ist vor allem nicht bekannt, wo sie die sehr großen Beschleunigungen erfahren. Erste Auskünfte zu diesen Fragen geben die Beobachtungen der galaktischen Synchrotron- und Gamma-Strahlung. Diese Strahlungen sind zwar nur indirekte Anzeichen für das Vorhandensein hochenergetischer Kerne und Elektronen. Da die Quanten sich aber geradlinig ausbreiten, geben sie Hinweise, wo im galaktischen System Partikel der kosmischen Strahlung zu finden sind.

Die Beobachtungen der *Synchrotronstrahlung* weisen auf eine Quelle der Elektronenkomponente hin. Der Hauptanteil der innerhalb des galaktischen Systems erzeugten Synchrotronstrahlung stammt von den Supernova-Überresten (s. S. 455); die Strahlung entsteht bei der Spiralbewegung sehr schneller Elektronen in Magnetfeldern. Die Synchrotron-Beobachtungen deuten also auf die Supernova-Ausbrüche als eine mögliche Quelle der kosmischen Strahlung. Eine Nachbeschleunigung der Teilchen kann durch die magnetische Dipolstrahlung erfolgen, die von Neutronensternen emittiert wird (s. S. 461).

Die durch Satelliten-Experimente erwiesene galaktische *Gammastrahlung* zeigt an, wo im Milchstraßensystem hochenergetische Kerne zu finden sind. Diffuse, nicht von Punktquellen stammende Gammastrahlung mit Energien größer als 10 MeV kommt aus dem ganzen Bereich der galaktischen Scheibe. Diese Komponente der Strahlung ist stark zur Symmetrieebene konzentriert; das ausgeprägte Intensitätsmaximum liegt zwischen den galaktischen Längen $300°$ und $50°$, schließt also die Richtung zum galaktischen Zentrum ein. Die wahrscheinlich richtige Erklärung deutet die Entstehung dieser hochenergetischen Gammastrahlung als Wechselwirkung zwischen Kernen der kosmischen Strahlung und den Teilchen der interstellaren Materie, besonders den Kernen der Wasserstoff-Atome und -Moleküle. Bei diesen Zusammenstößen bilden sich große Mengen von π-Mesonen; die neutralen π-Mesonen zerfallen spontan in Gammaquanten. Dies wurde bereits bei der Behandlung der Sekundärkomponente erwähnt. Die mittlere freie Weglänge der hochenergetischen Gammaquanten ist größer als der Durchmesser des Milchstraßensystems. Die Beobachtungen der galaktischen Komponente dieser Strahlung erbringen, besonders für den Zentralbereich des galaktischen Systems, Nachrichten über das Vorhandensein von Partikeln der kosmischen Strahlung und über die Dichte des interstellaren Gases.

Ein wahrscheinlich nur kleiner Beitrag zur kosmischen Strahlung kann durch die allgemeine Aktivität der Fixsterne geliefert werden. Die von der Sonne bei großen Eruptionen ausgesandte sehr energiereiche Partikelstrahlung wurde in Band I, S. 299–300, erwähnt. Die Kerne erreichen in Laufzeiten unter einer Stunde die Erdatmosphäre und bewirken einen plötzlich einsetzenden, aber nur kurze Zeit währenden Intensitätsanstieg der Sekundärkomponente.

Zusammenfassung zu 6.2 „Die interstellare Materie"

1. Ein kleiner Teil der Materie des galaktischen Systems (etwa 5 bis 10% der Masse) ist nicht in Sternen konzentriert, sondern nimmt als Gas sehr geringer Dichte, durchmischt mit Staubpartikeln, den Raum zwischen den Sternen ein. Dieses interstellare Medium ist stark zur galaktischen Ebene konzentriert. Beide Komponenten, Gas und Staub, sind als helle und als dunkle Objekte beobachtbar. Die Elementhäufigkeit ist ähnlich wie in den Sternatmosphären.

2. Aus dem Licht eines Sternes, das auf dem Weg zum Beobachter interstellare Wolken durchläuft, wird von den Atomen und Molekülen des Gases Strahlung bestimmter Wellenlängen absorbiert. Dem Sternspektrum werden dadurch zusätzlich dunkle Linien aufgeprägt; das dunkle Gas wird auf diese Weise optisch wahrnehmbar.

3. Die meisten Informationen über das nichtleuchtende interstellare Gas werden durch radiooptische Beobachtungen erhalten. Die Kontinuum-Strahlung besteht aus zwei Anteilen: thermische Strahlung heißer Gaswolken und nichtthermische Synchrotronstrahlung. Die beiden Komponenten können durch den Spektralverlauf ihrer Strahlungsflüsse unterschieden werden.

Der Wasserstoff emittiert eine Spektrallinie bei der Wellenlänge 21,1 cm. Die Beobachtungen dieser Linie werden durch den interstellaren Staub nicht behindert und liefern deshalb Informationen über die räumliche Verteilung und die Bewegungen des Wasserstoffs im ganzen Milchstraßensystem.

Radioastronomische Beobachtungen haben zu der Entdeckung geführt, daß das interstellare Medium zahlreiche Molekülarten enthält. Es überwiegen die Verbindungen von H, C, N und O. H_2 ist im interstellaren Raum wahrscheinlich in großen Mengen vorhanden.

4. Der interstellare Wasserstoff wird in der Nachbarschaft von Sternen mit Oberflächentemperaturen über 25 000 K durch die UV-Strahlung der Sterne vollständig ionisiert. Als Folge der Ionisierung leuchten die Gaswolken im Lichte einzelner Spektrallinien. Die hellen Wolken heißen H II-Regionen; sehr große Objekte werden Emissionsnebel genannt (Beispiel Orion-Nebel). Der Hauptanteil des Leuchtens stammt von den Balmerlinien, die bei der Rekombination entstehen. Auch im Radiowellenbereich sind zahlreiche Wasserstofflinien beobachtbar; sie entstehen bei Übergängen zwischen hoch angeregten Niveaus.

Die Überschuß-Energie der ionisierenden Photonen tritt als kinetische Energie der Photoelektronen auf. Ein Teil dieser Energie bewirkt durch elastische Stöße eine Aufheizung der Gaswolke, die bei etwa 10 000 K einen Gleichgewichtszustand erreicht. Ein weiterer Teil der Überschuß-Energie bewirkt durch unelastische Stöße die Anregung von Ionen der Elemente O, N, Ne in metastabile Niveaus, die wenige eV über dem Grundzustand liegen. Als Folge der Stoßanregung entstehen Emissionslinien in hoher Intensität.

5. Die dem interstellaren Gas beigemischten Staubpartikel werden als Dunkelwolken in der Milchstraße wahrgenommen. Sternlicht wird beim Durchgang durch Wolken von interstellarem Staub durch Streuung an den Teilchen geschwächt, verfärbt und polarisiert. Die Verfärbung ist durch den Vergleich von Farbenindizes verfärbter und unverfärbter Sterne der Beobachtung zugänglich. Die aus Farbenexzessen in vielen Farbbereichen gebildete Rötungskurve ermöglicht die Bestimmung der Helligkeitsminderung A_λ der hinter den Wolken stehenden Sterne; nur mit der Kenntnis der A_λ können richtige Entfernungen dieser Sterne ermittelt werden.

Die Staubpartikel werden von Sternen, die sich innerhalb der Wolken befinden, beleuchtet. Wenn die absolute Helligkeit der Sterne groß ist, dann ist die beleuchtete Staubregion so hell, daß die Erscheinung als Reflexionsnebel wahrgenommen werden kann (Beispiel: Umgebung der hellen Plejaden-Sterne).

6. Das interstellare Medium spielt im Ablauf der Sternentwicklung eine wichtige Rolle. Die Sterne bilden sich aus der interstellaren Materie; sie geben in den Spätphasen ihrer Entwicklung einen Teil der Materie wieder an das interstellare Medium zurück. Bei diesem Kreislauf geht der interstellaren Komponente ein Teil des Gases für immer verloren (Weiße Zwergsterne); außerdem findet in der Zeit, während der die Materie in Sternen konzentriert ist, durch die Kernfusionen eine ständige Anreicherung mit schwereren Elementen statt.

7. Auch die kosmische Strahlung ist eine Komponente des interstellaren Mediums. Die in die Erdatmosphäre eindringenden Teilchen der Strahlung bestehen überwiegend aus Protonen und He-Kernen; auch schwerere Kerne und Elektronen gehören zur Primärkomponente. Durch Zusammenstöße der äußerst energiereichen Kerne mit Kernen der Atmosphären-Atome und -Moleküle entsteht die Sekundärkomponente; sie besteht aus Nukleonen, π-Mesonen, Myonen, Elektronen, Neutrinos und Gammaquanten. Messungen der nichtthermischen Radiostrahlung und der galaktischen Gammastrahlung geben Hinweise auf die Herkunft der kosmischen Strahlung.

Tab. 6.11 Die beobachtbaren Erscheinungsformen der interstellaren Materie

	Gas	Staub
optisch, leuchtend	H II-Regionen Emissionsnebel Nicht-thermisches Leuchten als Folge der Photoionisation	Reflexionsnebel Von den Staubteilchen reflektiertes Licht benachbarter heller Sterne
optisch, nichtleuchtend	Interstellare Atome und Moleküle, am stärksten Ca^+ und Na Absorptionslinien in Sternspektren	Dunkelwolken auf dem hellen Hintergrund der Milchstraße Auslöschung, Schwächung, Verfärbung, Polarisation des Lichtes von hinter den Wolken stehenden Sternen
Radiobereich	H, 21 cm-Linie H, He Rekombinationslinien Moleküllinien	– – – – – –

6.3 Der Bewegungszustand des galaktischen Systems

In den Spektren außergalaktischer Sternsysteme, die in Form und Massenverteilung dem Milchstraßensystem ähnlich sind, werden Dopplereffekte beobachtet, die eine *Rotationsbewegung* anzeigen. Diese Drehung des ganzen Systems erfolgt um die auf der Mittelebene senkrecht stehende, durch das Massenzentrum gehende Achse. Das

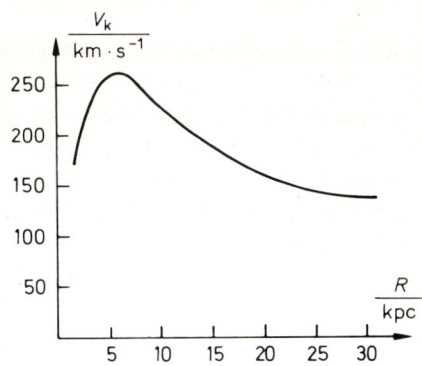

Abb. 6.20a Das Spiralsystem M 81 =
NGC 3031 im Sternbild
Großer Bär.

Abb. 6.20b Rotationskurve des
Sternsystems M 81

Spiralsystem M 81 (Abb. 6.20a) gehört zu den Objekten, deren Rotationsbewegung relativ gut bekannt ist. Dieses System steht im Sternbild Großer Bär, im Bereich zwischen α Ursae majoris und dem Polarstern; die scheinbare Helligkeit beträgt 8 mag. Abb. 6.20b zeigt den Verlauf der Bahngeschwindigkeit V_k der Rotationsbewegung in Abhängigkeit von dem in der Mittelebene gemessenen Abstand R vom Zentrum. Die Werte sind aus Radiobeobachtungen der 21 cm-Linie des neutralen Wasserstoffs erhalten worden. Die Rotationskurve zeigt einen ziemlich steilen Anstieg zur Maximalgeschwindigkeit von etwa 260 km/s und einen bedeutend flacheren Abfall nach außen.

Die Beschreibung der Rotation des Spiralsystems M 81 durch die Kurve der Abb. 6.20b soll hier dazu dienen, eine erste Vorstellung vom *Bewegungszustand des galaktischen Systems* zu vermitteln. Für unser Sternsystem ist eine Rotationskurve gefunden worden, die von der M 81-Kurve nicht grundsätzlich verschieden ist. Auch das Milchstraßensystem führt mit seinen Sternen und der interstellaren Materie eine *nichtstarre Rotation* um das Massenzentrum aus. Es ist üblich, diese Rotationsbewegung, bei der die Winkelgeschwindigkeit ortsabhängig ist, als *differentielle Rotation* zu bezeichnen. Da unser Beobachtungsort sich innerhalb des Systems befindet und an dessen Rotation teilnimmt, ist es für uns sehr schwierig, in den beobachteten Bewegungen von Sternen und interstellarem Gas den großräumigen Vorgang der galaktischen Rotation zu erkennen und quantitativ richtig zu beschreiben.

6.3.1 Die Bewegungen der Sterne und ihre beobachtbaren Komponenten

Die Messung der Sternbewegungen erfolgt an Orten, die sich an der Oberfläche der Erde befinden. Die Meßergebnisse werden durch das Anbringen von Korrektionen *auf die Sonne als fiktiven Beobachtungspunkt* übertragen; der Mittelpunkt der Sonne wird damit der Bezugspunkt der beobachteten Sternbewegungen.

Einem Beobachter am Ort der Sonne macht sich die Bewegung eines Sternes so bemerkbar, wie dies in den Abbildungen 6.21a und b dargestellt ist. Hier bezeichnen S den Ort der Sonne, A den Ort des Sternes zu einem ersten, C zu einem um Δt späteren Zeitpunkt. Die Punkte S, A und C liegen in der Zeichenebene. Der Beobachter kann die Veränderung des Sternortes im Raum in einer radialen und einer tangentialen Komponente wahrnehmen. Während sich der Stern von A nach C bewegt, entfernt er sich von der Sonne um die Strecke $\overline{AB} = \Delta x$. Dies geschieht mit der

$$\text{Radialgeschwindigkeit } v_r = \frac{\Delta x}{\Delta t},$$

die der Beobachter aus den Dopplerverschiebungen der Fraunhoferlinien im Sternspektrum bestimmen kann. Gleichzeitig stellt er eine Ortsveränderung des Sternes an der Sphäre fest, nämlich eine Verschiebung um den Winkel $\Delta\sigma$. Daraus kann er die

$$\text{Eigenbewegung des Sternes } \mu = \frac{\Delta\sigma}{\Delta t}$$

berechnen. Da die Ortsveränderung an der Sphäre in Bogensekunden gemessen wird und meßbare Ortsveränderungen von Fixsternen frühestens nach Zeiträumen von Jahren festgestellt werden können, wird die Eigenbewegung μ in der Regel in der Einheit $''/a$ (Bogensekunden durch Jahr) angegeben; μ ist also eine Winkelgeschwindigkeit.

Die Abb. 6.21 b zeigt, daß zur Berechnung der

$$\text{Raumgeschwindigkeit } \vec{v}$$

außer der Radialgeschwindigkeit $\vec{v_r}$ auch die

$$\text{Tangentialgeschwindigkeit } \vec{v_t}$$

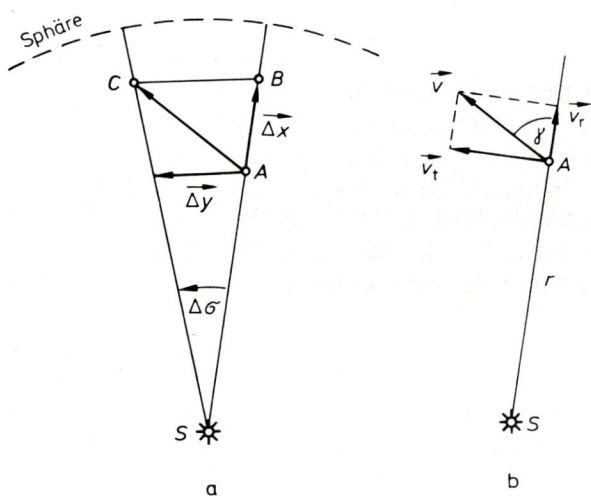

Abb. 6.21 Die Sternbewegung und ihre beobachtbaren Komponenten.

bekannt sein muß. Kennt man die Entfernung $\overline{AS} = r$ des Sterns von der Sonne, so kann die Tangentialgeschwindigkeit v_t aus der Eigenbewegung μ berechnet werden. Aus Abb. 6.21 a ergibt sich nämlich, wenn $\Delta\sigma$ in Bogenmaß ausgedrückt wird und so klein ist, daß der Unterschied zwischen Bogen und Sehne unmerklich ist, $\Delta y = r \cdot \Delta\sigma$. Außerdem ist $v_t = \dfrac{\Delta y}{\Delta t}$ und $\mu = \dfrac{\Delta\sigma}{\Delta t}$ und damit

$$v_t = r \cdot \mu. \tag{6-8}$$

Bei der Anwendung dieser Gleichung muß sich die Tangentialgeschwindigkeit v_t ebenso wie die Raumgeschwindigkeit v und die Radialgeschwindigkeit v_r in km/s ergeben. Die Sternentfernung r wird aber in pc, die Eigenbewegung μ in $''$/a angegeben; man benötigt also die Umrechnungsbeziehungen 1 pc $= 3,086 \cdot 10^{13}$ km und $1''$/a $= 1,536 \cdot 10^{-13} \dfrac{\text{rad}}{\text{s}}$.

Die Umrechnung von μ in v_t tritt einerseits sehr häufig, andererseits stets mit den gleichen Einheiten auf. Es ist daher praktisch, die Gl. (6-8) auch als Zahlenwertgleichung bereit zu haben:

$$v_t = 4,74 \cdot r \cdot \mu \tag{6-8*}$$

v_t in km/s; r in pc; μ in $''$/a.

Bezeichnet man den Winkel zwischen dem Visionsradius und der Raumgeschwindigkeit mit γ (s. Abb. 6.21 b), so erhält man für den Zusammenhang der Raumgeschwindigkeit v mit ihren beiden Komponenten v_t und v_r die Gleichungen

$$\begin{aligned} v_t &= v \cdot \sin\gamma, \\ v_r &= v \cdot \cos\gamma, \\ v^2 &= v_t^2 + v_r^2. \end{aligned} \tag{6-9}$$

a) Die Eigenbewegungen

Die Eigenbewegung eines Fixsterns wird aus der Differenz seiner zu zwei verschiedenen Zeitpunkten gemessenen Koordinaten erhalten. Die Bestimmung der Eigenbewegungen erfolgt überwiegend photographisch; Platten, deren Aufnahmezeiten 20 bis 30 Jahre auseinander liegen, liefern bereits brauchbare Werte. Die Eigenbewegung ist nach Definition eine Komponente der von der Sonne aus wahrgenommenen Raumbewegung des Sternes. Um den Beobachtungsort von der Erde auf die Sonne zu verlegen, müssen bei allen näheren Sternen an die Koordinaten, aus denen die Eigenbewegung hergeleitet wird, Korrekturen wegen der jährlichen Parallaxe angebracht werden (s. Bd. I, S. 51 und Bd. II, S. 358).

Die jährlichen Ortsveränderungen an der Sphäre infolge der Eigenbewegungen sind stets sehr kleine Winkel, die für eine gegebene Tangentialgeschwindigkeit mit wachsender Entfernung abnehmen. Tab. 6.12 gibt einige aus Gl. (6-8*) berechnete Werte an.

Tab. 6.12 Werte der Eigenbewegung μ bei gegebener Tangentialgeschwindigkeit v_t und Entfernung r

$\dfrac{v_t}{\text{km} \cdot \text{s}^{-1}}$	$\dfrac{r}{\text{pc}}$	$\dfrac{-\mu}{''/\text{a}}$
30	25	0,254
	100	0,064
	500	0,013
10	25	0,085
	100	0,021
	500	0,004

Die Geringfügigkeit der Ortsveränderungen an der Sphäre macht es verständlich, daß die nicht-planetaren Objekte am Himmel im Altertum den Namen *Fixsterne* erhielten (stellae fixae = festgeheftete Sterne). Eine merkliche Veränderung in den uns vertrauten Figuren der Sternbilder infolge von Sternbewegungen kann erst innerhalb von Zeiträumen der Größenordnung 50 000 bis 100 000 Jahre eintreten. Die Entdeckung der ersten Eigenbewegung stammt von Edmund Halley 1718.

Bei einigen ganz nahen Sternen sind die Eigenbewegungen so groß, daß man die Ortsveränderungen auf Platten, deren Zeitdifferenz nur wenige Jahre beträgt, direkt sehen kann. Ein Beispiel ist in der Abb. 6.22 gegeben; die vier Bilder zeigen die Eigenbewegung des Sternes Proxima Centauri (s. S. 359 und S. 380). Die Eigenbewegung der Proxima ist $\mu = 3{,}85\ ''/\text{a}$. Dieser besonders große Betrag ist eine Folge der geringen Entfernung; die entsprechende Tangentialgeschwindigkeit ist $v_t = 24$ km/s.

b) *Die Radialgeschwindigkeiten*

Die Bestimmung der Radialgeschwindigkeiten v_r basiert auf dem Dopplerschen Prinzip, nach dem die Wellenlänge einer Spektrallinie bei gegenseitiger Bewegung von Lichtquelle und Beobachter verschieden ist von der dem Ruhezustand entsprechenden Wellenlänge λ_0. Die Größe der Verschiebung $\Delta\lambda$ ist abhängig von der relativen Geschwindigkeit zwischen Lichtquelle und Beobachter, d.h. der radialen Geschwindigkeit v_r, und von der Wellenlänge λ_0. Im Sternsystem kommen nur Bewegungen von Sternen und Gaswolken vor, bei denen die radiale Geschwindigkeit v_r klein gegenüber der Lichtgeschwindigkeit c ist. In diesen Fällen kann v_r nach der in erster Näherung gültigen Gleichung

$$z = \frac{\Delta\lambda}{\lambda_0} = \frac{v_r}{c} \tag{6-10}$$

berechnet werden. Bei Verkleinerung der Entfernung verschieben sich die Spektrallinien nach dem blauen Ende des Spektrums, in Richtung kleinerer Wellenlängen, so daß $\Delta\lambda < 0$ wird; dementsprechend wird die Radialgeschwindigkeit bei Annäherung des Sterns an den Beobachter negativ gerechnet. Vergrößert sich der Abstand

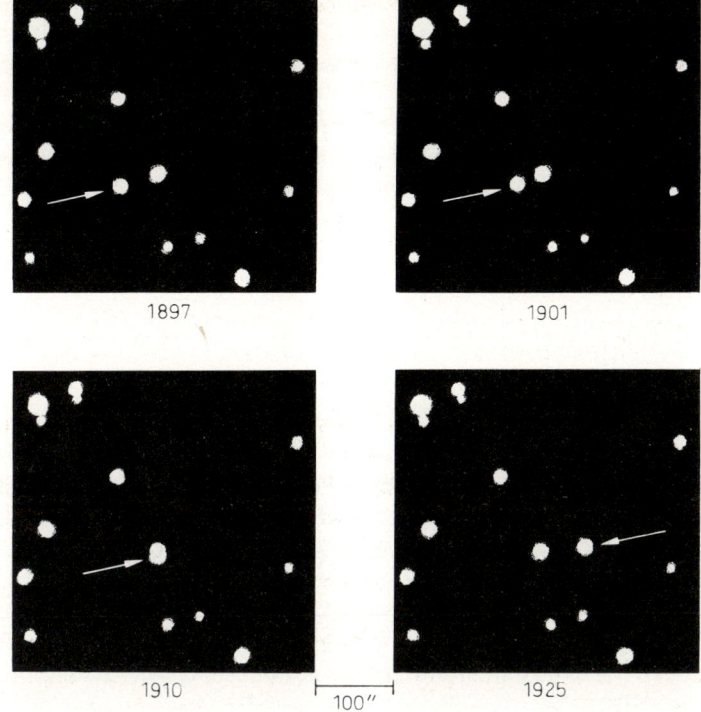

1897   1901

1910   100″   1925

Abb. 6.22 Die Eigenbewegung von Proxima Centauri macht sich als Verschiebung gegenüber den anderen sehr weit entfernten, scheinbar unbewegten Sternen bemerkbar. In der Gesamt-Zeitdiffe-
renz von 28 Jahren hat sich die Position des Sternes um 108″
geändert. Der horizontale Durchmesser jedes Bildes ist 6 Bo-
genminuten; das ist ein Fünftel des Monddurchmessers.

des Sterns vom Beobachter, so rücken die Spektrallinien gegen das rote Ende des
Spektrums, d.h. die Wellenlängen nehmen zu und es ist $\Delta\lambda > 0$; positive Radial-
geschwindigkeiten bedeuten also eine Abstandsvergrößerung zwischen Stern und
Sonne.

Die direkte Messung der Linienverschiebung mit einem Meßmikroskop wird dadurch
ermöglicht, daß auf der Platte, die das Sternspektrum enthält, unmittelbar vor und
nach der Sternexposition das Emissionslinienspektrum einer irdischen Lichtquelle
aufgenommen wird. Um die Genauigkeit des Meßresultates zu erhöhen, bestimmt
man in jedem einzelnen Spektrum die Verschiebungen $\Delta\lambda$ für eine größere Anzahl
von Linien. Um die radialen Sterngeschwindigkeiten auf die Sonne zu beziehen,
bringt der Beobachter an die gemessenen Geschwindigkeiten Korrektionen wegen
der Rotation und der Bahnbewegung der Erde an.

Die Beträge der an den Sternen der Sonnenumgebung gemessenen Radialgeschwindigkeiten liegen im Durchschnitt zwischen ± 30 km/s; Werte größer als 100 km/s sind selten. Nach Gl. (6-10) entspricht einer radialen Geschwindigkeit v_r = 30 km/s eine Linienverschiebung $\Delta\lambda$ = 0,05 nm, wenn λ = 500,0 nm ist. Die Genauigkeit der Messungen hängt von der Dispersion des Spektrographen und der Schärfe der im Sternspektrum zur Verfügung stehenden Linien ab; gute Radialgeschwindigkeiten haben einen mittleren Fehler von ± 1 km/s.

Die Weiterverwendung der gemessenen Komponenten der Sterngeschwindigkeiten zur Erforschung der Kinematik des Sternsystems erfolgt in den meisten Fällen getrennt nach Eigenbewegungen und Radialgeschwindigkeiten. Die Zusammensetzung dieser beiden Komponenten zu guten Raumgeschwindigkeiten ist ein Ideal, das sich nur bei ausgewählten Gruppen (besonders nahe Sterne, Delta-Cephei-Sterne) verwirklichen läßt. Der Hauptgrund hierfür liegt in der großen Verschiedenartigkeit der Meßverfahren, die bei der Bestimmung von Eigenbewegung, Radialgeschwindigkeit und Entfernung angewandt werden müssen; die systematischen und zufälligen Fehler der Raumgeschwindigkeiten werden dadurch bedeutend größer als sie in einem Material von Eigenbewegungen oder Radialgeschwindigkeiten allein sind.

Abb. 6.23 zeigt die Dopplerverschiebung in den Fraunhoferlinien des Spektrums von ε Andromedae. Der Stern hat den Spektraltyp G 5 und die scheinbare Helligkeit 4,5 mag. Der Wellenlängenbereich des Ausschnittes aus dem Spektrum liegt im Farbgebiet Violett-Blau. Die Absorptionslinien gehören überwiegend neutralen Metallen an. Über und unter dem Sternspektrum befindet sich das Vergleichsspektrum einer zum Beobachter ruhenden Lichtquelle; es sind Titan-Emissionslinien. Die Ti-Linien des Vergleichsspektrums finden sich auch im Sternspektrum; dadurch wird die Linienverschiebung zu kürzeren Wellen direkt sichtbar.

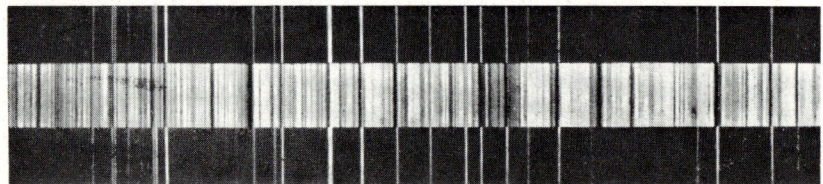

Abb. 6.23 Spektrum des Sterns ε Andromedae zwischen zwei Titan-Vergleichsspektren. Die Dopplerverschiebung der Absorptionslinien ist durch die radiale Geschwindigkeit des Sterns relativ zum Beobachter verursacht. Die Absorptionslinien des Sterns sind gegen die Emissionslinien der irdischen Lichtquelle etwa um ihre eigene Breite zu kürzeren Wellen (nach links) verschoben. Dies ist am besten zu erkennen an den beiden Linien, deren Abstand vom linken Bildrand 4,2 und 4,7 cm beträgt. Die auf die Sonne bezogene Radialgeschwindigkeit ist −84 km/s.

6.3.2 Die Sternstromparallaxe der Hyaden

Die Hyaden sind ein Offener Sternhaufen von etwa 350 Sternen im Sternbild Stier, in der weiteren Umgebung von α Tauri (Aldebaran). Die Konzentration an der Sphäre ist nicht sehr ausgeprägt; weder beim Anblick mit dem bloßen Auge noch bei der Betrachtung einer mit einem lichtstarken Fernrohr erhaltenen Aufnahme gewinnt man den Eindruck eines typischen Sternhaufens, wie man ihn zum Beispiel bei den benachbarten Plejaden hat. Am schönsten ist der Anblick der Hyaden in einem Feldstecher, der die Sterne bis etwa zur 9. Größenklasse erkennen läßt.

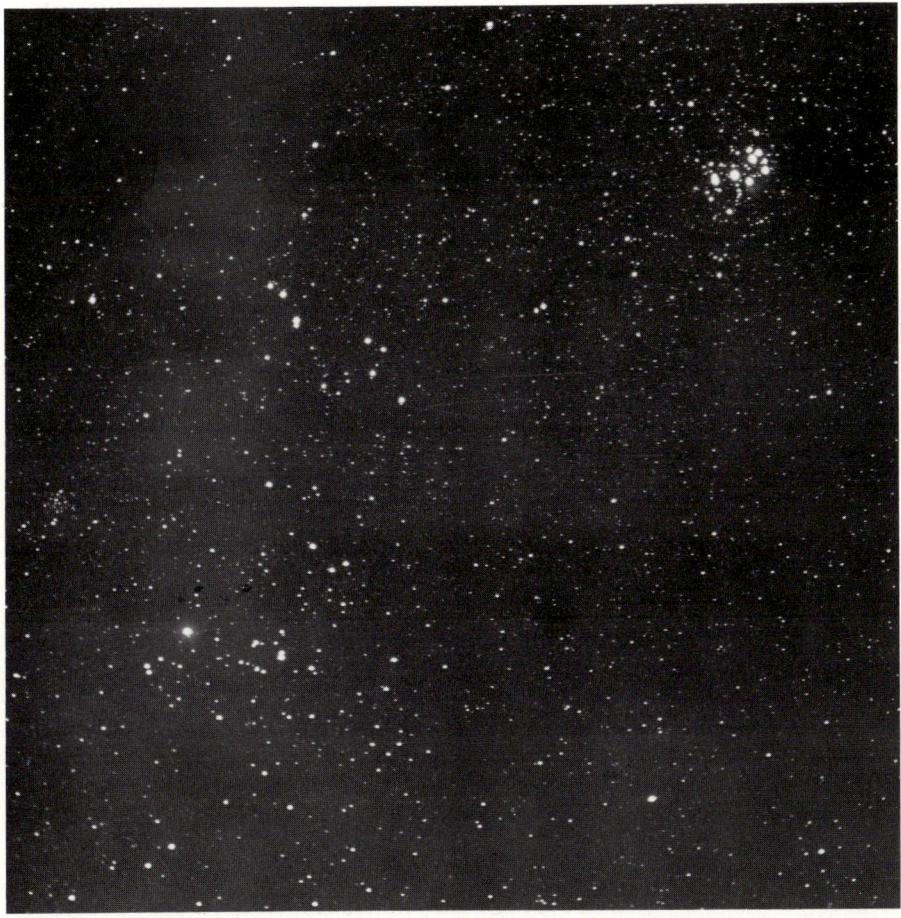

Abb. 6.24a Sternbild Stier mit Aldebaran (α Tauri) links unten und den Plejaden rechts oben. Der Sternhaufen der Hyaden erstreckt sich über die ganze Fläche des Bildes; wegen der großen Nähe des Haufens ist die Konzentration an der Sphäre sehr gering. Näheres siehe im Text.

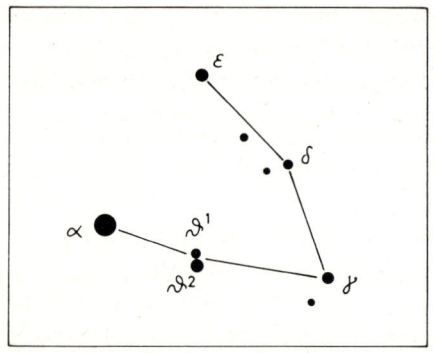

Abb. 6.24b Gruppe der hellen Hyaden-Sterne bei α Tauri. Aldebaran selbst ist kein Stern des Haufens.

Die Abb. 6.24a zeigt nahe dem rechten Rand die Plejaden und in der linken unteren Ecke den Stern erster Größe α Tauri. Rechts von α und darüber finden sich die Sterne ϑ^1, ϑ^2, γ, δ, ε Tauri (Abb. 6.24b); sie gehören zu den hellsten Hyaden-Sternen und können mit bloßem Auge gesehen werden. Aldebaran ist kein Stern des Haufens, er hat eine viel geringere Entfernung. Aber viele weitere Sterne der Aufnahme 6.24a, besonders im linken Teil des Bildes, sind Mitglieder der Hyaden.

Der *Hyaden-Haufen* ist der uns am nächsten stehende Offene Sternhaufen; die Entfernung beträgt 40 pc (s. auch Tab. 5.11, S. 437, und Abb. 5.15, S. 410). Für Sterne in diesem Abstand können keine zuverlässigen trigonometrischen Parallaxen mehr bestimmt werden. Jedoch bietet die Kombination der Eigenbewegungen und Radialgeschwindigkeiten von Hyaden-Sternen die Möglichkeit, durch ein geometrisches Verfahren einen sicheren Wert für die Entfernung des Haufens zu erhalten. Das Verfahren und das Resultat sind unter dem Namen *Sternstromparallaxe* der Hyaden bekannt. Die Bedeutung dieser Parallaxe ist sehr groß; sie bildet die Basis der ganzen galaktischen und außergalaktischen Entfernungsskala. Entsprechend groß sind die andauernden Bemühungen der Astronomen, den Wert für die Entfernung des Haufens zu sichern oder noch zu verbessern.

Die Methode der Sternstromparallaxe beruht auf der Tatsache, daß die Sterne des Hyaden-Haufens parallele Raumgeschwindigkeiten von gleichem Betrage haben. Wie parallele Geraden, z.B. zwei Eisenbahnschienen, in der Perspektive auf den sogenannten Fluchtpunkt zuzulaufen scheinen, so bewegen sich für den irdischen Beobachter auch die Hyadensterne an der Sphäre scheinbar auf einen Punkt zu, d.h. die Eigenbewegungen μ dieser Sterne sind alle auf diesen sogenannten *Konvergenzpunkt* gerichtet, der etwa $26°$ östlich vom Zentrum der Hyaden bei dem Stern α Orionis (Beteigeuze) liegt. Diese Konvergenz der Hyaden-Eigenbewegungen ist eine sehr ausgeprägte Erscheinung; sie wurde 1915 von L. Boss entdeckt und als Perspektive-Effekt gedeutet. Daß die Konvergenz der scheinbaren Bewegungen an der Sphäre wirklich auf eine parallele Bewegung der Haufensterne im Raum zurückzuführen ist, wird durch Messungen der Eigenbewegungen und der Radialgeschwindigkeiten bewiesen. Die Eigenbewegungen aller Hyadensterne sind bekannt; sie sind nahezu gleich und liegen bei 0,1 "/a. Radialgeschwindigkeiten konnten von etwa 150 Sternen des Haufens gemessen werden; ihre Werte zeigen nur eine geringe Streuung um einen Mittelwert bei +40 km/s. Die Messungen von Eigenbewegung und Radialgeschwindigkeit erlauben bei jedem einzelnen Stern über die Zugehörigkeit zum Hyaden-Haufen zu entscheiden.

In Abb. 6.25 sind außer der Sonne drei Sterne S_1, S_2, S_3 eingezeichnet. Diese drei Sterne sind in der Figur in eine Ebene projiziert; sie sollen jedoch im Raum so angeordnet sein, daß sich S_1 vor der Zeichenebene, S_2 in der Ebene und S_3 dahinter befindet. Die von den Stern-Punkten nach links oben gerichteten Pfeile stellen die parallel gerichteten, betragsgleichen Wege der Sterne im Raum $\vec{v_1}\,\Delta t, \vec{v_2}\,\Delta t, \vec{v_3}\,\Delta t$ dar. Diese wahren Ortsveränderungen im Raum projizieren sich für den Beobachter auf die Sphäre als scheinbare Ortsveränderungen $\mu_1\,\Delta t, \mu_2\,\Delta t, \mu_3\,\Delta t$. Mit γ ist der *Winkel zwischen dem Visionsradius und der Richtung der Raumbewegung* bezeich-

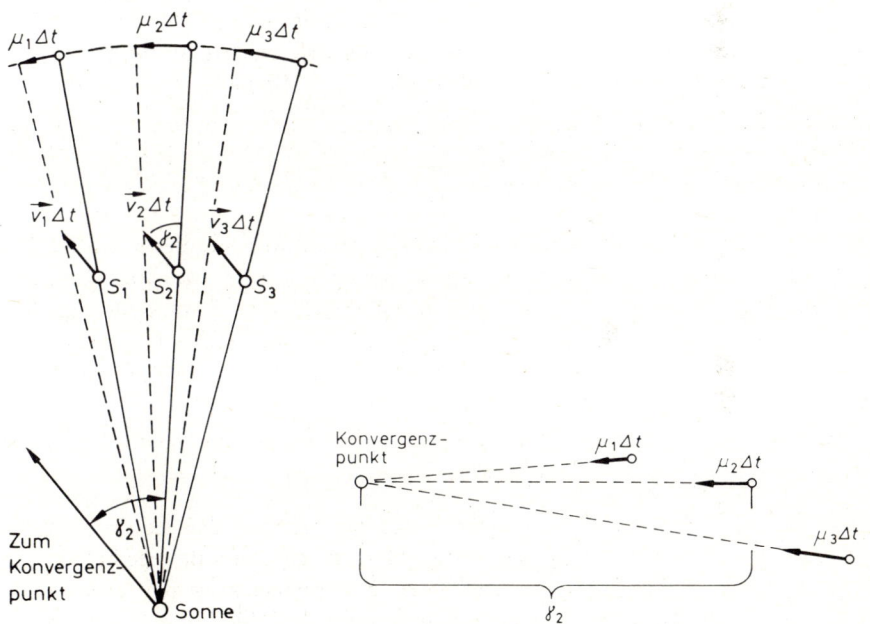

Abb. 6.25 (links) und 6.26 (rechts). Die Wege dreier Hyaden-Sterne S_1, S_2, S_3 im Raum $\vec{v}\,\Delta t$ und ihre Projektionen auf die Sphäre $\mu\,\Delta t$. Der meßbare Winkel γ zwischen Stern und Konvergenzpunkt ist gleich dem gesuchten Winkel zwischen den Richtungen von Raum- und Radialgeschwindigkeit. Abb. 6.25 ist die Projektion in eine radiale Ebene; Abb. 6.26 ist die Projektion in die Tangentialebene an die Sphäre.

net; nur γ_2 ist in die Figur eingetragen. Die Bestimmung dieses Winkels γ ist der wichtigste Schritt in der Methode der Sternstromparallaxe. Der Wert von γ wird dadurch bestimmbar,

> daß infolge der Parallelität der Raumbewegungen alle Eigenbewegungen der Haufensterne auf einen bestimmten Punkt an der Sphäre, den Konvergenzpunkt zeigen,

> und daß die Richtung vom Beobachter zu diesem Konvergenzpunkt parallel zur Bewegungsrichtung des Haufens im Raum ist.

Der Konvergenzpunkt ist der unendlich ferne Punkt der parallelen Sternbahnen im Raum. Abb. 6.25 zeigt, daß für jeden Stern des Haufens der gesuchte Winkel γ zwischen dem Visionsradius und der Raumgeschwindigkeit gleich dem meßbaren Winkel zwischen Visionsradius und Richtung zum Konvergenzpunkt ist. Abb. 6.26 zeigt, wie sich die parallel laufenden Wege der drei Sterne im Raum auf die Sphäre als konvergierende Ortsveränderungen $\mu \, \Delta t$ projizieren. Die Fixierung des Konvergenzpunktes ermöglicht für jeden Stern die Bestimmung des Winkels γ.

Die Bestimmung der *Haufenentfernung* erfolgt mit den Gl. (6-9) und (6-8). v_r wird mit Hilfe des Dopplereffekts gemessen; γ ergibt sich als Winkel zwischen den Richtungen zum Konvergenzpunkt und zu dem betreffenden Stern; v und v_t erhält man damit aus Gl. (6-9). Dann liefert schließlich die Gl. (6-8) die Entfernung r aus v_t und der Eigenbewegung μ (s. die Aufgabe auf der folgenden Seite).

Unter den Sternhaufen, deren Mitglieder gleiche und parallel gerichtete Bewegungen haben, sind die Hyaden der einzige, bei dem ein zuverlässiger Wert der Stromparallaxe abgeleitet werden kann. Die geringe Entfernung des Sternhaufens von der Sonne sorgt für genügend schnelle Ortsveränderungen der Sterne an der Sphäre; dadurch können Eigenbewegungen und Konvergenzpunkt gut bestimmt werden. Die relativ großen scheinbaren Helligkeiten wirken sich günstig für die Ermittlung der Dopplerverschiebungen im Spektrum und damit für die Bestimmung der Radialgeschwindigkeiten aus. Die trigonometrischen Messungen an Sternen bis 30 pc Entfernung und die Stromparallaxe der Hyaden liefern gute, als Eichmaterial für die photometrischen Methoden verwendbare Werte von Sternentfernungen. Dabei kommt der Hyaden-Parallaxe eine weit größere Bedeutung zu als den trigonometrisch bestimmten Entfernungen einzelner Sterne. An die Hyaden kann mit Hilfe von Farben-Helligkeits-Diagrammen (s. S. 436) die Entfernungsbestimmung vieler weiterer Sternhaufen angeschlossen werden. Die Gesamtheit der in all diesen Haufen und Assoziationen enthaltenen Sterne bildet – durch ihre bekannten Entfernungen – das Material, aus dem die absoluten Helligkeiten der Sterne aller Spektraltypen und Leuchtkraftklassen hergeleitet werden. Auch die Werte für die absoluten Helligkeiten der RR Lyrae- und Delta-Cephei-Sterne beruhen, über die Farben-Helligkeits-Diagramme, auf der Hyaden-Parallaxe.

Aufgabe

Berechnung der Entfernung des Sternes δ Tauri, als Beispiel für die Bestimmung der Sternstromparallaxe.

Für δ Tauri (Abb. 6.24b) wurden aus Beobachtungen die folgenden Daten erhalten: Radialgeschwindigkeit $v_r = +38,6$ km/s; $\gamma = 29,1°$; Eigenbewegung $\mu = 0,115\ ''/a$. Berechnen Sie aus diesen Werten mit den Gleichungen (6-9) und (6-8∗) die Raumgeschwindigkeit v, die Tangentialgeschwindigkeit v_t und die Entfernung r von δ Tauri.

6.3.3 Die Wege zur Bestimmung der galaktischen Rotation

Shapleys Entdeckung des Systems der Kugelhaufen führte zu Kenntnissen über die Größe des galaktischen Systems und über die exzentrische Lage der Sonne. Damit waren zugleich die ersten Hinweise auf den Bewegungszustand des ganzen Sternsystems und speziell auf die Bewegungsvorgänge am Ort der Sonne gegeben. Das Milchstraßensystem hat eine stark abgeplattete, diskusartige Gestalt mit einer zentralen Massenkonzentration. Diese Form läßt eine *Rotationsbewegung des Systems* um den Massenmittelpunkt erwarten. Die Theorie einer solchen galaktischen Rotation wurde von B. Lindblad 1926 entwickelt. J. Oort erweiterte 1927 und 1928 diese Theorie und zeigte, daß die Rotationsbewegung nachweisbare Effekte in den Eigenbewegungen und Radialgeschwindigkeiten der Sterne aus der weiteren Sonnenumgebung hervorrufen müsse.

Die Bestimmung der Sternbewegungen in unserem Milchstraßensystem ist an sich ein *dynamisches* Problem. Wir wissen allerdings zu wenig über die Massenverteilung und damit über die Struktur des Schwerefeldes in unserem Sternsystem und kennen Sterngeschwindigkeiten nur aus der Umgebung der Sonne; deshalb ist es unmöglich, diese Aufgabe der Stellardynamik direkt zu lösen. Man kann jedoch – als Vorarbeit für eine Dynamik des Sternsystems – rein *kinematische* Gesetzmäßigkeiten in den beobachteten Sternbewegungen ermitteln. Auch dies ist eine schwierige Aufgabe, wie die folgende Überlegung zeigt. Die aus den Radialgeschwindigkeiten und Eigenbewegungen hergeleiteten Sterngeschwindigkeiten sind ursprünglich auf die Sonne bezogen. Zur Aufstellung des Gesetzes der Milchstraßenrotation stellt man aber zweckmäßigerweise die Sterngeschwindigkeiten so dar, wie sie ein Beobachter feststellen würde, der von einem Punkt der Achse aus auf das Milchstraßensystem hinunterblickt. Nun bereitet zwar die Umrechnung von Geschwindigkeiten aus einem Bezugssystem in ein anderes keine grundsätzlichen Schwierigkeiten. Im vorliegenden Fall treten aber zwei spezielle Probleme auf: Einerseits ist die Lage der Rotationsachse von vornherein gar nicht bekannt; man kann sie zwar im Zentrum des Systems, also etwa 10 kpc von der Sonne entfernt, vermuten, aber definieren kann man sie nur aus dem Rotationsgesetz, das ja erst hergeleitet werden soll. Andererseits ist auch die Geschwindigkeit der Sonne bei ihrer Bewegung um das galaktische Zentrum noch nicht bekannt; es muß ja sogar zuerst durch Analyse der Relativgeschwindigkeiten benachbarter Sterne in bezug auf die Sonne das Vorhandensein der Rotationsbewegung nachgewiesen werden.

Die Lösung dieser Probleme bereitet besonders aus zwei Gründen Schwierigkeiten: Der Bereich des Milchstraßensystems, in dem wir Sterngeschwindigkeiten messen können, ist auf einen verhältnismäßig kleinen Raum in der Umgebung der Sonne beschränkt. Außerdem bewegt sich die große Mehrzahl der Sterne keineswegs in Kreisbahnen, wie es die galaktische Rotation vermuten läßt, sondern in Ellipsen, deren Exzentrizitäten allerdings in der Regel gering sind.

Wenn alle Sterne, einschließlich der Sonne, in reinen Kreisbahnen um das Zentrum des Milchstraßensystems laufen würden, dann wären die Veränderungen der Kreisbahngeschwindigkeiten mit zunehmendem Abstand vom Zentrum aus den Geschwindigkeiten der Sterne relativ zur Sonne, also aus ihren Eigenbewegungen und Radialgeschwindigkeiten, verhältnismäßig leicht nachzuweisen. Die Effekte, die diesen Nachweis erbringen, werden in 6.3.5 dargestellt. Auch wenn die Sterne der Sonnenumgebung in ihren wahren, leicht exzentrischen Bahnen laufen, die Sonne sich aber in einer Kreisbahn bewegen würde, könnte man aus den auf den Beobachtungspunkt Sonne bezogenen Sternbewegungen die galaktische Rotation ableiten. Aber auch die Sonne umläuft das galaktische Zentrum in einer Bahn mit geringer Exzentrizität. Diese Abweichung der Sonnenbahn von einer Kreisbahn ist der Grund dafür, daß in den auf die Sonne bezogenen Sterngeschwindigkeiten die Rotationsbewegung nicht erkannt werden kann. Dies wird in 6.3.4 behandelt.

Um die Rotationsbewegung um das galaktische Zentrum in den beobachteten Geschwindigkeitskomponenten nachzuweisen, muß zunächst ein geeigneter *Bezugspunkt* für die Eigenbewegungen und Radialgeschwindigkeiten der Sterne gefunden werden. Es ist dies derjenige Punkt, der sich im Abstand der Sonne vom galaktischen Zentrum in einer Kreisbahn um dieses Zentrum bewegt. Als die Erforschung der galaktischen Rotation begonnen wurde, hat man zunächst, aufgrund der Vermutungen über die individuellen Sternbahnen, versuchsweise mit diesem neuen Bezugspunkt gearbeitet. Die Forschungen der nachfolgenden Jahrzehnte haben gezeigt, daß diese Vermutungen und der eingeschlagene Weg richtig waren. Die Rotationsbewegung des galaktischen Systems ist dadurch gekennzeichnet, daß der größte Teil der Sterne sich in *Bahnen mit kleiner Exzentrizität und geringer Neigung* gegen die galaktische Ebene um das Massenzentrum bewegt. Man kann sich daher die Bewegung der Sterne der Sonnenumgebung aus zwei Komponenten zusammengesetzt denken: einer Kreisbewegung und einer von Stern zu Stern verschiedenen, individuellen zusätzlichen Bewegung, die der Abweichung des betreffenden Sterns von der Kreisbewegung entspricht.

Der Betrag der Kreisbahngeschwindigkeit ändert sich mit wachsendem Abstand vom galaktischen Zentrum. Diese Änderung erfolgt jedoch sehr langsam. Für eine Gruppe von Sternen, deren Abstand von der Sonne nicht größer als 100 pc ist, darf man daher annehmen, daß sich diese ganze Gruppe allernächster Umgebungssterne mit einer einheitlichen Kreisbahngeschwindigkeit, der galaktischen Rotationsgeschwindigkeit am Ort der Sonne, um das Zentrum der Milchstraße bewegt. Der fiktive Punkt, der sich im Sonnenabstand R_0 = 10 kpc auf einer Kreisbahn in der Milchstraßenebene um das galaktische Zentrum bewegt, ist der geeignete Bezugspunkt für die Sternbewegungen, wenn man in diesen Bewegungen die galaktische Rotation der Sterne erkennen will.

Die Differenzen zwischen den individuellen Geschwindigkeiten der einzelnen Sterne und der Kreisbahngeschwindigkeit, mit der sich die Gruppe bewegt, sind relativ klein. Sie heißen *Pekuliargeschwindigkeiten* (von peculiaris lat., eigentümlich). Die Pekuliargeschwindigkeiten der sonnennahen Sterne sind in erster Näherung nach Betrag und Richtung statistisch verteilt, das heißt ihre Vektorsumme verschwindet. Diese Eigenschaft liefert die Möglichkeit, den soeben eingeführten neuen Bezugspunkt der Sterngeschwindigkeiten zu definieren und praktisch zu bestimmen. Der Punkt, der sich mit der *Kreisgeschwindigkeit* V_{k0}, die am Ort der Sonne herrscht, um das galaktische Zentrum bewegt, heißt *lokales Zentroid*. Wenn die Pekuliargeschwindigkeiten der sonnennahen Sterne in einem Koordinatensystem gemessen sind, das das lokale Zentroid als Nullpunkt hat, dann verschwindet die Vektorsumme dieser Pekuliargeschwindigkeiten. Dies ist die Definition des lokalen Zentroids.

Die praktische Festlegung eines solchen Bezugssystems wäre problemlos, wenn sich die Sonne im lokalen Zentroid befinden würde. Sie hat jedoch wie alle Sterne eine Pekuliarbewegung relativ zum lokalen Zentroid. Wie diese Bewegung, die den Namen *lokale Sonnenbewegung* trägt, nach Betrag und Richtung ermittelt werden kann, wird in 6.3.4 beschrieben.

Nachdem mit dem lokalen Zentroid ein geeignetes Bezugssystem gewonnen wurde, kann man an den Eigenbewegungen und Radialgeschwindigkeiten der etwa 500 bis 2000 pc entfernten Sterne aus der weiteren Sonnenumgebung untersuchen, wie die Kreisbahngeschwindigkeiten ausgewählter Sterngruppen vom Ort im Milchstraßensystem abhängen. Daraus ergibt sich dann das Rotationsgesetz der Galaxis. Ohne Übertragung aller beobachteten Sternbewegungen vom Bezugspunkt Sonne auf das neue Bezugssystem des lokalen Zentroids wäre ein Nachweis der galaktischen Rotation von unserem wegen der lokalen Sonnenbewegung sehr ungünstigen Standpunkt aus nicht möglich.

6.3.4 Das lokale Zentroid und die lokale Sonnenbewegung

Das lokale Zentroid wurde im vorhergehenden Abschnitt definiert als das Bezugssystem, das sich mit der am Ort der Sonne herrschenden Kreisbahngeschwindigkeit $\vec{V}_{k0}$ relativ zum Milchstraßenzentrum bewegt. Dieses Bezugssystem brauchte nicht erst geschaffen zu werden, als die galaktische Rotation entdeckt wurde. Es war schon seit langem als jenes Bezugssystem definiert, dessen Raumgeschwindigkeit gleich dem Mittelwert der Raumgeschwindigkeiten der sonnennahen Sterne ist, und es wurde bei der Suche nach Unterschieden in den Bewegungen einzelner Sterngruppen verwendet. Mit der Erforschung der galaktischen Rotation bekam dieses Bezugssystem jedoch eine neue Funktion und einen neuen Namen.

Im Mittelpunkt der Bemühungen um die praktische Festlegung des lokalen Zentroids stand stets das Problem, die *Geschwindigkeit der Sonne relativ zu diesem System* zu bestimmen. Wie schon im vorhergehenden Abschnitt erwähnt wurde, sind die Geschwindigkeiten der sonnennahen Sterne relativ zum lokalen Zentroid, die Pekuliargeschwindigkeiten, nach Betrag und Richtung in erster Näherung regellos verteilt, so daß man die Mitglieder dieser Sterngruppe mit den Molekülen eines Gases vergleichen kann. Daß auch die Sonne hiervon keine Ausnahme macht, zeigen die Eigenbewegungen und Radialgeschwindigkeiten der benachbarten Sterne. Dem Beobachter im Sonnensystem fällt auf, daß die Bewegungen dieser Sterne systematische Abweichungen von der Zufallsverteilung zeigen: In einer bestimmten Richtung scheinen sich die Sterne im Mittel auf ihn zu, in der entgegengesetzten Richtung von ihm weg zu bewegen. In Himmelsgegenden, die 90° Abstand von diesen beiden ausgezeichneten Punkten haben, scheint die Mehrzahl der Sterne am Beobachter vorbei zu fliegen (s. Abb. 6.27 b). Eine ganz entsprechende Beobachtung macht man bei einem Film, wenn die Kamera rasch so durch einen Wald geführt wurde, daß man die Bewegung selbst nicht ohne weiteres erkennen kann: Die Bäume scheinen sich auf die Kamera und damit den Betrachter zu und seitlich vorbei zu bewegen. Auch das Strömen der Sterne ist ein Scheineffekt; es ist in Wirklichkeit die Bewegung der Sonne selbst, die sich in den beobachteten Bewegungen der Nachbarsterne spiegelt. Aus den gemessenen Eigenbewegungen und Radialgeschwindigkeiten können die Daten dieser Sonnenbewegung bestimmt werden. Ihr Zielpunkt heißt *Apex*. Er liegt im Sternbild Herkules; der hellste Stern in seiner Nähe ist Wega in der Leier. Der Gegenpunkt *Antapex* liegt nicht weit von dem sehr hellen Stern Sirius entfernt. Mit den Apexkoordinaten $\alpha_{\odot}, \delta_{\odot}$ ist die Richtung der Sonnenbewegung relativ zum lokalen Zentroid festgelegt. Den Betrag dieser Geschwindigkeit $v_{\odot}$ kann man bestimmen, indem man aus den beobachteten Geschwindigkeiten der sonnennahen Sterne denjenigen Anteil herauslöst, der von der Spiegelung der Sonnenbewegung herrührt.

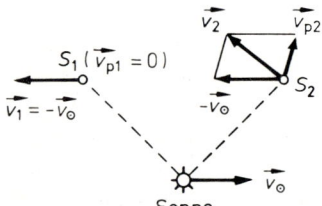

Abb. 6.27a Pekuliargeschwindigkeit $\overrightarrow{v_{p,i}}$ und Geschwindigkeit relativ zur Sonne $\overrightarrow{v_i}$ für zwei Sterne S_i ($i = 1,2$): $\overrightarrow{v_i} = \overrightarrow{v_{p,i}} - \overrightarrow{v_{\odot}}$

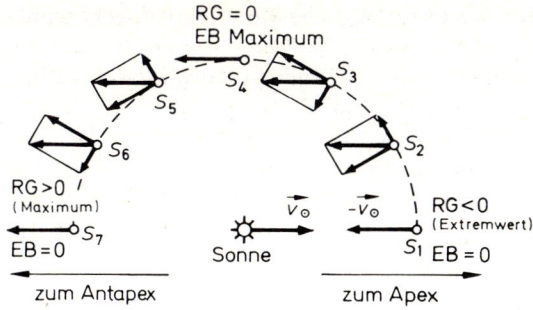

RG = 0
EB Maximum

S_5 S_4 S_3

S_6 S_2

RG > 0
(Maximum)
$\vec{v}_\odot$ $-\vec{v}_\odot$ RG < 0
(Extremwert)
S_7
EB = 0 Sonne S_1 EB = 0

zum Antapex   zum Apex

Abb. 6.27 b   Die Spiegelung der Sonnenbewegung in Raumgeschwindig-keiten, Radialgeschwindigkeiten (RG) und Eigenbewegun-gen (EB) für sieben Sterne S_i (i = 1, $\cdots$, 7) in gleicher Son-nenentfernung. Die Pekuliargeschwindigkeiten dieser Bei-spielsterne sind gleich null angenommen ($\vec{v}_{p,i} = 0$).

Bezeichnet man die Pekuliargeschwindigkeiten der sonnennahen Sterne mit $\vec{v}_{p,i}$, ihre relativ zur Sonne gemessenen Geschwindigkeiten mit $\vec{v}_i$ und die Geschwindig-keit der Sonne relativ zum lokalen Zentroid mit $\vec{v}_\odot$, so gilt (s. Abb. 6.27 a)

$$\vec{v}_i = \vec{v}_{p,i} - \vec{v}_\odot$$

Summiert man über alle N Sterne der nahen Sonnenumgebung, von denen Raum-geschwindigkeiten bekannt sind, so ergibt sich

$$\sum_{i=1}^{N} \vec{v}_i = \sum_{i=1}^{N} \vec{v}_{p,i} - N \cdot \vec{v}_\odot.$$

Das lokale Zentroid ist aber so definiert, daß die rechts stehende Summe der Peku-liargeschwindigkeiten $\sum_{i=1}^{N}\vec{v}_{p,i}$ verschwindet. Dann folgt für die *Pekuliargeschwindig-keit der Sonne*

$$\vec{v}_\odot = -\frac{1}{N}\sum_{i=1}^{N}\vec{v}_i.$$

Der Mittelwert der relativ zur Sonne gemessenen Sterngeschwindigkeiten der näheren Sonnenumgebung ist demnach dem Betrage nach gleich der Geschwindigkeit der Sonne relativ zum lokalen Zentroid.

Die Bestimmung der lokalen Sonnenbewegung

Die praktische Bestimmung der lokalen Sonnenbewegung, d.h. der Bewegung der Sonne relativ zum lokalen Zentroid, macht die Abb. 6.27 b verständlich. Die Sonne bewegt sich (relativ zum lokalen Zentroid) nach rechts auf den Apex zu. Die einge-zeichneten Sterne der Sonnenumgebung scheinen sich infolge dieser Bewegung mit gleichgroßer, aber entgegengesetzter Geschwindigkeit (relativ zur Sonne) zu bewe-gen. Dies wäre an jedem einzelnen Stern beobachtbar, wenn die Sterne nicht selbst individuelle Bewegungen relativ zum lokalen Zentroid ausführen würden. Bezeichnet man mit λ den Winkel zwischen den Richtungen zum Stern und zum Apex, so müßte die Radialgeschwindigkeit von einem negativen Wert im Apex (λ = 0°) mit wachsendem λ zunehmen, für λ = 90° den Wert null erreichen und dann bis zu einem positiven Extremwert im Antapex wachsen. Die Eigenbewegung wäre im Apex und Antapex null und besäße für λ = 90° ihren größten Betrag. Diese Effekte werden jedoch beim Einzelstern durch die Pekuliarbewegung relativ zum lokalen Zentroid verwischt. Aus den Bewegungen sehr vieler, gut über den Himmel verteilter Sterne lassen sich aber durch Mittelwertsbildung die Apexkoordinaten und der Betrag der Sonnengeschwindigkeit sicher bestimmen. Dabei liefern Raumgeschwindigkeiten die besten Resultate. Auch Radialgeschwindigkeiten ergeben vollständige Bestimmungen; aus Eigenbewegungen erhält man nur die Apexkoordinaten, jedoch nicht die lineare Sonnengeschwindigkeit.

Als Beispiel für die Bestimmung der Sonnengeschwindigkeit möge das Verfahren dienen, das mit den Radialgeschwindigkeiten arbeitet. Es seien X, Y, Z die rechtwinkligen Koordinaten und α, δ, r die Polarkoordinaten (Rektaszension, Deklination, Entfernung) eines Sterns in einem äquatorialen System, dessen Nullpunkt in der Sonne liegt. Dann gilt (s. Abb. 6.28)

$$X = r \cdot \cos\delta \cdot \cos\alpha,$$
$$Y = r \cdot \cos\delta \cdot \sin\alpha, \qquad\qquad (6\text{-}11)$$
$$Z = r \cdot \sin\delta.$$

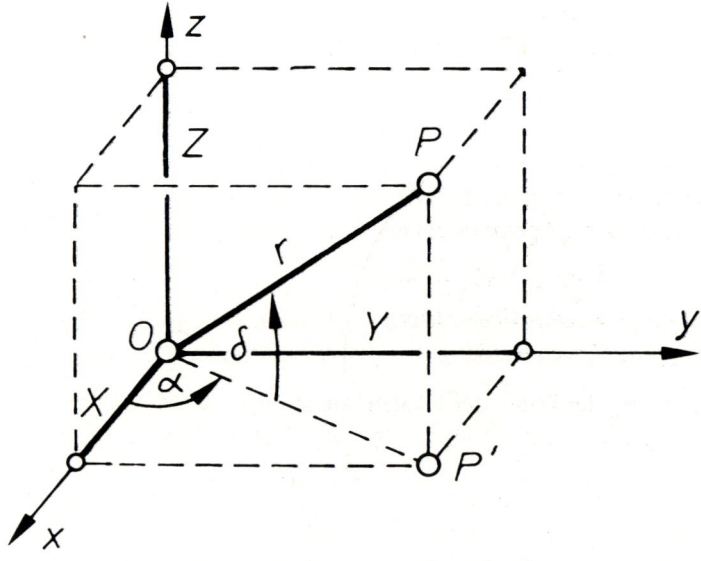

Abb. 6.28 Zur Umrechnung zwischen rechtwinkligen und Polarkoordinaten. Aus der Figur ist zu ersehen: $X = \overline{OP'} \cdot \cos\alpha$, $Y = \overline{OP'} \cdot \sin\alpha$, $\overline{OP'} = r \cdot \cos\delta$.

Differenziert man alle drei Gleichungen nach der Zeit, so erhält man, wenn mit $\dot{r} = v_r$ die Radialgeschwindigkeit und mit $\dot{\alpha} = \mu_\alpha$ bzw. $\dot{\delta} = \mu_\delta$ die Komponenten der Eigenbewegung eingesetzt werden:

$$\dot{X} = v_r \cdot \cos\delta \cdot \cos\alpha - r\mu_\delta \sin\delta \cdot \cos\alpha - r\mu_\alpha \cos\delta \cdot \sin\alpha,$$

$$\dot{Y} = v_r \cdot \cos\delta \cdot \sin\alpha - r\mu_\delta \sin\delta \cdot \sin\alpha + r\mu_\alpha \cos\delta \cdot \cos\alpha,$$

$$\dot{Z} = v_r \cdot \sin\delta + r\mu_\delta \cos\delta.$$

Löst man nach den Eigenbewegungskomponenten und der Radialgeschwindigkeit auf, so ergeben sich die drei für die Bestimmung der Sonnenbewegung fundamentalen Gleichungen:

$$\mu_\alpha \cdot \cos\delta = \frac{1}{r}(-\dot{X}\sin\alpha + \dot{Y}\cos\alpha),$$

$$\mu_\delta = \frac{1}{r}(-\dot{X}\sin\delta\cos\alpha - \dot{Y}\sin\delta\sin\alpha + \dot{Z}\cos\delta), \qquad (6\text{-}12)$$

$$v_r = \dot{X}\cos\delta\cos\alpha + \dot{Y}\cos\delta\sin\alpha + \dot{Z}\sin\delta.$$

Im vorliegenden Beispiel soll nur mit der dritten Gleichung weitergearbeitet werden. Die Sphäre wird in eine größere Anzahl von Feldern aufgeteilt, in jedem Feld wird der Mittelwert $\overline{v}_r$ aus den Radialgeschwindigkeiten der im Feld enthaltenen Sterne gebildet. Unter der Annahme, daß bei diesen Mittelbildungen die individuellen Stern-Anteile der Radialgeschwindigkeiten sich gegenseitig aufheben, stellt jeder $\overline{v}_r$-Wert die Spiegelung der Sonnenbewegung in Richtung des betreffenden Radiusvektors dar. Jedes Feld an der Sphäre liefert eine Gleichung von der Form

$$\overline{v}_r = \dot{X} \cdot \cos\overline{\delta} \cdot \cos\overline{\alpha} + \dot{Y} \cdot \cos\overline{\delta} \cdot \sin\overline{\alpha} + \dot{Z} \cdot \sin\overline{\delta}. \qquad (6\text{-}13)$$

$\overline{\alpha}$ und $\overline{\delta}$ sind mittlere Rektaszension und Deklination jedes Feldes. Die Bewegung der Sonne ist das Spiegelbild zur Bewegung des betrachteten Sternfeldes; die Geschwindigkeitskomponenten der Sonnenbewegung, die gesuchten Unbekannten, sind also $-\dot{X}$, $-\dot{Y}$, $-\dot{Z}$. Sie lassen sich bei hinreichender Zahl der Felder mit Gl. (6-13) durch eine Ausgleichsrechnung nach der Methode der kleinsten Quadrate bestimmen. Aus den Gl. (6-11) erhält man für die lokale Sonnengeschwindigkeit $v_\odot$ und für die Apexkoordinaten $\alpha_\odot$, $\delta_\odot$ die Beziehungen

$$-\dot{X} = v_\odot \cdot \cos\delta_\odot \cdot \cos\alpha_\odot,$$

$$-\dot{Y} = v_\odot \cdot \cos\delta_\odot \cdot \sin\alpha_\odot, \qquad (6\text{-}14)$$

$$-\dot{Z} = v_\odot \cdot \sin\delta_\odot.$$

Die Herleitung der Daten der lokalen Sonnenbewegung erfolgt getrennt für Gruppen von Sternen, deren Mitglieder dem gleichen Spektraltyp und der gleichen Leuchtkraftklasse angehören. Die erhaltenen Zahlenwerte variieren von Gruppe zu Gruppe. Dadurch wird angezeigt, daß die Sterne der Sonnenumgebung ein Gemisch von Objekten darstellen, die in ihrem kinematischen Verhalten nicht identisch sind. Diese *kinematischen Verschiedenheiten* der einzelnen Gruppen stammen hauptsächlich von Unterschieden in den Zeiten und Orten der Sternentstehung und von der Aufsummierung der gravitativen Einwirkungen, denen die Sterne während ihrer

Bahnbewegung durch Begegnungen mit anderen Sternen und mit Wolken der interstellaren Materie ausgesetzt sind. Die folgenden Werte von $\alpha_\odot$, $\delta_\odot$ und $v_\odot$ sind aus den Raumgeschwindigkeiten von über 800 A-Sternen und K-Riesensternen innerhalb 100 pc Sonnenentfernung erhalten. Für diese Werte hat sich die Bezeichnung „*basic solar motion*" eingebürgert; sie werden vielfach zur Reduktion von beobachteten Radialgeschwindigkeiten und Eigenbewegungen auf das lokale Zentroid verwendet.

$$\alpha_\odot = 17^h\,40^m,$$
$$\delta_\odot = +21°,$$
$$v_\odot = 15{,}5 \text{ km/s}.$$

Der Zielpunkt der lokalen Sonnenbewegung liegt in der Nähe des Sternes δ Herculis (3,2 mag). Die erste Bestimmung der Apexkoordinaten aus Eigenbewegungen stammt von Wilhelm Herschel (1783).

Die Kenntnis der Werte von $\alpha_\odot$, $\delta_\odot$ und $v_\odot$ ermöglicht es, beobachtete Radialgeschwindigkeiten und Eigenbewegungen von der Sonne als Nullpunkt der Geschwindigkeiten auf den neuen Nullpunkt lokales Zentroid zu übertragen. Durch diese Transformation werden zwei weitere Schritte in der Erforschung des Bewegungszustandes des Sternsystems möglich:
1. Innerhalb einer Sterngruppe können die Streuungen der einzelnen Sterngeschwindigkeiten um die mittlere Geschwindigkeit bestimmt sowie Vorzugsrichtungen der Sternbewegungen festgestellt werden;
2. Alle gemessenen Eigenbewegungen und Radialgeschwindigkeiten werden verwenbar für eine Analyse, durch die die galaktische Rotation der Sterne der weiteren Sonnenumgebung bestimmt werden soll.

6.3.5 Die Rotationsbewegung der Sterne in der weiteren Sonnenumgebung

Zum Nachweis, daß die Objekte des Milchstraßensystems um das Zentrum rotieren, und zur Feststellung, welche Werte die *Kreisbahngeschwindigkeit* V_k in den verschiedenen Abständen R vom Zentrum hat, werden optische Beobachtungen an Sternen und Radiobeobachtungen an Wolken des interstellaren Wasserstoffs verwendet. Die Untersuchung von Radialgeschwindigkeiten und Eigenbewegungen zeigt das Vorhandensein einer nicht-starren Rotation in Sonnenumgebung, wie es in Abb. 6.29 schematisch dargestellt ist, und liefert Werte von $V_k(R)$ in diesem Bereich. Aus den bei der Wellenlänge 21 cm gemessenen Radialgeschwindigkeiten der Wasserstoffwolken werden V_k-Werte für einen großen Bereich von R zwischen dem galaktischen Zentrum und der Sonnenentfernung abgeleitet. Die nichtstarre Drehbewegung, bei der im Gegensatz zur starren Rotation die Winkelgeschwindigkeit sich mit dem Abstand von der Drehachse ändert, wird als *differentielle Rotation* bezeichnet.

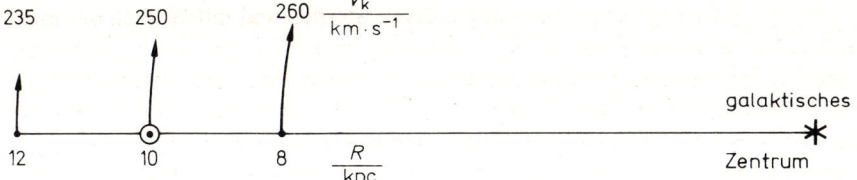

Abb. 6.29 Die Kreisbahngeschwindigkeiten der galaktischen Rotation im Bereich von 8 bis 12 kpc Zentrumsabstand. Die Länge der Pfeile ist nicht maßstäblich. ⊙ Ort der Sonne.

Hier werden zunächst die Grundgleichungen aufgestellt für die Rotationseffekte, die sich in den radialen und tangentialen Geschwindigkeitskomponenten zeigen müssen. Anschließend daran werden die speziellen Gleichungen abgeleitet, die für die Analyse der an den Sternen der Sonnenumgebung optisch gemessenen Bewegungen gebraucht werden. Mit diesen Gleichungen können dann die Beobachtungen gedeutet und schließlich die für den Sonnenabstand R_0 gültigen Werte der Rotationskonstanten, die lokalen Rotationsdaten, bestimmt werden.

Die Grundgleichungen für die Rotationseffekte in den Radial- und Tangentialgeschwindigkeiten

Für V_r, die radiale, auf das lokale Zentroid bezogene Komponente der Kreisbahngeschwindigkeit V_k am Ort des Sterns, entnimmt man der Abb. 6.30

$$V_r = V_k \cdot \cos\gamma - V_{k0} \cdot \sin l.$$

Für das Dreieck *FSZ* liefert der Sinussatz

$$\frac{R_0}{R} = \frac{\sin(90° + \gamma)}{\sin l} \quad \text{oder} \quad \cos\gamma = \frac{R_0}{R}\sin l.$$

Führt man noch die Winkelgeschwindigkeiten der Kreisbewegung in den Entfernungen R und R_0 vom Zentrum ein

$$\omega(R) = \frac{V_k}{R}$$

$$\omega_0 = \frac{V_{k0}}{R_0},$$

so erhält man für die Radialgeschwindigkeit V_r

$$V_r = R_0 \left[\omega(R) - \omega_0 \right] \sin l. \tag{6-15}$$

Die tangentiale Komponente V_t der auf das lokale Zentroid bezogenen Kreisbahngeschwindigkeit V_k am Ort des Sterns *F* wird in Richtung wachsender galaktischer Länge l positiv gezählt. Aus Abb. 6.30 liest man ab

$$V_t = V_k \cdot \sin\gamma - V_{k0} \cdot \cos l.$$

545

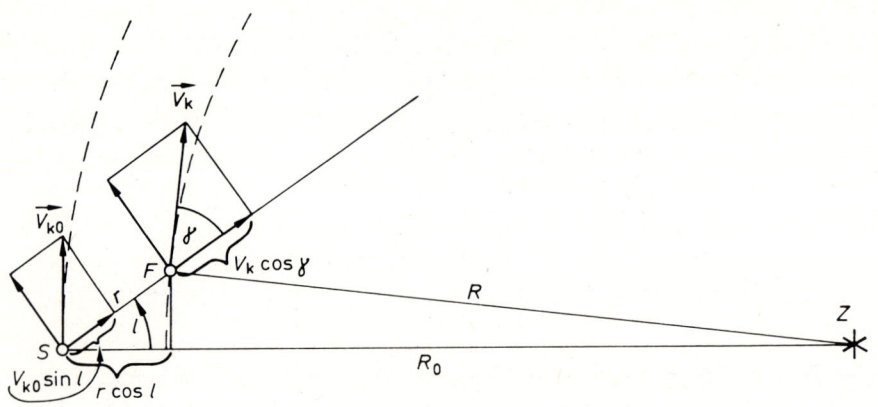

Abb. 6.30 Die Kreisbewegung um das galaktische Zentrum und ihre radialen und tangentialen Komponenten

S	Ort der Sonne
F	Ort eines Sterns in der galaktischen Ebene
Z	galaktisches Zentrum
r	Abstand des Sterns von der Sonne
l	galaktische Länge des Sterns
$\vec{V_k}$	Kreisbahngeschwindigkeit um Z
$\vec{V_{k0}}$	Kreisbahngeschwindigkeit am Ort der Sonne
γ	Winkel zwischen Visionsradius und V_k
R_0, R	Entfernungen der Sonne bzw. des Sterns vom galaktischen Zentrum

Außerdem ergibt sich aus Abb. 6.31

$$R \sin \gamma = R_0 \cdot \cos l - r.$$

Damit erhält man für die Tangentialgeschwindigkeit V_t, wenn man wieder die Bahngeschwindigkeiten und den Winkel γ eliminiert:

$$V_t = R_0 \left[\omega(R) - \omega_0\right] \cos l - r \cdot \omega(R) \tag{6-16}.$$

Die Gleichungen (6-15) und (6-16) gelten für die Kreisbewegungen von Objekten, die sich *in beliebigen Abständen von der Sonne* befinden. Eine direkte Anwendung dieser Grundgleichungen auf die Beobachtungsdaten von Sternen führt nicht zu brauchbaren Resultaten. Man könnte sich denken, daß z.B. Gl. (6-15) den Verlauf von $\omega - \omega_0$ mit R liefert, wenn man ein Material von vielen V_r-Werten so zu Gruppenwerten zusammenfaßt, daß für alle Sterne einer Gruppe die heliozentrischen Polarkoordinaten r und l näherungsweise als gleich angenommen werden können. R ist aus $R_0, r; l$ immer berechenbar; jeder Gruppenwert von V_r würde dann einen Wert von $\omega(R) - \omega_0$ liefern.

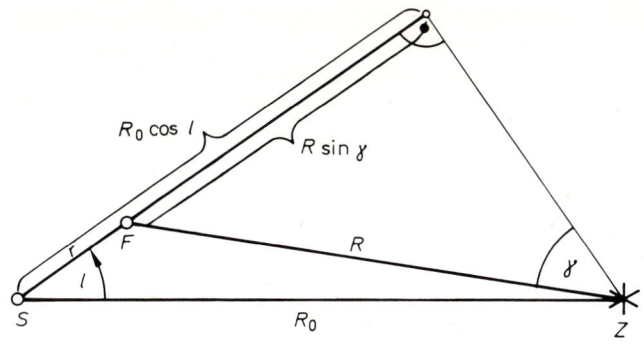

Abb. 6.31 Die Beziehungen zur Herleitung von Gleichung (6-16)

Daß die Resultate dieses Verfahrens kein brauchbares Bild vom Verlauf der Rotationsgeschwindigkeit mit R ergeben, liegt zum Teil an den Beobachtungen. Die Anzahl guter Meßwerte für die Radialgeschwindigkeiten von Sternen in Sonnenentfernungen größer als 2000 pc ist gering und die Entfernungsangaben sind unsicher. Der Hauptgrund scheint aber nicht in Meßresultaten, sondern im Rotationsverhalten der Sterne selbst zu liegen. In vielen Gebieten ist die mittlere Bewegung in einer Kreisbahn, wie sie in den Gl. (6-15) und (6-16) angenommen wird, überlagert von Expansions- oder Kontraktionsbewegungen ganzer Sterngruppen. Diese lokalen Abweichungen von der Kreisbewegung sind zwar klein; sie verfälschen aber die Werte von $\omega(R) - \omega_0$, aus denen eine Rotationskurve über einen größeren R-Bereich abgeleitet werden soll.

Nur zur Ableitung von Rotationsdaten aus den Radiobeobachtungen an Wasserstoffwolken wird die Gl. (6-15) direkt angewendet. Diese Methode wird auf S. 554 ff. beschrieben.

Die Gleichungen von Oort und die Rotationskonstanten A und B

Als im Jahre 1927 der Versuch gemacht wurde, die galaktische Rotation an dem damals vorhandenen Material von Radialgeschwindigkeiten und Eigenbewegungen nachzuweisen, hat J. Oort aus den Grundgleichungen (6-15) und (6-16) zwei neue Beziehungen abgeleitet. Diese Gleichungen von Oort gelten nur für den Bereich der Sonnenumgebung; sie erhalten durch die Beschränkung auf den Abstand $r \leqq 1000\,\mathrm{pc}$ eine sehr einfache Form. Die *Oort-Gleichungen* zeigen unmittelbar, welche beobachtbaren Effekte in Radialgeschwindigkeiten und Eigenbewegungen durch eine Rotation, bei der die Winkelgeschwindigkeit ortsabhängig ist, hervorgerufen werden. Darüber hinaus liegt die Bedeutung der Gleichungen in der Einführung von *zwei Konstanten A* und *B*, durch die die Rotationsbewegung am Ort der Sonne beschrieben wird. Die Oortschen Näherungen beruhen auf einer Vereinfachung in zwei Schritten, die im folgenden so weit beschrieben werden sollen, daß die Näherungsmethode und damit der Gültigkeitsbereich der Gleichungen verständlich werden.

Der erste Schritt macht von der Tatsache Gebrauch, daß in der Umgebung der Sonne bis etwa 2 kpc Entfernung keine Abweichung von einer linearen Beziehung zwischen der Winkelgeschwindigkeit ω und dem Zentrumsabstand R festgestellt werden konnte. Bezeichnet $\left(\dfrac{d\omega}{dR}\right)_0$ die Ableitung der Funktion $\omega(R)$ am Ort der Sonne, so gilt in diesem Bereich näherungsweise

$$\omega_0' = \left(\frac{d\omega}{dR}\right)_0 = \frac{\omega - \omega_0}{R - R_0}. \tag{6-17a}$$

Im zweiten Näherungsschritt wird (vgl. Abb. 6.30) wegen $r \ll R_0$ in dem betrachteten Bereich der Sonnenumgebung

$$R - R_0 = -r \cdot \cos l$$

gesetzt. Kombiniert man dies mit (6-17a), so erhält man

$$\omega - \omega_0 = -\left(\frac{d\omega}{dR}\right)_0 r \cdot \cos l. \tag{6-17b}$$

Der zweite Näherungsschritt ist bedeutend einschneidender als der erste, denn dadurch wird der Gültigkeitsbereich auf 1 kpc Sonnenentfernung reduziert. Diese starke Beschränkung des Anwendungsbereichs war aber nicht nur im Jahre 1927 gerechtfertigt, als Oort mit diesen Gleichungen zuerst einmal nur die differentielle Rotation der Galaxis nachweisen wollte. In ihrer ursprünglichen einfachsten Form wurden die Näherungsgleichungen Jahrzehnte hindurch zur Bestimmung der Rotationskonstanten angewandt, da die individuellen und systematischen Fehler der Beobachtungsdaten keinen weiteren Aufwand gerechtfertigt erscheinen ließen. Inzwischen sind in der Bestimmung dieser Daten Fortschritte erzielt worden, die bei der Weiterbehandlung die Verwendung von strengeren, über den Gültigkeitsbereich der einfachen Oort-Gleichungen hinaus brauchbaren Formeln möglich machen. Auf diese Weise konnten z. B. aus Radialgeschwindigkeiten von Delta-Cephei-Sternen Werte der Kreisbahngeschwindigkeit bestimmt werden, die zur Herleitung der Rotationskurve des galaktischen Systems gebraucht werden (s. S. 554 und 557). Zum Verstehen der optisch beobachtbaren Rotationseffekte bilden die ursprünglichen Oort-Gleichungen auch weiterhin den besten Zugang.

Die Oortsche Rotationsgleichung für die Radialgeschwindigkeiten V_r

Aus (6-15) erhält man mit (6-17b)

$$V_r = -R_0 r \left(\frac{d\omega}{dR}\right)_0 \sin l \cdot \cos l, \tag{6-18}$$

$$\text{oder } V_r = -\frac{1}{2} R_0 r \left(\frac{d\omega}{dR}\right)_0 \sin 2\, l. \tag{6-19}$$

Die Oortsche Rotationsgleichung für die Tangentialgeschwindigkeiten V_t

Aus (6-16) erhält man mit (6-17b)

$$V_t = -R_0 r \left(\frac{d\omega}{dR}\right)_0 \cos^2 l - \omega_0 r + r^2 \cos l \left(\frac{d\omega}{dR}\right)_0. \tag{6-20}$$

Geht man auch hier zum doppelten Winkel über und vernachlässigt wegen $r \ll R_0$ das Glied mit r^2, so folgt aus (6-20):

$$V_t = -\frac{1}{2} R_0 r \left(\frac{d\omega}{dR}\right)_0 \cos 2l - \frac{1}{2} R_0 r \left(\frac{d\omega}{dR}\right)_0 - \omega_0 r. \qquad (6\text{-}21)$$

Berücksichtigt man hier noch die Beziehungen

$$\omega_0 = \frac{V_{k0}}{R_0}, \quad \left(\frac{d\omega}{dR}\right)_0 = \left[\frac{d}{dR}\left(\frac{V_k}{R}\right)\right]_0,$$

also

$$\left(\frac{d\omega}{dR}\right)_0 = \frac{1}{R_0}\left[\left(\frac{dV_k}{dR}\right)_0 - \frac{V_{k0}}{R_0}\right]$$

und setzt

$$A = -\frac{1}{2} R_0 \left(\frac{d\omega}{dR}\right)_0 \qquad = \frac{1}{2}\left[\frac{V_{k0}}{R_0} - \left(\frac{dV_k}{dR}\right)_0\right]$$

$$B = -\frac{1}{2} R_0 \left(\frac{d\omega}{dR}\right)_0 - \omega_0 = -\frac{1}{2}\left[\frac{V_{k0}}{R_0} + \left(\frac{dV_k}{dR}\right)_0\right], \qquad (6\text{-}22)$$

so erhalten die Gleichungen (6-19) und (6-21) die einfache Form

$$V_r = A \cdot r \cdot \sin 2l \qquad (6\text{-}19*)$$

$$V_t = r \left(A \cdot \cos 2l + B\right). \qquad (6\text{-}21*)$$

Die durch die Beziehungen (6-22) definierten Koeffizienten A und B sind die *Oortschen lokalen Rotationskonstanten*. Für sie folgt aus (6-22)

$$A + B = -\left(\frac{dV_k}{dR}\right)_0$$

$$A - B = \frac{V_{k0}}{R_0} = \omega_0. \qquad (6\text{-}23)$$

Mit Gl. (6-8) von S. 529 kann in (6-21 *) statt der Tangentialgeschwindigkeit V_t die beobachtbare Eigenbewegungskomponente μ_l parallel zum galaktischen Äquator eingeführt werden. Dann ergibt sich

$$\mu_l = A \cdot \cos 2l + B. \qquad (6\text{-}21**)$$

Die Oort-Gleichungen und die Beobachtungen

In den Gl. (6-19*) und (6-21**) haben die Oortschen Rotationsgleichungen diejenige Gestalt, in der sie den Nachweis der differentiellen Rotation und die Bestimmung von A und B aus Radialgeschwindigkeiten und Eigenbewegungen gestatten. Der Zusammenhang zwischen V_r und μ_l auf der einen und r und l auf der anderen Seite, der durch die Beobachtungsergebnisse bestätigt wird, ist durch die Abb. 6.32 bis 6.36 anschaulich dargestellt. In Abb. 6.32 ist zunächst das Strömungsfeld der differentiellen Rotation in Sonnenumgebung gezeichnet. Für den Ort der Sonne S und für acht Punkte, die in der galaktischen Ebene im Abstand 1000 pc

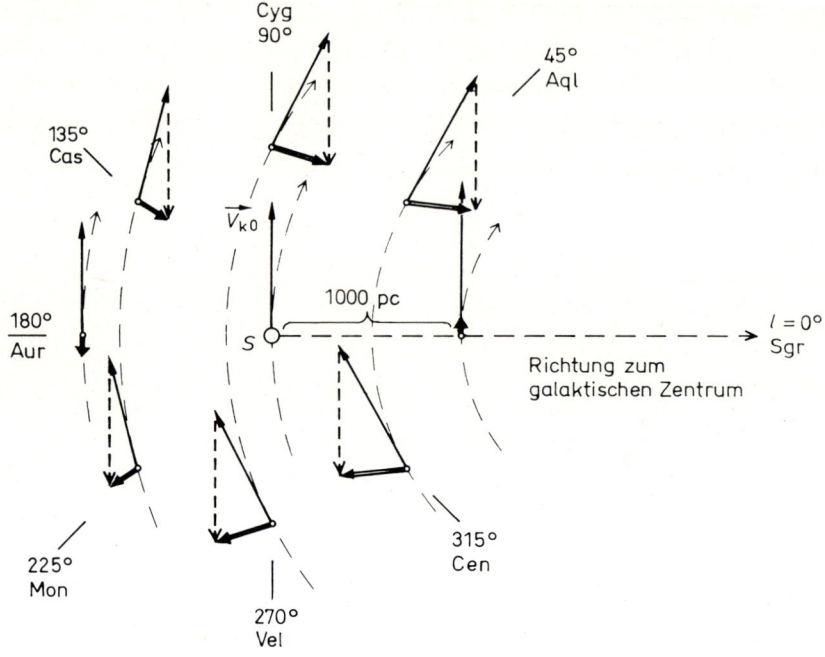

Abb. 6.32 Galaktische Rotation in der Umgebung der Sonne. → Kreisbahngeschwindigkeit $\vec{V_k}$ in der galaktischen Ebene, bezogen
auf das Rotationszentrum. ⇒ Geschwindigkeiten $\vec{V_k} - \vec{V_{k0}}$,
bezogen auf das lokale Zentroid, – – → – $\vec{V_{k0}}$. Die Gradzahlen
bedeuten galaktische Längen; hinzugefügt sind die Abkürzun-
gen der Sternbilder, durch die der galaktische Äquator an
diesen Stellen verläuft.

von S liegen, stellen die einfachen Pfeile die mit wachsendem Zentrumsabstand abnehmenden Kreisbahngeschwindigkeiten $\vec{V_k}$ dar, so wie ein Beobachter im galaktischen Zentrum den Bewegungsvorgang wahrnehmen würde. Subtrahiert man von
diesen Pfeilen die Kreisbahngeschwindigkeit $\vec{V_{k0}}$ am Ort der Sonne, so erhält man
die mit Doppelpfeilen gekennzeichneten Geschwindigkeiten relativ zum lokalen
Zentroid. In den Abb. 6.33 und 6.34 ist jeder dieser acht Doppelpfeile in seine
radiale und tangentiale Komponente, $\vec{V_r}$ und $\vec{V_t}$, zerlegt.

Die Radialgeschwindigkeiten

Die Abb. 6.33 zeigt die Änderungen der Radialgeschwindigkeiten V_r mit der galaktischen Länge, so wie sie näherungsweise durch die Oort-Gleichungen (6-19*) beschrieben sind. Die Werte von V_r durchlaufen eine Doppelwelle, während l von $0°$ bis
$360°$ geht. Die beiden Kurven der Abb. 6.35 zeigen den vollständigen Sachverhalt.
Die Amplitude ist $A \cdot r$; sie ist also direkt proportional dem Abstand von der Sonne.

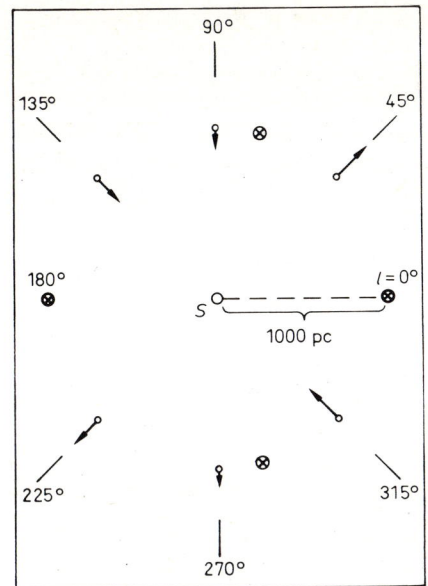

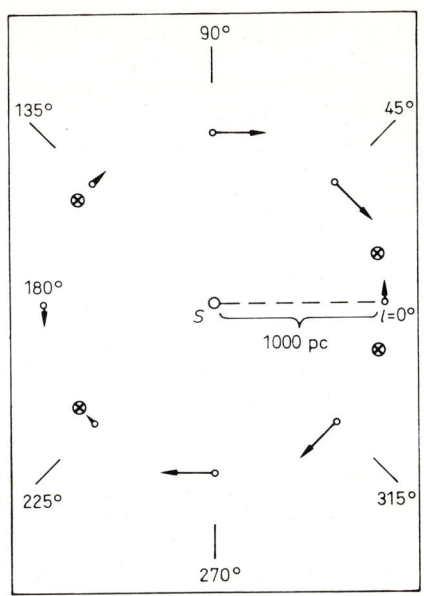

Abb. 6.33 Die radialen Komponenten V_r der auf das lokale Zentroid bezogenen Geschwindigkeitsvektoren der Abb. 6.32 ($\otimes$ bedeutet $V_r = 0$)

Abb. 6.34 Die tangentialen Komponenten V_t der auf das lokale Zentroid bezogenen Geschwindigkeitsvektoren der Abb. 6.32 ($\otimes$ bedeutet $V_t = 0$).

Die Oort-Konstante A gibt den Wert der Amplitude für die Einheitsentfernung; durch Konvention ist diese Einheitsentfernung gleich 1000 pc = 1 kpc gesetzt. A wird mit Gl. (6-19*) aus Radialgeschwindigkeiten bestimmt. Die V_r-Kurven für $r = 500$ pc und 1000 pc in Abb. 6.35 sind mit $A = +15$ (km/s) kpc^{-1} gezeichnet.

Die Analyse der beobachteten Radialgeschwindigkeiten ergibt das in Gl. (6-19*) ausgedrückte und in Abb. 6.35 dargestellte Verhalten. Dabei werden die auf das lokale Zentroid bezogenen einzelnen Radialgeschwindigkeiten der Sterne einer bestimmten Entfernung in Gruppen nach galaktischer Länge zu Mittelwerten zusammengefaßt. Ursprünglich wurde bei der Rotationsanalyse der Radialgeschwindigkeiten auch die – jetzt mit $l_0 = 0°$ bezeichnete – Richtung zum Zentrum der Bewegung als Unbekannte behandelt; es ergab sich für l_0 der schon aus Stern- und Kugelhaufen-Verteilung bekannte Wert. Seit 1958 hat die galaktische Länge, die der Richtung zum Zentrum des Milchstraßensystems entspricht, durch Definition den Wert 0° zugewiesen bekommen.

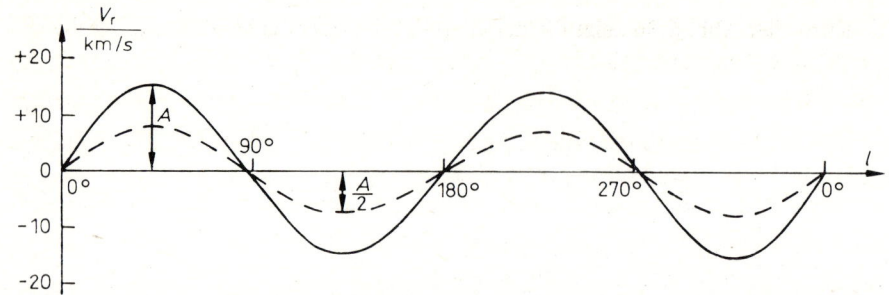

Abb. 6.35 Galaktische Rotation. Abhängigkeit des Betrages der Radialgeschwindigkeit V_r von der galaktischen Länge l für $r = 1000\,\mathrm{pc}$
(ausgezogene Kurve) und $r = 500\,\mathrm{pc}$ (gestrichelte Kurve).

Die Eigenbewegungen

Die Abb. 6.34 zeigt die tangentialen Komponenten der auf die Sonne bezogenen
Rotationsgeschwindigkeiten aus Abb. 6.32. Die zugehörige Oort-Gleichung ist
Gl. (6-21∗). Auch die Werte der Tangentialgeschwindigkeiten durchlaufen eine Doppelwelle mit l; die Phasenverschiebung zwischen (6-19∗) und (6-21∗) beträgt 45°.
Die Gl. (6-21∗) für V_t und die entsprechende Gl. (6-21∗∗) für die Eigenbewegungs-
komponente μ_l haben ein additives Glied mit dem Koeffizienten $B = A - \omega_0$. Die
Bedeutung dieses Gliedes geht aus Abb. 6.36 hervor. Beim Übergang von (6-21∗)
nach (6-21∗∗) verschwindet der Faktor r; die Amplitude der Doppelwelle in μ_l ist
also unabhängig von der Entfernung der Sterne von der Sonne. Die tangentialen
Geschwindigkeitskomponenten V_t sind zur Entfernung r direkt proportional. Ihren
Zusammenhang mit den Eigenbewegungen liefert Gl. (6-8). Die Konstanten A und B
werden in der Einheit $(\mathrm{km/s}) \cdot \mathrm{kpc}^{-1}$ angegeben. Drückt man die Oort-Konstanten in
der für Eigenbewegungen üblichen Einheit $''/\mathrm{a}$ aus, so werden sie mit P bzw. Q bezeichnet.

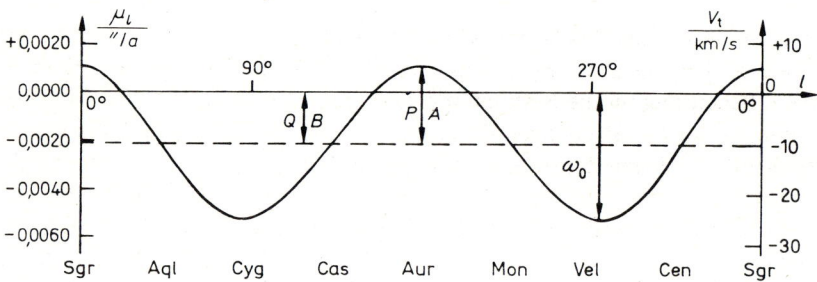

Abb. 6.36 Galaktische Rotation. Abhängigkeit der Eigenbewegungskomponente μ_l (linke Ordinatenachse) und der Tangentialgeschwindigkeit V_t (für $r = 1000\,\mathrm{pc}$; rechte Ordinatenachse)
von der galaktischen Länge l.

Die Kurve der Abb. 6.36 zeigt die der Gl. (6-21 **) entsprechende Doppelwelle der μ_l mit l. Die Konstanten sind:

$$A = +15 \ (\text{km/s}) \ \text{kpc}^{-1},$$
$$B = -10 \ (\text{km/s}) \ \text{kpc}^{-1},$$
$$P = +0,0032 \ ''/\text{a},$$
$$Q = -0,0021 \ ''/\text{a},$$
$$P - Q = \omega_0 = 0,0053 \ ''/\text{a}.$$

Die Werte der lokalen Rotationsdaten

Die kinematische Bedeutung der Oort-Konstanten A und B ist aus den Beziehungen (6-22) und (6-23) zu ersehen. Beide Konstanten sind lokale Größen; sie gelten nur für die Umgebung der Sonne, also im Bereich $r \leq 1$ kpc. $A + B$ ist die Ableitung der Kreisbahngeschwindigkeit V_k nach der Zentrumsentfernung R. Mit den oben gegebenen Werten von A und B ist

$$\left(\frac{\mathrm{d}V_k}{\mathrm{d}R}\right)_0 = -5 \ \frac{\text{km/s}}{\text{kpc}}.$$

Das Minuszeichen zeigt an, daß in Sonnenumgebung die Kreisbahngeschwindigkeit mit wachsendem R abnimmt. $A - B$ ist die Winkelgeschwindigkeit ω_0.

Die in den Oort-Gleichungen geforderten *Eigenschaften des Rotations-Strömungs-feldes* werden durch die beobachteten Radialgeschwindigkeiten und Eigenbewegungen sehr gut dargestellt. Es sind Doppelwellen über dem Verlauf der galaktischen Länge von 0° bis 360°; die Phasen zeigen die Richtung zum galaktischen Zentrum an. Die Amplitude der V_r-Welle ist proportional zu r; die μ_l-Welle ist zu negativen Werten verschoben. — Dagegen sind die *Zahlenwerte der Koeffizienten* $A \ (\omega_0', R_0)$ und $B \ (\omega_0, \omega_0', R_0)$ bisher noch nicht mit großer Sicherheit bestimmbar. Dementsprechend unsicher sind auch die Werte der Rotationsgeschwindigkeiten ω_0, V_{k0} und ihrer Ableitungen (nach R) ω_0', V_{k0}'.

A kann am besten aus Radialgeschwindigkeiten, aber auch aus Eigenbewegungen erhalten werden. Die aus Eigenbewegungen abgeleiteten Werte von B sind unsicher. Größere Bedeutung für die Bestimmung von B hat eine — hier nicht behandelte — Methode, in der die Streuungen der individuellen Geschwindigkeiten der Sterne gegenüber dem lokalen Zentroid verwendet werden.

Der Abstand R_0 der Sonne vom galaktischen Zentrum wird am besten bestimmt aus den Dimensionen des Systems der Kugelsternhaufen und aus der Häufigkeitsverteilung von RR Lyrae-Sternen in Richtung zum Zentrum. Die Kugelhaufen-Methode ist auf S. 475 behandelt. Die Genauigkeit dieser Methoden ist naturgemäß nicht sehr hoch, da die räumliche Dichte beider Gruppen von Objekten lokale Schwankungen aufweist. Gegenwärtig wird R_0 zu 10 kpc angenommen.

Der Wert der Kreisbahngeschwindigkeit V_{k0} am Ort der Sonne könnte nach der zweiten Beziehung (6-23) aus A, B und R_0 allein bestimmt werden. Wegen der Unsicherheit, mit der der Wert von B behaftet ist, ergänzt man jedoch in der Praxis diese Methode durch ein anderes, unabhängiges Verfahren. Man bestimmt V_{k0} aus der Bewegung der Sonne relativ zur Gesamtheit der benachbarten Sternsysteme. Dies sind Objekte, die nicht an der galaktischen Rotation teilnehmen. Aus den Radialgeschwindigkeiten dieser Systeme erhält man den mittleren Betrag V_{k0} = 250 km/s. Mit R_0 = 10 kpc wird die Umlaufsdauer der Sonne um das galaktische Zentrum

$$T_0 = 2{,}5 \cdot 10^8 \text{ Jahre.}$$

Die Werte von A und B sind auf S. 553 angegeben. Diese A- und B-Werte erfüllen zusammen mit den eben genannten Zahlen für R_0 und V_{k0} die zweite Gleichung (6-23). Die vier Konstanten bilden also mit diesen Werten ein in sich *widerspruchsfreies Datensystem*; doch ist jede der vier Größen noch stark verbesserungsbedürftig. Fortschritte können nur langsam erzielt werden; der Grund hierfür liegt in Schwierigkeiten, die für alle Zweige der astronomischen Forschung typisch sind. Alle Beobachtungsdaten sind mit individuellen und systematischen Fehlern behaftet und alle Beschreibungen von Zuständen und Vorgängen im Universum müssen Schritt für Schritt aus einfachen Anfangsmodellen, die noch nicht der komplizierten Wirklichkeit entsprechen, entwickelt werden.

6.3.6 Die Rotationskurve

Die Größen A, B, V_{k0}, ω_0 kennzeichnen die galaktische Rotation am Ort der Sonne. Die Radioastronomie hat es ermöglicht, Werte der Kreisbahngeschwindigkeit $V_k(R)$ für Abstände vom galaktischen Zentrum zu bestimmen, die zwischen R = 3 kpc und dem Sonnenabstand R_0 = 10 kpc liegen. Die aus diesen Beobachtungen abgeleitete *Rotationskurve* für V_k in Abhängigkeit von R wird ab 8 kpc ergänzt und über den Sonnenabstand hinaus bis etwa 13 kpc fortgeführt durch Resultate, die aus Radialgeschwindigkeiten von Delta-Cephei-Sternen erhalten wurden. Sowohl die Radio- als auch die optischen Beobachtungen liefern zunächst Geschwindigkeitsdifferenzen $V_k(R) - V_{k0}$ für Punkte, deren Abstand R vom galaktischen Zentrum bekannt ist. Aus diesen Differenzen wird mit einem bekannten Wert von V_{k0} die Rotationskurve des galaktischen Systems konstruiert, die in ihrem Aussehen der in Abb. 6.20b (S. 527) gegebenen Rotationskurve des Spiralsystems M 81 ähnelt. Diese Kurve für die Kreisbahngeschwindigkeiten bietet dann die Möglichkeit, Modelle für die Massenverteilung des Systems zu entwickeln.

Die Radiobeobachtungen, aus denen die V_k-Werte abgeleitet werden, sind Radialgeschwindigkeitsmessungen an Wasserstoffwolken in der galaktischen Ebene. Die Beobachtungen der Emissionslinie des neutralen Wasserstoffs bei der Wellenlänge

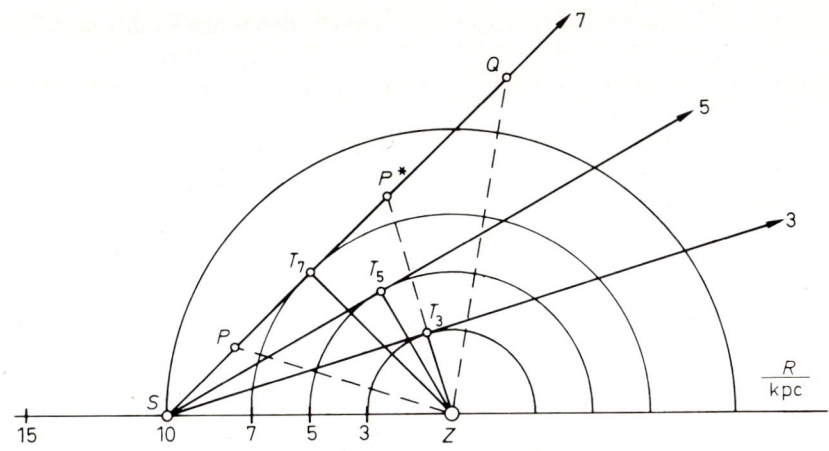

Abb. 6.37 Zur Bestimmung der Rotationsgeschwindigkeit des interstellaren Wasserstoffs mit der Tangentialpunkt-Methode.

21,1 cm und der Mechanismus der Linienentstehung wurden bereits auf S. 498 f. besprochen. In Abb. 6.37 ist eine Hälfte der galaktischen Ebene dargestellt. Von der Sonne S gehen drei Sehstrahlen aus, die mit 3, 5, 7 bezeichnet sind. Längs dieser Sehstrahlen werden mit einer Radioantenne und einem Hochfrequenzspektrometer Profile der 21 cm-Wasserstofflinie aufgenommen. Ein idealisiertes solches Profil ist in Abb. 6.38 gezeichnet; es soll zum Sehstrahl 7 gehören. Die Kurve gibt die empfangene Energie, in einem willkürlichen Maßstab, über der Wellenlänge λ. Jedes der drei Maxima Q, P^*, T der Kurve stammt von einer großen Wasserstoff-Wolke, die – in zunächst unbekannter Entfernung von S – auf dem Sehstrahl 7 liegt. Die exakte Wellenlänge der Linie ist $\lambda = 21{,}1050$ cm; die zugehörige Frequenz ist $f = 1420{,}4056$ MHz. Die Verschiebungen $\Delta\lambda$ der Maxima Q, P^*, T gegen $\lambda = 21{,}1050$ cm sind eine Folge des Doppler-Effektes; sie zeigen an, daß die Wasserstoffwolken Geschwindigkeiten in Richtung des Visionsradius haben. Das Verfahren zur Bestimmung der Kreisgeschwindigkeiten $V_k(R)$ beruht darauf, daß für jeden Sehstrahl das maximale $\Delta\lambda$ des Profils einem bestimmten Punkt auf diesem Sehstrahl zugeordnet werden kann. In Abb. 6.37 sind diese Punkte mit T_3, T_5, T_7 bezeichnet; das Verfahren heißt „Tangentialpunkt-Methode".

Auch die interstellare Materie nimmt, wie die Sterne, an der galaktischen Rotation teil. Für die der Radiobeobachtung durch das ganze System hindurch zugänglichen Wasserstoffwolken wird angenommen, daß sie sich – ähnlich wie die Fixsterne – im wesentlichen auf Kreisbahnen um das Zentrum bewegen. Diese Annahme der dominierenden Kreisbewegung ist bei den Wasserstoffwolken eine noch stärkere Idealisierung als bei den Sternen. Die Berechtigung zu diesem Vorgehen liegt auch hier in der Tatsache, daß man die wahren Bewegungen nur erforschen kann, indem man ein in der Grundvorstellung richtiges Ausgangsmodell an denjenigen Orten modifiziert,

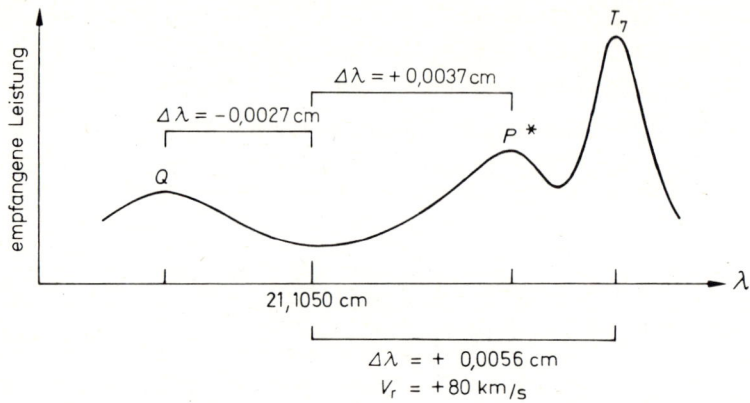

Abb. 6.38 Idealisiertes Profil der 21 cm-Strahlung in Richtung des Sehstrahls 7 von Abb. 6.37.

wo die Beobachtungsresultate auf lokale Abweichungen vom Modell hinweisen. Ausgehend von der in erster Näherung richtigen Darstellung der Rotation durch Kreisgeschwindigkeiten können die komplizierten Bewegungen der interstellaren Gaswolken erforscht werden; sie zeigen großräumige radiale und lokale Strömungen.

Die sehr einfache Tangentialpunktmethode zur Bestimmung der Kreisbahngeschwindigkeiten $V_k(R)$ kann mit Gl. (6-15) und Abb. 6.39 verstanden werden. Im Bereich der galaktischen Längen 20° bis 65° und 295° bis 340° wird auf jedem Sehstrahl im Profil der 21 cm-Strahlung eine gut ausgeprägte Maximalverschiebung $\Delta\lambda$ gemessen; anschließend brechen die Profile ziemlich steil ab. In Abb. 6.38 ist das maximale $\Delta\lambda$ gleich +0,0056 cm; die aus der Dopplerformel berechnete zugehörige Radialgeschwindigkeit ist

$$(V_r)_{max} = +80 \text{ km/s}.$$

Wenn die Winkelgeschwindigkeit der Rotation mit wachsendem R abnimmt, ist dieses $(V_r)_{max}$ in Abb. 6.37 und 6.39 dem Punkt T_7 zuzuordnen, in dem der Sehstrahl die Kreisbahn um Z tangiert und damit den kleinsten Abstand vom Zentrum hat. In jedem Punkt T liegt die Kreisgeschwindigkeit V_k in ihrem vollen Betrag auf dem Sehstrahl; dadurch erreichen die Radialgeschwindigkeiten V_r der auf dem betreffenden Sehstrahl liegenden Wasserstoffwolken immer in T ihren Maximalwert $(V_r)_{max}$. Der Abstand jedes Punktes T vom Zentrum ist $R = R_0 \sin l$. Damit erhält man aus Gl. (6-15) für die maximale Radialgeschwindigkeit im Punkt T

$$(V_r)_{max} = (V_k)_T - V_{k0} \sin l. \tag{6-24}$$

Die $(V_k)_T$ sind die Kreisbahngeschwindigkeiten, die aus den Linienprofilen der 21 cm-Strahlung mit der Tangentialpunktmethode bestimmt werden sollen. Mit $V_{k0} = 250$ km/s ist für den Sehstrahl Nr. 7

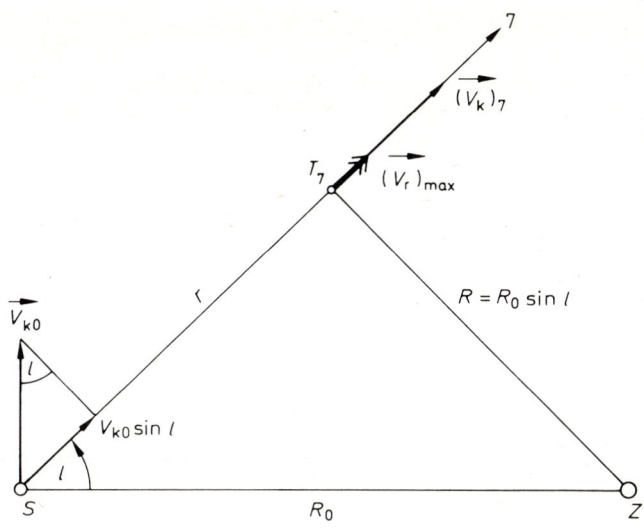

Abb. 6.39 Zur Tangentialpunktmethode; Sehstrahl 7 aus Abb. 6.37.

$V_{k0} \cdot \sin l = 175$ km/s.

Aus dem Linienprofil der Abb. 6.38 wurde $(V_r)_{max} = +80$ km/s abgeleitet. Damit erhält man für die Kreisbahngeschwindigkeit im Zentrumsabstand $R = 7$ kpc

$$(V_k)_7 = 175 \text{ km/s} + 80 \text{ km/s} = 255 \text{ km/s}.$$

Die Abb. 6.40 zeigt die Rotationskurve für die *Kreisbahngeschwindigkeit* V_k und die daraus abgeleitete Kurve für die *Winkelgeschwindigkeit* ω. Die Grundlage für die V_k-Kurve bilden die Radioprofile der 21 cm-Linie und die Rotationsgeschwindig-keiten von Delta-Cephei-Sternen. Der glatte Verlauf der gezeichneten Kurve stellt gegenüber den Beobachtungsresultaten eine Vereinfachung dar: Die beobachteten Radialgeschwindigkeiten des Wasserstoffs zeigen lokale Schwankungen; sie rühren hauptsächlich von den schon erwähnten radialen Strömungen des interstellaren Gases her, die an einzelnen Stellen Abweichungen von der Kreisbahngeschwindig-keit bis zu ± 10 km/s bewirken können. Die Ergänzung der Radioresultate durch die Radialgeschwindigkeiten von Sternen im rechten Teil der Kurve ist äußerst wichtig, da es im Bereich $R > R_0$ auf den von S ausgehenden Sehstrahlen keine Tangential-punkte gibt (s. Abb. 6.37). Die V_k-Kurve steigt vom Wert 200 km/s bei 3 kpc bis zu einem flachen Maximum mit 260 km/s bei 8 kpc; dann fällt sie über den Wert $V_{k0} = 250$ km/s am Ort der Sonne langsam nach außen ab.

In den Außenbereichen des Sternsystems wird die Massendichte mit wachsendem R immer geringer; damit wird asymptotisch der Zustand erreicht, daß die Sterne sich so bewegen, als wäre nur die innerhalb ihrer Bahn liegende Masse des Systems vor-

557

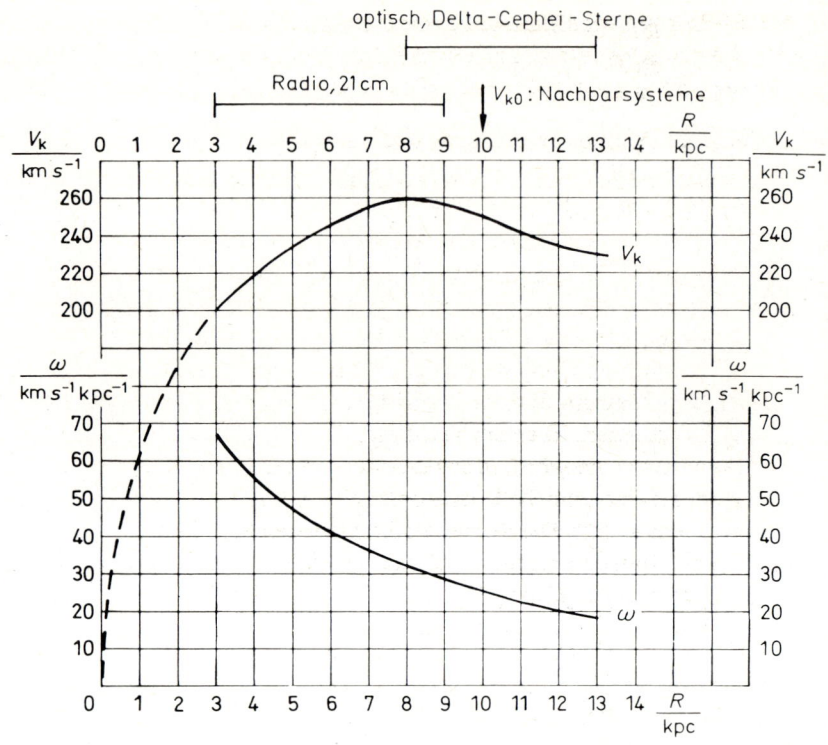

Abb. 6.40 Die Rotationskurven für Objekte in der galaktischen Ebene.
Kreisbahngeschwindigkeit V_k und Winkelgeschwindigkeit
$$\omega = \frac{V_k}{R}$$

handen und im Zentrum konzentriert. Dies bedeutet, daß die Bewegungen der
Sterne mit $R \to \infty$ immer besser den Keplerschen Gesetzen gehorchen. Ist m die
Gesamtmasse des Systems, so gilt für eine Kreisbahn mit dem Radius R und der
Umlaufdauer T insbesondere das dritte Keplersche Gesetz (vgl. Bd. I, S. 92–93)

$$\frac{R^3}{T^2} = \frac{G \cdot m}{4\pi^2} \, .$$

G ist die Gravitationskonstante. Für die Kreisbahngeschwindigkeit $V_k = \dfrac{2\pi R}{T}$ folgt
daraus: $V_k \sim R^{-1/2}$. Im Bereich der in Abb. 6.40 gezeichneten V_k-Kurve ist dies
noch nicht der Fall; die Kurve müßte bei Kepler-Bewegung mit wachsendem R steiler abfallen. Diese Feststellung hat besonders als Aussage für die Umgebung der
Sonne ($R_0 = 10$ kpc) Bedeutung. Hier ist offenbar die Massendichte noch so groß,
daß der sog. Kepler-Teil der Rotationskurve noch nicht erreicht ist.

Die Winkelgeschwindigkeit ω nimmt im ganzen von Beobachtungen überdeckten Bereich von 3 kpc bis 13 kpc monoton ab. Die Umlaufdauer T um das galaktische Zentrum wächst dementsprechend monoton.

Die in Abb. 6.40 gestrichelt gezeichnete V_k-Kurve zwischen 0 und 3 kpc ist eine Extrapolation; sie stützt sich auf beobachtete Rotationskurven von nahen außergalaktischen Systemen, die im inneren Teil des Systems einen steilen Anstieg der Bahngeschwindigkeit zeigen. Die Beobachtung des *Bewegungszustandes im Zentralbereich* des galaktischen Systems unterliegt mehreren Schwierigkeiten. Im Winkelbereich der galaktischen Längen $0° \pm 15°$ befinden sich, integriert über den ganzen Sehstrahl, sehr große Mengen von Wasserstoff, die sich überwiegend tangential bewegen. Daher sind Doppler-Verschiebungen in den Profilen der 21 cm-Linie, die in Richtung Zentrum und im benachbarten Winkelbereich beobachtet werden, schwer zu erkennen. In einem Teil dieser Profile heben sich sehr große Geschwindigkeiten heraus; sie scheinen anzuzeigen, daß die Gaswolken im Zentralgebiet des Sternsystems eine schnelle Rotationsbewegung ausführen, die von Expansionsbewegungen überlagert ist. Die Sterne des Zentralbereiches, die in diesem Gebiet mehr als 99% der Masse ausmachen, nehmen wahrscheinlich an den vom Gas angezeigten starken Bewegungen nicht teil. Das auf die einzelnen Sterne wirkende Gravitationsfeld hat im innersten Teil des Systems völlig andere Eigenschaften als im ganzen übrigen System. Die Anziehung der innerhalb dieser Sterne gelegenen Zentralmasse ist relativ gering. Andererseits ist die gegenseitige Anziehung der einander nahe benachbarten Sterne sehr stark; bei der viel geringeren Raumdichte der Sterne in den äußeren Bereichen des Systems dürfen die Effekte gegenseitiger Anziehung vernachlässigt werden.

6.3.7 Die Gesamtmasse des galaktischen Systems und die Massenverteilung

Die aus Beobachtungen erhaltene Rotationskurve kann dazu verwendet werden, Informationen über die Gesamtmasse des galaktischen Systems und über die Verteilung dieser Masse, also über die räumliche Dichte der Materie, abzuleiten. Die einzelnen Schritte des Weges von der Rotationskurve zu Werten von Masse und Massenverteilung werden hier nur soweit angedeutet, daß die Physik des Verfahrens verstanden werden kann.

Wenn sich ein Stern der Masse m_s mit der Geschwindigkeit V_k auf einer Kreisbahn mit dem Radius R um das galaktische Zentrum bewegt, so darf die resultierende Gravitationskraft $F(R)$ des gesamten Sternsystems nirgends eine tangentiale Komponente haben; $F(R)$ muß also eine Zentripetalkraft sein. Dann gilt

$$F(R) = \frac{m_s}{R} V_k^2. \tag{6-25}$$

Mit dem Verlauf der Kreisbahngeschwindigkeit V_k ist also auch der Verlauf der Gravitationskraft $F(R)$ bekannt. Andererseits ist $F(R)$ durch die Massenverteilung im galaktischen System bestimmt. Dieser Zusammenhang, mit dem man aus dem bekannten $F(R)$ den Verlauf der Materiedichte $\rho(R)$ abzuleiten sucht, soll am einfachsten Modell eines inhomogenen Körpers, einer Kugel mit kugelsymmetrischer Massenverteilung erklärt werden. In diesem Fall rührt die Gravitationskraft nur von der Masse $m(R)$ her, die sich in der Kugel mit dem Radius R innerhalb der Sternbahn befindet (siehe den Hilfssatz Bd. I, S. 322). Diese Masse ist

$$m(R) = 4\pi \int_0^R R^2 \rho(R)\, \mathrm{d}R .$$

Außerdem hat $F(R)$ den gleichen Betrag, wie wenn $m(R)$ im Zentrum der Bahn konzentriert wäre. Dann ist nach dem Newtonschen Gravitationsgesetz (vgl. Bd. I, S. 88, Gl. 2-9)

$$F(R) = G\, \frac{m_s}{R^2}\, 4\pi \int_0^R R^2 \rho(R)\, \mathrm{d}R. \qquad (6\text{-}26)$$

Die Gleichung (6-26) gibt an, welchen Verlauf mit R die Gravitationskraft nimmt, wenn die Dichteverteilung der Materie gegeben ist. Die umgekehrte Aufgabe, aus einem durch Gl. (6-25) aus den Kreisbahngeschwindigkeiten bekannten $F(R)$ die Masse und Massenverteilung zu ermitteln, ist dadurch lösbar, daß man $F(R)$ und $\rho(R)$ in Potenzreihen entwickelt und die unbekannten Koeffizienten von ρ aus den bekannten Koeffizienten der F-Entwicklung berechnet.

Wenn man die *Massenverteilung im Milchstraßensystem* aus der beobachteten Rotationskurve bestimmen will, hat man eine ähnliche – nur etwas kompliziertere – Aufgabe zu lösen, wie sie hier für den einfachen Fall der inhomogenen Kugel beschrieben wurde. Die Lösung gelingt durch die Konstruktion von „*Massenmodellen*" für das galaktische System. Ein solches Massenmodell wird dadurch gebildet, daß eine Reihe möglichst einfacher Körper, deren Gravitationskräfte $F(R)$ angebbar sind, ineinandergeschachtelt werden. Die Einzelkörper sind meist abgeplattete Ellipsoide mit räumlich variierender Dichte. Masse und Massenverteilung jedes dieser Körper werden so gewählt, daß die beobachteten Rotationswerte durch die Gravitationswirkung des Gesamt-Massenmodells möglichst gut dargestellt werden.

Maarten Schmidt hat im Jahre 1965 ein besonders einfaches, nur aus *drei Teilen bestehendes Milchstraßenmodell* aufgebaut. Durch dieses Modell werden die beobachtete Rotationskurve und der durch die Oort-Konstanten A und B gekennzeichnete Bewegungszustand am Sonnenort sehr gut dargestellt. Die drei Bestandteile dieses Massenmodells sind

1. Eine Punkt-Masse im Zentrum:

$$m_1 = 0{,}07 \cdot 10^{11} \, m_\odot.$$

2. Ein stark abgeplattetes Rotationsellipsoid, dessen kleine Halbachse, die Rotationssymmetrieachse, senkrecht auf der galaktischen Ebene steht und 0,5 kpc lang ist, während die große Halbachse die Länge 10 kpc hat. Seine Dichte nimmt vom Zentrum nach außen ab; der Dichteverlauf ist normiert durch den Wert der Materiedichte am Ort der Sonne, die im Schmidt-Modell zu $0{,}15 \, m_\odot/\mathrm{pc}^3$ angenommen wird (siehe dazu auch die Angabe auf S. 479). Die Masse des Rotationsellipsoids ist

$$m_2 = 0{,}82 \cdot 10^{11} \, m_\odot.$$

3. Eine dem Ellipsoid ähnliche Hülle, die das Rotationsellipsoid im Bereich $R > R_0$ umgibt, mit nach außen stark abfallender Dichte und der Masse

$$m_3 = 0{,}93 \cdot 10^{11} \, m_\odot.$$

Die *Gesamtmasse des Systems* wird damit

$$m_1 + m_2 + m_3 = 1{,}8 \cdot 10^{11} \, m_\odot.$$

Der Verlauf der Massendichte in der galaktischen Ebene ist in Tab. 6.13 durch einige Werte gekennzeichnet.

Tab. 6.13 Verlauf der Massendichte (in der galaktischen Ebene) im Rotationsellipsoid des galaktischen Modells von M. Schmidt (1965)

$\dfrac{R}{\text{kpc}}$	$\dfrac{\rho}{m_\odot/\mathrm{pc}^3}$
0,5	8,0
1,0	4,0
1,5	2,6
2,0	1,9
4,0	0,90
6,0	0,52
8,0	0,30
10,0	0,15

Massenmodelle von solch einfachem Aufbau können immer nur eine erste Annäherung an die Wirklichkeit darstellen. Der weitaus größte Teil der Milchstraßenmaterie ist für uns unbeobachtbar und entzieht sich deshalb einer direkten Abschätzung seiner Masse. Unter näherungsweise richtigen Voraussetzungen – Vorhandensein einer Symmetrieebene, achsialsymmetrische Materieverteilung – werden durch die Modelle aus den Bewegungen von nahen Sternen und von Gaswolken, die der Radiobeobachtung zugänglich sind, Werte für Gesamtmasse und Massenverteilung des Sternsystems erhalten. In diesen, den ganzen nichtbeobachtbaren Bereich des Systems mit umfassenden Resultaten liegt die Bedeutung der Massenmodelle.

6.3.8 Die Spiralstruktur

Die 21 cm-Beobachtungen der Wasserstoffwolken liefern nicht nur die Rotationskurve, sondern auch Kenntnisse über die *Verteilung des interstellaren Gases* in großen
Teilen des Sternsystems. Die Rotationskurve kommt dadurch zustande, daß in vielen
Profilen der 21 cm-Linie das Intensitätsmaximum mit der größten Dopplerverschiebung $\Delta\lambda$ dem Tangentialpunkt T auf dem Sehstrahl, und damit einem bestimmten
Ort in der galaktischen Ebene, zugeordnet werden kann. Wenn das Rotationsgesetz
bekannt ist, können auch die anderen − nicht dem Tangentialpunkt zuzuordnenden − Wolken, die sich im 21 cm-Profil eines bestimmten Sehstrahls durch Doppler-
Verschiebungen bemerkbar machen, lokalisiert werden.

Das Beispielprofil der Abb. 6.38 (S. 556) für den Sehstrahl 7 hat außer dem Maximum T noch zwei weitere mit P^* und Q bezeichnete Maxima. Dieser Beobachtungsbefund besagt zunächst, daß die Wasserstoffwolken, von denen diese Strahlung
kommt, in Abb. 6.37 irgendwo auf dem Sehstrahl 7 (galaktische Länge 44°, galaktische Breite 0°) liegen müssen. Aus Abb. 6.38 kann abgelesen werden, daß die
Dopplerverschiebungen $\Delta\lambda$ für die Maxima bei P^* und Q die Werte +0,0037 cm und
−0,0027 cm haben; die zugehörigen Radialgeschwindigkeiten V_r sind +53 und
−38 km/s. Die Zahlen sind in Tab. 6.14 zusammengestellt. Mit Kenntnis der
Rotationskurve $V_k(R)$ kann nun angegeben werden, in welchen Entfernungen von
der Sonne diese beiden H-Wolken liegen müssen, wenn sie die Radialgeschwindigkeiten haben, die das Profil anzeigt.

Tab. 6.14   Daten für die Wasserstoff-Wolken auf dem Sehstrahl 7 der Abb. 6.37

Punkt	Bewegung längs des Sehstrahls		Kreisbahngeschwindigkeit auf den Sehstrahl projiziert $\frac{(V_k)_r}{km/s}$	$\frac{V_k}{km/s}$	Lage auf dem Sehstrahl	
	$\frac{\Delta\lambda}{cm}$	$\frac{V_r}{km/s}$			$\frac{R}{kpc}$	$\frac{r}{kpc}$
S	−	−	175	250	10,0	−
T	+ 0,0056	+ 80	255	255	7,0	7,1
P*	+ 0,0037	+ 53	228	260	8,0	11,0
Q	− 0,0027	− 38	137	235	12,0	16,9

Mit den Werten von $V_k(R)$ in Abb. 6.40 können für jeden Punkt auf dem Sehstrahl 7
(Abstand vom Zentrum R, Abstand von der Sonne r) die Werte

> der Kreisbahngeschwindigkeit V_k
> und der Projektion $(V_k)_r$ der Kreisbahngeschwindigkeit auf den Sehstrahl

angegeben werden. Die Projektion der Kreisbahngeschwindigkeit am Ort der Sonne
auf den Sehstrahl 7 ($l = 44°$) beträgt 175 km/s. Mit diesem Wert können für alle
Punkte auf dem Sehstrahl die Projektionen der Kreisgeschwindigkeit in Radial-

geschwindigkeiten V_r umgerechnet werden. Der Verlauf dieser V_r-Werte als Funktion des Sonnenabstandes r ist in Abb. 6.41 als Kurve über dem Sehstrahl 7 gezeichnet. V_r wächst mit positiven Werten von S bis T; im Tangentialpunkt wird mit + 80 km/s das Maximum erreicht. Von T an nimmt V_r ab; zunächst mit positiven Werten bis zum Punkt S^*, der die gleiche Entfernung vom Zentrum wie die Sonne hat. An der Stelle S^* hat V_r den Wert Null; für größere r ist V_r immer stärker negativ. Positive Vorzeichen von V_r bedeuten Abstandsvergrößerung, negative Vorzeichen bedeuten Abstandsverkleinerung.

In der Praxis der Auswertung der Profile der 21 cm-Linie liegt die umgekehrte Aufgabe vor. Die Radialgeschwindigkeit V_r einer Wolke ist bekannt; der Abstand dieser Wolke von der Sonne r soll bestimmt werden. Die Angaben der Tab. 6.14 zeigen die einzelnen Stationen dieser Berechnung. Aus den V_r der Wolken P^* und Q erhält man mit $V_{k0} \sin l = 175$ km/s die Komponenten $(V_k)_r$ der Kreisbahngeschwindigkeiten V_k in Richtung des Sehstrahl und daraus die Werte von V_k selbst; sie betragen 260 und 235 km/s. Die Rotationskurve Abb. 6.40 gibt für diese V_k-Werte die Zentrumsabstände 8 kpc bzw. 12 kpc. Damit ist die Lage der Wolken auf dem Sehstrahl – bis auf die Zweideutigkeit Punkt P oder P^* – festgelegt; die Abstände von der Sonne betragen 11 und 17 kpc. Die Punkte P und P^* haben den gleichen Abstand vom Zentrum; an beiden Orten ist $V_r = + 53$ km/s. An welchem der beiden Punkte die Wolke steht, kann aus der Ausdehnung des Objektes in galaktischer Breite erkannt werden. Die wahren Durchmesser der beobachteten Wolkenobjekte senkrecht zur galaktischen Ebene sind einander sehr ähnlich; sie sind von der Größenordnung der Schichtdicke des interstellaren Gases. Daher ist der Winkeldurchmesser einer nahen Wolke am Ort P bedeutend größer als der Durchmesser einer Wolke bei P^*.

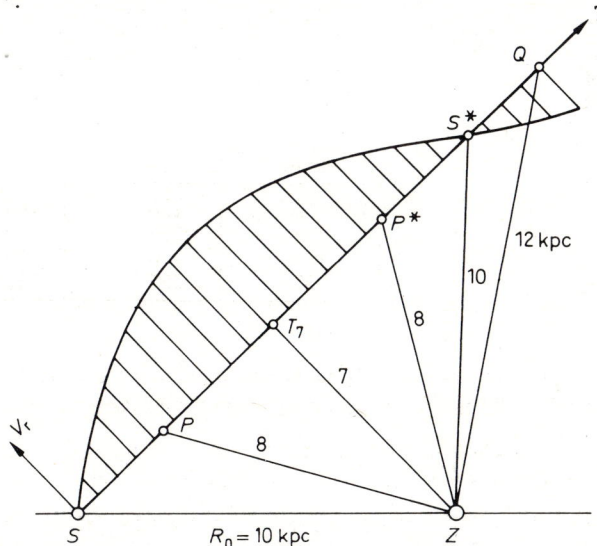

Abb. 6.41 Verlauf der Radialgeschwindigkeit V_r längs des Sehstrahls 7.

Aus sehr vielen Beobachtungen sind mit dieser Methode brauchbare, aber noch nicht endgültige Resultate über die Verteilung des neutralen Wasserstoffs in der galaktischen Ebene erzielt worden. Mit mehreren Radioteleskopen auf der Nord- und Südhalbkugel der Erde sind systematische 21 cm-Durchmusterungen vorgenommen worden; die Messungen von Linienprofilen überdecken dabei jeweils den ganzen Bereich in galaktischer Länge, der vom Standort des Instrumentes aus überschaubar ist. Dabei zeigt sich als klar erkennbares Resultat, daß nicht die ganze Milchstraßenebene von H-Wolken erfüllt ist; vielmehr fügen sich die einzelnen, in ihrer räumlichen Lage fixierten Wolken zu längeren, gekrümmten Bändern hoher Wasserstoffdichte zusammen. Diese Bänder sind die Anzeichen der Spiralstruktur im galaktischen System; in den Bereichen zwischen den Streifen ist die Gasdichte gering. Eine Andeutung der Beobachtungsresultate soll die Abb. 6.42 vermitteln; sie zeigt die Wasserstoff-Verteilung, die aus den Beobachtungen in der Beispielsrichtung des Sehstrahls 7 und in den dieser Richtung benachbarten galaktischen Längen abgeleitet wurde. In dieser Abbildung sind auch die drei Strukturen eingezeichnet, die in Sonnennähe optisch gefunden wurden (s. dazu S. 484 und Abb. 6.11 b).

Die große Bedeutung der Radioresultate liegt darin, daß sie die Wasserstoffverteilung im Gesamtbereich des galaktischen Systems liefern; der Punkt Q ist, in der galaktischen Ebene, 17 kpc von der Sonne entfernt. Die Hauptschwierigkeit des Verfahrens liegt darin, daß Entfernungen aus Bewegungen abgeleitet werden. Die wahren Bahngeschwindigkeiten weichen von den Kreisbahngeschwindigkeiten ab.

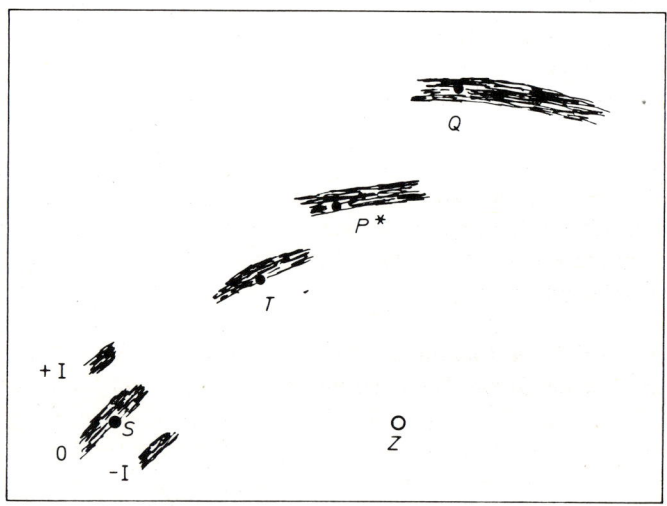

Abb. 6.42 Beispiel für die Anordnung von radioastronomisch beobachteten Streifen hoher Wasserstoffkonzentration in der galaktischen Ebene. Links die drei optisch gefundenen Strukturen +I, 0, −I.

Die Spiralstruktur ist wahrscheinlich sehr unregelmäßig und verzweigt. Beide Tatsachen zusammen erschweren die Aufgabe, die wahre Anordnung des interstellaren Gases – und damit die Spiralstruktur – zu finden. Auch hier besteht der gangbare Weg in schrittweise vollzogenen Näherungen, die sich den komplizierten Gegebenheiten der Natur immer mehr anpassen.

Aufgabe

Verifizieren Sie die in Tabelle 6.14 für die Punkte P^* ($r = 11{,}0$ kpc) und Q ($r = 16{,}9$ kpc) gegebenen Daten durch eine Zeichnung. Die Zeichnung soll in der Anlage der Abb. 6.39 ähneln und die Vektoren

Kreisbahngeschwindigkeit $\overrightarrow{V_k}$
Projektion der Kreisbahngeschwindigkeit auf den Sehstrahl $\overrightarrow{(V_k)_r}$
auf das lokale Zentroid bezogene radiale Komponente der Kreisbahngeschwindigkeit $\overrightarrow{V_r}$

enthalten.

Zusammenfassung zu 6.3 „Der Bewegungszustand des galaktischen Systems"

1. Die Bewegung eines Fixsterns kann vom irdischen Beobachter in zwei Komponenten wahrgenommen werden. Die Radialgeschwindigkeit wird aus Dopplerverschiebungen der Fraunhoferlinien im Sternspektrum bestimmt. Die tangentiale Geschwindigkeit kann nicht unmittelbar aus Beobachtungen erhalten werden. Aus mindestens zwei Positionsbestimmungen des Sterns in einem ausreichend großen Zeitintervall ergibt sich eine Winkelgeschwindigkeit, die Eigenbewegung. Nur wenn die Entfernung des Sternes bekannt ist, kann aus der Eigenbewegung die Tangentialgeschwindigkeit, und aus Tangential- und Radialgeschwindigkeit die Raumgeschwindigkeit berechnet werden. Alle Sterngeschwindigkeiten und ihre Komponenten werden vom Beobachtungsort Erde auf den Bezugspunkt Sonne übertragen.

2. Die Sterne des Offenen Haufens der Hyaden haben parallele Raumgeschwindigkeiten von gleicher Größe. Diese Strombewegung zeigt sich für den irdischen Beobachter in einem Konvergenzpunkt, auf den die Eigenbewegungen der Hyadensterne an der Sphäre gerichtet sind. Aus den gemessenen Radialgeschwindigkeiten und dem Winkel an der Sphäre zwischen den Sternen und ihrem Konvergenzpunkt können zunächst Raum-, dann Tangentialgeschwindigkeiten berechnet werden. Der Vergleich zwischen diesen Tangentialgeschwindigkeiten und den gemessenen Eigenbewegungen liefert die Entfernungen der Hyaden-Sterne. Die „Sternstromparallaxe" der Hyaden bildet die Basis der galaktischen und außergalaktischen Entfernungsskala.

3. Sterne und interstellare Materie des Milchstraßensystems führen eine nichtstarre, sog. differentielle Rotationsbewegung um das galaktische Zentrum aus. Dabei bewegen sich die meisten Objekte in Bahnen geringer Exzentrizität und sehr geringer Neigung zur galaktischen Ebene. Es ist daher möglich, in jedem Zentrumsabstand R die Kreisbahngeschwindigkeit in der Zentralebene $V_k(R)$ als die mittlere Umlaufgeschwindigkeit zu betrachten.

Um die Rotationsbewegung in den Radialgeschwindigkeiten und Eigenbewegungen der Sterne in der Umgebung der Sonne nachweisen zu können, ist es notwendig, diese Geschwindigkeitskomponenten vom Bezugspunkt Sonne auf einen neuen Bezugspunkt zu übertragen, von dem angenommen werden kann, daß er sich in einer Kreisbahn um das Zentrum bewegt. Dieser Bezugspunkt heißt lokales Zentroid; die auf das lokale Zentroid bezogene Bewegung der Sonne heißt lokale Sonnenbewegung.

4. Die Sterne der allernächsten Sonnenumgebung, bis etwa 100 pc Entfernung, zeigen in ihren Radialgeschwindigkeiten und Eigenbewegungen noch keine Effekte der differentiellen Rotation. Die beobachteten Geschwindigkeitskomponenten dieser Sterne können daher dazu verwendet werden, die Richtung und Geschwindigkeit der lokalen Sonnenbewegung zu bestimmen.

Die vom Bezugspunkt Sonne aus gemessenen Geschwindigkeiten dieser Sterne bestehen aus zwei Anteilen: den wahren Bewegungen der Sterne relativ zum lokalen Zentroid und der Spiegelung der Bewegung, die die Sonne in bezug auf diesen Punkt ausführt. Das lokale Zentroid ist durch die Eigenschaft definiert, daß die Vektorsumme aller auf diesen Punkt bezogenen, von der Spiegelung der Sonnenbewegung befreiten, sog. Pekuliargeschwindigkeiten der Sterne gleich null ist.

Die Kenntnis von Geschwindigkeit und Richtung der Sonnenbewegung relativ zum lokalen Zentroid ist die Voraussetzung dafür, daß differentielle Effekte der galaktischen Rotation in den Radialgeschwindigkeiten und Eigenbewegungen der Sterne der weiteren Sonnenumgebung festgestellt werden können. Die Koordinaten des Zielpunktes (Apex) und der Betrag der Geschwindigkeit der lokalen Sonnenbewegung können als systematischer Effekt aus Radialgeschwindigkeiten und Eigenbewegungen der zu Gruppen zusammengefaßten nahen Sterne ermittelt werden.

5. Optische Beobachtungen an Sternen und Radiobeobachtungen an Wolken des interstellaren Wasserstoffs liefern den Nachweis, daß die Objekte des Milchstraßensystems um das Zentrum rotieren, und ermöglichen die Bestimmung der Werte für die Kreisbahngeschwindigkeit V_k in den verschiedenen Abständen R vom Zentrum. Die Gl.(6-15) und (6-16) sind die Grundgleichungen für die Rotationseffekte in den, auf das lokale Zentroid bezogenen, radialen und tangentialen Geschwindigkeitskomponenten.

Um die differentielle Rotation in den Radialgeschwindigkeiten und Eigenbewegungen der Sterne der Sonnenumgebung nachzuweisen, wurden von J. Oort die einfachen Beziehungen (6-19∗) und (6-21∗∗) aufgestellt. Die Koeffizienten A und B dieser Gleichungen heißen Oortsche Rotationskonstanten. Die Analyse der Radialgeschwindigkeiten V_r und der Eigenbewegungskomponenten μ_l ergibt das in den Oort-Gleichungen ausgedrückte Verhalten. Die Werte von V_r und μ_l durchlaufen Doppelwellen, während die galaktische Länge l von $0°$ bis $360°$ geht; die Phasenverschiebung zwischen den Radialgeschwindigkeits- und Eigenbewegungswellen beträgt $45°$. Die lokalen Rotationsgrößen haben die Werte $A = +15$ (km/s) kpc^{-1}; $B = -10$ (km/s) kpc^{-1}; Kreisbahngeschwindigkeit am Ort der Sonne $V_{k0} = 250$ km/s; Abstand der Sonne vom Zentrum $R_0 = 10$ kpc.

6. Aus Radiobeobachtungen der 21 cm-Linie des interstellaren Wasserstoffs können mit der Tangentialpunktmethode im Bereich zwischen $R = 3$ kpc und dem Sonnenabstand Werte der Kreisbahngeschwindigkeit V_k abgeleitet werden. Eine Ergänzung bis $R = 13$ kpc liefern Radialgeschwindigkeiten von Delta-Cephei-Sternen.

V_k erreicht zwischen 8 und 9 kpc Zentrumsabstand den Maximalwert; der dann folgende Abfall der Rotationskurve zu niedrigeren V_k-Werten ist sehr flach. Die Winkelgeschwindigkeit ω nimmt im ganzen Bereich von 3 kpc bis 13 kpc monoton ab; die Umlaufsdauer T um das galaktische Zentrum wächst dementsprechend monoton mit wachsendem Zentrumsabstand.

7. Die Rotationskurve für die Kreisbahngeschwindigkeit bietet die Möglichkeit, Modelle für die Massenverteilung des Systems zu entwickeln und die Gesamtmasse abzuschätzen. Dabei werden eine Reihe einfacher Körper, z. B. abgeplattete Ellipsoide, ineinandergeschachtelt; Masse und Massenverteilung jedes dieser Körper werden so gewählt, daß die beobachteten Rotationswerte durch die Gravitationswirkung des Gesamt-Massenmodells möglichst gut dargestellt werden. In dem Modell von M. Schmidt beträgt die Gesamtmasse des Systems $1,8 \cdot 10^{11}$ Sonnenmassen.

8. Die 21 cm-Beobachtungen der Wasserstoffwolken liefern, über die Rotationskurve hinaus, Kenntnisse über die Verteilung des interstellaren Gases in großen Teilen des Sternsystems. Sobald das Rotationsgesetz bekannt ist, können auch die anderen, nicht dem Tangentialpunkt zuzuordnenden Wolken, die sich im 21 cm-Profil eines bestimmten Sehstrahls durch Doppler-Verschiebungen bemerkbar machen, lokalisiert werden.

Das Ziel dieser Bemühungen, die Spiralstruktur des Milchstraßensystems nachzuweisen und örtlich festzulegen, ist bisher noch nicht erreicht worden. Die Entfernungsbestimmungen der Wasserstoffwolken beruhen auf dem für die Kreisbahngeschwindigkeiten V_k abgeleiteten Rotationsgesetz. In den Bewegungen des interstellaren Wasserstoffs zeigen sich jedoch – zusätzlich zur galaktischen Rotation – radiale Strömungen. Solange der Verlauf dieser systematischen Bewegungen noch nicht genau bekannt ist, können die kinematisch bestimmten Entfernungen einzelner Wasserstoffwolken fehlerhaft sein.

7. Die außergalaktischen Sternsysteme

7.1 Raumanordnung, Formen, integrale Eigenschaften

Der mit astronomischen Instrumenten *erforschbare Raum* ist — verglichen mit den Dimensionen des Milchstraßensystems — außerordentlich groß. Der Durchmesser unseres Sternsystems beträgt $3 \cdot 10^4$ pc; die fernsten Objekte, die mit den lichtstärksten Teleskopen wahrgenommen werden können, befinden sich in Abständen von etwa $6 \cdot 10^9$ pc. Der durch diesen Radius gekennzeichnete sphärische Beobachtungsraum ist erfüllt mit Millionen von *Sternsystemen*. Diese Sternsysteme sind die Bauelemente des materiellen Universums; sie haben abgeschlossene Formen, deren Durchmesser klein sind gegen die Entfernungen der Systeme. Da die Sternsysteme sich außerhalb des Milchstraßensystems, der Galaxis, befinden, werden sie als *außergalaktische Systeme* oder als *Galaxien* bezeichnet. Die Verteilung der Sternsysteme ist bei Betrachtung kleiner Raumteile sehr ungleichmäßig; fast alle Systeme sind Mitglieder von *Galaxien-Gruppen* oder *-Haufen*. Dagegen läßt die Verteilung dieser größeren Einheiten, der Galaxien-Haufen, im ganzen Beobachtungsraum keine starken Ungleichförmigkeiten erkennen.

Die Möglichkeiten, außergalaktische Systeme zu erforschen, hängen in erster Linie von den Entfernungen der Systeme ab. Die einzelnen Sterne können nur in den uns am nächsten stehenden Galaxien wahrgenommen werden; bei den etwas weiter entfernten Systemen sind noch große Einzelgebilde, H II-Regionen und Kugelsternhaufen, zu erkennen. Systeme in großen Entfernungen zeigen nur noch Strukturen und Formen. An solchen Systemen sind dann integrale Eigenschaften beobachtbar: Gesamt-Helligkeit, -Farbe, -Spektrum. Bei der großen Menge der Objekte, die sich im Grenzbereich unseres Beobachtungsraumes befinden, ist eine Identifizierung als Galaxien nur durch das nicht-sternartige Aussehen auf den photographischen Platten möglich. Das gleiche gilt für zahllose Sternsysteme, die zwar in mäßigen Entfernungen stehen, aber geringe absolute Helligkeiten haben. Da die Beobachtungsgrenze bei $6 \cdot 10^9$ pc dem Abstand von $2 \cdot 10^{10}$ Lichtjahren für die entferntesten noch wahrnehmbaren Objekte entspricht, zeigen sich ferne Sternsysteme dem irdischen Beobachter nicht in ihrem gegenwärtigen Zustand, sondern so, wie sie vor 10^8, 10^9, ja 10^{10} Jahren waren. Sowohl die Bestandteile der Systeme, Sterne und interstellare Materie, als auch die ganzen Systeme machen zeitliche Entwicklungen durch, in deren Verlauf die Objekte sich verändern. Gerade diejenigen Eigenschaften der Galaxien, die in großen Entfernungen noch beobachtbar sind, ändern sich jedoch nur sehr langsam. Dies bedeutet einerseits, daß die Astronomen nur bei sehr weit entfernten Systemen infolge der langen Laufzeiten des Lichts so frühe Zustände wahrnehmen, daß sie von den gegenwärtigen merklich verschieden sein können. Andererseits braucht bei der Verarbeitung von Beobachtungsresultaten, die sich über den ganzen überschaubaren Raum erstrecken, auch nur für den Bereich der sehr weit entfernten Systeme beachtet zu werden, daß die zu vergleichenden Daten bei wachsender Entfernung der Objekte aus zeitlich immer weiter zurückliegenden Zuständen des Anschauungsmaterials stammen.

An den außergalaktischen Sternsystemen sind wegen der sehr großen Entfernungen keine tangentialen Bewegungen wahrnehmbar. Jedoch können *radiale Geschwindigkeiten* der Systeme aus den Spektren ermittelt werden. Die integralen Spektren der Galaxien bestehen aus einem Kontinuum, das vom Licht der Sterne des Systems stammt. Diesem Kontinuum sind aufgeprägt die – ebenfalls den Spektren der Sterne angehörenden – Fraunhoferlinien H und K des Ca^+. Die Linien zeigen Dopplerverschiebungen, aus denen die radialen Geschwindigkeiten der Systeme berechnet werden. Diese Geschwindigkeiten sind sehr groß und enthalten eine erstaunliche Gesetzmäßigkeit; die beobachteten Bewegungen zeigen eine allgemeine gegenseitige *Abstandsvergrößerung* der Galaxien an. Die Beobachtungen, die als *Hubble-Beziehung* bekannte Gesetzmäßigkeit und ihre Verwendung zur Entfernungsbestimmung der Galaxien werden im Abschnitt 7.2 (S. 603 ff.) behandelt.

7.1.1 Der Formenreichtum der Galaxien und das Klassifizierungssystem von E. Hubble

Der amerikanische Astronom Edwin Hubble hat in den Jahren 1924 und 1925 die ersten sicheren Entfernungsbestimmungen von Sternsystemen durchgeführt. Auf Platten, die mit dem damals lichtstärksten Fernrohr, dem 2,5-m-Spiegelteleskop des Mt. Wilson-Observatoriums, erhalten worden waren, konnte Hubble in einigen der uns am nächsten stehenden Sternsysteme zahlreiche Einzelsterne erkennen. Unter diesen Sternen fanden sich auch Veränderliche vom Typ Delta Cephei. Hubble bestimmte die Perioden des Lichtwechsels und berechnete mit Hilfe der Perioden-Leuchtkraft-Beziehung die Entfernungen der Objekte, in denen er die Delta-Cephei-Sterne gefunden hatte (s. S. 445). Mit diesen Beobachtungen und Berechnungen war zum ersten Mal mit Sicherheit festgestellt, daß die Objekte außergalaktisch sind. Ihre Entfernungen erwiesen sich als sehr groß gegenüber dem Durchmesser des Milchstraßensystems; das Tor zur Erforschung des außerhalb unseres Sternsystems gelegenen Weltalls war damit geöffnet.

Ebenfalls von Hubble stammt die Auffindung der schon erwähnten Gesetzmäßigkeit in den radialen Bewegungen der Sternsysteme sowie eine inzwischen klassisch gewordene Typen-Beschreibung und -Bezeichnung der verschiedenen System-Formen. Das Studium der *Hubbleschen Klassifizierung* ist das beste Mittel, um einen Überblick über die Vielfalt der im Weltall vorkommenden Erscheinungsformen der Sternsysteme zu erhalten. In den letzten Jahrzehnten sind viele neue Spektralaufnahmen von Sternsystemen sowie Farbmessungen von Systemen und ihren Teilbereichen gewonnen worden. Durch Radiobeobachtungen des neutralen Wasserstoffs sind die Informationen über das Vorkommen und den prozentualen Massenanteil der interstellaren Materie in einzelnen Systemen wesentlich erweitert worden. Durch die

Auswertung aller dieser Beobachtungsbefunde gelingt es immer besser, zu erkennen, daß Form und Struktur eines Sternsystems eng mit einem bestimmten Inhalt an Sternen und interstellarer Materie verknüpft sind.

Es gibt *drei Haupttypen* außergalaktischer Systeme (siehe auch 6.1, S. 470 ff.):

Elliptische Systeme   Bezeichnung E
Spiralsysteme   Bezeichnung S
Irreguläre Systeme   Bezeichnung Ir

Die Abb. 6.4 bis 6.7 zeigen Beispiele dieser Typen. Den vielfältigen Formenreichtum, der in jeder der Hauptgruppen E, S, Ir vorhanden ist, hat Hubble in einem sehr übersichtlichen Klassifizierungssystem dargestellt, das im folgenden behandelt wird.

Die allgemeine Bedeutung des Klassifikationsschemas der Sternsysteme liegt darin, daß es zunächst eine vollständige Übersicht über die vorhandenen Form- und Struktur-Typen liefert. Nachdem diese Übersicht vorhanden ist, versucht die Forschung in einem zweiten Schritt, den zu jedem Galaxientyp gehörenden Inhalt an alten und jungen Sternen und an interstellarer Materie festzustellen. Schließlich kann man in einem dritten Schritt versuchen, die Entwicklung zu verstehen, die ein Sternsystem genommen haben muß, um zu der beobachteten typischen Form, Struktur und Materie-Verteilung zu kommen.

7.1.2 Die Elliptischen Galaxien

Die E-Galaxien zeichnen sich durch eine sehr *regelmäßige Gestalt* aus; die flächenhaften Gebilde, in denen wir diese Systeme an der Sphäre wahrnehmen, zeigen alle Formen und Übergänge vom Kreis bis zur Ellipse großer Exzentrizität. Die Formen und die zugehörigen Hubble-Bezeichnungen E0 bis E7 sind in Abb. 7.1 schematisch dargestellt. Die Flächenhelligkeit ist im Zentrum groß und nimmt gleichmäßig nach allen Seiten ab. Die Linien gleicher Helligkeit sind ähnliche Ellipsen. Die Geometrie der Umrandung und das Verhalten der Flächenhelligkeiten sind bei allen Systemen ganz regelmäßig. Daraus dürfen für die räumlichen Gebilde zwei Schlüsse gezogen werden: Die elliptischen Galaxien haben die Form von abgeplatteten Rotationsellipsoiden, die von uns unter irgendwelchen Neigungen der Rotationsachse zum Visionsradius wahrgenommen werden; die räumliche Dichte der Sterne nimmt in jedem System vom Zentrum nach allen Richtungen gleichmäßig ab.

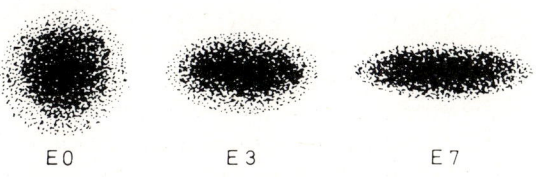

E 0   E 3   E 7

Abb. 7.1 Typen der elliptischen Galaxien mit den Hubble-Bezeichnungen.

Das elliptische Sternsystem der Abb. 6.6, das im New General Catalogue of Nebulae von J. L. E. Dreyer (1888) die Nummer NGC 205 trägt, ist ein E5-System. Der andere nahe Begleiter des Andromeda-Nebels hat die Nummer NGC 221 oder im Katalog heller, nicht-sternartiger Objekte von Charles Messier (1781) die Bezeichnung M 32; er ist ebenfalls ein elliptisches System, vom Typ E3. Im Virgo-Galaxienhaufen gibt es das sehr helle, große elliptische System M 87 = NGC 4486 mit dem Hubble Typ E 0. Bilder von M 32 und M 87 mit ausführlichen Erläuterungen finden sich in [15]. Ausgezeichnetes Bildmaterial zum Studium aller Formen und Strukturen von Sternsystemen enthält der von A. Sandage herausgegebene *Hubble-Atlas of Galaxies* [16].

Die linearen Durchmesser der E-Galaxien sind sehr verschieden. M 87 im Virgo-Haufen hat einen Durchmesser von 13 000 pc. Die beiden Begleiter des Andromeda-Nebels sind bedeutend kleiner; der Durchmesser beträgt 5000 pc bei NGC 205, und 2400 pc bei M 32 (Tab. 7.2, S. 583).

Die elliptischen Galaxien enthalten überwiegend rote Sterne geringer Oberflächentemperatur; diese Objekte gehören einer alten Sterngeneration an. Es finden sich keine jungen blauen Sterne der Spektralklassen O und B. Auch gibt es in den E-Galaxien nur sehr wenig oder gar keine interstellare Materie.

7.1.3 Die Spiralsysteme

Zwei auffällige Erscheinungen prägen das Bild der Spiralsysteme: die *diskusförmige Gestalt* und die *Spiralarme*. Ähnlich wie die elliptischen Systeme zeigen sich die stark abgeplatteten Rotationsellipsoide der Spiralsysteme dem irdischen Betrachter unter allen möglichen Neigungswinkeln i der Äquatorebene des Systems zum Visionsradius des Beobachters. Das Beobachtungsmaterial ist sehr groß; alle durch die Perspektive bedingten Gestaltveränderungen sind vielfach vertreten.

Am Bild von M 51 (Abb. 6.4, S. 471) lassen sich die beiden Bestandteile der Spiralsysteme deutlich erkennen: das Zentralgebiet und die gewundenen Arme. Das Zentralgebiet wird oft auch als der *Kern des Systems* bezeichnet; er zeigt meist wenig Strukturen. Die große Helligkeit dieses Bereiches stammt von einer sehr großen Zahl von Sternen. Daß das Zentralgebiet eines Systems auf den meisten Aufnahmen als völlig strukturloser heller Fleck erscheint, kommt von der Überbelichtung dieses Gebietes. Diese Überbelichtung ist unvermeidlich, wenn man die mit wachsendem Abstand vom Zentrum immer lichtschwächer werdenden Spiralarme in maximaler Länge abbilden will. Diese Spiralarme beginnen an der Peripherie des Kernbereiches; die meisten Systeme haben *zwei Spiralarme*, deren Ansatzpunkte sich an gegenüberliegenden Stellen des Zentralgebietes befinden. In der Deutlichkeit der Arme und in der Weite der Windungen zeigen die Systeme eine sehr große Vielfalt. Die Abplattung der Rotationsellipsoide kann sehr verschiedene Werte haben, sie ist aber immer stark.

Die Unterklassen Sa, Sb, Sc *und die Balkenspiralen*

Die relative Ausdehnung des Kerngebietes und die Öffnungsweite der Spiralarme sind zwei deutlich miteinander verknüpfte Merkmale der Spiralsysteme. Sie werden von Hubble zur Kennzeichnung von drei Untergruppen gebraucht, die in Abb. 7.2 schematisch skizziert sind und in den Abb. 7.3 bis 7.5 in Beispielen gezeigt werden. Mit Sa werden Systeme bezeichnet, die einen großen Kern und enggewundene Spiralarme haben. Die Sb-Systeme haben mäßig große Zentralgebiete, die Arme sind weiter geöffnet als die eng gewickelten Sa-Spiralen. Bei den Sc-Systemen sind die Kerne relativ zur Gesamtausdehnung des Systems kleine Gebilde; die Spiralarme sind weitgeöffnet, oft auch schlecht definiert und vielfach verzweigt. Innerhalb jeder der drei Untergruppen ist der Formenreichtum bedeutend; kein System gleicht völlig einem anderen, aber überall existieren kontinuierliche Übergänge in den Formen, sowohl innerhalb der Gruppen als auch von Sa zu Sb und von Sb zu Sc.

Die typischen Merkmale der Untergruppen treten auf den Bildern von Galaxien nie ganz klar hervor. Dies liegt an der Überbelichtung des Kerngebietes bei Aufnahmen, die die Spiralarme zeigen sollen, und am Verlust von Spiralarm-Strukturen bei der Übertragung der Aufnahme in ein gedrucktes Bild. In der den Abbildungen beigegebenen Skizze, Abb. 7.2, sind die Merkmale der Hubble-Unterklassen besonders deutlich hervorgehoben.

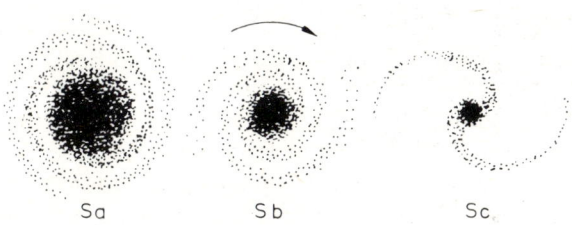

Sa   Sb   Sc

Abb. 7.2 Typen der Spiralgalaxien nach dem Klassifikationssystem von Hubble. Der Pfeil über Sb bezeichnet den Rotationssinn der Spiralsysteme; s. S. 577.

Abb. 7.3 Spiralsystem NGC 488 im Sternbild Fische. Typ Sa; scheinbare Helligkeit $m_V = 11,1$ mag.

Abb. 7.4 Spiralsystem NGC 3031
= M 81 im Sternbild Großer
Bär. Typ Sb; m_V = 7,9 mag.

Abb. 7.5 Spiralsystem NGC 628
= M 74 im Sternbild Fische.
Typ Sc; m_V = 10,2 mag.

Ein nicht so häufig wie die normalen Spiralsysteme vorkommender Typ sind die
Balken-Spiralsysteme; Hubble bezeichnete sie mit SB. Der Name stammt von der
Form, die das Kerngebiet in diesen Galaxien hat. Die Ansatzpunkte der Spiralarme
befinden sich an den Enden des zentralen Balkens. Die Abb. 7.6 bis 7.8 zeigen
Beispiele der Typen SBa, SBb, SBc.

Abb. 7.6 Spiralsystem NGC 175 im
Sternbild Walfisch.
Typ SBa; m_V = 12,0 mag.

Abb. 7.7 Spiralsystem NGC 1300 im
Sternbild Eridanus.
Typ SBb; m_V = 11,0 mag.

Abb. 7.8 Spiralsystem NGC 1073
im Sternbild Walfisch.
Typ SBc; m_V = 11,2 mag.

Die meisten Spiralsysteme sind große Gebilde; sehr viele Durchmesserwerte liegen im Bereich zwischen 10 und 50 kpc. Es gibt jedoch auch Zwergspiralen; sie sind allerdings seltener als die elliptischen Zwergsysteme.

Die *Kerne* der Spiralsysteme sind Ansammlungen sehr vieler *Sterne*; ihre große Helligkeit rührt von der hohen räumlichen Dichte der Sterne her. Die zentralen Bereiche enthalten sehr wenig interstellare Materie; daher kann dort keine Sternentstehung mehr stattfinden, und junge Sterne der Spektralklassen O und B fehlen. Das nur von Sternen einer älteren Generation besetzte Zentralgebiet ist in Systemen der Gruppe Sc am kleinsten, bei der Gruppe Sa am größten.
Der Grundbestandteil der *Spiralarme* ist die *interstellare Materie*. Gas und Staub sind in diesen Teilen des Sternsystems, die als helle gekrümmte Streifen hervortreten, viel stärker konzentriert als in den zwischen den Spiralarmen gelegenen Räumen. Aus der interstellaren Materie bilden sich Sterne aller Spektralklassen. Für die auffallende Helligkeit der Spiralarme sind zwei Gruppen von Objekten verantwortlich: die Sterne der Spektralklassen O und B und die H II-Regionen. Die Objekte der Klassen O und B (sehr häufig in der Bezeichnung OB-Sterne zusammengefaßt) haben

unter den Sternen der Hauptreihe die größten absoluten Helligkeiten (s. Tab. 5.8, S. 407). Diese Sterne haben eine enorme Strahlungsleistung; deshalb verbrauchen sie ihren Wasserstoff in relativ kurzer Zeit. Sie können sich also nicht weit von den Orten ihrer Entstehung entfernt haben, solange sie sich noch auf der Hauptreihe des HR-Diagramms befinden (Tab. 5.6, S. 404). Die OB-Sterne markieren ihre Entstehungsgebiete, die Spiralarme. Die H II-Regionen sind eine Folgeerscheinung der auf den Spiralarmen vorhandenen O-Sterne. In der nahen Umgebung dieser Sterne sehr hoher Oberflächentemperatur wird der interstellare Wasserstoff ionisiert; das Leuchten der H II-Regionen entsteht bei der Rekombination der freien Elektronen mit den Protonen, s. S. 502.. Die Spiralgalaxien NGC 488 (Abb. 7.3) und NGC 2841 (Abb. 7.9) sind Systeme, bei denen man die H II-Wolken als Spiralarm-Indikatoren besonders gut wahrnehmen kann.

Abb. 7.9 Spiralsystem NGC 2841 im Sternbild Großer Bär. Typ Sb; m_V = 9,3 mag.

Abb. 7.10 Spiralsystem NGC 4594 = M 104 im Sternbild Jungfrau. m_V = 8,7 mag.

Viele der von der Kante gesehenen Systeme zeigen einen breiten *dunklen Mittelstreifen*; Beispiele sind die Systeme NGC 891 (Abb. 6.5) und NGC 4594 = M 104 (Abb. 7.10). Das in der Zentralebene dieser Systeme konzentrierte Gas ist, wie im Milchstraßensystem, mit Staubpartikeln vermischt; die Schicht interstellarer Materie erfüllt die Mittelebene bis in ihre äußersten Bereiche. Die in den Randgebieten gelegenen Staubwolken absorbieren das Licht der Sterne der Zentralschicht, sie versperren also dem irdischen Beobachter den Einblick in die Mittelebene des Systems. Diese dunklen Mittelstreifen finden sich nie in elliptischen Galaxien. Aus diesem Befund kann geschlossen werden, daß diejenigen von der Kante gesehenen Systeme, die Absorptionsstreifen besitzen, *Spiral*systeme sind.

Im Abschnitt über den interstellaren Staub im Milchstraßensystem, Seite 509, wurde bereits auf die Ähnlichkeit der Staubverteilung in unserem Sternsystem und in den außergalaktischen Systemen hingewiesen. Innerhalb des Milchstraßensystems begrenzen die lichtabsorbierenden Dunkelwolken den optischen Sichtbereich in der galaktischen Ebene auf die nähere Sonnenumgebung. Diese Sichtbeschränkung wirkt sich auch stark auf die Beobachtbarkeit der außergalaktischen Sternsysteme aus. In einem sehr unregelmäßig begrenzten Streifen von etwa $\pm 10°$ galaktischer Breite sind am Himmel überhaupt keine Galaxien wahrnehmbar. Es besteht kein Zweifel, daß auch in den Richtungen dieser galaktischen Äquatorzone sich große Mengen von Sternsystemen im Weltraum befinden, so wie sie in allen anderen Bereichen des Himmels wahrgenommen werden. Die Systeme sind in diesem Gürtel an der Sphäre für uns unsichtbar, weil ihr Licht von den Staubpartikeln in den Dunkelwolken der Milchstraßenzentralebene absorbiert wird. Wir können also in den Richtungen des Milchstraßengroßkreises nicht aus unserem Sternsystem hinaus in den Weltraum blicken. Die dunklen Mittelstreifen bei NGC 891 und M 104 zeigen, daß es unmöglich ist, in die Zentralebenen dieser Sternsysteme hineinzuschauen. Beide Erscheinungen haben die gleiche Ursache.

Die Rotation der Spiralsysteme

Die starke Abplattung der Spiralsysteme deutet darauf hin, daß diese Objekte rotieren. Zwar kann die Drehung wegen der großen Entfernung der Systeme auch in Beobachtungszeiträumen von Jahrzehnten nicht direkt wahrgenommen werden. Doch ist bei einer großen Zahl der näheren Spiralgalaxien die Rotation *spektroskopisch beobachtbar*; es werden Verschiebungen von Spektrallinien gemessen, aus denen Rotationsgeschwindigkeiten berechnet werden können. Die besten Resultate ergeben sich bei Systemen, die sich in geringer Entfernung befinden und in starker perspektivischer Verkürzung wahrgenommen werden. In solchen Systemen können für viele Punkte, die längs der großen Achse angeordnet sind, Radialgeschwindigkeiten V_r' des interstellaren Gases gemessen werden (s. Abb. 7.11). Wenn man von diesen in einem Sternsystem gemessenen V_r' zunächst denjenigen Anteil abzieht, der von der radialen Bewegung des ganzen Systems gegenüber der Sonne herstammt, dann können aus den verbleibenden V_r die Kreisbahngeschwindigkeiten V_k für die einzelnen Meßpunkte berechnet werden. Erscheint uns die kreisförmig begrenzte Galaxie als Ellipse mit der numerischen Exzentrizität e, so erhält man die Kreisbahngeschwindigkeiten in der Äquatorebene des Systems aus der Gleichung $V_k = \dfrac{V_r}{e}$.

Sehr gute Resultate lassen sich bei einigen nahen Spiralgalaxien durch Beobachtungen mit *Radioteleskopen* hoher Auflösung und großer Empfindlichkeit erzielen. Durch Messungen der 21 cm-Linie des neutralen Wasserstoffs werden Radialgeschwindig-

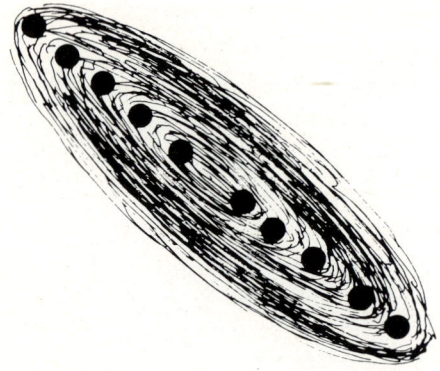

Abb. 7.11 Lage der Objekte, die zur
Messung von Rotations-
geschwindigkeiten geeignet
sind, auf der großen Achse
eines in starker Verkürzung
gesehenen Spiralsystems.

keiten für viele Punkte auf der großen Achse bestimmt. Bei bekannter Entfernung des
Systems läßt sich aus den Meßresultaten eine Rotationskurve (Kreisbahngeschwindigkeit V_k in Abhängigkeit vom Zentrumsabstand R) konstruieren. Die Abb. 6.20b,
S. 527, ist ein Beispiel einer solchen Untersuchung; sie zeigt die aus 21 cm-Beobachtungen abgeleitete Rotationskurve der großen Sb-Spirale M 81 = NGC 3031. Die
Form der Rotationskurve und die Größenordnung der Maximalgeschwindigkeit —
zwischen 200 und 300 km/s — sind typisch. Der mit den Messungen erreichte maximale Abstand vom Zentrum ist mit 30 kpc außerordentlich groß. In diesem Abstand
ist das System optisch überhaupt nicht mehr wahrnehmbar. Die Abb. 7.17 (S. 589)
zeigt die Rotationskurve des Andromeda-Nebels.

Auch im optischen Spektralbereich können an *Emissionslinien des interstellaren
Gases* Doppler-Verschiebungen gemessen werden. In nahen Systemen sind H II-
Regionen als Einzelobjekte spektroskopisch beobachtbar. Bei weiter entfernten
Galaxien wird mit einem sehr langen Spektrographenspalt gearbeitet, auf den sich
die große Achse des Systems abbildet. Die zu den Messungen verwendeten Linien
sind die Balmerlinien des Wasserstoffs sowie verbotene Linien des O^+, O^{2+}, N^+, Ne^{2+}
(s. Tab. 6.8 und Abb. 6.15, S. 504, 505).

Aufgabe

Der Neigungswinkel i zwischen der Äquatorebene eines Spiralsystems und dem
Visionsradius ergibt sich aus der numerischen Exzentrizität e der Ellipse, in der sich
das System für den Beobachter an die Sphäre projiziert. Wenn die wahre Begren-
zung des Systems als kreisförmig angenommen wird, so ist $\cos i = e$. Der Betrag von
e wird aus weit außen gelegenen Isophoten oder aus der Begrenzungsellipse der
Galaxie bestimmt.
Berechnen Sie e und i aus der den Andromeda-Nebel begrenzenden Ellipse der
Abb. 7.15b und leiten Sie die Beziehungen

$$V_k = \frac{V_r}{\cos i} = \frac{V_r}{e}$$

her.

7.1.4 Die irregulären Systeme

Die irregulären außergalaktischen Systeme haben *weder eine regelmäßige Form noch eine regelmäßige Struktur*; das Fehlen dieser Merkmale ist das auffälligste Kennzeichen, durch das sich diese Systeme von den elliptischen und von den Spiralsystemen unterscheiden. Die Durchmesser und Leuchtkräfte erreichen keine so großen Werte wie sie bei den anderen Typen vorkommen. Das hat zur Folge, daß von uns nur diejenigen Systeme wahrgenommen werden können, die sich in der näheren Umgebung des Milchstraßensystems befinden. Die scheinbare Häufigkeit der Ir-Systeme beträgt 3%, gegenüber 27% an elliptischen und 70% an Spiralsystemen. Wenn man berücksichtigt, daß die Häufigkeitsverteilungen der Durchmesser und der Leuchtkräfte in den drei Gruppen der Spiral-, elliptischen und irregulären Systeme voneinander verschieden sind, so kann man die beobachteten scheinbaren Häufigkeiten der Systeme in wahre Häufigkeiten umrechnen. Man erhält als wahre Häufigkeiten etwa 25% Ir-, 25% S- und 50% E-Systeme. Diese Zahlen können jedoch nicht mehr als Orientierungswerte sein.

Am südlichen Sternhimmel stehen zwei irreguläre Sternsysteme, die mit bloßem Auge als helle Sternwolken wahrgenommen werden können: die *Große und die Kleine Magellan-Wolke* (Große Wolke s. Abb. 6.7, S. 471). Die beiden Magellan-Wolken sind die dem Milchstraßensystem am nächsten benachbarten außergalaktischen Systeme. Sie werden ausführlich als Glieder der sogenannten lokalen Gruppe der Sternsysteme beschrieben (s. S. 584 ff.).

Die irregulären Systeme zeichnen sich durch einen extremen Reichtum an Sternen der Spektralklassen O und B und durch große Mengen *interstellarer Materie* aus. Aus der sehr großen Zahl der vorzugsweise in Gruppen und Assoziationen auftretenden jungen OB-Sterne kann geschlossen werden, daß in den irregulären Systemen die Entstehung von Sternen noch in starkem Ausmaß im Gange ist. Das Gas und die OB-Sterne sind — anders als in den Spiralsystemen — innerhalb der Ir-Systeme ganz unregelmäßig verteilt. Die verschiedenen regellosen Anhäufungen sehr heller OB-Sterne fallen dem Betrachter der Systeme besonders ins Auge und verstärken den Eindruck des Fehlens einer geordneten Struktur.

7.1.5 Die Anzahl der Galaxien in Verzeichnissen und Katalogen

Charles Messiers Katalog hellerer Nebel und Sternhaufen (1781) enthält 34 außergalaktische Systeme; das lichtschwächste Objekt hat die scheinbare Helligkeit m_V = 10,8 mag.

P. Ahnerts „Kleine praktische Astronomie" [17] enthält eine Liste von 195 Systemen nördlich von $\delta = -30°$ und heller als 12,0 mag.

Der 1932 erschienene Katalog von H. Shapley und A. Ames hat 1131 außergalaktische Systeme bis zur Grenzhelligkeit 13,0 mag. Der Katalog umfaßt die gesamte Sphäre.

Der „Reference Catalogue of Bright Galaxies" von G. und A. de Vaucouleurs (1964) enthält 2599 Systeme; die lichtschwächsten Galaxien dieses Kataloges sind von der 14. Größenklasse.

In den Jahren 1961 bis 1968 erschien als Veröffentlichung des Sternberg-Instituts der Universität Moskau der „Morphological Catalogue of Galaxies" von B. Vorontsov-Velyaminov und Mitarbeitern. Er enthält Kurzbeschreibungen durch Symbole für 34 000 Galaxien des Palomar Sky Atlas mit der Grenzhelligkeit 15,0 mag.

7.1.6 Die Galaxien-Haufen

Die Kenntnisse über die *Anordnung der Sternsysteme* in dem ganzen der Beobachtung erreichbaren Universum werden aus der Auswertung photographischer Himmelsaufnahmen gewonnen. Dabei ist es notwendig, daß diese Aufnahmen in ihrer Gesamtheit einen großen Teil der Sphäre überdecken und daß die Platten die Bilder auch noch sehr weit entfernter, lichtschwacher Galaxien enthalten. Die Erfüllung dieser beiden Bedingungen ist nur durch die Verwendung besonders geeigneter Teleskope möglich. Die Optik muß sehr lichtstark sein und die Objekte eines möglichst großen Bereiches an der Sphäre fehlerfrei auf der Platte abbilden. Diese Forderungen konnten bereits für einen sehr großen Teilbereich der Sphäre erfüllt werden. Auf dem Mt. Palomar-Observatorium wurden mit einem großen Schmidt-Spiegelteleskop Blau- und Rot-Aufnahmen gemacht, die den Himmel bis zur Deklination $-33°$ lückenlos überdecken. Das Teleskop hat eine freie Öffnung von 122 cm (s. auch Bd. I, S. 41 und Abb. 2.24); die Platten haben das Format 35 cm × 35 cm und bilden ein Feld von der Größe $6,6° × 6,6°$ ab. Die Grenzhelligkeit der abgebildeten Objekte liegt zwischen der 20. und 21. Größenklasse. Kontaktkopien der je 935 Blau- und Rotaufnahmen wurden im Jahre 1954 als „Palomar Sky Atlas" herausgegeben. Der in Kalifornien nicht sichtbare Teil des südlichen Sternhimmels wird mit zwei dem Palomar-Instrument ähnlichen Schmidt-Teleskopen in Australien (Blauplatten) und in Chile (Rotplatten) aufgenommen.

Der Palomar Sky Atlas ist die Hauptquelle unserer Kenntnisse über die Raumanordnung der Galaxien. Seine Bilder haben (zusammen mit zahlreichen an anderen Teleskopen erhaltenen Himmelsaufnahmen) gezeigt, daß fast alle Sternsysteme *Mitglieder von Galaxien-Haufen* sind. Diese Haufen haben sehr verschiedene Größe und Gestalt. Die Vielfalt reicht von kleineren Gruppen und Haufen (mit 10 bis 100 Mitgliedern) bis zu riesigen Haufen, die mehrere Tausend Galaxien enthalten. Sehr viele der großen Haufen zeigen in der Anordnung ihrer Galaxien sphärische Symmetrie und Konzentration zur Haufenmitte; sie heißen reguläre Haufen.

Die Tabelle 7.1 enthält die Daten für einige Galaxien-Haufen, die hier als Beispiele dienen sollen. Die Haufen werden nach den Sternbildern, in denen sie liegen, benannt. Sie sind in der Tabelle nach ihren Entfernungen geordnet; die Zahlen in der dritten Spalte sind gerundete Orientierungswerte. In der Spalte $m_V(10)$ ist die scheinbare Helligkeit der zehnt-hellsten Galaxie des Haufens gegeben. Die Werte der Spalten z und v_r werden im Abschnitt 7.2 gebraucht.

Tab. 7.1 Daten einiger Galaxien-Haufen

Haufen	Kennzeichnung	Entfernung $\frac{r}{10^6 \text{ pc}}$	$\frac{m_V (10)}{\text{mag}}$	z	$\frac{v_r}{\text{km/s}}$
Lokale Gruppe	kleine Gruppe von Galaxien, der das Milchstraßensystem angehört				
Virgo	der nächste sehr große Haufen	18	9,4	0,004	+ 1200
Coma	der nächste große reguläre Haufen	70	13,5	0,022	+ 6600
Corona borealis	regulär	400	16,3	0,072	+ 21000
Ursa major II	regulär	550	18,0	0,134	+ 38000

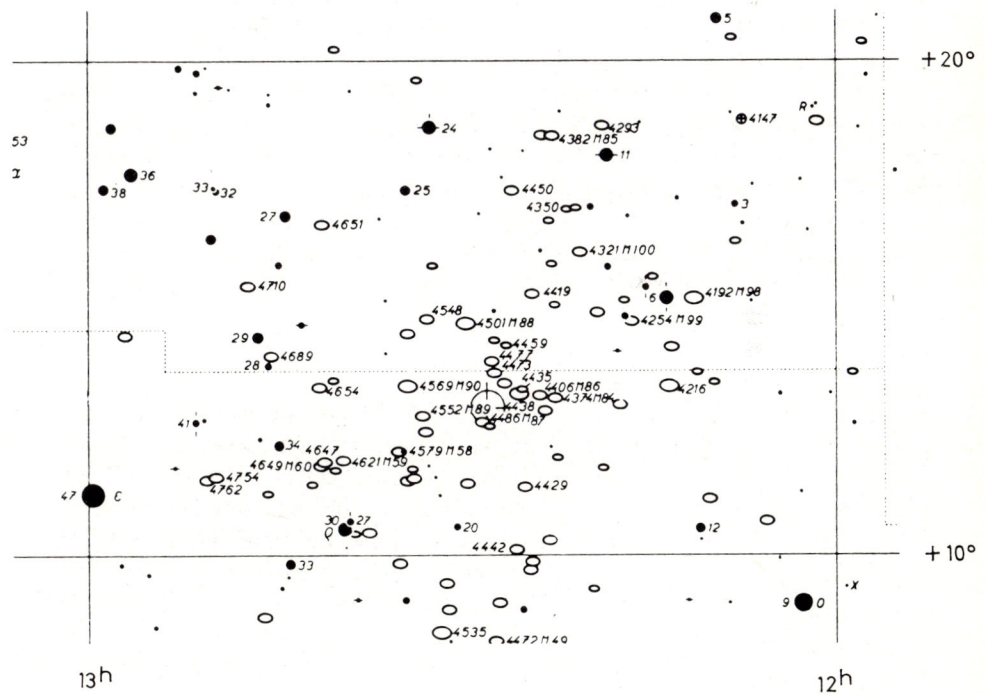

Abb. 7.12 Die hellsten Objekte des Virgo-Haufens bis zur scheinbaren Helligkeit 13,0 mag. Ausschnitt aus Karte IX des Atlas Coeli von A. Becvar. Kreisrunde Punkte = Sterne, Ellipsen = Galaxien. Die Zahlen neben den Galaxien sind die NGC- und Messier-Nummern.

581

Der *Virgo-Haufen* ist ein relativ naher, riesiger Haufen ohne regulären Aufbau. Der Haufen enthält mehrere Tausend Galaxien; sehr viele große und kleine E- und S-Systeme können in Form und Struktur klar erkannt werden. Der Virgo-Haufen nimmt an der Sphäre eine ausgedehnte Fläche ein; sein scheinbarer Durchmesser ist etwa 12°. Die Sternkarte der Abb. 7.12 zeigt die hellsten Objekte des Haufens. (Siehe auch die Beschreibung der Radiogalaxie Virgo A, S, 600.)

Die drei weiteren Objekte der Tab. 7.1 sind große reguläre Haufen; jeder Haufen enthält mehrere hundert beobachtbare Galaxien. Die Entfernung des Haufens Ursa major II ist mit $5{,}5 \cdot 10^8$ pc schon sehr groß; der scheinbare Haufen-Durchmesser beträgt etwa 15'. Eine von G. O. Abell durchgeführte Durchmusterung der Palomar-Sky-Aufnahmen hat etwa 3000 reiche Galaxienhaufen dieser Art aufgezeigt. Sie befinden sich innerhalb eines Beobachtungsraumes von 10^9 pc Radius. Aus diesem Befund und aus vielen weiteren Untersuchungen über die Anordnung der Galaxienhaufen an der Sphäre und im Raum folgen weitreichende Aussagen über die großräumige Verteilung der Materie in dem von uns überschaubaren Teil des Universums. Die Galaxienhaufen sind die größten, gegenwärtig für uns erkennbaren abgeschlossenen Einheiten der materiellen Welt. In ihrer Verteilung über ganz große Räume zeigen sich keine auffälligen Schwankungen. Darauf beruht die für die Behandlung kosmologischer Probleme wichtige Annahme, daß die *Materieverteilung* im Weltall im großen *gleichförmig* ist. Strahlungsmessungen durch Geräte an Bord künstlicher Erdsatelliten haben den Nachweis erbracht, daß von besonders großen Galaxienhaufen thermische Röntgenstrahlung emittiert wird. Dies scheint darauf hinzudeuten, daß in diesen Haufen auch zwischen den einzelnen Galaxien Materie vorhanden ist. Im Raum zwischen den Galaxienhaufen ist noch keine Materie beobachtet worden.

7.1.7 Die lokale Galaxien-Gruppe

In unmittelbarer Nachbarschaft des Milchstraßensystems befinden sich die beiden Magellan-Wolken; sie gehören zu den irregulären Sternsystemen (s. S. 579). Die beiden uns am nächsten stehenden Spiralsysteme sind der Andromeda-Nebel M 31 und das kleine System M 33, das im Sternbild Dreieck steht und daher oft Triangulum-Nebel genannt wird. Die Entfernungen von M 31 und M 33 betragen $7 \cdot 10^5$ pc. In dem Raum, der durch diesen Radius markiert ist, befinden sich außer dem Milchstraßensystem, den Spiralsystemen M 31 und M 33 und den Magellan-Wolken noch 15 bis 20 kleinere Sternsysteme. Die Gesamtheit aller dieser Systeme wird als *lokale Galaxien-Gruppe* bezeichnet. Die Tab. 7.2 gibt die Daten für 17 Mitglieder dieser Gruppe. Außer den Magellan-Wolken enthält die lokale Gruppe noch zwei weitere irreguläre Systeme: NGC 6822 und IC 1613 (IC bedeutet Index Catalogue; die Indexkataloge I und II sind Ergänzungen des New General Catalogue von Dreyer). Neben den drei Spiralsystemen und den vier irregulären Systemen kommen in der lokalen Gruppe nur kleine elliptische Systeme vor. Insbesondere enthält die Gruppe also kein Spiralsystem vom Typus Sa und kein großes elliptisches System. Einige elliptische Zwergsysteme, die sehr geringe scheinbare Helligkeiten haben, sind in Tab. 7.2 nicht aufgeführt.

Tab. 7.2 Die lokale Galaxien-Gruppe

Nummer im NGC (bzw. IC)	Messier-Katalog	Bezeichnung	Typ	1950,0 Rekt-aszension	1950,0 Dekli-nation	Ent-fernung r kpc	Durch-messer D kpc	$\dfrac{m_V}{\text{mag}}$	$\dfrac{M_V}{\text{mag}}$
—	—	Milchstraßensystem	(Sb)	—	—	—	30	—	(−20)
224	31	Andromeda-Nebel	Sb	0 h 40 m	+41,0°	680	50	3,5	−21
598	33	Triangulum-Nebel	Sc	1 31	+30,4	720	17	5,8	−19
—	—	Große Magellan-Wolke	Ir	5 h 26 m	−69°	48	10	0,9	−18
—	—	Kleine Magellan-Wolke	Ir	0 50	−73	56	8	2,5	−17
6822	—	—	Ir	19 42	−14,9	460	2,7	8,9	−15
IC 1613	—	—	Ir	1 1	+ 1,7	680	5	9,6	−15
—	—	Ursa minor	E4	15 h 8 m	+67,3°	70	1	10,7	− 9
—	—	Sculptor	E3	0 58	−34,0	83	2,2	8,0	−12
—	—	Draco	E2	17 19	+58,0	100	1,4	11,0	− 9
—	—	Leo II	E0	11 11	+22,4	230	1,6	12,4	− 9
—	—	Fornax	E3	2 38	−34,7	250	4,5	8,4	−13
—	—	Leo I	E4	10 6	+12,5	280	1,5	10,8	−11
147	—	Begleiter des Andromeda-Nebels	E6	0 30	+48,2	570	3	9,7	−14
185	—		E2	0 36	+48,1	570	2,3	9,4	−15
205	—		E5	0 38	+41,4	680	5	8,2	−16
221	32		E3	0 40	+40,6	680	2,4	8,2	−16

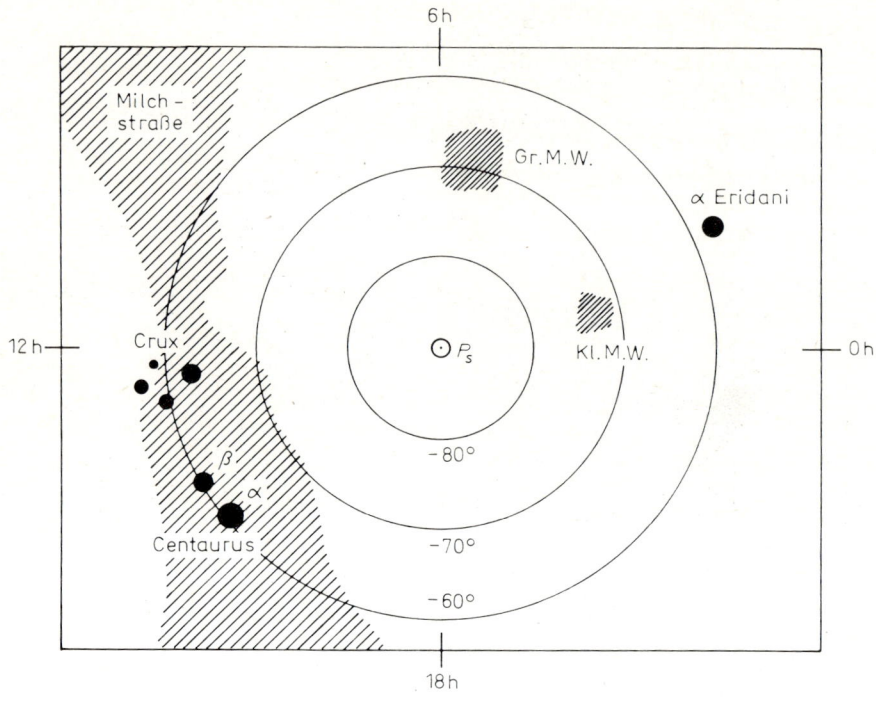

Abb. 7.13 Große und Kleine Magellan-Wolke am südlichen Sternhimmel. P_s Himmels-
südpol.

Die Magellan-Wolken

Die Große und die Kleine Magellan-Wolke stehen am Südhimmel in den Sternbildern
Dorado und Tucana. Sie sind als helle flächenhafte Gebilde mit bloßem Auge wahrnehmbar; auf den meisten Sternkarten des Südhimmels sind die Wolken eingezeichnet. Die Skizze Abb. 7.13 zeigt ihre Lage an der Sphäre, weit abseits des Milchstraßenbandes in den galaktischen Breiten $-33°$ und $-48°$. Die Deklinationen der
Zentralgebiete betragen $-69°$ und $-73°$. Beide Wolken stehen also etwa $20°$ vom
südlichen Himmelspol entfernt; auch ihr gegenseitiger Abstand an der Sphäre beträgt rund $20°$. Die Radiobeobachtungen zeigen, daß neutraler Wasserstoff die beiden
Wolken als große Hülle umgibt und sie untereinander verbindet. Auch zwischen den
Magellan-Wolken und dem galaktischen System besteht eine Brücke von fein verteil-
tem Wasserstoff. Die Abb. 7.14 verdeutlicht die Lage der Magellan-Wolken zum
Milchstraßensystem. Auch für die Spiralsysteme M 31 und M 51 (Abb. 6.4, S. 471)
sind Richtungen und Entfernungen angegeben.

584

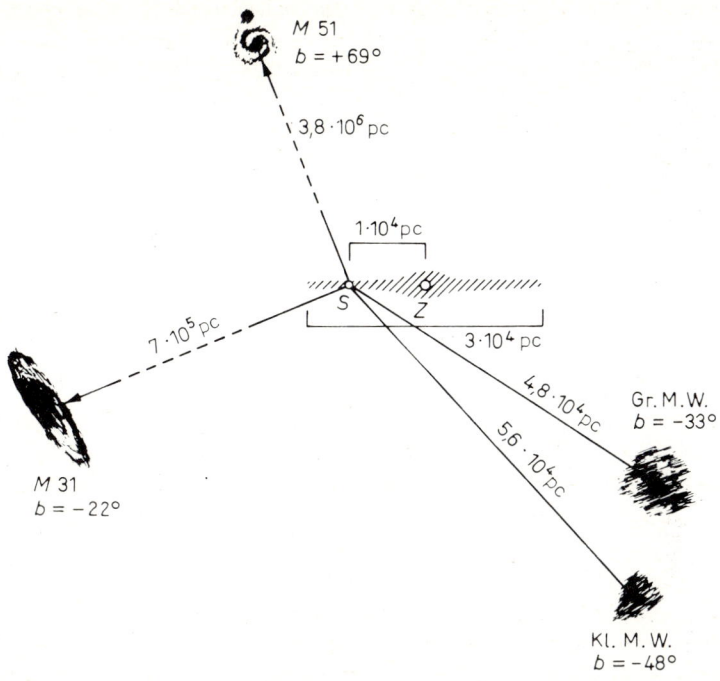

Abb. 7.14 Skizze zu den Größen- und Entfernungsverhältnissen und den galaktischen Breiten *b* für Milchstraßensystem, Magellan-Wolken, M 31 (Andromeda-Nebel) und M 51. Die außergalaktischen Objekte sind um die Achse *b* = 90° in die Zeichenebene gedreht worden.

Die *Große Magellan-Wolke* (Abb. 6.7, S. 471) ist so nahe, daß auf den mit großen Teleskopen gewonnenen Aufnahmen sehr viele Sterne, Sternhaufen und Gasnebel als Einzelobjekte wahrgenommen werden können. Bei den Sternen können scheinbare Helligkeiten, Veränderungen der Helligkeit und Spektraltypen bestimmt werden. Durch diese Beobachtungen wird zunächst ein nicht selbstverständlicher Tatbestand aufgezeigt: Wir finden in einem Sternsystem außerhalb unserer eigenen Galaxis die gleichen Objekte und die gleichen physikalischen Vorgänge wie im Milchstraßensystem. Diese Erfahrung hat sich auch bei dem weiteren Vordringen in den Raum – über die Magellan-Wolken hinaus – bestätigt.

Andererseits hat sich bei der Untersuchung der näheren Sternsysteme ergeben, daß in bezug auf den spezifischen Gehalt an Sternen und interstellarer Materie große, vom Typ bestimmte Unterschiede zwischen den Systemen bestehen. Die Große Magellan-Wolke enthält in sehr großer Zahl helle OB-Sterne, HII-Regionen und ausgedehnte Emissionsnebel. Die Gesamtheit dieser Objekte bestimmt die Helligkeitsverteilung und Struktur, die man auf den Aufnahmen dieser Wolke wahrnimmt. Die OB-Sterne treten überwiegend in Gruppen auf; diese Gruppen wiederum sind von riesigen hellen

Gasnebeln umgeben. Der größte dieser Emissionsnebel trägt die Bezeichnung 30 Doradus, er liegt in Abb. 6.7 links vom unteren Ende des Hauptbalkens der Wolke. Die optischen und radiooptischen Beobachtungen dieser Gebiete weisen darauf hin, daß sich in den vergangenen zehn Millionen Jahren überall in der Großen Magellan-Wolke große Mengen von Sternen gebildet haben und daß der Prozeß der Sternentstehung wahrscheinlich auch gegenwärtig noch in großem Umfang im Gang ist. Andererseits kann dieses Sternsystem als Ganzes nicht etwa ein junges Gebilde sein. Die Große und die Kleine Magellan-Wolke enthalten Kugelsternhaufen und in diesen Haufen RR Lyrae-Sterne, also Objekte, die mehrere Milliarden Jahre alt sind (s. S. 442 f.).

Die Entfernungen der beiden Magellan-Wolken werden aus den scheinbaren und absoluten Helligkeiten von Delta-Cephei- und RR Lyrae-Sternen bestimmt. Jede der beiden Wolken enthält mehrere Tausend Delta-Cephei-Sterne. Bei der Bestimmung der Lichtkurven von 25 Delta-Cephei-Sternen der *Kleinen Wolke* entdeckte Henrietta Leavitt im Jahre 1912 die Perioden-Leuchtkraft-Beziehung der Pulsationsveränderlichen (s. S. 445). Miss Leavitt erhielt für ihre 25 Sterne zunächst eine Korrelation zwischen scheinbarer Helligkeit und Periode des Lichtwechsels; je größer die (mittlere) Helligkeit, desto länger die Periode. Der wahre Sachverhalt und die Bedeutung der Entdeckung konnten bald erkannt werden. Alle Sterne der Kleinen Magellan-Wolke stehen nahezu in der gleichen Entfernung von uns; die für die scheinbaren Helligkeiten abgeleitete Relation ist in Wahrheit eine Beziehung zwischen den *absoluten Helligkeiten und der Lichtwechsel-Periode*. Als die Bedeutung dieser Beziehung feststand, hat sich zunächst besonders H. Shapley darum bemüht, durch Vergrößerung des Beobachtungsmaterials und durch die Eichung der absoluten Helligkeiten die Perioden-Helligkeitsbeziehung zu einem praktikablen Mittel zur Entfernungsbestimmung zu machen.

Wegen ihrer großen absoluten Helligkeiten können Delta-Cephei-Sterne in Galaxien bis zur Entfernung von $3,5 \cdot 10^6$ pc beobachtet werden; das ist etwas weniger als der Abstand des Systems M 51. Die RR Lyrae-Sterne, die wegen ihrer allen Sternen dieses Typs gemeinsamen mittleren absoluten Helligkeit hervorragende Entfernungsindikatoren sind, sind bedeutend lichtschwächer als die Delta-Cephei-Sterne; sie können nur in sieben nahen Galaxien der lokalen Gruppe beobachtet werden. In den Magellan-Wolken sind die RR Lyrae-Sterne bei weitem nicht so zahlreich wie die Delta-Cephei-Sterne.

Der Andromeda-Nebel

Der Andromeda-Nebel NGC 224 = M 31 ist das unserer Galaxis am nächsten stehende Spiralsystem (Abb. 7.15 a). Die Scheibe dieses Sb-Systems wird von uns in starker perspektivischer Verkürzung wahrgenommen; der Neigungswinkel der Äquatorebene zum Visionsradius beträgt etwa 13°. Trotz dieser Verzerrung sind die Spiralarme in mehreren Windungen deutlich zu erkennen; auf den mit großen Teleskopen erhaltenen Aufnahmen lassen sich die einzelnen Bögen über große Strecken lückenlos verfolgen. Im Andromeda-Nebel und in dem etwa gleich weit entfernten kleineren Triangulum-Nebel M 33 können große Mengen von Sternen, sowie sehr viele Stern-

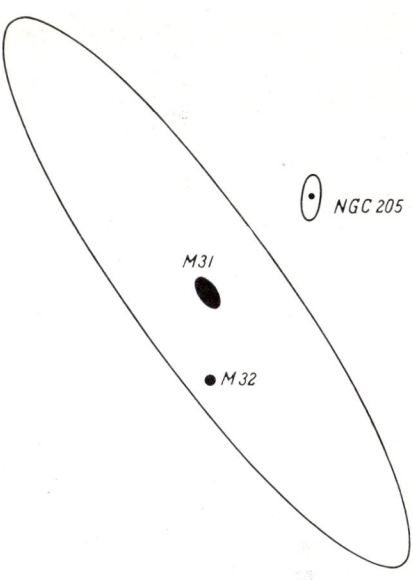

Abb. 7.15 a Der Andromeda-Nebel M 31 =
NGC 224, Typ Sb, mit den
beiden Begleitern M 32 =
NGC 221 (Typ E 3) und
NGC 205 (Typ E 5).

Abb. 7.15 b Karte zur Identifizierung
von M 32 und NGC 205.
Begrenzende Ellipse von
M 31; s. Aufgabe S. 578.

haufen und Gasnebel als Einzelobjekte identifiziert und durch Helligkeits-, Farb-
und Spektralbeobachtungen untersucht werden. Durch diese Möglichkeiten nehmen
die Systeme M 31 und M 33 eine Schlüsselstellung in der Erforschung der Spiral-
Sternsysteme ein. Der Andromeda-Nebel wird außerdem als Leitbild für die Untersuchungen an unserem eigenen Sternsystem benutzt. Es hat sich gezeigt, daß die
beiden Systeme sich in Form, Größe, Sterninhalt und Sternverteilung ähnlich
sind.
Die Daten für Helligkeit und Entfernung von M 31 stehen in Tab. 7.2. Der große
Durchmesser des elliptischen Bildes von M 31 erscheint unter dem Winkel 4,2°;
daraus ergibt sich der lineare Durchmesser zu rund 50 kpc. Die Masse des Systems
beträgt $3,1 \cdot 10^{11}$ Sonnenmassen (vgl. S. 588).
Der Andromeda-Nebel kann unter günstigen Bedingungen *mit bloßem Auge* als
diffuser Lichtfleck wahrgenommen werden. Er steht nahe beim Stern v Andromedae (s. Aufsuchungskarte Abb. 7.16). Form und Struktur sind ohne optische
Hilfsmittel nicht zu erkennen. Beobachtungen mit dem Feldstecher zeigen deutlich
die elliptische Gestalt. In einem kleinen Fernrohr erscheint der Nebel unter etwa
$1,5° \times 0,5°$; die Ausdehnung ist von der Lichtstärke des Instruments abhängig. Außer

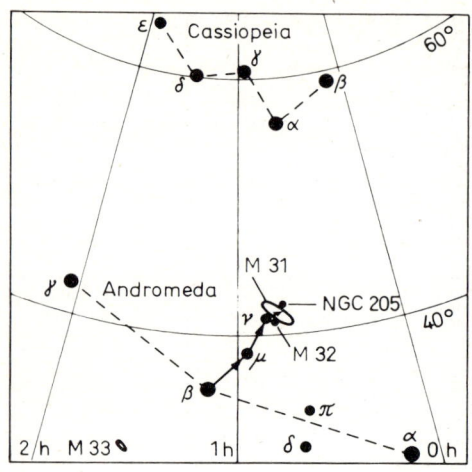

Abb. 7.16 Aufsuchungskarte für
den Andromeda-Nebel.

einer deutlichen Abnahme der Flächenhelligkeit mit wachsendem Zentrumsabstand
können keine Strukturen wahrgenommen werden, insbesondere ist die Spiralstruktur
mit kleinen Instrumenten nicht zu sehen.

Mit den lichtstärksten Teleskopen können im Andromeda-Nebel Sterne bis zur absoluten Helligkeit $M = -1$ mag als Einzelobjekte wahrgenommen werden. Im Zentralgebiet sind rote Überriesensterne erkennbar. Farbmessungen des integrierten Lichtes
der unaufgelösten Sterne und Infrarot-Beobachtungen lassen vermuten, daß der
Hauptanteil des Lichtes des Zentralbereichs von einer sehr großen Menge normaler
Zwergsterne stammt, die dort – ähnlich wie im Kern des galaktischen Systems –
wie in einem großen Sternhaufen konzentriert sind. Die Spiralarme sind durch hohe
Dichte des neutralen Wasserstoffs (Radiobeobachtungen, 21 cm-Linie) und durch
viele Assoziationen heller OB-Sterne, durch H II-Regionen und durch Staubstreifen
gekennzeichnet. Diese optischen und radiooptischen Beobachtungen gaben die Hinweise für die Suche nach Spiralarmindikatoren im Milchstraßensystem.

Zur Herleitung einer bis zum Zentrumsabstand von 30 kpc reichenden *Rotationskurve* des Andromeda-Nebels stehen optisch (H II-Regionen) und radiooptisch
(21 cm-Linie des neutralen Wasserstoffs) gemessene Radialgeschwindigkeiten zur
Verfügung. Die Abb. 7.17 zeigt die Kurve. Der Betrag der Maximalgeschwindigkeit
ist mit über 250 km/s ähnlich den im galaktischen System und im Spiralsystem M 81
gemessenen Werten (vgl. Abb. 6.40, S. 558, und Abb. 6.20b, S. 527). Der Verlauf
der Kurve im Bereich großer Zentrumsabstände ist bedeutend flacher als bei
M 81.

Auf Seite 559 ff. wurde gezeigt, wie mit Hilfe der Rotationskurve des galaktischen
Systems ein Massenmodell konstruiert und die *Gesamtmasse* bestimmt werden
kann. Das gleiche Verfahren der Massenbestimmung ist auf außergalaktische Systeme
anwendbar, wenn gute Rotationskurven vorliegen. Für M 31 wurde damit der Wert
$m = 3{,}1 \cdot 10^{11} \, m_\odot$ hergeleitet. Für den Triangulum-Nebel M 33 ergibt sich $m = 0{,}4 \cdot 10^{11} \, m_\odot$.

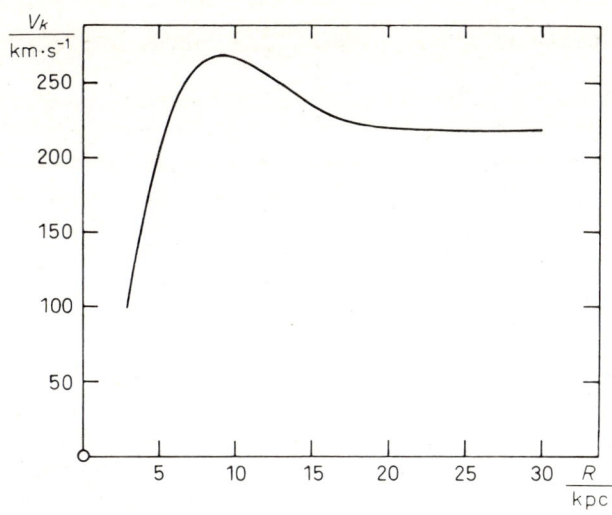

Abb. 7.17 Rotationskurve des Andromeda-Nebels M 31.

Aufgabe

Die Masse m einer Galaxie kann abgeschätzt werden, wenn die Kreisbahngeschwindigkeit V_k für einen Punkt P mit so großem Zentrumsabstand R bekannt ist, daß das Gravitationsfeld der Galaxie in P näherungsweise als das eines Massenpunktes im Zentrum angesehen werden darf. In den Außenbereichen, für die diese Voraussetzung erfüllt ist, kann die Materie wegen zu geringer Dichte optisch nicht mehr beobachtet werden; für eine größere Zahl von Spiralsystemen stehen jedoch Werte von V_k zur Verfügung, die aus Radialgeschwindigkeitsmessungen an der 21 cm-Linie des interstellaren Wasserstoffs erhalten wurden.

Bewegt sich in diesen Außenbereichen ein Körper mit der Bahngeschwindigkeit V_k auf einer Kreisbahn mit Radius R, so ist dazu eine Zentripetalkraft nötig. Diese Zentripetalkraft ist die Gravitationskraft derjenigen Masse, deren Zentrumsabstand kleiner als R ist und die man sich unter diesen Voraussetzungen im Zentrum vereinigt denken kann. Je größer der Zentrumsabstand R ist, in dem noch Rotationsgeschwindigkeiten gemessen werden können, um so besser stimmt die für die Zentripetalkraft verantwortliche Masse mit der Gesamtmasse der Galaxie überein.

a) Leiten Sie eine Gleichung her für die Masse m in Abhängigkeit von der Kreisbahngeschwindigkeit V_k und dem Bahnradius R (s. auch Kap. 6, S. 558).

b) Berechnen Sie damit in Einheiten der Sonnenmasse $m_\odot$ die Masse eines großen Sb-Spiralsystems mit $V_k = 200$ km/s für $R = 20$ kpc und

c) die Masse eines kleinen Sc-Systems mit $V_k = 160$ km/s für $R = 12$ kpc.

589

7.1.8 Einzelobjekte als außergalaktische Entfernungsindikatoren

Die Haupt-Entfernungsindikatoren im Andromeda-Nebel sind Delta-Cephei-Sterne; die RR Lyrae-Sterne sind in dieser Entfernung schon zu lichtschwach. Die Tab. 7.3 zeigt, welche absolut sehr hellen Einzelobjekte überhaupt als außergalaktische Entfernungsindikatoren verwendet werden können und bis zu welchen Entfernungen sie anwendbar sind. Durch die in der ersten Spalte angeführten Sternsysteme und Haufen sind sechs Entfernungen markiert.

Tab. 7.3 Einzelobjekte als außergalaktische Entfernungsindikatoren

Sternsystem, Gruppe, Haufen	Entfernung r / pc	RR Lyrae-Sterne	Delta-Cephei-Sterne	Novae	OB-Überriesensterne	Kugelhaufen	Supernovae
Magellan-Wolken	$5 \cdot 10^4$						
M 31 (Andromeda-Nebel)	$7 \cdot 10^5$						
M 81-Gruppe	$3,2 \cdot 10^6$						
M 101-Gruppe	$3,8 \cdot 10^6$						
Virgo-Haufen (M 87)	$18 \cdot 10^6$						
Coma-Haufen	$70 \cdot 10^6$						

Die Delta-Cephei-Sterne sind noch in der Entfernung $3,2 \cdot 10^6$ pc, aber nicht mehr im Abstand $3,8 \cdot 10^6$ pc beobachtbar. Bis zur Entfernung des Virgo-Haufens bleiben als gute Indikatoren die hellsten blauen Überriesensterne (absolute Helligkeit -9 mag) und die hellsten Kugelhaufen, die in den Sternsystemen gefunden werden können (absolute Helligkeit -10 mag). Die Reichweite der Novae als Entfernungsindikatoren ist größer als die Reichweite der Delta-Cephei-Sterne. Die Überwachung von Galaxien mit dem Ziel, Novaausbrüche zu entdecken, erfordert jedoch sehr viel Zeit. Daher sind solche Überwachungen bisher nur unvollständig durchgeführt worden. Beobachtungsergebnisse liegen nur für die Magellan-Wolken und den Andromeda-Nebel vor. Die Tabelle endet mit den im Coma-Haufen beobachteten Supernovae; in der Entfernung $70 \cdot 10^6$ pc ist die Grenze für beobachtbare Einzelobjekte erreicht. – Die Entfernungen der Sternsysteme werden also photometrisch, d.h. aus den scheinbaren und absoluten Helligkeiten von Objekten, bestimmt. Die scheinbaren Helligkeiten der Sterne und Sternhaufen in den Systemen werden gemessen; die absoluten Helligkeiten dieser Objekte sind aus Beobachtungen im galaktischen System oder in der lokalen Gruppe der außergalaktischen Systeme bekannt. Diese sich schrittweise vollziehende *Eichung der Skala der Entfernungsindikatoren* knüpft letzten Endes an die Sternstromparallaxe der *Hyaden* an (s. 6.3, S. 533), die damit die Basis der ganzen galaktischen und außergalaktischen Entfernungsskala bildet.

In dem durch die Tab. 7.3 gekennzeichneten Raum werden alle Möglichkeiten ausgenutzt, die Entfernung eines Sternsystems durch verschiedene Typen der Indikatoren zu bestimmen. Auf diese Weise kann geprüft werden, ob die – zunächst probeweise angenommene – physikalische Identität zwischen den galaktischen und außergalaktischen Objekten wirklich vorhanden ist. Tatsächlich scheinen die hellsten Kugelhaufen, die in der Galaxis, im Andromeda-Nebel und in weiter entfernten Systemen beobachtet werden, bis auf einige Zehntel einer Größenklasse die gleiche absolute Helligkeit zu haben. Auch die Perioden-Leuchtkraft-Beziehung dürfte nach den Beobachtungsergebnissen in allen Sternsystemen die gleiche sein. Supernovae sind im Maximum außerordentlich hell. Sowohl im Virgo- als im Coma-Haufen sind mehrere Ausbrüche beobachtet worden. Die absolute Helligkeit im Maximum liegt bei -18 mag; die Eichung ist jedoch sehr schwierig, dementsprechend sind die abgeleiteten Entfernungen unsicher.

Die außergalaktischen Entfernungsbestimmungen mit Hilfe der Helligkeiten von Einzelobjekten erfordern einen sehr großen Aufwand an Beobachtungstechnik, sowie an Beobachtungs- und Auswertezeit. Das Hauptziel dieser Bemühungen ist die Bestimmung der Konstante H_0 im *Hubble-Gesetz* $v_r = H_0 \cdot r$, das einen fundamentalen Zusammenhang zwischen der Entfernung r und der Radialgeschwindigkeit v_r außergalaktischer Sternsysteme beschreibt und für die Entfernungsbestimmung im außergalaktischen Raum zentrale Bedeutung besitzt. Bei der Behandlung dieses Gesetzes im Abschnitt 7.2 werden Methoden zur Bestimmung von H_0 und die Bedeutung dieser Konstante ausführlich erläutert (s. S. 607 ff.).

Aufgabe

Prüfen Sie die Angaben der Tab. 7.3 über die Grenzentfernungen für die Verwendung von Pulsationsveränderlichen und Kugelsternhaufen als Entfernungsindikatoren. Berechnen Sie die scheinbaren Helligkeiten

    eines RR Lyrae-Sternes ($\overline{M_V}$ = +0,6 mag) in den Magellan-Wolken und im
                           Andromeda-Nebel
    eines hellen Delta-Cephei-Sternes ($\overline{M_V}$ = -4 mag) im Andromeda-Nebel,
                in M 81, in M 101
    eines sehr hellen Kugelhaufens ($\overline{M_V}$ = -10 mag) im Virgo-Haufen und im
                Coma-Haufen

Wegen der höheren galaktischen Breiten der Objekte können alle scheinbaren Helligkeiten nach Gl. (5-5), S. 366, ohne Berücksichtigung interstellarer Absorption berechnet werden. Die Entfernungen sind aus Tab. 7.3 zu entnehmen. Die Grenzhelligkeit für das Hale-Teleskop auf dem Mt. Palomar (Spiegeldurchmesser 5 m) liegt zwischen 23 mag und 24 mag.

7.1.9 Die Helligkeiten, Farben und Spektren der Galaxien

Der Möglichkeit, einzelne Objekte in den Sternsystemen zu beobachten, sind sehr enge Grenzen gesetzt. Bei der großen Menge aller nicht ganz nahen Systeme können nur integrale Eigenschaften beobachtet werden: Helligkeiten, Farben und Spektren.

Die scheinbaren und absoluten *Gesamthelligkeiten* der Galaxien werden in der gleichen Größenklassenskala gemessen wie die Helligkeiten der Sterne. Die Bestimmung exakter Werte der scheinbaren Helligkeiten ist bei den Galaxien wegen der flächenhaften Ausdehnung und der unscharfen Begrenzung bedeutend schwieriger als bei den Fixsternen. Für mehrere tausend Sternsysteme sind photographisch oder lichtelektrisch gemessene Werte der scheinbaren Helligkeiten in den beiden Farben B und V bekannt (B = blau, V = visuell; vgl. S. 362 f.). In den weit entfernten Galaxienhaufen sind schon die hellsten Systeme lichtschwache Objekte. Orientierungswerte enthält die Tab. 7.1; die zehnthellste Galaxie im Corona-borealis-Haufen besitzt die scheinbare Helligkeit $m_V(10) = 16{,}3$ mag, während im Ursa-major-II-Haufen $m_V(10) = 18{,}0$ mag ist.

Bei allen Galaxien mit bekannten Entfernungen r können aus m und r die absoluten Helligkeiten der Systeme berechnet werden. Die hellsten Spiral- und elliptischen Systeme haben visuelle absolute Helligkeiten von -21 bis -22 mag. Beispiele für diese Maximalhelligkeit sind M 31 (Typ Sb), M 81 (Sb), M 104 (Sa), M 87 (E 0). Bei den hellsten irregulären Galaxien wurde $M_V = -18$ mag gefunden; die Minimalhelligkeiten der Zwerggalaxien liegen bei $M_V = -10$ mag.

Genau wie bei den Sternen werden auch bei den Galaxien, für die Helligkeiten m_B und m_V gemessen sind, *Farbenindizes* $m_B - m_V$ gebildet. Aus einem großen Datenmaterial derjenigen Galaxien, bei denen die Hubble-Typen gut bestimmt werden können, ergibt sich, daß eine enge Beziehung zwischen Farbenindex und Typus des Systems besteht. In der Folge Ir−Sc−Sb−Sa−E ändern sich die Farben kontinuierlich von Blau über Gelb nach Rot. Dies ist eine Aussage über die in den Systemen vorherrschenden Sterntypen. Das helle Kontinuum eines Sternsystem-Spektrums setzt sich zusammen aus den zahllosen Kontinuen der Sterne, die dem System angehören. Die in einem System in der Helligkeit dominierenden Spektraltypen bestimmen die Helligkeitsverteilung im Kontinuum des Gesamtsystems und damit auch den Farbenindex. Bei näheren Spiralsystemen können Farbenindizes für einzelne Teile des Systems, z. B. das Zentrum oder den Außenbereich, erhalten werden. Die Zentralgebiete haben rötliche Farbe. Die äußeren Teile sind bläulich; diese Farbe ist auf den Spiralarmen am stärksten ausgeprägt.

Der Informationsgehalt der *integralen Spektren* von Galaxien hängt sehr stark von der Helligkeit der Objekte ab. Wie im Spektrum eines einzelnen Sternes ist das von der Gesamtheit der Sterne eines Systems stammende Kontinuum durchsetzt von dunklen Fraunhofer-Linien. Die Zahl der deutlich erkennbaren Linien ist auch bei den näheren und helleren Systemen nicht sehr groß. Zu sehen sind einige Balmerlinien des Wasserstoffs, die Natrium-D-Linien, wenige Linien anderer Metalle (Fe, Mg), eine Helium-Linie, Molekülbanden von CN und TiO. Besonders ausgeprägt sind in den Spektren der Sternsysteme die beiden von Fraunhofer mit H und K bezeichneten Linien des Ca^+ mit den Wellenlängen 396,8 nm und 393,4 nm. Diese Linien sind in den Spektren vieler Sterne sehr stark. H und K sind die einzigen dunklen Linien, die auch noch in den Spektren der fernsten und lichtschwächsten Galaxien wahrgenommen und zur Messung von Radialgeschwindigkeiten benutzt werden können. Die Helligkeit des Nachthimmels — in der Hauptsache das Leuchten von Gasen in der Erdatmosphäre — setzt den Spektralaufnahmen sehr lichtschwacher Galaxien eine Grenze. Die schwächsten Sternsysteme, von denen Spektren erhalten werden konnten, haben scheinbare Helligkeiten zwischen der 19. und 20. Größenklasse.

Weit über die Informationen hinaus, die aus dem Farbenindex und der Helligkeitsverteilung im integralen Kontinuum gezogen werden können, geben die *Fraunhofer-Linien* Auskunft über die Sterntypen, die in einer Galaxie durch ihre Leuchtkraft dominieren. Beispiele: Die Linie des neutralen He mit der Wellenlänge 381,9 nm zeigt das Vorhandensein von OB-Sternen an; die Natrium-D-Linien und die Banden des CN weisen auf rote Riesensterne, TiO-Banden auf rote Hauptreihensterne hin.

In den Spektren vieler Galaxien werden *Emissionslinien* beobachtet. Sie stammen von Emissionsnebeln, geben also Auskunft über das in den Sternsystemen vorhandene interstellare Gas. Häufig vorkommende starke Linien: $[O^+]$-Dublett 372,6/372,9 nm, Hα, die $[N^+]$-Linien bei 654,8 nm und 658,4 nm (Die eckige Klammer bedeutet, daß es sich um verbotene Linien handelt; s. dazu S. 504). Kenntnisse über die Hauptkomponente des interstellaren Gases, den neutralen Wasserstoff, werden durch radioastronomische Beobachtungen der 21 cm-Linie erhalten. Bei einer großen Anzahl der näheren Galaxien ist festgestellt worden, ob und mit welcher Intensität diese Linie vorhanden ist.

7.1.10 Die Entwicklung der Sternsysteme

Die Beobachtungen der Einzelobjekte in den nahen Galaxien, die Bestimmungen von Farbenindizes und die Auswertungen der integralen Kontinuum- und Linien-Spektren ergeben in ihrer Gesamtheit eine Fülle von Kenntnissen über den Gehalt der Sternsysteme an Sternen verschiedenen Alters und an interstellarer Materie sowie über die Verteilung dieser Komponenten innerhalb der Systeme. Dabei zeigt sich ein enger Zusammenhang zwischen den Inhalten an Sternen und Gas und den durch den Hubble-Typ gekennzeichneten Formen und Strukturen der Systeme (s. S. 571 für E-Systeme, S. 572 für Spiralsysteme, S. 579 für Ir-Systeme). An den in Tab. 7.4 zusammengestellten Daten kann abgelesen werden, daß die — mit Form und Struktur parallel laufenden — Unterschiede im Stern- und Gas-Gehalt zwar bedeutend sind, daß aber andererseits die Typen E–Sa–Sb–Sc–Ir eine kontinuierliche Folge von ineinander übergehenden Zuständen bilden.

Tab. 7.4 Der Gehalt der Sternsysteme an Sternen und interstellarer Materie

Hubble-Typ / Kennzeichnung	E	Sa	Sb	Sc	Ir
Die durch ihre Helligkeit am stärksten auffallenden Sterntypen	rote Riesensterne, alte Objekte	viele rote Sterne, wenig OB-Sterne	rote Sterne im mittelgroßen Zentralgebiet; OB-Sterne auf den Spiralarmen	OB-Sterne, H II-Regionen	sehr viele OB-Sterne, junge Objekte; auch alte Sterne vorhanden
Verteilung der auffälligsten Sterne	im ganzen System	großes, den elliptischen Systemen ähnliches Zentralgebiet; OB-Sterne auf den engen Spiralwindungen	OB-Sterne auf den Spiralarmen	auf den weit geöffneten Spiralarmen — Kerngebiet klein	OB-Sterne unregelmäßig über das ganze System verteilt
Interstellare Materie	keine oder nur geringe Mengen	wenig	im Zentrum wenig, außen viel	viel	sehr viel
gegenwärtige Sternentstehung	erloschen	auf den Spiralarmen, wahrscheinlich nicht mehr im Zentralgebiet			lebhaft im ganzen System

Die Kenntnisse über den Aufbau der Sternsysteme aus Sternen und interstellarer Materie machen es möglich, nach dem *Zustandekommen der gegenwärtig beobachteten Zustände* zu fragen. Wie haben sich die Galaxien entwickelt? Welche Umstände bewirken die in der Tab. 7.4 aufgezeigten Typen-Unterschiede in Gehalt und Anordnung der Sterne? Die Beantwortung dieser Fragen steckt in den ersten Anfängen; nur einige wenige Grundgedanken sollen hier dargestellt werden. In allen Sternsystem-Typen sind Sterne beobachtet worden, die ein hohes Alter — zwischen 10^9 und 10^{10} Jahren — haben. Die Verschiedenheiten können also nicht darauf zurückgeführt werden, daß die elliptischen Systeme alte, die irregulären Systeme dagegen junge Gebilde wären; die Magellan-Wolken enthalten sehr alte RR Lyrae-Sterne. Es muß also davon ausgegangen werden, daß die beobachteten Verschiedenheiten nicht durch ein unterschiedliches Alter der Systeme zu erklären sind. Alle Systeme, die wir kennen, sind alt — gemessen an dem Lebensalter, das ein O- oder B-Stern erreichen kann.

Die Entwicklung eines Sternsystems wird durch den Ablauf von *drei Grundvorgängen* bestimmt: die Bildung von Sternen aus interstellarer Materie, die Rückgabe des in den Sternen veränderten Materials an das interstellare Medium, und die dynamische

Entwicklung des Sternsystems als Ganzes. Im Beginn der Entwicklung besteht der Hauptvorgang zunächst in einem Kollabieren der — als Protogalaxie bezeichneten — Wolke aus Gas und Staub, die sich aus einem großen Medium abgelöst hat und damit ein mechanisch abgeschlossenes System geworden ist (vgl. S. 491). Während des Zusammenfallens der Wolke setzt die *Sternentstehung* ein; die erste Sterngeneration des Systems bildet sich aus der interstellaren Materie. Durch die Geschwindigkeit, mit der sich in einem Sternsystem das interstellare Medium in Sterne umsetzt, wird der charakteristische Zustand bestimmt, in dem wir das System jetzt wahrnehmen. Die typischen Unterschiede im Vorkommen alter und junger Sterne und in den Mengen des vorhandenen Gases sind das Ergebnis von zeitlichen Verschiedenheiten im Ablauf der Sternentstehung in den Systemen. Die größten Gegensätze bilden die elliptischen und die irregulären Systeme. In den elliptischen Systemen hat sich frühzeitig die gesamte interstellare Materie in Sterne umgewandelt. Es werden nur alte Sterne vorgefunden, interstellares Gas ist nur in ganz geringen Mengen vorhanden. In den irregulären Systemen sind einerseits alte Sterne vorhanden, andererseits ist an den zahlreichen und großen OB-Assoziationen abzulesen, daß die Sternentstehung auch gegenwärtig noch in vollem Gange ist. Zwischen den beiden Extremen liegen die Spiralsysteme mit ihrer von Sa über Sb nach Sc gehenden Differenzierung. In den Sa-Systemen sind die Zentralgebiete groß; dort findet man rote Sterne und verschwindend wenig interstellares Gas. Diese Kerne ähneln den elliptischen Systemen, die Sternentstehung ist erloschen. Junge Sterne und interstellare Materie werden in den Außenbereichen der Systeme auf den Spiralarmen gefunden.

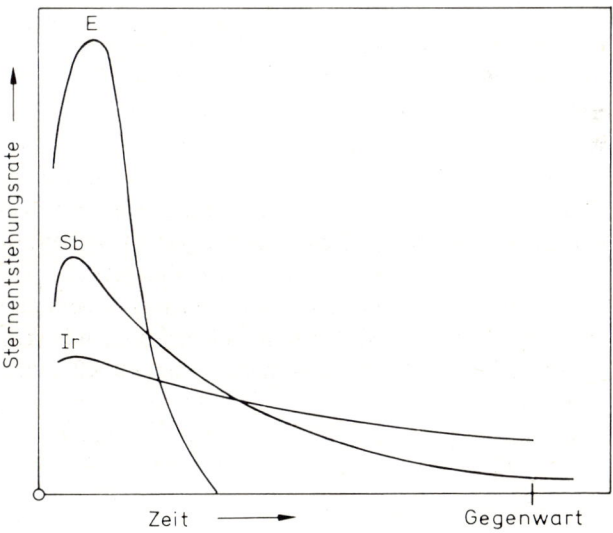

Abb. 7.18 Schematische Darstellung der Abhängigkeit der Sternentstehungsrate von der Zeit in Sternsystemen vom Typ E, Sb, Ir. Nach S. van den Bergh.

Die Sb-Systeme haben kleinere Kerne als die Sa-Spiralen; beim Typ Sc haben die Zentralgebiete minimale Dimensionen. Demgegenüber werden die von den Spiralarmen eingenommenen Bereiche über Sb nach Sc immer größer; in gleicher Weise nehmen die Zahl der jungen Sterne und die Menge der noch vorhandenen interstellaren Materie zu. In Abb. 7.18 ist die Abhängigkeit der Sternentstehungsraten von der Zeit für die drei Typen E, Sb, Ir skizzenhaft dargestellt. Der Hauptparameter, der für die großen Verschiedenheiten im zeitlichen Ablauf der Sternentstehung verantwortlich ist, ist wahrscheinlich die *Dichte des Gases in der Protogalaxie.*

7.1.11 Die Radiogalaxien

Es gibt Sternsysteme, die im radiofrequenten Spektralbereich eine sehr starke, nichtthermische Kontinuum-Ausstrahlung haben. Diese Systeme heißen *Radiogalaxien*; sie wurden zunächst als Quellen intensiver Radiostrahlung entdeckt und später — nachdem sehr gute Koordinatenangaben für die Radioquellen vorlagen — mit Galaxien identifiziert. Bisher sind schon viele hundert Radiogalaxien bekannt; unter den optisch nicht identifizierten Radioquellen gibt es jedoch wahrscheinlich noch viele Galaxien. Die Identifizierung ist sehr schwierig, da die Radiogalaxien bis auf wenige Ausnahmen optisch sehr lichtschwach sind.
Die Beobachtungen der Radiogalaxien weisen auf — gegenwärtige oder vergangene — Vorgänge ganz besonders hoher *Aktivität* hin. Die Radiobeobachtungen liefern durchweg sehr hohe Werte der Strahlungsleistung und bei vielen Objekten eine eigenartige Lage der spezifischen Radioquellen relativ zur optisch sichtbaren Galaxie. Außerdem zeigen die optischen Beobachtungen bei einer großen Anzahl der Objekte irgendwelche Besonderheiten in der Struktur der Galaxien. Die Tab. 7.5 gibt Werte der Strahlungsleistungen einiger Radiogalaxien. Zum Vergleich sind die Sonne und normale Galaxien mit den Werten ihrer optischen und radiofrequenten Strahlungsleistungen angegeben.

Tab. 7.5   Optische und radiofrequente Strahlungsleistungen

Objekt	Entfernung $\dfrac{r}{pc}$	Strahlungsleistung $\dfrac{P_{St}}{W}$	
		optisch	Radio
Sonne	—	$4 \cdot 10^{26}$	10^{12}
Normale große Galaxie	—	10^{37}	10^{31}
M 82	$3 \cdot 10^6$		10^{33}
Centaurus A	$5 \cdot 10^6$		10^{35}
Virgo A = M 87	$18 \cdot 10^6$	10^{37}	10^{35}
Cygnus A	$280 \cdot 10^6$	10^{37}	10^{38}

Die Beobachtungen von Spektralverlauf und Polarisation der mit den Radioteleskopen aufgefangenen Energie der Radiogalaxien weisen auf *Synchrotronstrahlung*
hin. Synchrotronstrahlung entsteht, wenn sich Elektronen mit sehr hohen Geschwindigkeiten in Spiralbahnen um die Kraftlinien von Magnetfeldern bewegen (s. S. 455).
Die spektrale Energieverteilung dieser Strahlung unterscheidet sich deutlich von der
Energieverteilung thermischer Strahlung. Bei der Synchrotronstrahlung nimmt die
Bestrahlungsstärke mit wachsender Frequenz ab, während für thermische Strahlung
im Radiowellenbereich die Bestrahlungsstärke mit wachsender Frequenz zunimmt.
Abb. 7.19 zeigt für die Radiogalaxien Virgo A und Cygnus A den Spektralverlauf
der auf der Erde gemessenen, auf die Bandbreite $\Delta f = 1$ Hz bezogene Bestrahlungsstärke E_f der Empfänger. Ob der in der Figur in doppelt-logarithmischer Darstellung
gezeichnete Verlauf linear oder gekrümmt ist, hängt von der Energieverteilung der
die Synchrotronstrahlung emittierenden Elektronen ab. Ist die Zahl der Elektronen
mit der Energie E durch einen Potenzansatz der Form $N(E) \sim E^{-\gamma}$ darstellbar, dann
gehorcht auch die spektrale Intensitätsverteilung einem Potenzgesetz

$$E_f \sim f^{-\alpha}.$$

Dies ist für die Radiogalaxie Virgo A der Fall. Der Spektralindex α hat den Betrag
0,83. Dieser geradlinige Spektralverlauf ist typisch für sehr viele Radiogalaxien. Auch
bei den meisten galaktischen Supernova-Überresten ist, in einer Darstellung nach
Art der Abb. 7.19, der Verlauf des Radiospektrums geradlinig (s. S. 456 und Abb.

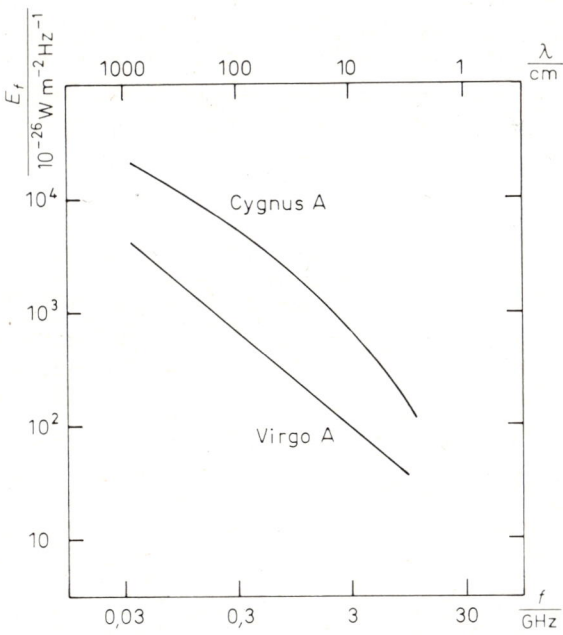

Abb. 7.19   Radiospektren der Galaxien Virgo A und Cygnus A.

5.34). Dagegen zeigen Cygnus A und eine Reihe weiterer Radiogalaxien einen gekrümmten Verlauf des Radiospektrums. Bei Cygnus A verändert sich der Spektralindex von 1,2 bei cm-Wellen auf 0,7 bei m-Wellen. Die in der Tabelle 7.5 aufgeführten Strahlungsleistungen P_{St} erhält man, indem man E_f über alle Frequenzen integriert und das Ergebnis mit der Oberfläche einer Kugel multipliziert, deren Radius gleich dem Abstand r der Quelle von uns ist:

$$P_{St} = 4 \pi r^2 \int_0^\infty E_f \, df. \qquad (7\text{-}1)$$

Auch normale Galaxien, wie Milchstraßensystem und Andromeda-Nebel, emittieren Radio-Synchrotronstrahlung. Der größte Anteil stammt wahrscheinlich von den Überresten von Supernova-Ausbrüchen. Die Radiostrahlungsleistungen normaler Sternsysteme liegen im Bereich von 10^{30} bis 10^{32} Watt; dagegen liegen die Werte der Radiogalaxien überwiegend zwischen 10^{35} und 10^{38} Watt.

Cygnus A ist eine der stärksten Radiostrahlungsquellen an der Sphäre. Das Objekt konnte im Jahre 1954 auf Aufnahmen, die mit dem Fünf-Meter-Spiegelteleskop auf dem Mt. Palomar erhalten worden waren, mit einem lichtschwachen Sternsystem identifiziert werden, dessen scheinbare Helligkeit 18 mag beträgt. Dieses optisch wahrnehmbare System hat zwei Konzentrationen, deren Zentren an der Sphäre den Abstand von $2''$ haben. Das Spektrum zeigt ein schwaches Kontinuum mit gut meßbaren Emissionslinien. Die Dopplerverschiebung dieser Linien ergibt die Radialgeschwindigkeit $v_r = +17\,000$ km/s. Aus diesem Wert für v_r ergibt sich mit der Hubble-Beziehung (Gl. 7-3) als Entfernung des Systems $r = 280 \cdot 10^6$ pc (s. S. 615).

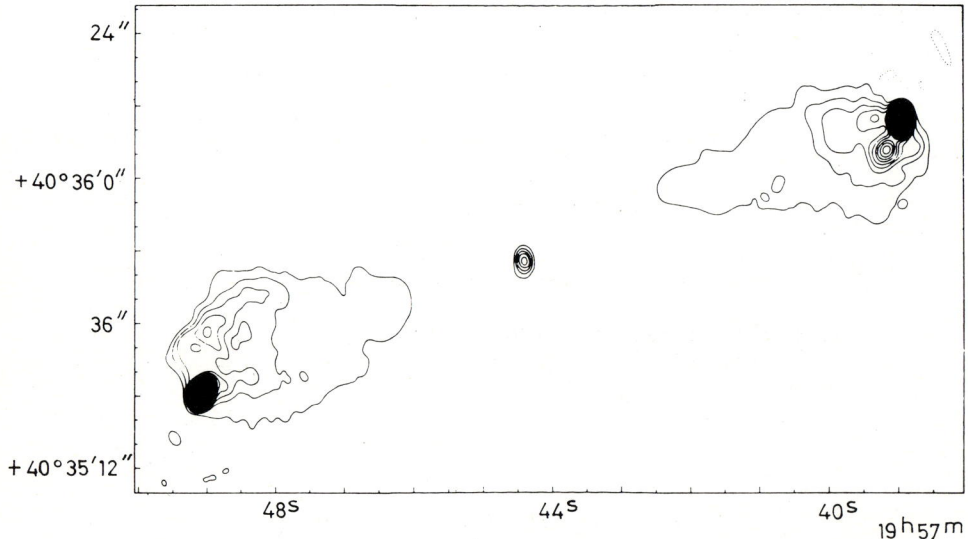

Abb. 7.20 Die Radioquelle Cygnus A. Radiostrahlung bei der Wellenlänge 6 cm; nach Beobachtungen von Hargrave und Ryle mit dem 5 km-Teleskop des Radioobservatoriums Cambridge, England.

Die Radiostrahlung kommt aus einem Bereich, der bedeutend größer ist als das optisch sichtbare Objekt. Abb. 7.20 zeigt das Resultat der Beobachtungen, die am Radioobservatorium Cambridge, England, mit einem Teleskop sehr hoher Auflösung erhalten wurden. Die eingezeichneten Kurven sind Linien gleicher Intensität der Radiostrahlung bei der Wellenlänge 6 cm. Zwei starke Hauptkomponenten — die beiden schwarzen Flächen in der Zeichnung — liegen genau symmetrisch zum optischen Objekt. Der gegenseitige Abstand dieser Hauptkomponenten beträgt 3′; dem entspricht ein linearer Abstand von etwa 240 kpc, also eine Strecke, die gleich dem achtfachen Durchmesser des Milchstraßensystems ist. Die optisch sichtbare Galaxie liegt innerhalb der in der Bildmitte gezeichneten Radioisophoten.

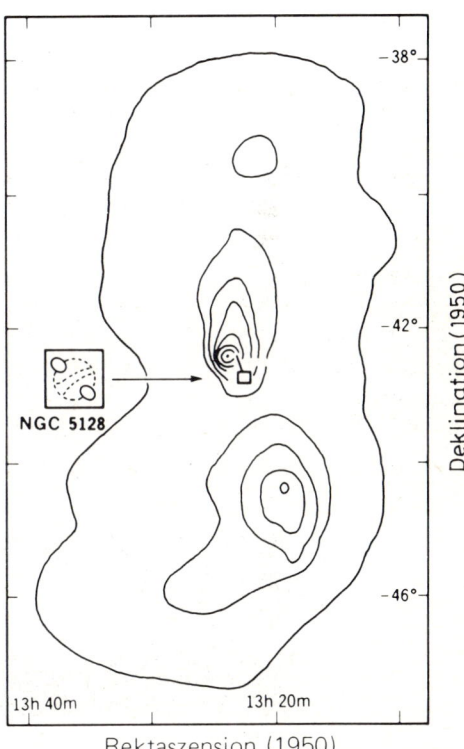

Rektaszension (1950)

Abb. 7.21a Das Sternsystem NGC 5128 befindet sich im Zentrum der Radiostrahlungsquelle Centaurus A.

Abb. 7.21b Centaurus A, Linien gleicher Radio-Strahlungsintensität. Das kleine Quadrat in der Mitte zeigt den Ort von NGC 5128 (Abb. 7.21a). In dem größeren Quadrat links ist die Richtung des Staubstreifens und die Lage der beiden, im Text erwähnten, inneren Radioquellen angegeben.

Auch die Radiogalaxie *Centaurus A* hat, ähnlich wie Cygnus A, symmetrisch gelegene Doppelquellen der Radiostrahlung. Centaurus A ist identisch mit dem optisch beobachtbaren System NGC 5128, einem großen Sternsystem sehr geringer Abplattung (Abb. 7.21 a). Das System ist in der Mitte von einem breiten Absorptionsstreifen durchzogen, der auffällige helle Formationen enthält. Beobachtungen mit einem sehr lichtstarken 4-m-Teleskop in Chile zeigen, daß das Licht dieses hellen Mittelbereichs hauptsächlich von zahllosen jungen O-Sternen und von H II-Regionen stammt. Das Licht der übrigen, oberhalb und unterhalb des Dunkelstreifens gelegenen Galaxie kommt überwiegend von roten Riesensternen.

Der optische Durchmesser des Systems beträgt etwa $10'$; die Radiostrahlung kommt aus einem viel größeren Gebiet, das in Deklination sich über $10°$ erstreckt (Abb. 7.21 b). Zwei starke Intensitätsmaxima der Radiostrahlung liegen, im gegenseitigen Abstand von $2°$, nördlich und südlich vom optischen Objekt; zwei schwächere Intensitätszentren liegen, in den gleichen Richtungen, am Rande der optischen Galaxie.

Die Radiogalaxie *Virgo A* ist identisch mit dem großen elliptischen System M 87 = NGC 4486; sie ist ein Mitglied des Virgo-Haufens. Das besondere Merkmal des optischen Objektes ist ein vom Zentrum der Galaxie ausgehender heller Strahl von 2,3 kpc Länge. Dieser Strahl ist nur auf kurz belichteten Aufnahmen zu sehen, er geht bei längerer Belichtungszeit im Bild des Sternsystems unter (Abbildungen siehe [16], S. 2). Die Radiostrahlung von Virgo A hat zwei Zentren, in der Mitte des optischen Systems und im Strahl. Satellitenbeobachtungen haben gezeigt, daß M 87 von einer großen Gaswolke umgeben ist, die intensive Röntgenstrahlung emittiert (vgl. S. 582).

Abb. 7.22 Das Sternsystem M 82 = NGC 3034 im Sternbild Großer Bär.

Das *Sternsystem M 82* = NGC 3034 ist ein sehr auffälliges Objekt (Abb. 7.22). Diese Galaxie befindet sich in der Nachbarschaft des großen Sb-Spiralsystems M 81, mit dem sie durch eine gemeinsame Wasserstoff-Hülle verbunden ist (Sternbild Ursa major; Rektaszension 9 h 52 m, Deklination + 70°). M 82 hat die scheinbare Helligkeit 9 mag; die Entfernung beträgt $3 \cdot 10^6$ pc. Die Randzone der hellen Fläche zeigt an vielen Stellen streifen- und strahlenartige Formen. Vom Zentrum aus ziehen sich lange, zum Teil fadenförmige Wolkenstrukturen in den Richtungen senkrecht zur Mittelebene bis in große Höhen. Im ganzen Sternsystem sind trotz der relativ geringen Entfernung keine Einzelsterne zu sehen (vgl. dazu Tab. 7.3, S. 590). Nur sehr große Sternhaufen und große H II-Regionen sind auf besonders guten Aufnahmen im Mittelteil der Galaxie zu erkennen. Die aus spektroskopischen Messungen an Gas und Staub abgeleiteten radialen Geschwindigkeiten der interstellaren Materie liegen zwischen 60 und einigen hundert km/s relativ zum Zentrum des Systems.

Die großen Mengen von Gas und von beleuchtetem Staub, besonders aber die faden- und strahlenförmige Anordnung dieser Materie deuten darauf hin, daß im Kern des Systems explosive Ereignisse stattgefunden haben oder noch stattfinden. Diese Vorgänge könnten eine besonders große Anzahl von Supernova-Ausbrüchen und die – durch die expandierenden Supernova-Überreste ausgelöste – Bildung sehr vieler neuer Sterne sein. Von all dem ist im optischen Bereich nichts zu sehen, weil das Zentrum von M 82 durch die interstellare Materie verdeckt ist. Im Kerngebiet befindet sich aber eine kompakte Radioquelle, die Synchrotronstrahlung mit der Strahlungsleistung 10^{33} Watt emittiert. Es müssen dort also Objekte sein, von denen sehr schnelle Elektronen in ein umgebendes Magnetfeld strömen. Außer den Strahlungsemissionen im optischen und Radiobereich wird eine aus allen Teilen von M 82 kommende sehr starke Infrarotstrahlung beobachtet; die IR-Leuchtkraft des Systems beträgt $2 \cdot 10^{37}$ W.

Die Vorgänge, durch die die großen Strahlungsleistungen der Radiogalaxien ausgelöst werden, sind noch unbekannt. Es ist sicher, daß die beobachteten radiofrequenten Emissionen Synchrotronstrahlung sind. Die an M 82 optisch beobachteten Erscheinungen und die Lage der Radiostrahlungszentren relativ zu den optischen Gebilden bei Cygnus A, Centaurus A und sehr vielen weiteren Radiogalaxien legen die Vermutung nahe, daß die Beschleunigungen der Synchrotronelektronen bei *explosionsartigen Vorgängen* in den Kerngebieten dieser Galaxien erzeugt worden sind. Bei der Auswertung der mit hoher Auflösung erhaltenen Radiobeobachtungen von Cygnus A mehren sich die Hinweise, daß die Freisetzung der Energie nicht durch ein einmaliges kurzes Ereignis, sondern in einem viel länger – 10^7 bis 10^8 Jahre – anhaltenden Vorgang erfolgt ist.

Zusammenfassung zu 7.1 „Die außergalaktischen Sternsysteme; Raumanordnung, Formen, integrale Eigenschaften"

1. In dem von uns überschaubaren Weltraum befinden sich viele Millionen von Sternsystemen. Sie treten in drei verschiedenen Typen auf: als elliptische, Spiral- und irreguläre Systeme. Die von E. Hubble eingeführten Typen-Bezeichnungen (E0 bis E7, Sa, Sb, Sc, Ir) beschreiben nicht nur Form und Struktur der Systeme, sondern auch ihren Inhalt an alten und jungen Sternen sowie an interstellarer Materie.

2. Die elliptischen Galaxien zeigen in ihren Projektionen an die Sphäre alle Formen vom Kreis (Typ E0) bis zu Ellipsen großer Exzentrizität (E7). Die Flächenhelligkeit ist im Zentrum am größten, sie nimmt gleichmäßig nach allen Seiten ab. Die elliptischen Systeme enthalten überwiegend rote Sterne und nur Spuren von interstellarer Materie.
Die Spiralsysteme sind durch diskusförmige Gestalt und durch ihre Spiralarm-Struktur gekennzeichnet. Die Formen der Systeme sind sehr mannigfaltig. Sie werden durch die Typenbezeichnungen Sa (großer Kern, enge Windungen der Arme), Sb, Sc (kleiner Kern, weit geöffnete Spiralarme) beschrieben. Die große Helligkeit der Spiralarme stammt von O- und B-Sternen und von H II-Regionen. Die Spiralsysteme besitzen, ähnlich wie das Milchstraßensystem, eine nichtstarre Rotation.
Die irregulären Sternsysteme haben unregelmäßige Formen und Strukturen. Sie enthalten sehr viele Sterne der Spektralklassen O und B und große Mengen interstellarer Materie.

3. Fast alle Sternsysteme sind Mitglieder von Galaxien-Haufen. Die kleinsten Haufen bestehen aus 10 bis 100 Systemen, die größten enthalten mehrere tausend Galaxien. Das Milchstraßensystem gehört, zusammen mit etwa 20 weiteren Systemen, einer kleinen Gruppe von Galaxien an. Zu den Mitgliedern dieser lokalen Gruppe zählen die beiden unserer Galaxis benachbarten Magellan-Wolken (Typ Ir) sowie die Spiralsysteme Andromeda-Nebel (M 31) und Triangulum-Nebel (M 33).

4. Bis zu Abständen von etwa $7 \cdot 10^7$ pc können in den Sternsystemen sehr helle Einzelobjekte beobachtet und als Entfernungsindikatoren verwendet werden. Dies sind bei den näheren Systemen (bis $3 \cdot 10^6$ pc) hauptsächlich Pulsationsveränderliche und Novae; bei weiter entfernten Systemen können nur noch sehr helle Überriesen-Sterne, Kugelhaufen und Supernovae erkannt werden.
Bei der großen Menge der weit entfernten Sternsysteme können nur integrale Eigenschaften beobachtet werden: Helligkeiten, Farben und Spektren. Diese Daten ergeben, zusammen mit den Kenntnissen über das Vorkommen von Einzelobjekten in nahen Galaxien, Informationen über den Gehalt der Sternsysteme an Sternen verschiedenen Alters und an interstellarer Materie. Alle Systeme enthalten alte Objekte. Die Sternentstehung ist in den elliptischen Systemen erloschen; sie findet gegenwärtig in den Spiralsystemen ganz überwiegend auf den Spiralarmen (also nicht im Kern), in den irregulären Systemen dagegen in allen Bereichen des Systems statt.

5. Sternsysteme, die im radiofrequenten Spektralbereich eine sehr starke nicht-thermische Kontinuum-Ausstrahlung haben, heißen Radiogalaxien; bekannte Beispiele sind die Strahlungsquellen Cygnus A und Centaurus A. Die Beobachtungen von Spektralverlauf und Polarisation zeigen an, daß es sich bei dieser Radio-strahlung um Synchrotron-Strahlung handelt. Die Lage der Radiostrahlungszentren (meist Doppelquellen) relativ zu den optischen Gebilden deutet darauf hin, daß die Beschleunigungen der Synchrotronelektronen bei explosionsartigen Vorgängen in den Kerngebieten der Galaxien erzeugt werden.

7.2 Die Bewegungen der Galaxien; die Hubble-Beziehung. Die quasistellaren Objekte

7.2.1 Die Messung radialer Geschwindigkeiten der Galaxien

Die Helligkeits- und Spektralbeobachtungen der außergalaktischen Sternsysteme führen nicht nur zu Kenntnissen über die integralen Eigenschaften und die Raum-anordnung der Systeme, sondern auch zur *Kenntnis des Bewegungszustandes*, in dem sich der ganze von Galaxien erfüllte Raum befindet. Bei den *Fixsternen* werden aus den Messungen von Ortsveränderungen an der Sphäre und von Dopplerverschiebungen in den Spektren die beiden Komponenten der Bewegung, Eigenbewegungen und Radialgeschwindigkeiten, bestimmt. An *Galaxien* wurden bisher keine Eigenbewegungen beobachtet (s. Aufg. auf. S. 610). *Radialgeschwindigkeiten* können dagegen hergeleitet werden. Die Absorptions- und Emissionslinien in den Spektren der Galaxien zeigen Dopplerverschiebungen, aus denen man die radialen Geschwindig-keiten der Systeme erhält. Wie gut die Linienverschiebungen in den Galaxienspek-tren gemessen werden können, hängt in erster Linie von der Entfernung der Objekte ab.

7.2.2 Die Beträge der Radialgeschwindigkeiten

Die Radialgeschwindigkeiten der Galaxien werden von der Erde aus gemessen. Sie werden zunächst auf das lokale Zentroid als Bezugssystem umgerechnet, um sie von den Anteilen der Erdbewegung und der lokalen Sonnenbewegung zu befreien (s. S. 538 f.). Diese auf das lokale Zentroid bezogenen Radialgeschwindigkeiten setzen sich aus *drei Bestandteilen* zusammen:

Kreisbahngeschwindigkeit am Ort der Sonne um das galaktische Zentrum; individuelle Geschwindigkeiten der Systeme; die allgemeine Expansionsbewegung, deren Gesetzmäßigkeit in der Hubble-Beziehung Gl. (7-3) zum Ausdruck kommt.

Die *Kreisbahngeschwindigkeit am Ort der Sonne* um das galaktische Zentrum spiegelt sich in den Radialgeschwindigkeiten der Galaxien. Dieser Effekt ist nur bei nahen Galaxien bemerkbar, bei denen die Expansionskomponente unbedeutend ist. Deshalb kann man aus den Radialgeschwindigkeiten von Mitgliedern der lokalen Galaxien-Gruppe die Kreisbahngeschwindigkeit im Abstand R_0 vom galaktischen Zentrum herleiten; man erhält V_{k0} = 250 km/s (vgl. S. 554).

Die außer der Expansionsbewegung vorhandenen *individuellen Geschwindigkeiten* der Galaxien haben die Größenordnung von 100 km/s oder etwas darüber. Tab. 7.6 gibt die Radialgeschwindigkeiten für einige Mitglieder der lokalen Gruppe. Die Werte setzen sich zusammen aus der Spiegelung der galaktischen Rotation und der Relativbewegung zwischen dem betrachteten System und dem Milchstraßensystem. Die Expansionskomponente ist bei diesen nahen Objekten sehr klein. Die Radialgeschwindigkeiten der Tab. 7.6 zeigen ein systematisches Verhalten; sie haben negative Vorzeichen für die Systeme mit galaktischen Längen zwischen $0°$ und $180°$, positive Vorzeichen im Längenbereich zwischen $180°$ und $360°$. Dies kommt von der Spiegelung der galaktischen Rotationsbewegung am Ort der Sonne, die in den tabulierten Radialgeschwindigkeiten den größeren Anteil (gegenüber der Relativbewegung zwischen dem System und unserer Galaxis) ausmacht. Die Richtung der Kreisbewegung am Ort der Sonne hat die galaktischen Koordinaten Länge $l = 90°$, Breite $b = 0°$. Der von der galaktischen Rotation herrührende Teil der Radialgeschwindigkeiten in Tab. 7.6 ist also gleich $-(250 \text{ km/s}) \cdot \sin l \cdot \cos b$ (s. Aufg. auf S. 607).

Je weiter die Galaxien entfernt sind, desto mehr dominiert die *Expansionskomponente*. In den Spektren der Galaxien außerhalb der lokalen Gruppe zeigt sich dies in starken Verschiebungen der Absorptionslinien — bei näheren Systemen und Radio-

Tab. 7.6 Radialgeschwindigkeiten einiger Galaxien der lokalen Gruppe

Sternsystem	Sternbild	Galaktische Koordinaten		Gemessene Radial-geschwindigkeit $\dfrac{v_r}{\text{km/s}}$ nicht korrigiert für galaktische Rotation
		l	b	
NGC 6822	Schütze	$25°$	$-18°$	$-\ 40$
NGC 147	Kassiopeia	120	-14	-250
M 31	Andromeda	121	-22	-275
M 32	Andromeda	121	-22	-210
NGC 205	Andromeda	121	-21	-240
NGC 185	Kassiopeia	121	-14	-300
IC 1613	Walfisch	130	-61	-240
M 33	Dreieck	134	-31	-190
Fornax	Fornax	237	-66	$+\ 40$
Große Magellan-Wolke	Dorado	280	-33	$+270$
Kleine Magellan-Wolke	Tukan	330	-45	$+168$

galaxien können auch Emissionslinien ausgemessen werden –, und zwar durchweg in Richtung größerer Wellenlängen; die Erscheinung wird daher als „Rotverschiebung" bezeichnet. Die Verschiebungen werden als Dopplereffekt gedeutet (s. S. 530 und S. 611). Zunächst sollen die Beobachtungen und die gefundene Gesetzmäßigkeit genauer beschrieben werden.

Die Tab. 7.7 gibt zwei Beispiele für die gemessenen Rotverschiebungen und die daraus berechneten Radialgeschwindigkeiten. In den Spektren einiger der hellsten Galaxien der Haufen Ursa major II und Hydra wurden die Rotverschiebungen $\Delta\lambda$ der Fraunhoferlinien K und H des Ca^+ (λ_0 = 393,4/396,8 nm) gemessen. Dabei ergaben sich Beträge von $\Delta\lambda$ bei 53 nm im Ursa major-Haufen und 80 nm im Hydra-Haufen. Die Abb. 7.23 zeigt, bei welchen Wellenlängen die verschobenen Linien in den Spektren der beiden Beispiel-Galaxien liegen.

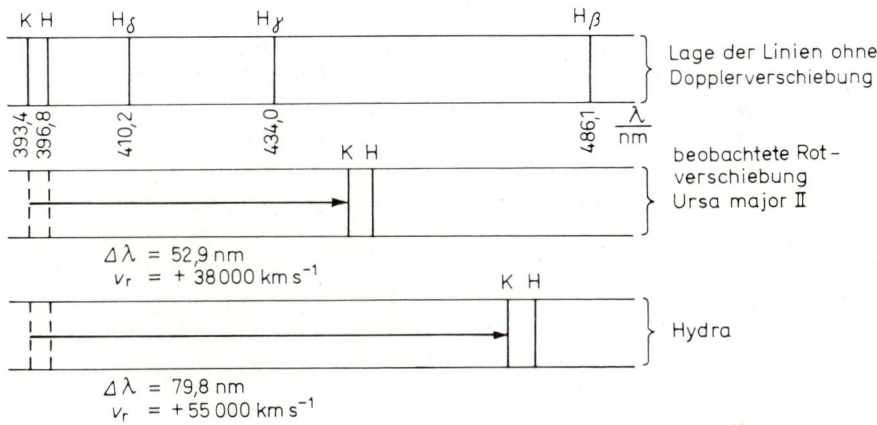

Abb. 7.23 Rotverschiebungen in den Spektren der Galaxien von Tab. 7.7.

Tab. 7.7 Rotverschiebungen und Radialgeschwindigkeiten von Sternsystemen in den Galaxienhaufen Ursa major II und Hydra (λ_0 ist die Laborwellenlänge, $\Delta\lambda$ die Verschiebung der betreffenden Spektrallinie; 1 Mpc = 1 Megaparsec = 10^6 pc)

Galaxienhaufen	Entfernung $\dfrac{r}{Mpc}$	$z = \dfrac{\Delta\lambda}{\lambda_0}$	$\dfrac{v_r}{km/s}$
Ursa major II	550	0,134	+ 38 000
Hydra	1000	0,202	+ 55 000

Die Radialgeschwindigkeiten v_r dürfen für $v_r \ll c$ aus der Näherungsgleichung für den Dopplereffekt

$$z = \frac{v_r}{c} \tag{7-2a}$$

berechnet werden. $z = \Delta\lambda/\lambda_0$ ist die relative Linienverschiebung; c ist die Vakuumlichtgeschwindigkeit. Wenn v_r nicht sehr klein gegenüber c ist, muß zur Berechnung von v_r die aus der speziellen Relativitätstheorie hergeleitete *Gleichung für den longitudinalen Dopplereffekt* verwendet werden:

$$z = \sqrt{\frac{1 + \frac{v_r}{c}}{1 - \frac{v_r}{c}}} - 1 \tag{7-2b}$$

In Abb. 7.24 sind die Beziehung zwischen z und $\frac{v_r}{c}$ gemäß (7-2a) und (7-2b) graphisch dargestellt. Die Tab. 7.1 enthält Werte von z und v_r für drei Galaxienhaufen, die kleinere Entfernungen haben als der Haufen Ursa major II.

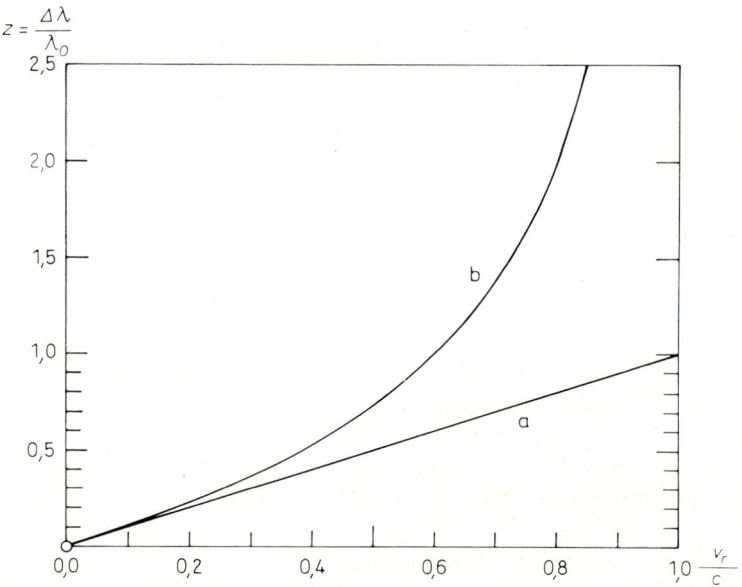

Abb. 7.24 Beziehung der Radialgeschwindigkeit v_r und der Rotverschiebung z, (a) für die Näherungsgleichung (7-2a), (b) für die exakte Gleichung (7-2b).

Aufgabe

Für die radiale Komponente $\overrightarrow{v_{r0}}$, welche die Kreisbahngeschwindigkeit $\overrightarrow{V_{k0}}$ am Ort der Sonne in der Richtung $\vec{r}$ zu einer beliebigen Galaxie hat, gilt die Beziehung $v_{r0} = V_{k0} \cdot \sin l \cdot \cos b$. Leiten Sie diese Beziehung her.

Anleitung: Legen Sie V_{k0} in die y-Achse eines rechtwinkeligen Koordinatensystems und bestimmen Sie deren Komponente in der durch die galaktische Länge l und Breite b bestimmten Richtung r.

Welche Relativgeschwindigkeiten zwischen dem Milchstraßensystem einerseits und den Mitgliedern der lokalen Gruppe M 31, M 33 und Große Magellan-Wolke andererseits erhält man aus Tab. 7.6, wenn man für die Kreisbahngeschwindigkeit am Ort der Sonne um das Milchstraßenzentrum V_{k0} = 250 km/s annimmt und wenn die Expansionsgeschwindigkeiten der Mitglieder der lokalen Gruppe vernachlässigt werden können?

7.2.3 Die Entdeckung der Hubble-Beziehung

Die erste Radialgeschwindigkeit eines außergalaktischen Sternsystems — des Andromedanebels — wurde im Jahre 1912 von V. M. Slipher am Lowell-Observatorium in Flagstaff gemessen. In den folgenden zehn Jahren konnte Slipher die Radialgeschwindigkeiten von noch etwa 40 weiteren Systemen bestimmen. Fast alle diese Radialgeschwindigkeiten zeigten eine Abstandsvergrößerung an und hatten sehr große Beträge; das Maximum lag bei + 1800 km/s. In einer 1924 erschienenen Arbeit wies C. Wirtz auf die *Proportionalität zwischen Radialgeschwindigkeit und Entfernung* hin. Wirtz benutzte dabei die Winkeldurchmesser der Systeme als Entfernungsindikator; etwas besseres stand ihm noch nicht zur Verfügung. Im gleichen Jahr 1924 konnte E. Hubble die ersten Entfernungswerte außergalaktischer Systeme angeben; seine Indikatoren waren die von ihm in den benachbarten Galaxien entdeckten Delta-Cephei-Sterne. Die großen Radialgeschwindigkeiten der Galaxien waren also eher bekannt als die Entfernungen dieser Objekte.

Bis zum Jahre 1929 war es Hubble gelungen, die Entfernungen von 24 außergalaktischen Systemen, deren Radialgeschwindigkeiten schon bekannt waren, zu bestimmen. Als Entfernungsindikatoren wurden verwendet: Delta-Cephei-Sterne, Novae, hellste Sterne in den Galaxien, Gesamthelligkeiten der Galaxien. Mit diesem Datenmaterial fand Hubble die Proportionalität zwischen den Radialgeschwindigkeiten v_r und den Entfernungen r der außergalaktischen Systeme

$$v_r = H_0 \cdot r \tag{7-3}$$

H_0 ist die *Hubble-Konstante*. Die Veröffentlichung von Hubble aus dem Jahre 1929 trägt den Titel „A relation between distance and radial velocity among extra-galactic nebulae". Das Objekt mit der größten Rotverschiebung war in dieser Arbeit die große elliptische Galaxie M 60 im Virgo-Haufen mit der Radialgeschwindigkeit v_r = +1090 km/s.

7.2.4 Die Erweiterung des Beobachtungsmaterials; größere Rotverschiebungen, größere Entfernungen

Von 1929 bis zur Gegenwart ist unablässig daran gearbeitet worden, das Material der Beobachtungsdaten, aus denen die Hubble-Beziehung abgeleitet wird, zu erweitern. Durch die Zahlen in Tab. 7.8 sind einige Stationen dieser Entwicklung gekennzeichnet. Die Daten 1929 bis 1956 in der ersten Spalte der Tabelle sind die Erscheinungsjahre der ersten vier hervorragenden Arbeiten zur Entdeckung und Erforschung der Hubble-Beziehung; die beiden weiteren Angaben 1960 und 1977 kennzeichnen die Zeitpunkte, zu denen durch Messung von Rotverschiebungen in den Spektren von Radiogalaxien die Skala der Hubble-Beziehung wesentlich erweitert werden konnte.

Tab. 7.8 Zeitliche Folge der Messungen der größten Rotverschiebungen an normalen und Radiogalaxien mit bekannten Entfernungen

Jahr	Objekt	z	$\dfrac{v_r}{km/s}$	$\dfrac{v_r}{c}$	$\dfrac{r}{pc}$
1929	NGC 4649 = M 60, E-Galaxie im Virgo-Haufen	0,004	+ 1 090	0,004	$1,7 \cdot 10^7$
1931	Galaxie im Leo-Haufen	0,06	+ 19 000	0,06	$3,3 \cdot 10^8$
1936	Galaxien im Haufen Ursa major II	0,13	+ 38 000	0,12	$5,5 \cdot 10^8$
1956	Galaxien im Hydra-Haufen	0,20	+ 55 000	0,18	$1,0 \cdot 10^9$
1960	Radiogalaxie 3 C 295	0,46	+109 000	0,36	$1,9 \cdot 10^9$
1977	Radiogalaxie 3 C 343.1	0,75	+153 000	0,51	$2,5 \cdot 10^9$

Die Spektren

Die erste große Sammlung von Spektren, die 1936 verwendet werden konnte, wurde von M. L. Humason am 2,5-m-Spiegelteleskop des Mt. Wilson-Observatoriums gewonnen. Bis 1956 konnte das Material an gemessenen Rotverschiebungen durch viele weitere Aufnahmen von Humason am Mt. Wilson-Observatorium und am 1948 in Betrieb genommenen 5-m-Spiegel des Mt. Palomar-Observatoriums erweitert werden; das neue lichtstarke Instrument hatte es ermöglicht, die Rotverschiebung in Galaxienspektren des Hydra-Haufens mit dem Wert $z = 0,20$ zu messen. Dazu kam eine große Anzahl von Spektren, die N. U. Mayall am Lick-Observatorium aufgenommen und ausgemessen hatte. Alle drei Sternwarten liegen in Kalifornien. In der 1956 unter den Namen Humason-Mayall-Sandage erschienenen klassischen Arbeit sind die in den Spektren von 800 Galaxien gemessenen Rotverschiebungen verarbeitet.

Die Entfernungen

Für die Sicherung und Erweiterung der Geschwindigkeits-Entfernungs-Relation war es von entscheidender Bedeutung, daß es Hubble glückte, einen Entfernungs-Indikator zu finden, der bis weit in den Raum hinaus verwendet werden kann. Bis zum Jahre 1931 benutzten Hubble und Humason für die weiter entfernten Objekte, in denen keine einzelnen Sterne mehr gesehen werden konnten, einen mittleren Wert für die absolute Gesamthelligkeit einer Galaxie als Mittel zur Entfernungsbestimmung; die wahre absolute Helligkeit eines Sternsystems kann von diesem Mittelwert um mehrere Größenklassen abweichen. Der optimale, für große Distanzen verwendbare Indikator wurde in der Arbeit von 1936 (Tab. 7.8) gefunden. Die *hellsten Sternsysteme in Galaxienhaufen* haben absolute Helligkeiten, deren Werte von Haufen zu Haufen nur wenig variieren. Ordnet man die Systeme in einem Galaxienhaufen nach Helligkeit, so daß das hellste System mit der Nummer $n = 1$ bezeichnet wird, so ergeben sich für die absoluten visuellen Helligkeiten die Orientierungswerte der folgenden kleinen Tabelle:

n	1	3	5	10
$\dfrac{M_V}{\text{mag}}$	$-22{,}2$	$-21{,}7$	$-21{,}3$	$-20{,}9$

Dieser Tatbestand der nahezu gleichen absoluten Helligkeiten der Haufenmitglieder mit den größten scheinbaren Helligkeiten wurde 1936 empirisch gefunden und hat sich in allen späteren Untersuchungen bestätigen lassen. Seitdem die Brauchbarkeit dieses weit in den Raum reichenden Entfernungsindikators bekannt ist, sind die Programme für die Spektralaufnahmen der Galaxien und die Messungen der Rotverschiebungen danach orientiert worden; außer den Spektren näherer Feldgalaxien wurden ganz bevorzugt die Spektren der hellsten Objekte in Galaxienhaufen aufgenommen und ausgemessen. Abb. 7.25 enthält die Daten für die hellsten Galaxien in 42 Haufen. Die geringe Streuung der diagonal angeordneten Punkte ist ein Zeichen, daß die jeweils hellsten Galaxien wirklich sehr ähnliche absolute Helligkeiten haben. Anderenfalls müßte die Streuung viel größer sein – auch bei exakter Gültigkeit des Hubble-Gesetzes.

Die beiden untersten Zeilen der Tab. 7.8 enthalten die Daten für zwei *Radiogalaxien*. Beide Objekte sind sehr lichtschwach; die Aufnahmen der Spektren und die Bestimmung der Rotverschiebungen erforderten einen sehr großen technischen Aufwand. Radiogalaxien zeigen gewöhnlich im optischen Spektralbereich starke Emissionslinien; auch bei sehr lichtschwachen Objekten darf man hoffen, mindestens das O^+-Dublett 372,6/372,9 nm ausmessen zu können. Das war der Ausgangsgedanke bei der Suche nach Galaxien mit neuen maximalen z-Werten. Damit aus den Spektralaufnahmen Resultate erhalten werden, die für eine Erweiterung des Hubble-Diagramms gebraucht werden können, müssen sich die als Radioquellen entdeckten Objekte bei der optischen Identifizierung als die hellsten Sternsysteme von Galaxienhaufen erweisen. Beide Objekte 3 C 295 und 3 C 343.1 erfüllen diese Bedingung.

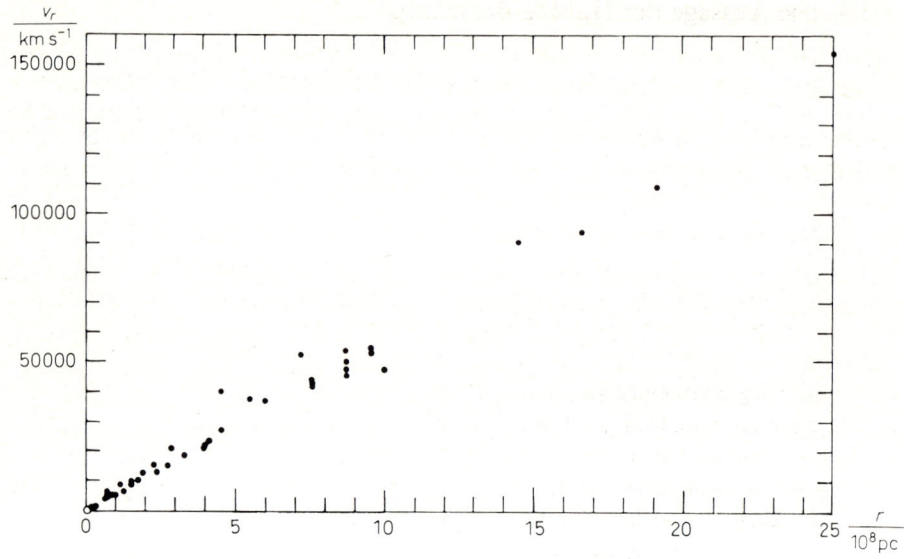

Abb. 7.25 Das Hubble-Diagramm für 42 hellste Haufen-Galaxien.

Die Abb. 7.25 zeigt das *Hubble-Diagramm*; es gibt die Beziehung zwischen radialer Geschwindigkeit v_r und Entfernung r. Die 42 Objekte, für die Punkte eingetragen sind, sind ausschließlich hellste Sternsysteme in Galaxien-Haufen; diese Objektauswahl ermöglicht es, aus den beobachteten scheinbaren Gesamthelligkeiten der Galaxien Entfernungen zu berechnen. Das Material setzt sich aus 31 normalen Systemen und 11 Radiogalaxien zusammen. Am Anfang der Skala stehen Systeme des Virgohaufens, am Ende die Radiogalaxie 3 C 343.1.

Aufgabe

Auf S. 603 wurde angegeben, daß an Galaxien bisher keine Eigenbewegungen beobachtet werden konnten. Berechnen Sie mit Gl. (6-8*) die Verschiebung an der Sphäre, die der Andromeda-Nebel M 31 in 100 Jahren erfahren würde, wenn seine Tangentialgeschwindigkeit gleich der Radialgeschwindigkeit wäre.
Entnehmen Sie die Entfernung von M 31 der Tab. 7.2 und benutzen Sie als Radialgeschwindigkeit die Relativgeschwindigkeit, die sich als Lösung der Aufgabe auf S. 607 ergibt.

7.2.5 Die Aussage der Hubble-Beziehung

Die Abb. 7.25 zeigt, daß zwischen den beiden auf Abszissen- und Ordinatenachse aufgetragenen Veränderlichen, der Entfernung r und der radialen Geschwindigkeit v_r, eine streng *lineare Beziehung* besteht. Einen Maßstab für die Größe des Bereiches, in dem die Gültigkeit dieser Beziehung gegenwärtig nachgewiesen ist, kann man erhalten, wenn man das Diagramm zusammen mit den Daten der Tab. 7.8 betrachtet. Als Hubble 1929 die Gesetzmäßigkeit entdeckte, war das System M 60 im Virgohaufen das am weitesten entfernte Objekt seines Datenmaterials. Im Diagramm 7.25 bildet der Virgohaufen mit dem Abstand $0,18 \cdot 10^8$ pc in der linken unteren Ecke den Anfang der Punktefolge, die sich nach oben rechts bis zum Abstand $25 \cdot 10^8$ pc erstreckt.

Die in das Diagramm eingetragenen Wertepaare r und v_r sind aus den Beobachtungsresultaten scheinbare Helligkeit m und Rotverschiebung z berechnet. Die Deutung der Rotverschiebung als Dopplereffekt könnte falsch sein; die Berechnung der Entfernungen r aus den scheinbaren und absoluten Helligkeiten m und M kann noch mit einem Skalenfehler behaftet sein. Auch wenn man – um alle Fehlschlußmöglichkeiten zu eliminieren – zunächst einmal das Ursprungsdiagramm mit den Größen z und m betrachtet, wird erkennbar, daß in der Beziehung zwischen diesen Beobachtungsdaten eine *bedeutende Naturgesetzmäßigkeit* zum Ausdruck kommt. Für die beobachteten Rotverschiebungen ist bisher keine andere physikalisch haltbare Erklärung als der Dopplereffekt gefunden worden. Die Doppler-Deutung wird durch einen wichtigen Beobachtungsbefund gestützt. Wenn bei einem Objekt Rotverschiebungen in verschiedenen Wellenlängen gemessen werden können, zeigt sich eine strenge Proportionalität von $\Delta\lambda$ mit λ_0, wie es die Doppler-Gleichung verlangt. Bei einzelnen Galaxien sind Rotverschiebungen im ganzen optischen Bereich (400 bis 700 nm) und an der radiofrequenten 21 cm-Linie des neutralen Wasserstoffs meßbar; z ist über den ganzen der Messung zugänglichen Bereich konstant.

Unter der Voraussetzung, daß der Dopplereffekt die richtige Erklärung für die beobachteten Rotverschiebungen ist, zeigt die Hubble-Gleichung (7-3) eine universelle *Gesetzmäßigkeit in den Bewegungen der Galaxien* an. Wir nehmen wahr, daß die gegenseitigen Abstände aller Sternsysteme sich ständig vergrößern. Bei diesem Bewegungsvorgang nimmt das Milchstraßensystem, von dem aus wir den Expansionsvorgang beobachten, keineswegs eine ausgezeichnete, zentrale Stellung ein. Jeder Beobachter in einem anderen Sternsystem würde an der Gesamtheit aller ihm optisch erreichbaren Galaxien die gleichen, im Hubble-Gesetz formulierten Bewegungen wahrnehmen. Dieser sehr wichtige Tatbestand soll durch die Abb. 7.26 zweidimensional verdeutlicht werden.

Die kleinen Kreise in den beiden Zeichnungen stellen Sternsysteme dar, die in der Bildebene eine beliebige Anordnung haben sollen; die Anordnung ist in beiden Bildern gleich. Die Punkte mit der Kreisumrandung markieren das Milchstraßensystem und ein beliebiges anderes System, das in der rechten Zeichnung der Beobachtungsort ist. Die Pfeile des linken Bildes stellen die Expansionsgeschwindigkeiten

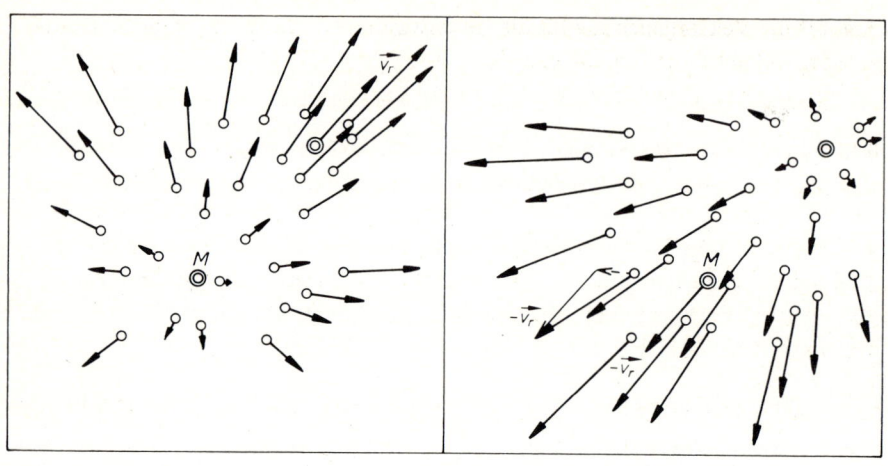

Abb. 7.26 Zweidimensionale Skizze zur Hubble-Expansion.
Links: der Bewegungszustand vom Milchstraßensystem (*M*)
aus wahrgenommen; rechts: von einem beliebigen anderen
System aus wird die gleiche Expansion der Galaxien beobachtet.

dar, wie sie vom galaktischen System aus wahrgenommen werden und in der Hubble-
Beziehung zum Ausdruck kommen: Die Geschwindigkeiten der Abstandsvergröße-
rungen sind proportional den Entfernungen, die die Systeme von uns haben; je größer
der Abstand, desto höher die Geschwindigkeit. Das rechte Bild entsteht dadurch,
daß man im linken Bild von allen Geschwindigkeiten die Geschwindigkeit desjenigen
Systems subtrahiert, das rechts als Beobachtungspunkt gewählt ist. Es zeigt sich, daß
der Beobachter des rechten Bildes von seiner Galaxie aus den gleichen Anblick einer
allgemeinen Hubble-Expansion der Sternsysteme hat wie links der Beobachter im
Milchstraßensystem.

Aufgabe

Die Abb. 7.26 soll verständlich machen, daß durch die Hubble-Beziehung eine
Expansion beschrieben wird, die von jedem beliebigen Standort im Weltall in gleicher
Weise wahrgenommen wird. Den besten Einblick in diesen Tatbestand gewinnt man,
wenn man die Hubble-Beziehung als Vektorgleichung schreibt.
In Abb. 7.26a sei *M* der Ort der Milchstraße, G_1 und G_2 seien zwei Galaxien in den
Entfernungen $\vec{r}_1$ und $\vec{r}_2$, an denen die Radialgeschwindigkeiten $\vec{v}_{r1}$ und $\vec{v}_{r2}$ beobach-
tet werden. Dann gilt für einen Beobachter in *M*

$$\vec{v}_{r1} = H \cdot \vec{r}_1$$
$$\vec{v}_{r2} = H \cdot \vec{r}_2$$

Wie lautet die Vektorgleichung für die Geschwindigkeit, die das System G_1 relativ zu einem Beobachter in der Galaxie G_2 hat?

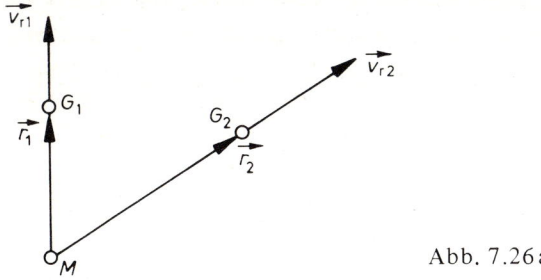

Abb. 7.26 a

7.2.6 Bedeutung und Betrag der Hubble-Konstante H_0

Der *Proportionalitätsfaktor H_0* der Hubble-Gleichung gibt die Zunahme der Expansionsgeschwindigkeit für die Entfernungseinheit an. Der an das Symbol H angehängte Index Null soll den Wert kennzeichnen, den der Hubble-Parameter zum *gegenwärtigen Zeitpunkt* hat. Es muß nämlich damit gerechnet werden, daß H *zeitabhängig* ist. Die Ursache der Expansion ist unbekannt; wir wissen gegenwärtig nicht einmal, ob die Expansion verzögert, gleichförmig oder beschleunigt vor sich geht. Diese Frage nach der zeitlichen Veränderlichkeit der Expansionsgeschwindigkeit sollte durch die Analyse von Beobachtungen — aber auch nur auf dem Wege über die Beobachtungen — beantwortet werden können. Wegen der endlichen Ausbreitungsgeschwindigkeit des Lichtes sehen wir ja ein Sternsystem in einem um so früheren Zustand, je weiter es entfernt ist; wir blicken also — notgedrungen und glücklicherweise — *in die Vergangenheit*, wenn wir weit in den Raum hinein schauen. Eine Abhängigkeit der Größe H von der Zeit, d.h. eine zeitliche Ungleichförmigkeit in der Expansionsbewegung, müßte sich in der Abb. 7.25 rechts oben als Abweichung von der Linearität bemerkbar machen. Trotz unablässiger Bemühungen, die Grenze des Informationsraumes immer weiter hinaus zu schieben, ist es bisher nicht gelungen, durch Beobachtungen die Frage zu entscheiden, ob eine — wegen der Wirkung der Gravitationskräfte zu erwartende — Bremsung der Expansionsgeschwindigkeit vorhanden ist. Die Entfernungen der Objekte, für die noch Radialgeschwindigkeiten v_r und scheinbare Helligkeiten m bekannt sind, sind riesig; die Meßgenauigkeit von v_r ist relativ hoch, aber die Bestimmung der scheinbaren Helligkeiten m und der absoluten Helligkeiten M, also auch der daraus ermittelten Entfernungen r, ist nicht ausreichend genau. Es wird in Abschnitt 7.3 (Kosmologie) Gelegenheit sein, die Frage nach der zeitlichen Ungleichförmigkeit der Expansionsbewegung weiter zu diskutieren.

Die Bestimmung von H_0

Die Punkte der Abb. 7.25 liegen im Rahmen der Meßgenauigkeit auf einer Ursprungs-geraden; H_0 gibt ihre Steigung an. Aus dem Diagramm kann man ablesen, daß H_0 etwa den Betrag $60 \frac{\text{km/s}}{\text{Mpc}}$ hat. Die Konstante H_0 ist sehr schwer zu bestimmen. Um ein großes Datenmaterial von Entfernungs- und Radialgeschwindigkeitswerten zur Verfügung zu haben, aus dem der Betrag von H_0 ermittelt werden kann, müssen nämlich zwei gegeneinander laufende Forderungen erfüllt sein. Die Entfernungen der verwendeten Galaxien müssen so groß sein, daß die in den gemessenen *Radial-geschwindigkeiten* enthaltenen individuellen Anteile sich nicht verfälschend auf den Wert von H_0 auswirken können. Expansionsgeschwindigkeiten von dieser Größe sind erst im Abstand des Virgo-Haufens zu finden (s. Tab. 7.1, S. 581). Andererseits können nur Objekte mit sehr gut bekannten *Entfernungen* verwendet werden; das sind in erster Linie diejenigen Galaxien, in denen die hellsten Sterne noch als Einzel-objekte wahrgenommen werden können. Die Grenze für diese Bedingung liegt nach Tab. 7.3 bereits beim Virgo-Haufen ($r = 0,18 \cdot 10^8$ pc). Darüber hinaus ist der Coma-Haufen ($r = 0,7 \cdot 10^8$ pc) durch die Beobachtung der nur sporadisch auftretenden Supernovae zu erreichen; die absoluten Helligkeiten der Supernovae sind jedoch nicht gut bekannt. Ein Blick auf die Abszisse der Abb. 7.25 macht deutlich, wo diese Grenzmarken im außergalaktischen Raum liegen. Durch die konsequente Suche nach weiteren für die Eichung der Hubble-Beziehung brauchbaren Entfer-nungsindikatoren ist es A. Sandage und G. A. Tammann in den Jahren 1972 bis 1974 gelungen, die Grenzentfernung für die Bestimmung von H_0 weit über die Virgohaufen-Entfernung, bis zu Galaxien im Abstand von etwa $0,35 \cdot 10^8$ pc, hin-auszuschieben. Als brauchbare *Entfernungsindikatoren* haben sich die absolut hellsten Spiralgalaxien des Hubble-Typs Sc erwiesen; sie werden durch die Bezeich-nung Leuchtkraftklasse I gekennzeichnet. Die absoluten photographischen Gesamt-helligkeiten dieser ScI-Spiralen zeigen eine sehr geringe Streuung um den Wert $M_{\text{pg}} = -21$ mag. Die Eichung der Helligkeiten dieser speziellen Gruppe von Spiral-systemen erfolgte dadurch, daß zwischen die in den nahen außergalaktischen Syste-men beobachtbaren Delta-Cephei-Sterne und die Gesamthelligkeiten der ScI-Systeme noch ein weiterer Entfernungsindikator eingeschaltet werden konnte: die linearen Durchmesser von H II-Regionen. Die H II-Regionen sind die leuchtenden Wolken interstellaren Gases, die in der Umgebung sehr heißer O-Sterne auftreten; sie können in den außergalaktischen Spiralsystemen von mäßiger Entfernung auf Hα-Aufnah-men sehr gut als Einzelobjekte identifiziert werden. Es hat sich gezeigt, daß die linearen Durchmesser der größten H II-Regionen in ScI-Systemen nahezu konstant sind.

Die *sichersten Werte* von H_0 liegen zwischen $40 \frac{\text{km/s}}{\text{Mpc}}$ und $75 \frac{\text{km/s}}{\text{Mpc}}$. Der große Spiel-raum in diesen Zahlen ist fast ausschließlich in den Unsicherheiten im Aufbau der kosmischen Entfernungsskala begründet. Diese Unbestimmtheit betrifft aber nur den Betrag des Proportionalitätsfaktors H_0, nicht die Gültigkeit des Hubble-Gesetzes, also der Proportionalität zwischen v_r und r. Allen Angaben hier in Kapitel 7 ist der Wert

$$H_0 = 60\,\frac{\text{km/s}}{\text{Mpc}}$$

zugrunde gelegt.

Verwendung der Hubble-Beziehung zur Entfernungsbestimmung

Wenn der Betrag von H_0 bekannt ist, kann die Hubble-Beziehung zur Bestimmung der Entfernung von Galaxien, deren Rotverschiebungen gemessen sind, verwendet werden. Dieses Verfahren wird besonders bei *Radiogalaxien*, die nicht Mitglieder von Galaxienhaufen sind, angewandt. Die Daten für das Objekt Cygnus A wurden in Abschnitt 7.1, Seite 598, und in Tab. 7.5 gegeben; aus der Radialgeschwindigkeit $v_r = +17\,000$ km/s ergibt sich mit $H_0 = 60\,\dfrac{\text{km/s}}{\text{Mpc}}$ die Entfernung $r = 280$ Mpc. Diese Möglichkeit der Entfernungsbestimmung liefert bei den Radiogalaxien die ersten Grunddaten, die notwendig sind, um zu einem Verständnis der Physik dieser Objekte zu gelangen. Aus dem empfangenen Strahlungsfluß kann, wenn die Entfernung bekannt ist, die Strahlungsleistung der Radiogalaxie berechnet werden.

7.2.7 Die quasistellaren Objekte (Quasare)

Die quasistellaren Objekte sind ganz außergewöhnliche Erscheinungen; ihre wahre Natur ist noch nicht bekannt. Sie können vorläufig nur dadurch gekennzeichnet werden, daß man die an ihnen *beobachteten Merkmale* zusammenstellt. Die markantesten dieser Erscheinungen sind:

1. Auf den Photoplatten sehen die Objekte wie Sterne aus; daher kommt die Bezeichnung *quasistellar*. Ein Teil der quasistellaren Objekte emittiert auch radiofrequente Strahlung.
2. Die Spektren der quasistellaren Objekte zeigen breite Emissionslinien, die sich einem schwachen Kontinuum überlagern. Bei einem Teil der Objekte werden auch Absorptionslinien beobachtet. Alle diese Linien haben *sehr große Rotverschiebungen*.

Die *Entdeckung* der quasistellaren Objekte erfolgte, ähnlich wie bei den Radiogalaxien, auf dem Wege über die Radioastronomie. Der Versuch, eine Radiostrahlungsquelle optisch zu identifizieren, kann nur dann unternommen werden, wenn die Koordinaten des Objektes an der Sphäre genau bekannt sind. In der Anfangszeit der Radioastronomie war diese Bedingung keineswegs in befriedigender Weise erfüllt, weil das Auflösungsvermögen der Teleskope zu gering war. Die ersten Radioobjekte, für die richtige Zuordnungen gemacht werden konnten, waren große Emissionsnebel und Supernova-Reste im Milchstraßensystem, nahe außergalaktische Systeme und einige Radiogalaxien. Als durch Interferometerbeobachtungen immer genauere Koordinaten der Radioquellen gemessen werden konnten, erfolgten in den

Jahren 1960 bis 1963 die ersten Identifizierungen von vier Radiostrahlern mit Objekten, die auf den Photoplatten völlig sternartiges Aussehen hatten. Es waren die vier Quasare, die im Dritten Cambridge-Radioquellenkatalog die Bezeichnungen 3 C 48, 196, 273, 286 haben. Unter ihnen hat 3 C 273 die weitaus größte scheinbare Helligkeit m = 13 mag; die nächsthellsten Objekte liegen mit ihren scheinbaren Helligkeiten schon zwischen 15 mag und 16 mag.

Daß die identifizierten Objekte keine Sterne sind, zeigten bereits die ersten *Spektralaufnahmen*. Ein schwaches Kontinuum ist überlagert von außerordentlich breiten, sehr hellen Emissionslinien. Diese Erscheinung ist völlig abweichend vom Spektrum der Strahlung, die aus der Atmosphäre eines Fixsterns kommt. Die Linien konnten anfänglich nicht identifiziert werden. Im Jahre 1963 entdeckte M. Schmidt, daß die zunächst unverständliche Anordnung der Linien durch sehr große Rotverschiebungen zustande kommt. In Tab. 7.9 sind die Daten einiger quasistellarer Objekte zusammengestellt.

Tab. 7.9   Daten einiger quasistellarer Objekte (m_V ist die scheinbare visuelle Helligkeit)

Objekt	Sternbild	Äquatoriale Koordinaten		$\dfrac{m_V}{\text{mag}}$	$z = \dfrac{\Delta\lambda}{\lambda_0}$
		α	δ		
3 C 273	Jungfrau	12 h 27 m	+ 2°	12,8	0,16
3 C 48	Dreieck	1 35	+ 33	16,2	0,37
3 C 147	Fuhrmann	5 39	+ 50	17,8	0,54
3 C 245	Löwe	10 40	+ 12	17,3	1,03
3 C 9	Fische	0 18	+ 15	18,2	2,01
4 C 05.34	Kleiner Hund	8 5	+ 5	18,0	2,88

Seit der Entdeckung der ersten quasistellaren Objekte hat der Name „*Quasar*" einen Bedeutungswandel erfahren. Ursprünglich bezeichnete man als Quasare nur diejenigen Objekte, die außer der optischen auch radiofrequente Strahlung emittieren. Inzwischen bürgert es sich immer mehr ein, das kurze Wort Quasar auf alle quasistellaren Objekte anzuwenden.

Wie ein quasistellares Objekt aussieht, zeigt Abb. 7.27. Das Bild enthält ein kleines Sternfeld im Sternbild Fuhrmann, aufgenommen mit dem Palomar-Fünfmeter-Spiegel. Der durch den Pfeil markierte Quasar 3 C 147 hat die visuelle scheinbare Helligkeit 17,8 mag (s. a. Tab. 7.9).

In den Spektren der beiden in der fünften und sechsten Zeile von Tab. 7.9 angeführten Objekte ist die *Rotverschiebung so groß*, daß Linien im Ultraviolett, die wegen der Ozonabsorption in unserer Atmosphäre normalerweise vom Erdboden aus an Himmelskörpern gar nicht beobachtet werden können, in den sichtbaren Violett-Bereich rücken. Die erste Linie der Lyman-Serie des Wasserstoffs Ly α hat die Labor-Wellenlänge λ_0 = 121,6 nm. Diese Linie ist in den Spektren von 3 C 9 und 4 C 05.34 als breite Emissionslinie zu sehen. Die für die Linienmitte gemessenen Wellenlängen betragen λ = 366 nm bzw. 472 nm.

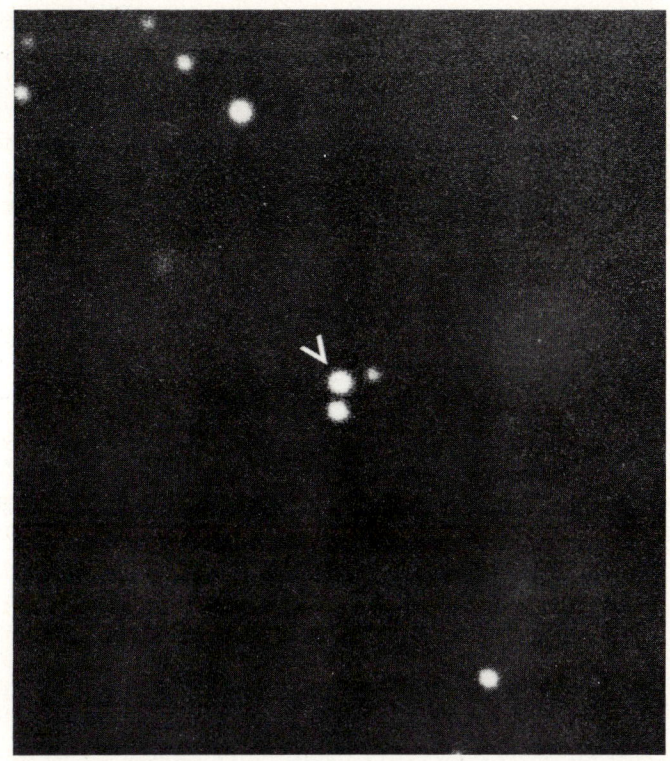

Abb. 7.27 Sternfeld im Sternbild Fuhrmann mit dem Quasar 3 C 147.

Große Radialgeschwindigkeiten sind eine von den Galaxien her vertraute Erscheinung. Bei den Galaxien gehen die z von kleinen Werten in unserer Nachbarschaft bis etwa 0,7 bei fernen Objekten (s. a. Tab. 7.8). Die Grenze der gemessenen z-Werte ist durch die Beobachtungsmöglichkeiten gegeben. Bei den quasistellaren Objekten ist der kleinste bisher gemessene Betrag $z = 0,10$; die größten Werte liegen bei 3,5. Die Rotverschiebungen der beiden Klassen von Objekten überdecken sich also in einer breiten Zone; daran anschließend bilden die großen z der Quasare eine Fortsetzung der bei den Galaxien gemessenen Wertereihe. Es ist danach nicht verwunderlich, daß sogleich mit der Entdeckung der ersten Quasar-Rotverschiebungen (Ende 1963) die für die Galaxien gefundene Deutung auch zur Erklärung der Linienverschiebungen herangezogen wurde, die bei den quasistellaren Objekten gemessen wurden.

Die *Übertragung der für die Galaxien gültigen Rotverschiebungserklärung* hat zwei Konsequenzen; sie betreffen die Geschwindigkeiten und die Entfernungen. Wenn die Rotverschiebungen Dopplereffekte sind, dann haben viele Quasare außerordentlich große radiale *Geschwindigkeiten*. Für ein Objekt mit $z = 2,0$ (s. Tab. 7.9) ergibt sich eine Fluchtgeschwindigkeit v_r, die bei 80 % der Lichtgeschwindigkeit liegt. Für $z = 3,5$ werden die nach der Dopplerformel berechneten Geschwindigkeiten größer als 90 % der Lichtgeschwindigkeit. – Wenn die Hubble-Beziehung (7-3) auch für die quasistellaren Objekte gültig ist, dann befinden sich diese Objekte in extremen *Entfernungen*. Für die Quasare mit den größten Rotverschiebungen ergeben sich Entfernungen von der Größenordnung $4 \cdot 10^9$ pc.

Bisher sind etwa eintausend quasistellare Objekte gefunden worden. Die Frage, ob diese Objekte besonders stark *aktive Zentralgebiete von Galaxien* sind, ist noch ungeklärt. Unter den vielen Beobachtungsresultaten, die seit der Entdeckung der Quasare gewonnen wurden, sind noch zwei Befunde von besonderer Wichtigkeit. Einmal weisen Spektralverlauf und Polarisation darauf hin, daß die von den Objekten kommende Kontinuumstrahlung sowohl im optischen als im Radio-Bereich nichtthermische *Synchrotronstrahlung* ist. In Abschnitt 7.1 (S. 597) wurde der gleiche Synchrotron-Mechanismus als Quelle der radiofrequenten Strahlung der Radiogalaxien angegeben. – Zum anderen beobachtet man *schnelle Intensitätsschwankungen*, aus denen auf kleine Dimensionen der Objekte geschlossen wird. Die optische Veränderlichkeit der Quasare wurde fast gleichzeitig mit der Entdeckung der Objekte gefunden; die ersten kurzfristigen Intensitätsänderungen im Radiobereich wurden 1965 festgestellt. Die optisch wahrnehmbaren Intensitätsschwankungen sind bei einigen Objekten sehr groß und unregelmäßig; sie erfolgen innerhalb von Wochen oder sogar nur in wenigen Tagen. Aus diesen kurzzeitigen Helligkeitsänderungen kann auf *kleine Volumina* der quasistellaren Objekte geschlossen werden. Dies beruht auf der folgenden Überlegung. Wenn innerhalb eines Quasars einzelne Teilbereiche des ganzen lichtemittierenden Volumens um mehr als 1 Lichtjahr (0,3 pc) in radialer Richtung von einander entfernt liegen, dann kommen die Strahlungen aus diesen Teilquellgebieten beim Beobachter mit einer Zeitdifferenz an, die größer als 1 Jahr ist. Damit werden schnelle Helligkeitsänderungen, die im Objekt stattfinden, vollkommen verwischt und für den Beobachter nicht wahrnehmbar. Umgekehrt zeigen Helligkeitsänderungen, die in der kurzen Zeit von Wochen und Tagen erfolgen, daß die Durchmesser der strahlenden Objekte – in Lichtzeit ausgedrückt – auch nur von der Größenordnung von Lichtwochen oder Lichttagen sein können.

Wenn die Quasare in den großen, „kosmologischen" Entfernungen stehen, die man bei der Anwendung des Hubble-Gesetzes erhält, dann müssen die *Leuchtkräfte* dieser Objekte außerordentlich groß sein. Für die optischen Strahlungsleistungen ergeben sich Beträge bis zu 10^{40} W (Vergleichzahlen für die Strahlungsleistungen von normalen und Radiogalaxien gibt Tab. 7.5, S. 596). Es ist sicher, daß Strahlungsleistungen von der angegebenen Größe nicht durch Kernprozesse, sondern nur durch die *Umwandlung von Gravitationsenergie* erbracht werden können. Diese Erkenntnis weist darauf hin, daß sich in den Zentren der quasistellaren Objekte sehr große Massen befinden müssen. Es ist jedoch noch nicht bekannt, durch welchen Mechanismus die Energieumwandlung erfolgt.

Aufgabe

a) Lösen Sie die Gl. (7-2b) nach $\frac{v_r}{c}$ auf und bestimmen Sie für die sechs quasistellaren Objekte der Tab. 7.9 die den angegebenen Beträgen von z entsprechenden Werte von $\frac{v_r}{c}$ und die Radialgeschwindigkeiten v_r.

b) Berechnen Sie aus den v_r die Entfernungen r der Objekte mit Gl. (7-3) unter der Annahme, daß die Hubble-Beziehung auch für Quasare Gültigkeit hat.

c) Berechnen Sie aus den erhaltenen Entfernungen r und den scheinbaren Helligkeiten m_V der Tab. 7.9 die absoluten Helligkeiten M_V der sechs Objekte mit Gl. (5-5).

Zu a): Berechnen Sie die v_r auf drei geltende Ziffern.

Zu b): Verwenden Sie als Hubble-Konstante $H = 60 \, \frac{\text{km/s}}{\text{Mpc}}$ und berechnen Sie r auf zwei geltende Ziffern.

Zu c): Vergleichen Sie die resultierenden Quasar-Helligkeiten M_V mit den absoluten Helligkeiten von Milchstraßensystem, Andromeda- und Triangulum-Nebel (Tab. 7.2) und mit den auf S. 609 angegebenen M_V-Werten der hellsten Systeme in Galaxien-Haufen.

Zusammenfassung zu 7.2 „Die Bewegungen der Galaxien; die Hubble-Beziehung. Die quasistellaren Objekte".

1. Die Spektren der Galaxien zeigen einige Absorptions- und Emissionslinien; auch bei weit entfernten Systemen sind die Fraunhoferlinien H und K des Ca$^+$ noch zu erkennen. Die Messung der Doppler-Verschiebungen dieser Linien führt zur Bestimmung der radialen Geschwindigkeiten der Sternsysteme. Jede dieser Radialgeschwindigkeiten enthält außer der Spiegelung der galaktischen Rotationsbewegung zwei Bestandteile; sie rühren von einer individuellen Bewegung des betreffenden Systems und von der allgemeinen Expansionsbewegung her. Je weiter die Galaxien entfernt sind, desto mehr dominiert die Expansionskomponente.

2. Die Proportionalität zwischen den Radialgeschwindigkeiten und den Entfernungen der Galaxien wurde von E. Hubble gefunden, nachdem es ihm gelungen war, die Entfernungen einer größeren Zahl von Systemen zu bestimmen. Als Entfernungsindikatoren wurden hauptsächlich Delta-Cephei-Sterne und Gesamthelligkeiten von Galaxien verwendet.

Das Datenmaterial zur Herleitung der Hubble-Beziehung $v_r = H_0 \cdot r$ wird durch Messungen an sehr weit entfernten Galaxien ständig erweitert. Dabei dienen die hellsten Sternsysteme, die innerhalb eines Galaxienhaufens gefunden werden, als Entfernungsindikatoren.

3. Die Hubble-Beziehung zeigt eine universelle Gesetzmäßigkeit in den Bewegungen der Galaxien an. Bei der Wahrnehmung, daß sich die gegenseitigen Abstände aller Sternsysteme ständig vergrößern, nimmt das Milchstraßensystem keine ausgezeichnete Stellung ein. Jeder Beobachter in einer anderen Galaxie hat den gleichen Anblick einer allgemeinen Hubble-Expansion.

Der Betrag der Hubble-Konstante H_0 liegt nach den gegenwärtigen Kenntnissen zwischen 40 und 75 (km/s) Mpc^{-1}. Der große Spielraum ist überwiegend auf eine Unbestimmtheit in der außergalaktischen Entfernungsskala zurückzuführen. Die Unsicherheit betrifft nur den Betrag des Faktors H_0, nicht die Gültigkeit des Hubble-Gesetzes an sich.

4. Die quasistellaren Objekte (Quasare) sind wahrscheinlich mächtige Aktivitätszentren in sehr weit entfernten Sternsystemen. Sie haben optisch das Aussehen von Sternen. Die Spektren zeigen breite Emissionslinien, die sich einem schwachen Kontinuum überlagern. Die Linien aller Quasare haben sehr große Rotverschiebungen. Ein Teil der Objekte emittiert auch radiofrequente Strahlung.
Wenn die Rotverschiebungen Dopplereffekte sind, dann haben die quasistellaren Objekte außerordentlich große radiale Geschwindigkeiten; die Beträge gehen bis zu 80 % und 90 % der Lichtgeschwindigkeit. Wenn die Hubble-Beziehung anwendbar ist, befinden sich die Objekte in extremen Entfernungen und wir nehmen sie wahr, wie sie in weit zurückliegender Vergangenheit ausgesehen haben; für die optischen Strahlungsleistungen ergeben sich Beträge bis zu 10^{40} W. Kurzzeitige Helligkeitsänderungen weisen auf kleine Volumina der strahlenden Objekte hin.

7.3 Kosmologie

Kosmologie ist die Wissenschaft vom *Kosmos*. Der Kosmos ist – in astronomischer Definition – die *gesamte materielle Welt*. Ein Teilbereich des Kosmos ist der astronomischen Forschung direkt zugänglich; wir haben Kenntnisse von den dort vorhandenen Formen der Materie und von der Raumordnung und Bewegung von Sternen, Sternhaufen, interstellarer Materie und Galaxien. Sicher ist die mit Fernrohren, Gamma-, Röntgen- und Radioteleskopen überschaubare Welt nur ein Teil des Weltalls; wie groß dieser Teil relativ zum Ganzen ist, wissen wir nicht. Die Fragen, welche die kosmologische Forschung zu beantworten hat, gehen in Raum und Zeit grundsätzlich über den der Beobachtung zugänglichen Teilbereich hinaus. Es wird nach der *Ausdehnung, Struktur und zeitlichen Entwicklung des Weltalls* gefragt:
Ist das Weltall unendlich oder endlich, unbegrenzt oder begrenzt?
Ist der Weltraum eben oder gekrümmt?
Welche Beziehung besteht zwischen dem Raum und der ihn erfüllenden Materie?
Wieweit läßt sich die zeitliche Entwicklung des Kosmos zurückverfolgen und voraussehen?
Welche Veränderungen kennzeichnen diese Entwicklung der Welt?

Die Grundlage der Kosmologie bilden einerseits die *Beobachtungen*, andererseits die *Gesetze der Physik*. Wege zur Erforschung des Weltganzen können nur gefunden werden, wenn man eine Beziehung zwischen dem beobachtbaren Teilbereich und dem Ganzen herstellt. Man muß zum mindesten annehmen, daß der Teil der Welt, der sich unserer Anschauung darbietet, *typisch für das Ganze* der Welt ist. Die von der Beobachtung gelieferten Daten bilden den Anfang der folgenden Darstellung. Anschließend leitet das Stichwort „Das kosmologische Prinzip" über zur Beantwortung der Frage, welche Arten von Welten physikalisch möglich sind, und schließlich wird untersucht, inwieweit die Beobachtungen Hinweise darauf geben, welche dieser möglichen Welten in unserem Kosmos tatsächlich realisiert ist.

7.3.1 Die Beobachtungsergebnisse

Gleichförmige Verteilung der Materie. Mittlere Dichte

Im Abschnitt 7.1 wurde beschrieben, welche Vorstellungen über die räumliche Verteilung der Galaxien aus den Beobachtungen abgeleitet werden können. Die meisten Sternsysteme sind Mitglieder von Galaxienhaufen; die Anordnung der Haufen im Raum zeigt keine auffälligen Ungleichförmigkeiten. Aufgrund dieses Beobachtungsbefundes arbeitet die Kosmologie mit der Vorstellung, daß die *großräumige Verteilung* der Materie im Weltall *gleichförmig* sei. Es ist deshalb sinnvoll, einen Betrag für die gegenwärtige mittlere Dichte der Materie im Weltall anzugeben.
Die Bestimmung einer solchen Dichte ρ_0 ist jedoch äußerst schwierig; die Resultate sind daher sehr unsicher. Aus den Daten über die Anzahl, Raumanordnung, Leuchtkräfte und Massen der Einzelgalaxien in Galaxienhaufen ergeben sich für die *mittlere Dichte der sichtbaren Materie* Werte der Größenordnung

$$3 \cdot 10^{-28} \text{ bis } 6 \cdot 10^{-28} \text{ kg/m}^3 .$$

Es gibt aber sicher innerhalb der Galaxienhaufen eine sehr große Menge *unsichtbarer Materie*. Sie besteht aus den vielen Sternen, die ihre Entwicklung als leuchtende Objekte schon durchlaufen haben, aus unsichtbaren Zwerggalaxien und aus — wahrscheinlich vorhandener — intergalaktischer Materie. Einen direkten Hinweis auf diese unsichtbare Komponente der Materie erhält man, wenn man die Masse eines Galaxienhaufens mit Hilfe des Virialsatzes (s. Bd. I Anhang S. 324) aus der Geschwindigkeitsstreuung der Haufenmitglieder berechnet, unter der Voraussetzung, daß der Haufen stabil ist. Die so erhaltenen Massen der Galaxienhaufen sind erstaunlich groß. Sie führen auf Werte der mittleren Materiedichte ρ_0, die um mehr als eine Zehnerpotenz höher liegen als die Werte, die für die sichtbare Materie angegeben wurden (vgl. die Aufgaben S. 625 und S. 642).

Die Expansion des Systems der Galaxien. Hubble-Parameter

Die beobachteten Radialgeschwindigkeiten der Sternsysteme zeigen eine Fluchtbewegung der Galaxien an (s. 7.2). Diese Expansionsbewegung ist durch das Hubble-Gesetz darstellbar; demnach sind die radialen Geschwindigkeiten v_r den Entfernungen r der Galaxien von uns direkt proportional. Für den Betrag des Proportionalitätsfaktors H im gegenwärtigen Zeitpunkt wurde $H_0 = 60\ \mathrm{km \cdot s^{-1} \cdot Mpc^{-1}}$ angegeben (s. S. 615).

Aus dem Beobachtungsbefund der Expansion ergeben sich mehrere Folgerungen, die für die zu entwickelnde Vorstellung vom Weltall wichtig sind; sie werden im folgenden zusammengestellt und erläutert.

1. Das Universum ist nicht statisch

Das Weltall kann — ähnlich wie ein Gas — als eine statistisch beschreibbare Gesamtheit von Körpern behandelt werden, die infolge gegenseitiger Wechselwirkung Bewegungs- und Gravitationsenergie austauschen. Der Zustand eines solchen Systems wird durch Zustandsgrößen beschrieben; dazu gehören z. B. die mittlere kinetische Energie der Körper des Systems und die Dichte. Statisch oder im Gleichgewichtszustand heißt ein thermodynamisches System, dessen Zustandsgrößen sich — ohne äußeren Einfluß — im Laufe der Zeit nicht ändern. Da sich die räumliche Dichte der Sternsysteme infolge des Hubble-Effekts laufend verringert und die Gravitationsenergie aus dem gleichen Grund zunimmt, befindet sich das Weltall *nicht im Gleichgewicht*. Die früher viel diskutierten Modelle einer statischen Welt spielen seit der Entdeckung der Hubble-Expansion keine Rolle mehr.

2. Das Weltall ist homogen und isotrop

Homogenität bedeutet Gleichartigkeit. In der Kosmologie heißt dies: Jedem Beobachter in einem beliebigen Punkt der Welt, der sich relativ zu seiner Umgebung in Ruhe befindet, bietet die Welt in bezug auf eine bestimmte Eigenschaft den gleichen Anblick wie jedem anderen Beobachter an einem beliebigen anderen Ort zum gleichen Zeitpunkt. Insbesondere wurde in 7.2 gezeigt, daß durch den Bewegungsvorgang der Galaxien-Flucht kein Ort ausgezeichnet ist; alle — im Weltall beliebig verteilten — Beobachter erblicken den gleichen, im Hubble-Gesetz beschriebenen Vorgang. Die Welt ist also *homogen* in den großräumigen Bewegungen der in ihr enthaltenen Materie. Die Hubble-Konstante H_0 hat — unabhängig von der Entfernung r — überall den gleichen Betrag.

Isotropie bedeutet Richtungsunabhängigkeit. Dies bedeutet, daß bei keiner physikalischen Größe mit Vektorcharakter irgendeine Richtung bevorzugt auftreten darf. Speziell gilt dies für die Expansionsgeschwindigkeiten der Galaxien, die für jeden Beobachter an einem beliebigen Ort im Kosmos in allen Richtungen dem gleichen Entfernungsgesetz $\vec{v}_r = H_0 \cdot \vec{r}$ gehorchen. Die Welt ist demnach *isotrop* in ihren großräumigen Materiebewegungen; die Hubble-Konstante ist unabhängig von der Beobachtungsrichtung.

3. Das Problem der Zeitabhängigkeit der Hubble-Konstante

Auf die Möglichkeit, daß die Hubble-Konstante H eine zeitabhängige Funktion $H(t)$ ist, wurde bereits hingewiesen (s. S. 613). Eine *zeitliche Veränderung* von H würde bedeuten, daß die Expansion beschleunigt oder gebremst wird; dies müßte grundsätzlich im Hubble-Diagramm erkennbar sein. Wegen der endlichen Geschwindigkeit des Lichts zeigen sich uns in den Tiefen des Raums frühere Zustände der Welt und der in ihr enthaltenen Materie als in unserer unmittelbaren Umgebung; wir beobachten also bei weit entfernten Galaxien die Fluchtgeschwindigkeit vergangener Zeiten. War diese größer oder kleiner als heute, so muß das Hubble-Diagramm (Abb. 7.25) eine Abweichung von der Linearität zeigen. Eine klare Aussage über einen solchen Effekt ist jedoch gegenwärtig noch nicht möglich, obwohl das Licht von den fernsten Galaxien, die wir kennen, mehrere Milliarden Jahre zu uns unterwegs ist.

Für unsere Vorstellung vom Aufbau des Weltalls wäre aber die Kenntnis einer möglichen Zeitabhängigkeit von H fundamental wichtig, da sie Wechselwirkungen zwischen den Galaxien anzeigen würde. Wir kennen mit Sicherheit nur eine solche Wechselwirkung: die Gravitationsanziehung. Sie wirkt der Expansion entgegen und sollte daher eine Verminderung der Expansionsgeschwindigkeit zur Folge haben. Diese Verzögerung hängt von der Dichte der Materie ab; je größer die Dichte ist, desto stärker ist der Bremseffekt. Dadurch ergäbe sich neben den bereits erwähnten (s. S. 621) eine weitere Möglichkeit zur Bestimmung der mittleren Materiedichte ρ_0 des Weltalls. Dies wäre sehr wertvoll, denn zwischen den Werten von ρ_0, die aus der beobachteten Materieverteilung und aus der Dynamik der Galaxienhaufen gewonnen werden, besteht eine große Diskrepanz. Im folgenden wird sich zeigen, daß eine Aussage über die Materiedichte gleichbedeutend ist mit einer Aussage über die Struktur des Weltraums.

Das Alter der Welt

Die Beobachtung des Hubble-Effekts an Galaxien, die mehrere Milliarden Lichtjahre von uns entfernt sind, legt die Vermutung nahe, daß die ganze Entwicklungsgeschichte des Weltalls von einer *kontinuierlichen Vergrößerung der Abstände* zwischen den Galaxien begleitet war. Zu Beginn dieses Vorgangs müßte dann die ganze an dieser Bewegung beteiligte Materie in einem sehr kleinen Volumen vereinigt gewesen sein. Die seit diesem Anfangszustand verstrichene Zeit könnte man errechnen, wenn die zeitliche Änderung der Expansionsgeschwindigkeit bekannt wäre. Nimmt man zunächst als einfachsten Fall eine gleichförmige Expansion an, so hätte jede Galaxie heute noch die gleiche Radialgeschwindigkeit v_r wie zum Zeitpunkt des Starts. Die Materie einer Galaxie, die gegenwärtig die Entfernung r von uns hat, beim Start aber in unmittelbarer Nachbarschaft der Milchstraßenmaterie angenommen werden kann, hätte demnach zum Durchlaufen der Entfernung r die Zeit benötigt

$$T_0 = \frac{r}{v_\mathrm{r}} \quad \text{oder} \quad T_0 = \frac{1}{H_0} \,. \tag{7-4}$$

Bei gleichförmiger Expansion ist daher die Expansionsdauer T_0 gleich der reziproken Hubble-Konstanten. T_0 heißt *Hubble-Zeit*. Mit dem auf S. 615 angegebenen Wert $H_0 = 60 \, \frac{\mathrm{km/s}}{\mathrm{Mpc}}$ erhält man unter Berücksichtigung der Identitäten 1 Mpc = $3{,}086 \cdot 10^{19}$ km und 1 a = $3{,}156 \cdot 10^7$ s für die Hubble-Zeit den Betrag

$$T_0 = 16{,}3 \cdot 10^9 \, \mathrm{a}.$$

Wenn die Expansion gebremst wird, muß die gegenwärtige Geschwindigkeit der Galaxien kleiner sein als die Startgeschwindigkeit. H hat dann seit dem Beginn der Expansion laufend auf den heutigen Wert H_0 abgenommen, war also im Mittel größer als H_0. Die Expansionszeit verkürzt sich dann gegenüber der Hubble-Zeit, bei starker Bremsung auf $0{,}6\ T_0 \approx 10^{10}$ a.

Nun wissen wir einiges über das Alter des Sonnensystems sowie über das Alter der ältesten jetzt existierenden Sterne und Sternhaufen und können diese Kenntnisse mit der Hubble-Zeit vergleichen. Seit der Erstarrung der Erdkruste sind $4{,}6 \cdot 10^9$ a verflossen; dieser Wert stammt aus Messungen an den Zerfallsprodukten natürlicher radioaktiver Elemente. Für die ältesten Meteorite wurde mit ähnlichen Methoden der gleiche Wert gefunden. Aus diesen Daten schließt man auf ein Alter des Sonnensystems von etwa $5 \cdot 10^9$ a. Die der Erstarrung vorhergehenden Bildungsprozesse dauerten wahrscheinlich nur etwa $0{,}2 \cdot 10^9$ a. Die ältesten — systematisch gesuchten — Sterne des Milchstraßensystems stehen in großen Abständen von der galaktischen Ebene; befinden sie sich in Kugelhaufen, so ist eine Datierung möglich, denn das Alter der Kugelhaufen beträgt 10 bis 12 Milliarden Jahre.

Alle diese Alterswerte liegen nahe unterhalb des Wertes der Hubble-Zeit. Diese Übereinstimmung deutet darauf hin, daß die primitive Methode zur Bestimmung der Expansionszeit und die Größenordnung des damit erhaltenen Weltalters nicht sinnlos sein können. Der Begriff „Weltalter" ist stets als das *Alter der gegenwärtig erforschbaren Welt* zu verstehen; was vor dem Urereignis geschah, mit dem die Expansionsbewegung der Galaxien begonnen hat, ist unserem wissenschaftlichen Zugriff grundsätzlich entzogen.

Die Mikrowellen-Hintergrundstrahlung

Bei Versuchen, die Empfindlichkeit von Empfangsanlagen für radiofrequente Strahlung zu steigern, entdeckten im Jahre 1964 die amerikanischen Physiker A. A. Penzias und R. W. Wilson eine schwache *Radiostrahlung*, die aus *allen Richtungen in gleicher Intensität* auf die Erde fällt. Diese Strahlung überlagert die Radiostrahlung aller an der Sphäre lokalisierbaren Quellen — Sterne, interstellare Materie, Galaxien — und wird deshalb als *Hintergrundstrahlung* bezeichnet. Die Intensität der Hintergrundstrahlung ist am stärksten im Bereich der Zentimeter- und Millimeter-Wellen. Vom Erdboden aus ist sie allerdings nur zwschen 1 cm und 50 cm Wellenlänge beobachtbar; bei größeren Wellenlängen wird sie von den Strahlungen der Galaxis überdeckt, bei kleineren Wellenlängen von den Molekülen der Erdatmosphäre absorbiert. Von Ballons und Raketen aus konnten jedoch Messungen im kurzwelligen Bereich bis etwa 0,6 mm herunter gewonnen werden. Der Spektralverlauf in dem erreichbaren Bereich ist identisch mit dem schwarzer Strahlung der Temperatur 2,7 K, wie er vom Planckschen Strahlungsgesetz beschrieben wird (s. Anhang zu Bd. I, S. 317, Gl. (4)). Nach dem Wienschen Verschiebungsgesetz liegt das Intensitätsmaximum dieser Strahlung bei der Wellenlänge 1,1 mm (s. Anhang zu Bd. I, S. 319, Gl. (9)).

Alle erdenklichen Quellen und Mechanismen für die Entstehung der Hintergrundstrahlung sind diskutiert worden; dabei ergab sich, daß sie keiner Kategorie der gegenwärtig beobachtbaren Objekte zugeordnet werden kann. Diese Feststellung und die ausgeprägte Isotropie machen es wahrscheinlich, daß diese Mikrowellenstrahlung der *Rest einer thermischen Strahlung* ist, die bei einem in der Geschichte des Weltalls sehr weit zurückliegenden Ereignis entstanden sein muß (vgl. S. 638).

Die Erforschung der Hintergrundstrahlung hat eine sehr große *Bedeutung für die Kosmologie.* Um diesen Zusammenhang verständlich zu machen, muß hier bereits die später noch genauer zu erläuternde Hypothese eingeführt werden, die Fluchtbewegung der Galaxien sei ein Symptom für die Expansion des Weltraums selbst und nicht das Hinausströmen von Materie in einen bereits vorhandenen leeren Raum. Das Photonengas der Hintergrundstrahlung, das im expandierenden Weltraum eingeschlossen ist, verhält sich ähnlich wie ein ideales Gas in einem abgeschlossenen Behälter, dessen Volumen adiabatisch vergrößert wird: In beiden Fällen sinkt die Teilchendichte und die mittlere Energie der einzelnen Teilchen. Demnach müßte die Dichte und die Energie der Photonen in der Hintergrundstrahlung früher sehr viel höher gewesen sein (vgl. Aufg. 1, S. 641). Die anfängliche Strahlungstemperatur der Hintergrundstrahlung kann Hinweise auf das Urereignis geben, bei dem sie entstanden ist. Aber auch die Tatsache, daß die — auch heute noch isotrope — Strahlung sich offenbar ungehindert durch die im Weltall verbreitete Materie über sehr große Bereiche ausgedehnt hat, ist für die Erforschung der Struktur des Kosmos von großer Bedeutung.

Aufgabe

Der Galaxien-Haufen im Sternbild Coma Berenices besitzt den Durchmesser $2R = 4,5$ Mpc. Die mittlere Geschwindigkeitsstreuung der Haufenmitglieder relativ zum Massenmittelpunkt liegt bei $v = 1000$ km/s.

a) Welche Masse (in kg und in Sonnenmassen) und mittlere Dichte erhält man aus dem Virialsatz (s. Bd. I, S. 324f.), wenn man annimmt, daß der Haufen dynamisch stabil ist, und wenn man ihn als Kugel mit räumlich konstanter Massendichte betrachtet (s. Bd. I, S. 322f.)?

b) Auf den Platten des Palomar Sky Survey sind etwa 11 000 Mitglieder des Coma-Galaxien-Haufens gezählt worden. Wie groß wäre die durchschnittliche Masse einer Galaxie, wenn der Haufen nur aus diesen sichtbaren Mitgliedern bestehen würde? Vergleichen Sie den Betrag der erhaltenen mittleren Galaxien-Masse mit der Masse des Milchstraßensystems (S. 561).

7.3.2 Das kosmologische Prinzip

Die kosmologische Forschung setzt sich die Aufgabe, aus den astronomischen Beobachtungsresultaten und den physikalischen Gesetzen eine Vorstellung von der Struktur und der Entwicklung des Weltalls aufzubauen. Nun spielt von allen Wechselwirkungen zwischen den Bausteinen des Kosmos, Materie und Strahlung, im gegenwärtigen Zustand sicher die Gravitation die entscheidende Rolle; gegenüber den Gravitationskräften dürften alle anderen aus der Physik bekannten Wechselwirkungen im Weltall — soweit wir es beobachten können — vernachlässigbar klein sein. Gravitationswirkungen werden in erster Näherung durch die Newtonsche Gravitationstheorie beschrieben. Eine grundsätzlich neue Betrachtungsweise der Gravitation liefert die allgemeine Relativitätstheorie von A. Einstein. Sie erklärt die Gravitation als eine Eigenschaft der geometrischen Struktur des Raumes. Die Gleichungen, durch welche die Geometrie und die Gravitation verknüpft werden, sind die Einsteinschen Feldgleichungen. Wenn die Anwendung dieser Gleichungen auf die Materie des Weltalls zu konkreten Aussagen über die Struktur des Kosmos führen soll, müssen *zusätzliche Bedingungen* eingeführt werden; sie entsprechen den Anfangsbedingungen, wie sie aus vielen Kinematikaufgaben bekannt sind (z. B. benötigt man zur Beschreibung einer Wurfbewegung Ort und Zeit des Abwurfs sowie Richtung und Betrag der Anfangsgeschwindigkeit). Anstelle der unbekannten Anfangsbedingungen der kosmischen Entwicklung werden aus den fundamentalen Beobachtungsergebnissen, die für den uns zugänglichen Teil des Weltalls erhalten wurden, *Grundannahmen über das ganze Weltall* abgeleitet und als „Postulat", das heißt als unbewiesene, aber auch unentbehrliche *Voraussetzung* in die Kosmologie eingeführt.

Die in 7.3.1 zusammengestellten Beobachtungsergebnisse über die Verteilung der Materie, ihre großräumigen Bewegungen und über die Hintergrundstrahlung haben zwei wesentliche Eigenschaften gemeinsam: die *Homogenität* und die *Isotropie*. Es liegt daher nahe, diese beiden Eigenschaften für das Weltall insgesamt zu postulieren. Diese Annahme bezeichnet man als *kosmologisches Prinzip*.
Das kosmologische Prinzip fordert die Homogenität und die Isotropie des Weltalls in jedem Zeitpunkt seiner Entwicklung. — Das *Homogenitätspostulat* bedeutet: Jeder Beobachter, der sich relativ zur Materie in seiner Umgebung in Ruhe befindet, hat den gleichen Anblick der Welt — in allen ihren Eigenschaften — wie jeder andere, zur gleichen Zeit an einem beliebigen Ort des Weltalls ruhende Beobachter. Kein Punkt des Weltalls ist bevorzugt; es gibt also auch keinen Mittelpunkt der Welt. — Die *Förderung der Isotropie* betrifft den Anblick, den jeder einzelne Beobachter hat, wenn er in die verschiedenen Richtungen seiner kosmischen Umgebung schaut. In jeder Richtung soll der Anblick der Welt im großen der gleiche sein wie in jeder anderen Richtung. In den Postulaten von Homogenität und Isotropie sind *alle Eigenschaften* des Weltalls einbezogen:

die universelle Gleichartigkeit der Materie und der Strahlung, sowie der Strukturen, in denen die Materie uns entgegentritt (stellar, interstellar, Galaxien, Galaxienhaufen),

die Gleichförmigkeit der Verteilung der Materie und die Gleichartigkeit ihrer Bewegungen,
die universelle Gültigkeit der Naturgesetze.

Die Aussage über die Gleichverteilung der Materie ist sinnvoll, trotz der offensichtlichen Ungleichförmigkeiten, die wir als Materiekonzentrationen in den Sternen und Sternsystemen beobachten. Es wurde bereits darauf hingewiesen, daß die Homogenität des Weltalls nicht verletzt wird, wenn statistische Ungleichförmigkeiten nur zwischen Bereichen festgestellt werden können, die sehr klein gegenüber den Abmessungen des Weltalls sind.
Das kosmologische Prinzip stellt den Pfeiler dar, über den die Brücke vom beobachtbaren Teil des Weltalls zum Weltganzen geführt werden soll. Seine Tragfähigkeit wird sich im folgenden erweisen.

7.3.3 Die kosmologische Diskussion in der Zeit vor der Entdeckung der Relativitätstheorie

Die ersten Überlegungen zu einer physikalischen Kosmologie tauchen am Beginn des 18. Jahrhunderts auf. Schon 1720 beschäftigte sich E. Halley mit der paradox erscheinenden Tatsache, daß der nächtliche Himmel dunkel ist, obwohl aus naheliegenden Annahmen über den Aufbau des Weltalls der Schluß gezogen werden muß, daß der Nachthimmel eine ähnliche Flächenhelligkeit wie die Sonnenscheibe haben müßte; da dieses Problem durch eine Arbeit von W. Olbers aus dem Jahre 1823 in schärferer Formulierung wieder aufgegriffen wurde, bezeichnet man es meist als *Olberssches Paradoxon*. Bald nach der Entdeckung des Gravitationsgesetzes durch Newton dürften auch die Probleme sichtbar geworden sein, die in der Newtonschen Dynamik eines *mit Materie* ganz und gleichmäßig *erfüllten, unendlichen Weltraums* enthalten sind; ausführlich dargestellt wurden sie jedoch erst 1896 durch C. Neumann und dann durch H. von Seeliger, der zur Behebung der dynamischen Paradoxien eine Abänderung des Newtonschen Gravitationsgesetzes vorgeschlagen hat.
Dieses dynamische Problem und das Olberssche Paradoxon hängen eng miteinander zusammen. Beiden ist gemeinsam, daß eine Reihe von – an sich plausiblen – Annahmen über das Weltall und die in ihm enthaltene Materie zu Schlußfolgerungen führte, die entweder in sich widersprüchlich sind oder den Beobachtungen widersprechen. Diese Annahmen sind:

1. Der Weltraum ist ein unendlich großer, euklidischer Raum. – Ein dreidimensionaler euklidischer Raum ist dadurch gekennzeichnet, daß in ihm die auf dem Axiomensystem des Euklid aufgebaute Geometrie gilt; z.B. ist die Winkelsumme in einem Dreieck des euklidischen Raumes 180°, die Dreiecksfläche ist eben. Ein Gegenbeispiel ist die Geometrie auf der gekrümmten Erdoberfläche; in einem sphärischen Dreieck ist die Winkelsumme größer als 180°.

2. Der in der Annahme 1 definierte Weltraum ist ganz mit gleichförmig verteilter Materie erfüllt. – Die Materiepartikel, die den Weltraum gleichmäßig erfüllen sollen, sind die aus Sternen und interstellarer Materie aufgebauten Galaxien. In den Betrachtungen des 18. und 19. Jahrhunderts standen die Sterne an der Stelle der Galaxien.

3. Die Materie hat eine endliche, von null verschiedene, räumlich konstante mittlere Dichte. – Zur Annahme einer konstanten, nicht verschwindenden mittleren Dichte kommt beim Nachthimmelproblem noch die Annahme einer ebenfalls über den Weltraum konstanten mittleren Leuchtkraft der Galaxien (früher: der Sterne) hinzu.

4. Die Materie im Weltraum führt keine großräumigen systematischen Bewegungen aus. – In der Zeit vor der Entdeckung des Hubble-Effekts der Galaxien bestand kein Anlaß, großräumige systematische Bewegungen der kosmischen Materiepartikel anzunehmen. Man dachte sich das Weltall in einem statischen oder stationären Zustand. (Statisch bedeutet: im Gleichgewicht der Gravitationskräfte. Stationär heißt: trotz ungleichförmiger Bewegungen im Mittel gleichbleibende räumliche Dichte.) Beim Nachthimmel-Problem muß die 4. Annahme noch die Forderung enthalten, daß außer der mittleren Dichte auch die mittlere Leuchtkraft der Weltraumobjekte zeitlich konstant bleibt.

5. Im ganzen Weltraum gelten die bekannten Gesetze der klassischen Physik, darunter das Gravitationsgesetz von Newton. – Beim Nachthimmel-Problem wird vorausgesetzt, daß das Abstandsgesetz der Photometrie universell gültig ist: Die Beleuchtungsstärke einer senkrecht bestrahlten Fläche ist umgekehrt proportional zum Quadrat der Entfernung von der Lichtquelle.

Aus diesen 5 Grundannahmen lassen sich nun die bereits erwähnten paradoxen Schlüsse bezüglich der Nachthimmelhelligkeit und der Stellardynamik ziehen. Das *Olberssche Paradoxon* bezüglich der Nachthimmelhelligkeit beruht auf folgender Überlegung: Ein Stern der Leuchtkraft L, der sich in der Entfernung r vom Auge des Beobachters befindet, sendet durch die Pupillenöffnung der Querschnittsfläche A die Strahlungsleistung

$$P = \frac{A}{4\pi r^2} \cdot L \,.$$

Ist R der Sternradius, so ist sein scheinbarer Durchmesser $\delta = 2R/r$, seine scheinbare Fläche $\pi\delta^2/4 = \pi(R/r)^2$ und deshalb seine scheinbare Flächenhelligkeit für einen Beobachter auf der Erde

$$\sigma = \frac{P}{\pi(R/r)^2} \quad \text{oder} \quad \sigma = \frac{A}{\pi}\frac{L}{4\pi R^2} \,.$$

Die scheinbare Flächenhelligkeit der Sterne ist also proportional zum Emissionsvermögen $L/(4\pi R^2)$ ihrer Oberfläche und unabhängig von ihrer Entfernung r.
Wenn nun der ganze Weltraum gleichmäßig mit Sternen erfüllt ist, müssen wir aus jeder Richtung Sternlicht erhalten. Nimmt man für all diese sichtbaren Sterne (nicht alle im Weltall vorhandenen Sterne sind sichtbar, da bereits eine endliche Anzahl in unserer Umgebung genügt, um die ganze Sphäre abzudecken) im Mittel Leuchtkraft und Radius wie bei der Sonne an, so müßte das ganze Himmelsgewölbe eine scheinbare Flächenhelligkeit wie die Sonnenscheibe haben. Es gäbe also keinen Wechsel zwischen Tag und Nacht, und wenn die Erde im Strahlungsgleichgewicht mit ihrer Umgebung ist, müßte ihre Temperatur gleich der mittleren Oberflächentemperatur der Sterne sein, d.h. bei einigen tausend Kelvin liegen. – In der modernen Formulierung des Olbersschen Paradoxons müssen die in Galaxien konzentrierten Sterne durch die gleichmäßig verteilten Galaxien ersetzt werden, wodurch sich aber das Ergebnis der Überlegung nur quantitativ ändert.

Das von C. Neumann und H. von Seeliger bearbeitete *dynamische Problem* ergibt sich folgendermaßen: Denkt man sich zuerst die gesamte Materie im Weltall in einer Kugel mit dem Radius R und dem Mittelpunkt M mit endlicher Dichte ρ vereinigt, so erfährt ein Massenpunkt im Abstand r von M die Gravitationsbeschleunigung (s. Bd. I, S. 322f.)

$$a = \frac{4\pi G}{3} \cdot \rho \cdot r$$

in Richtung auf M. Für ein unendlich großes Weltall müßte (bei konstanter Dichte ρ) der Radius $R \to \infty$ streben. Da aber der Mittelpunkt einer unendlich großen Kugel nicht mehr definiert ist, ist auch sein Abstand r von dem betrachteten Massenpunkt nicht mehr definiert; die Gravitationsbeschleunigung könnte also ebenso gut verschwinden, wie unendlich groß werden oder jeden endlichen Wert haben. Daraus kann man entweder – wie H. von Seeliger – den Schluß ziehen, daß das Newtonsche Gravitationsgesetz ungeeignet ist für die Behandlung einer Dynamik in dem durch die erwähnten 5 Annahmen gekennzeichneten Weltraum, oder die 5 Annahmen selbst können nicht alle richtig sein, sei es, daß sie einen logischen Widerspruch enthalten oder der Erfahrung widersprechen.

Tatsächlich zwangen zwei Entdeckungen aus dem Anfang dieses Jahrhunderts dazu, an den 5 Annahmen der vorrelativistischen Kosmologie Korrekturen vorzunehmen.
Die Anwendung des Relativitätsprinzips auf beliebige Bewegungen veranlaßte Einstein, die bis dahin als selbstverständlich angenommene und deshalb nie bewiesene euklidische Struktur des Weltraums aufzugeben. Damit mußte aber auch die 1. Annahme der Kosmologie des 19. Jahrhunderts abgeändert werden. Wenn es nicht denknotwendig ist, daß die Welt eine euklidische Struktur hat, kann sie nach Einstein – vergleichbar mit der Oberfläche einer Kugel – räumlich geschlossen, also endlich sein, obwohl sie unbegrenzt ist. Dies würde aber bereits ausreichen, das dynamische Problem von Neumann und Seeliger zu lösen, denn in einem endlichen Raum muß

auch die Masse endlich sein, und die von einer endlichen Masse erzeugten Beschleunigungen sind stets endlich und definiert. Das Olberssche Paradoxon jedoch würde durch eine solche Korrektur der Raumstruktur nicht beeinflußt (s. dazu [23]).

Die Auflösung des Olbersschen Paradoxons war die Folge von Hubbles Entdeckung der Expansionsbewegung der Galaxien. Sie bewies, daß die 4. Annahme der vorrelativistischen Kosmologie falsch sein mußte. Dies wirkt sich in zweifacher Hinsicht auf das Olberssche Paradoxon aus. Um dies zu erkennen, muß das Olberssche Paradoxon noch genauer quantitativ untersucht werden. Bis zur Entfernung 3 pc von der Sonne sind 11 Sterne bekannt. Aus ihrem Spektraltyp läßt sich näherungsweise ihr Durchmesser bestimmen, und mit ihrer Parallaxe ergibt sich ihr scheinbarer Durchmesser. Damit läßt sich errechnen, daß sie zusammen größenordnungsmäßig den Bruchteil 10^{-17} der Sphäre bedecken.

Nun ist die Zahl der Sterne bis zur Entfernung r proportional zu r^3; da aber ihr mittlerer scheinbarer Durchmesser proportional zu r^{-1}, die von einem Stern scheinbar bedeckte Fläche an der Sphäre also proportional zu r^{-2} ist, so ist die von allen Sternen innerhalb der Entfernung r vom Beobachter an der Sphäre bedeckte Fläche proportional zu r. Die Olberssche Annahme, der Beobachter sehe die ganze Sphäre mit Sternen bedeckt, erfordert also eine Sichtweite von der Größenordnung $3 \cdot 10^{16}$ pc bzw. 10^{17} LJ. Die Expansionsbewegung der Galaxien läßt aber auf ein Weltalter von der Größenordnung 10^{10} a schließen; die heute bei uns eintreffenden Photonen können also höchstens eine Strecke von 10^{10} LJ durchlaufen haben. Nur ein sehr kleiner Bruchteil der Sphäre erscheint uns daher von Sternen bedeckt. – Die Hubblesche Entdeckung führt aber noch zu einer weiteren Korrektur der Olbersschen Voraussetzungen. Durch die dauernde Abstandsvergrößerung zwischen dem strahlenden Stern und dem Beobachter sinkt einerseits die Photonendichte am Beobachtungsort, andererseits nach dem Dopplereffekt die beobachtete Strahlungsfrequenz und damit die Energie jedes Photons. Bei der Entfernung c/H_0 = 5000 Mpc müßten bei universeller Gültigkeit des Hubble-Gesetzes die Galaxien Lichtgeschwindigkeit erreichen; von diesem Welthorizont erreicht uns also keine Strahlung mehr. Nach Olbers müßte aber die Sichtweite rund 7 Zehnerpotenzen größer sein.

Schließlich muß im Lichte der allgemeinen Relativitätstheorie auch die 5. Annahme der vorrelativistischen Kosmologie verallgemeinert werden; zwar müssen wir nach wie vor annehmen, daß im Kosmos überall die gleichen Gesetze wie auf der Erde gelten, aber die Gesetze der klassischen Physik haben sich als Näherungsgesetze erwiesen, insbesondere das Newtonsche Gravitationsgesetz als Näherung des allgemeineren Einsteinschen Gravitationsgesetzes, das aus der allgemeinen Relativitätstheorie folgt.

Der folgende, abschließende Abschnitt wird andeuten, wie sich diese Korrekturen auf die Weiterentwicklung der Kosmologie im 20. Jahrhundert ausgewirkt haben.

7.3.4 Die Kosmologie der allgemeinen Relativitätstheorie

Im ersten Drittel des 20. Jahrhunderts hat die kosmologische Forschung einen revolutionären Wandel erlebt. Er wurde eingeleitet durch *Einsteins Arbeiten zur allgemeinen Relativitätstheorie*, in der Trägheit und Schwere als äquivalente Eigenschaften der Materie angesehen werden; zwangsläufige Folge war eine grundlegend *neue Theorie der Gravitation*. Den Abschluß dieser Umwandlungsphase bildete *Hubbles Entdeckung*, daß sich die Gesamtheit der Galaxien in einer *Expansionsbewegung* befindet. Damit hatte die Kosmologie ein neues Fundament erhalten. Seine Hauptteile sind

1. die aus Beobachtungen gewonnenen Kenntnisse über die Verteilung und die systematischen Bewegungen der Galaxien in dem überschaubaren Teil des Universums (die Galaxien werden als Materiepartikel im Kosmos betrachtet),
2. das kosmologische Prinzip, durch das die beobachtbaren Eigenschaften Homogenität und Isotropie vom erforschbaren Bereich auf das ganze Universum übertragen werden,
3. eine Gravitationstheorie, die auf den kosmischen Raum mit den darin enthaltenen Materiepartikeln und seine zeitliche Entwicklung angewandt werden kann.

Die *allgemeine Relativitätstheorie* ist eine Gravitationstheorie, die − nach allem, was wir heute wissen − die Physik des kosmischen Raum-Zeit-Kontinuums und der in ihm enthaltenen Materie und Strahlung in sehr guter Näherung beschreibt. Jedenfalls sprechen die Ergebnisse, die bei astronomischen und Labor-Prüfungen der Theorie gewonnen wurden, stark für ihre Richtigkeit. Deshalb ist es sinnvoll, Einsteins Theorie der Gravitation als Grundlage der physikalischen Kosmologie zu wählen. Sie erklärt die Wirkung der Schwerkraft durch *Raumkrümmungen*; die Raumstruktur ihrerseits wird durch den *Energieinhalt* der im Raum vorhandenen Materie und Strahlung bestimmt.

Gekrümmte Räume

Bis zum Beginn des 19. Jahrhunderts kannte man nur die *Geometrie des Euklid*. Sie ist aufgebaut auf einem System von Axiomen über Punkte, Geraden und Ebenen. Eines davon ist das Parallelenaxiom; es sagt aus, daß es zu einer Geraden durch einen nicht auf ihr liegenden Punkt eine und nur eine Gerade gibt, welche die erste nicht schneidet. Eine Folgerung daraus ist u. a. der Satz, die Winkelsumme im Dreieck sei $180°$; ein Dreieck, für das dieser Satz gilt, bezeichnen wir als eben.

Im Laufe des 19. Jahrhunderts wurden verschiedene Geometrien entwickelt, die auf anderen Axiomen-Systemen aufgebaut sind als die euklidische Geometrie; man nennt sie *nichteuklidisch*. Ein Beispiel dafür ist die aus der Geodäsie bekannte Geometrie auf der Kugelfläche. Die kürzesten Verbindungen zweier Punkte auf der Kugelfläche sind Großkreise; sie entsprechen demnach den Geraden der euklidischen Geometrie. Da sich alle Großkreise schneiden, gibt es auf der Kugel keine Parallelen; dementsprechend ist auch die Winkelsumme in Großkreisdreiecken stets größer als

180° (man betrachte z.B. ein Dreieck, dessen Seiten aus zwei Meridianen und dem Äquator bestehen). Die Kugelfläche stellt ein Beispiel eines zweidimensionalen, gekrümmten Raumes dar; die Krümmung ist dabei an jeder Stelle gleich stark.

Ein Maß für die Krümmung einer Fläche ist der *Krümmungsradius* der Kurve, die man erhält, wenn man die Fläche mit einer Ebene schneidet, die senkrecht zur Tangentialebene steht. Im allgemeinen liefern verschiedene solche Normalschnitte auch verschiedene Krümmungsradien für den gleichen Flächenpunkt. Sind R_1, R_2 die beiden Extremwerte der Krümmungsradien, die man auf diese Weise an einem Flächenpunkt erhält, so bezeichnet man

$$\kappa = \frac{1}{R_1 R_2}$$

als *Gaußsche Krümmung* der Fläche an der betreffenden Stelle. Liegen die Krümmungsmittelpunkte aller Normalschnitte auf der gleichen Seite der Fläche, so haben auch die Extremwerte R_1 und R_2 gleiches Vorzeichen und die Gaußsche Krümmung der Fläche ist positiv; da man eine solche Fläche durch ein elliptisches Paraboloid annähern kann, nennt man sie elliptisch gekrümmt. Liegen die Krümmungsmittelpunkte der Normalschnitte beiderseits der Fläche, so haben R_1 und R_2 verschiedenes Vorzeichen und die Gaußsche Krümmung ist negativ; eine solche Fläche läßt sich durch ein hyperbolisches Paraboloid annähern und heißt deshalb hyperbolisch gekrümmt. Alle Flächen, deren Gaußsche Krümmung null ist, lassen sich durch Verbiegen eines Papierblattes herstellen; auf ihnen gilt die euklidische Geometrie, und deshalb heißen sie euklidisch. Die Abb. 7.28 zeigt Beispiele solcher Flächentypen. Sie stellen zweidimensionale Analogien *gekrümmter dreidimensionaler Räume* vom elliptischen, euklidischen und hyperbolischen Typ dar. Diese dreidimensionalen Räume treten in der relativistischen Kosmologie auf; sie sind mit Ausnahme des euklidischen Raumes der menschlichen Anschauung nicht mehr zugänglich.

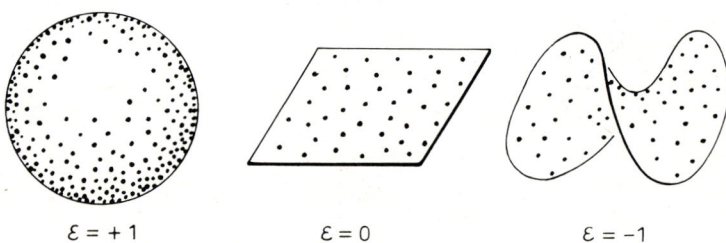

$\varepsilon = +1$ $\varepsilon = 0$ $\varepsilon = -1$

Abb. 7.28 Zweidimensionale Analoga zu den dreidimensionalen gekrümmten Räumen der Kosmologie.

Zur Kennzeichnung, ob ein Raum elliptisch, euklidisch oder hyperbolisch ist, benutzt man das *Vorzeichen* ϵ der Krümmung (s. Tab. 7.10). Der Betrag der Krümmung wird durch das *Krümmungsmaß R* beschrieben. Diese Funktion R kann nicht mehr anschaulich definiert werden wie die Gaußsche Krümmung einer Fläche, zeigt aber das gleiche Verhalten des Vorzeichens ϵ für die verschiedenen Raumtypen wie im zweidimensionalen Fall.

Tab. 7.10 Kennzeichen der dreidimensionalen Räume der Kosmologie

Raumkrümmung	ϵ	Geometrie des Raumes	Volumen
positiv	+ 1	elliptisch oder sphärisch	geschlossener Raum, endliches Volumen
null	0	flach ($\equiv$ euklidisch)	} offener Raum, kein endliches Volumen
negativ	− 1	hyperbolisch	}

Die Metrik gekrümmter Räume und das kosmologische Prinzip

Die Metrik eines Raumes wird bestimmt durch eine Beziehung zwischen den Raumkoordinaten, die den Abstand zweier infinitesimal benachbarter Raumpunkte angibt; man bezeichnet sie als das *Linienelement* dσ des betreffenden Raumes. Die Abb. 7.29 zeigt als Beispiel einige einfache zweidimensionale Räume (Ebene, Kreiszylinderfläche, Kugelfläche) mit ihren Linienelementen.

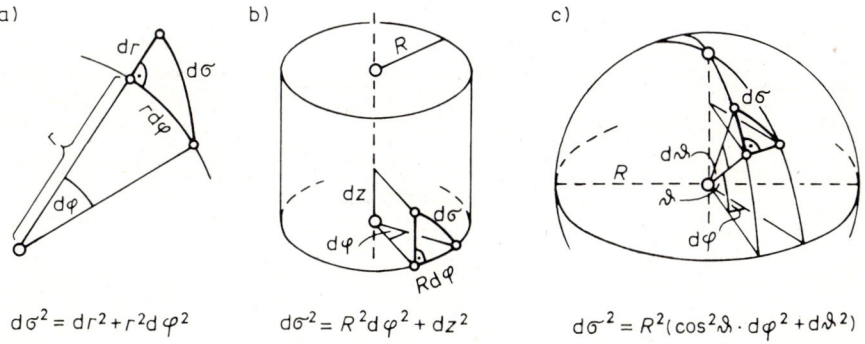

a)
$$d\sigma^2 = dr^2 + r^2 d\varphi^2$$

b)
$$d\sigma^2 = R^2 d\varphi^2 + dz^2$$

c)
$$d\sigma^2 = R^2 (\cos^2\vartheta \cdot d\varphi^2 + d\vartheta^2)$$

Abb. 7.29 Zweidimensionale Räume mit ihren Linienelementen:
(a) Ebene, (b) Kreiszylinderfläche, (c) Kugelfläche.

Die Voraussetzung, daß das kosmologische Prinzip im Weltall gültig ist, hat zwei sehr wichtige *Konsequenzen für die Metrik des Weltraums*. Die erste besteht darin, daß die Krümmung des Weltraums in einem bestimmten Zeitpunkt an jedem Ort des Universums den gleichen Betrag haben muß. Diese Eigenschaft der *konstanten Krümmung* haben unter allen möglichen dreidimensionalen gekrümmten Räumen gerade die drei schon genannten Typen, die *elliptischen, euklidischen und hyperbolischen Räume* (Die Krümmung des euklidischen Raumes ist überall null). Bei diesen Räumen konstanter Krümmung beschreibt das Krümmungsmaß R den Grad der Krümmung und die Größe des Raumes zu einem bestimmten Zeitpunkt t. R ist also ortsunabhängig, ist aber in allen nicht-statischen Weltmodellen zeitabhängig. Die als Folge des kosmologischen Prinzips auftretende Beschränkung der dreidimensionalen Räume auf die Typen elliptisch, euklidisch, hyperbolisch bewirkt bei der Erforschung der Weltstruktur eine bedeutende Vereinfachung der zu betrachtenden Geometrien.

Die zweite Folge des kosmologischen Prinzips besteht darin, daß das *Linienelement* des Weltraums eine besonders *einfache Gestalt* erhält; es kann in der Form geschrieben werden

$$d\sigma^2 = R^2(t) \cdot dl^2. \tag{7-5}$$

$R(t)$ ist der Krümmungsradius; seine Zeitabhängigkeit beschreibt, wie sich die Welt im Laufe der Zeit ausdehnt oder zusammenzieht. Das Differential dl hängt nicht von der Zeit, sondern nur von den Raumkoordinaten ab. Am zweidimensionalen Analogon des sphärischen Weltraums, der Kugelfläche, wird dies plausibel: Sein Linienelement $d\sigma$ ist ebenfalls proportional zum Krümmungsradius der Kugel, und nur dieser hängt von der Zeit ab (s. Abb. 7.29). Die Abstände aller Massenpunkte (Galaxien) ändern sich also nach Gl. (7-5) proportional zum Krümmungsradius $R(t)$. Deshalb wird in den auf dem kosmologischen Prinzip beruhenden Weltmodellen $R(t)$ auch als *Skalenfaktor des Universums* bezeichnet.

Die Entdeckung, daß durch das kosmologische Prinzip die Metrik des Weltraums durch ein Linienelement vom Typ der Gl. (7-5) beschrieben werden kann, geht auf *H. P. Robertson und A. G. Walker* zurück; sie bedeutet letzten Endes, daß das Krümmungsvorzeichen ϵ und der Krümmungsradius $R(t)$ die einzigen noch frei wählbaren Parameter des Weltraums sind. Aufgabe der Gravitationstheorie ist es nun, Gleichungen für diese beiden Parameter zu finden, deren Lösungen jeweils ein bestimmtes Weltmodell darstellen. Aus diesen Weltmodellen muß dann schließlich dasjenige herausgesucht werden, das mit den Beobachtungen am besten in Einklang ist.

Die Feldgleichungen in Friedmann-Modellen

Die bisher gewonnenen Aussagen über die mögliche Struktur des Weltraums und seine Metrik sind rein geometrischer und kinematischer Natur. Um zu einer Dynamik des Weltalls zu kommen, müssen noch die Gravitationswirkungen berücksichtigt werden. Die Einsteinsche Gravitationstheorie beruht nun auf der Annahme, Trägheit und

Schwere seien äquivalent; man kann demnach z. B. grundsätzlich nicht unterscheiden, ob die Bewegung eines Massenpunkts durch seine Trägheit oder durch ein Gravitationsfeld bestimmt wird. Im euklidischen Raum der Newtonschen Mechanik unterscheiden sich Trägheitsbewegungen und Bewegungen im Gravitationsfeld grundsätzlich: Unter dem Einfluß der Trägheit beschreibt ein kräftefreier Körper eine gerade Linie, die kürzeste Verbindung zweier Punkte, während er z. B. im Gravitationsfeld einer kugelförmigen Masse einen Kegelschnitt durchläuft. Nach Einstein muß also der Kegelschnitt ebenfalls die kürzeste Verbindung zweier Punkte im Gravitationsfeld sein; dies ist aber nur möglich, wenn der Raum durch die kugelförmige Masse entsprechend gekrümmt wurde, etwa wie die Oberfläche eines Kissens durch einen darauf liegenden schweren Gegenstand eingedellt wird. (Daß in gekrümmten Räumen die kürzeste Verbindung zwischen 2 Punkten eine nicht gerade Linie sein kann, zeigt das Beispiel der Kugeloberfläche, wo die kürzeste Verbindung zweier Punkte ein Großkreisbogen ist.) Da aber die Gravitationsbeschleunigung, die ein Körper in seiner Umgebung erzeugt, außer vom Abstand auch von der Masse des felderzeugenden Körpers abhängt, hängen auch die Bahnkrümmungsradien und damit nach Einstein die Raumkrümmung von der Masse des felderzeugenden Körpers ab. Nun folgt schon aus der speziellen Relativitätstheorie die Äquivalenz von Masse und Energie, ausgedrückt in der berühmten Relation $E = m \cdot c^2$. Daraus folgt, daß Energie Masse besitzt und deshalb wie ein materieller Körper eine Raumkrümmung erzeugt. Zusammenfassend kann man also feststellen: Nach der allgemeinen Relativitätstheorie wird die Krümmung des Weltraums durch die in ihm enthaltene Materie und Energie bestimmt. *Die Verknüpfung von Raumstruktur und Materieinhalt* wird in Einsteins Theorie durch ein System von 10 nichtlinearen Differentialgleichungen geliefert; meist werden diese *Einsteinschen Feldgleichungen* in der Kurzschreibweise einer Tensorgleichung zusammengefaßt.

Um aus den Einsteinschen Feldgleichungen die Funktion $R(t)$ bestimmen zu können, werden in der relativistischen Kosmologie einige vereinfachende — aber nicht verfälschende — *Annahmen über die Materie im Weltall* gemacht. Von den Galaxien wird angenommen, daß sie den Raum völlig gleichförmig als Galaxiengas erfüllen; der Druck dieses Gases kann nach A. Friedmann in guter Näherung gleich null gesetzt werden. Dies ist berechtigt, denn da in der relativistischen Kosmologie der Hubble-Effekt durch die Expansion des Raumes erklärt wird, sind die Geschwindigkeiten der Galaxien relativ zu diesem Raum in ihren Richtungen statistisch verteilt und in ihren Beträgen sehr klein, so daß ihre kinetische Energie gegenüber der Gravitationsenergie ihrer Materie vernachlässigt werden kann.

Die erwähnten Voraussetzungen über das Galaxiengas — homogene Verteilung und verschwindender Druck — führen bei der Lösung der Einsteinschen Feldgleichungen auf einen besonders einfachen Typ von Weltmodellen; diese *Friedmann-Modelle* bilden gegenwärtig die Grundlage fast aller relativistischen Kosmologien, die den Vergleich theoretischer Ergebnisse mit Beobachtungsresultaten anstreben. A. Friedmann und G. Lemaître waren die ersten, die Lösungen der Einsteinschen Feldgleichungen mit zeitabhängigem Krümmungsradius $R(t)$ erhielten, also Modelle, in denen die Welt expandieren kann, wie es die Galaxien-Beobachtungen nahelegen. Unter Berücksichtigung der Friedmann-Voraussetzungen und nach Einführung des Robertson-Walker-Linienelements reduzieren sich die *relativistischen Feldgleichungen* auf die folgenden beiden Differentialgleichungen, die nur den Krümmungsradius $R(t)$ und seine beiden ersten Ableitungen nach der Zeit, das Krümmungsvorzeichen ϵ und die mittlere Materiedichte ρ enthalten:

$$\frac{\dot{R}^2}{R^2} + 2\frac{\ddot{R}}{R} = -\frac{\epsilon c^2}{R^2} \qquad (7\text{-}6)$$

$$\frac{\dot{R}^2}{R^2} - \frac{8\pi G\rho}{3} = -\frac{\epsilon c^2}{R^2} \qquad (7\text{-}7)$$

(G ist die Newtonsche Gravitationskonstante, c die Vakuumlichtgeschwindigkeit). Diese Gleichungen kann man auch mit der Newtonschen Mechanik verständlich machen. Denkt man sich ein kugelförmiges Weltall, das gleichförmig mit Materie der Dichte ρ erfüllt ist, so ist seine Gesamtmasse $m = \frac{4\pi\rho}{3} \cdot R^3$, und eine Galaxie auf seiner Oberfläche erfährt dadurch die Gravitationsbeschleunigung

$$\ddot{R} = -\frac{4\pi G\rho}{3} \cdot R \qquad (7\text{-}8)$$

(s. dazu Bd. I, S. 322, Hilfssatz und Abb. 4).
Gerade diese Gleichung läßt sich aber durch einen Vergleich von (7-6) mit (7-7) leicht herleiten. Außerdem liefert der Energieerhaltungssatz für eine Galaxie der Masse m', wenn man ihre Geschwindigkeit mit $\dot{R}$ bezeichnet:

$$\frac{1}{2}m'\dot{R}^2 - \frac{4\pi G\rho m'}{3} \cdot R^2 = E. \qquad (7\text{-}9)$$

Dies stimmt — mit Ausnahme der rechts stehenden Integrationskonstanten — mit (7-7) überein. Vergleicht man (7-9) mit (7-7), so erkennt man, daß ein Weltall mit positiver Gesamtenergie ($E > 0$) das Krümmungsvorzeichen $\epsilon = -1$ haben muß, also hyperbolisch ist, während zu negativer Gesamtenergie ein elliptischer, zur Gesamtenergie null ein euklidischer Raum gehört.

Mit den Gleichungen (7-6) und (7-7) lassen sich zwei Aufgaben in Angriff nehmen. Man kann erstens die zeitliche Abhängigkeit des Krümmungsradius $R(t)$ und der Massendichte $\rho(t)$ bestimmen; man kann zweitens versuchen, aus Beobachtungsresultaten abzuleiten, welcher der drei Fälle $\epsilon = (+1, 0, -1)$ im Weltall realisiert ist und an welcher Stelle der für $R(t)$ erhaltenen Kurve wir uns gegenwärtig befinden.

Die Expansionskurven

Integriert man die beiden Differentialgleichungen (7-6) und (7-7), so erhält man — je nach dem Krümmungsvorzeichen ϵ — verschiedene Typen der Funktionen $R(t)$ und $\rho(t)$; die *drei Typen von $R(t)$* sind in Abb. 7.30 graphisch dargestellt. Außer für $\epsilon = 0$ handelt es sich um transzendente Funktionen, die der Einfachheit halber hier in Parameterform angegeben sind:

$$R = R_1 (1 - \cos u); \quad .t = t_1 (u - \sin u) \qquad \text{für } \epsilon = +1 \qquad (7\text{-}10a)$$

$$R = R_1 (t/t_1)^{2/3} \qquad\qquad\qquad\qquad \text{für } \epsilon = 0 \qquad (7\text{-}10b)$$

$$R = -R_1 (1 - \cosh u); \quad t = -t_1 (u - \sinh u) \quad \text{für } \epsilon = -1 \qquad (7\text{-}10c)$$

R_1 und t_1 sind Integrationskonstanten; wie man sie erhält, wird im folgenden noch beschrieben werden. cosh und sinh werden in der Aufgabe 2 auf S. 642 erklärt.

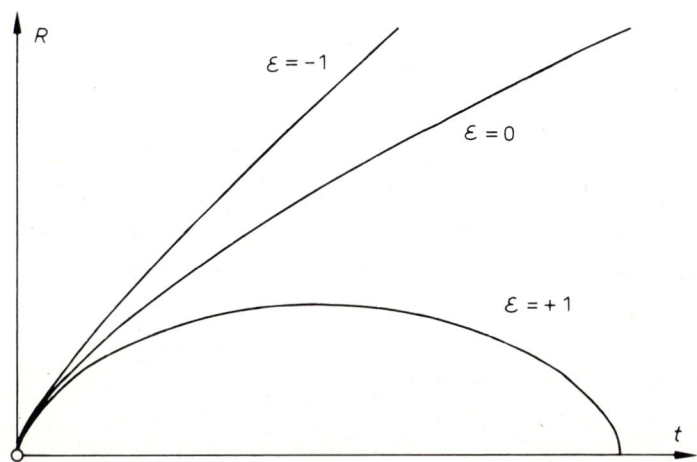

Abb. 7.30 Abhängigkeit des Krümmungsradius R von der Zeit t in Friedmann-Modellen mit elliptischer, euklidischer und hyperbolischer Raumgeometrie.

Alle Kurven zeigen zuerst − bei kleinen Werten des Weltalters t − einen *kleinen Krümmungsradius* des Weltalls; Materie und Strahlung müssen hier in einem sehr kleinen Volumen, also bei sehr hoher Dichte konzentriert gewesen sein und dehnten sich mit hoher Geschwindigkeit aus. Die kinetische Energie der Materie hatte zu Beginn des Expansionsvorgangs ihren größten Wert. Mit wachsendem Krümmungsradius $R(t)$ muß die *Expansionsgeschwindigkeit* für alle drei Fälle der Raumgeometrie laufend *abgenommen* haben; durch die gegenseitige Gravitationsanziehung wurde die Expansion gebremst, am geringsten für die Weltmodelle mit positiver Gesamtenergie, also $\epsilon = -1$, am stärksten für Modelle mit negativer Gesamtenergie, d.h. $\epsilon = +1$. Die offenen Räume für $\epsilon = -1$ und $\epsilon = 0$ expandieren unbegrenzt, allerdings mit abnehmender Geschwindigkeit, die beim euklidischen Raum ($\epsilon = 0$) für unbegrenzt wachsendes Weltalter t gegen null konvergiert. Im elliptischen Fall ($\epsilon = +1$) geht die Expansion mit der Zeit in eine Kontraktion über, und wegen der Periodizität von $\sin u$ und $\cos u$ in Gl. (7-10a) wiederholt sich der Vorgang immer wieder: das Weltall pulsiert.

Es kann keine Angabe darüber gemacht werden, von welchem Zeitpunkt der kosmischen Entwicklung an die Funktionen (7-10) – bzw. eine davon – die Expansion des Weltalls richtig beschreiben; für $t = 0$ werden sie wegen $R = 0$ sicher sinnlos.

Im Abschnitt 7.3.1 (S. 625) wurde angegeben, daß die *Mikrowellen-Hintergrundstrahlung* wahrscheinlich der Rest einer ursprünglich sehr heißen elektromagnetischen Strahlung ist. Diese Strahlung bestand ursprünglich aus äußerst energiereichen Gamma-Quanten, die von einem sehr heißen Plasma (ionisierter Materie) emittiert wurden. Die Photonen hatten zunächst sehr kleine freie Weglängen, da sie nach kürzesten Zeiten immer wieder an den zahlreichen freien Elektronen des Plasmas gestreut wurden. Als das Weltall bei seiner mit der Expansion verbundenen Abkühlung den Temperaturbereich zwischen 5000 K und 3000 K erreichte, trat eine weitgehende Kombination der Ionen mit den Elektronen ein; es bildeten sich Wasserstoff-Atome. Mit dem Verschwinden der Elektronen hörte in dieser Entwicklungsphase auch der Streuvorgang der Photonen auf; die Photonen waren nicht mehr an die Materie gebunden. Seit dieser durch Unterschreiten einer Temperaturschwelle ausgelösten *Entkoppelung von Materie und Strahlung* können die Photonen sich frei ausbreiten. Sie bilden die den ganzen Weltraum gleichmäßig erfüllende Hintergrundstrahlung, die wir noch jetzt, bei der inzwischen erreichten Temperatur von 3 K, beobachten können. Die Materie hat dagegen eine völlig andere Entwicklung genommen: sie hat sich zu Galaxien und zu (im Inneren sehr heißen) Sternen kondensiert.

Die Versuche, die Vorgänge im expandierenden Universum über die Befreiung der Strahlung von der Materie hinaus zurückzuverfolgen, führen zu immer höheren Temperaturen und größeren Dichten; das explosionsartige Urereignis, durch das die Expansion herbeigeführt wurde, kann jedoch nicht ergründet werden. In den Theorien über die Frühstadien des Weltalls wird die aus Materie und Strahlung bestehende, das Universum ausfüllende *Ursubstanz* „Feuerball" genannt (engl. fireball, oft auch primordial fireball). Die gesamte *frühe Entwicklung* bis zur Entkoppelung von Materie und Strahlung wird in den Modell-Vorstellungen als „Urknall" bezeichnet (engl. Big Bang). Die *physikalischen Vorgänge* während dieser Entwicklung sollten durch die zunächst schnell abnehmende Temperatur des expandierenden Mediums gesteuert worden sein. Bei Temperaturen oberhalb von 10^{10} K können nur unabhängige Elementarteilchen vorhanden gewesen sein: positive und negative Elektronen, Protonen, Neutronen, Neutrinos und Photonen. Die hohe Intensität der Strahlung verhindert ein Kombinieren der Protonen mit den Neutronen und mit den Elektronen. Diese für die Weiterentwicklung der materiellen Welt wichtigen Vorgänge der Bildung von Kernen und von Atomen können jedoch dann bei weiterer Temperaturabnahme nacheinander eingetreten sein. Im Temperaturbereich zwischen 10^{10} K und 10^8 K konnten Fusionen zwischen Protonen und Neutronen stattfinden, die zur Bildung von Deuterium-Kernen, vor allem aber zur Bildung von *Helium-Kernen* geführt haben. Mit Unterschreiten der Temperaturschwelle von 5000 K fanden dann in sehr großem Umfang Kombinationen von Protonen und Elektronen zu *Wasserstoff-Atomen* statt. Durch diesen Vorgang wurde plötzlich ein großer Teil der bis dahin freien Elektronen gebunden; die daraus folgende Trennung von Strahlung und Materie wurde oben schon beschrieben (s. auch Aufg. 1b, S. 642) [18, 19].

Der Vergleich mit den Beobachtungen

Nur eine der drei Funktionstypen (7-10), die sich als Lösungen der Differential-gleichung (7-6) ergeben haben, kann die Expansion des Universums, die wir gegen-wärtig in der Bewegung der Galaxien beobachten, richtig wiedergeben. Die ent-sprechende Auswahl und die Bestimmung der noch unbekannten Integrationskon-stanten kann nur durch Vergleich mit den Beobachtungsergebnissen durchgeführt werden.

Aus den Beobachtungen ist der gegenwärtige Wert des *Hubble-Parameters*

$$H_0 = 60 \ \frac{\text{km}}{\text{s} \cdot \text{Mpc}}$$

bekannt. Wenn man die gegenwärtigen Werte, für $t = t_0$, von $R, \dot{R}$ und $\ddot{R}$ ebenfalls durch den Index Null kennzeichnet, dann besteht zunächst die Identität

$$\left(\frac{\dot{R}}{R}\right)_0 = H_0. \tag{7-11}$$

Differenziert man nämlich den räumlichen Abstand zweier Galaxien nach der Zeit, so ergibt sich mit Gl. (7-5)

$$\frac{d\sigma}{dt} = \dot{R} \cdot dl \ ,$$

und wenn man dl mit (7-5) noch eliminiert:

$$\frac{d\sigma}{dt} = \frac{\dot{R}}{R} \cdot d\sigma. \tag{7-12}$$

Hier steht aber links die Relativgeschwindigkeit v_r und als zweiter Faktor rechts der Abstand r der Galaxien, so daß man durch Vergleich mit (7-3) die Gleichung (7-11) erhält. Nach Gl. (7-11) ist der Hubble-Parameter proportional zur Tangentensteigung der $R(t)$-Kurve in Abb. 7.30 im gegenwärtigen Zeitpunkt der Entwicklung des Welt-alls.

Eine zweite Größe, die man durch Beobachtung der Galaxienbewegung zu bestim-men sucht — allerdings vorläufig mit sehr viel geringerem Erfolg als bei H_0 — ist der *Bremsungsparameter* q_0. Dieser Bremsungsparameter ist ein Maß für die Verlang-samung der Expansionsgeschwindigkeit; $q(t)$ kennzeichnet die Krümmung der $R(t)$-Kurve in Abb. 7.30 und ist — abweichend von der üblichen Definition der Krümmung einer Kurve — als unbenannte Zahl definiert

$$q(t) = -\frac{R \ddot{R}}{\dot{R}^2} \ . \tag{7-13}$$

Aus (7-11) und (7-13) folgt die Identität

$$\left(\frac{\ddot{R}}{R}\right)_0 = - q_0 H_0^2 . \tag{7-14}$$

Mit den Identitäten (7-11) und (7-14) erhält man aus (7-6) und (7-7) für den gegenwärtigen Zeitpunkt der kosmischen Entwicklung

$$\frac{\epsilon c^2}{R_0^2} = \frac{8\pi G \rho_0}{3} - H_0^2,$$ (7-15)

$$\rho_0 = \frac{3 H_0^2 q_0}{4\pi G}.$$ (7-16a)

Mit $H_0 = 60 \frac{\mathrm{km/s}}{\mathrm{Mpc}} = 1{,}95 \cdot 10^{-18} \mathrm{\ s^{-1}}$ ergibt sich hieraus

$$\rho_0 = (1{,}35 \cdot 10^{-26} \mathrm{\ kg \cdot m^{-3}}) \cdot q_0.$$ (7-16b)

Setzt man (7-16a) in (7-15) ein, so erhält man

$$H_0^2 (1 - 2q_0) = -\frac{\epsilon c^2}{R_0^2}.$$ (7-17)

Aus (7-17) folgt zunächst, daß — bei bekanntem H_0 — mit einem bestimmten Wert von q_0 auch das Vorzeichen ϵ und damit *die Raumgeometrie bestimmt ist.* Die in Tab. 7.11 gegebenen Zusammenhänge zwischen q_0 und ϵ lassen sich aus Gl. (7-17) direkt ablesen. Die dritte Spalte gibt die Raumstruktur nach Tab. 7.10. Die vierte Spalte beschreibt die Entwicklung des Krümmungsradius $R(t)$ gemäß Abb. 7.30. Wäre also der gegenwärtige Wert des Bremsungsparameters q_0 bekannt, so könnten wir erkennen, ob das Weltall geschlossen und endlich oder offen ist. Das Krümmungsvorzeichen kann sich während der Weltentwicklung nicht ändern.

Tab. 7.11 Zusammenhang zwischen Bremsungsparameter q_0, Krümmungsvorzeichen ϵ und Zeitverhalten des Krümmungsradius $R(t)$.

Bremsungs-parameter	Krümmungs-vorzeichen	Raum	$R(t)$ Zeitverhalten
$q_0 > \frac{1}{2}$	$\epsilon = +1$	elliptisch, geschlossen	zykloidisch
$q_0 = \frac{1}{2}$	$\epsilon = 0$	euklidisch, offen	parabolisch, monoton wachsend
$0 \leqq q_0 < \frac{1}{2}$	$\epsilon = -1$	hyperbolisch, offen	hyperbolisch, monoton wachsend

Die Gl. (7-16b) gibt zwar die Möglichkeit, q_0 und damit ϵ aus der mittleren Massendichte ρ_0 im gegenwärtigen Zustand des Weltalls zu ermitteln. Wegen der sehr unsicheren Kenntnisse über ρ_0 ist dieser Weg zur Lösung des kosmologischen Problems noch nicht gangbar — ebenso wie der umgekehrte Weg, bei dem die mittlere Massendichte aus dem Bremsungsparameter zu bestimmen wäre. Mit dem auf S. 621 angegebenen Wert für die mittlere Dichte der sichtbaren Materie von etwa $5 \cdot 10^{-28}$ kg $\cdot$ m^{-3} würde sich nach (7-16b) $q_0 \approx 0{,}04$ und damit ein offenes Universum ergeben. Auf die Möglichkeit, daß ein sehr bedeutender Anteil der Materie nicht sichtbar ist, wurde aber bereits hingewiesen. Ein geschlossenes Weltall ergibt sich nach (7-16b), wenn die mittlere Dichte $\rho_0 > 6{,}8 \cdot 10^{-27}$ kg/m^3 ist.

Mit H_0, q_0 und ϵ kann man nach Gl. (7-17) den gegenwärtigen Wert des Krümmungsradius R_0 berechnen; außerdem erhält man mit diesen 3 Größen und (7-11) und (7-14) aus den Gleichungen (7-10) die Integrationskonstanten R_1 und t_1 und das gegenwärtige Weltalter t, die sogenannte *Friedmann-Zeit*. Die Friedmann-Zeit ist kleiner als die Hubble-Zeit $T_0 = 16{,}3 \cdot 10^9$ a, die unter der Voraussetzung einer ungebremsten Expansion berechnet wurde (s. S. 623). Die Hubble-Zeit stellt also sicher nur eine obere Schranke für das Weltalter dar (s. Aufg. 2, S. 642).

Die Beobachtungsgrößen H_0 und q_0 sind Äquivalente für die erste und zweite Ableitung von R nach der Zeit. H_0 ist bekannt; der Betrag ist aber noch mit einer starken Unsicherheit behaftet. q_0 kann bestimmt werden, wenn von Galaxien Radialgeschwindigkeits- und Helligkeitswerte gemessen werden können, die über die gegenwärtigen Grenzen des Hubble-Diagramms (Abb. 7.25) hinausgehen. Sobald sich der Verlauf der Hubble-Kurve für Galaxien in extremen Entfernungen sicher feststellen läßt, ist q_0 berechenbar. Das bedeutet kosmologisch: Nur mit Hilfe von Beobachtungen der Lichtsignale aus einer Zeit, in der $R(t)$ wesentlich verschieden von $R(t_0)$ war, wird sich die zweite Ableitung $\ddot{R}$ ermitteln lassen. Da mit $R(t)$ und ϵ die Struktur und die Entwicklung des Weltalls bekannt wären, ist es verständlich, daß von Beobachtung und Theorie her die größten Anstrengungen unternommen werden, um zu brauchbaren Werten des Bremsungsparameters q_0 und der mittleren Massendichte ρ_0 zu kommen. [20, 21, 22].

Aufgaben

1. Bei der Expansion des Universums vergrößert sich die Wellenlänge λ elektromagnetischer Strahlung (wie alle Längen) im gleichen Verhältnis wie der Krümmungsradius des Weltalls $R(t)$; es gilt also $\lambda = p \cdot R(t)$ mit einer unbenannten Proportionalitätskonstanten p.

   a) Zeigen Sie, daß die Hintergrundstrahlung durch diese Wellenlängenänderung ihren Charakter als schwarze Strahlung behält, die Strahlungstemperatur jedoch umgekehrt proportional zu $R(t)$ sinkt, d.h. $T = p' \cdot R(t)^{-1}$ gesetzt werden kann.

   Hinweis: Für den Nachweis eignet sich das Planck-Gesetz in der folgenden Form, die sich ergibt, wenn man die Gl. (7) von Bd. I, S. 318, mit dem Maximum $K_{\max}$ der Funktion $K(x, T)$ bezüglich der Veränderlichen x dividiert:

$$\frac{K(x,T)}{K_{max}} = K_0 \, \frac{x^5}{e^x - 1} \quad \text{mit} \quad x = \frac{hc}{kT\lambda} \, .$$

Dabei ist K_0 ein für das vorliegende Problem belangloser Zahlenwert.

b) Die Hintergrundstrahlung besitzt jetzt die Temperatur $T = 2{,}7$ K. In welchem Weltalter t' betrug ihre Temperatur $T' = 4000$ K, wenn man gleichförmige Expansion und ein gegenwärtiges Weltalter $t = 1{,}6 \cdot 10^{10}$ a voraussetzt?

2. a) Zeigen Sie, daß die Funktionen $R(t)$ aus den Gleichungen (7-10a, b, c) die Differentialgleichungen (7-6) befriedigen und leiten Sie gleichzeitig für die Fälle a) und c) die Gleichung $R_1/t_1 = c$ für die Integrationskonstanten R_1 und t_1 her.
Anleitung: Im Fall der Gl. (7-10c) treten die Hyperbelfunktionen cosh und sinh (Hyperbelkosinus und -sinus) auf. Diese sind definiert durch die Gleichungen $\cosh u = \frac{1}{2}(e^u + e^{-u})$ und $\sinh u = \frac{1}{2}(e^u - e^{-u})$. Daraus folgen die Beziehungen

$$\frac{d}{du}(\sinh u) = \cosh u; \quad \frac{d}{du}(\cosh u) = \sinh u; \quad \cosh^2 u - \sinh^2 u = 1.$$

b) Für die gegenwärtige Massendichte der sichtbaren Materie würde sich aus Gl. (7-16b) der Bremsungsparameter $q_0 = 0{,}04$ ergeben. Bestimmen Sie aus Gl. (7-13) den gegenwärtigen Wert u_0 der Hilfsveränderlichen u. (Sollten Sie keine Tabelle für die Hyperbelfunktionen zur Verfügung haben, so setzen Sie zur Berechnung von u aus $\cosh u$ zuerst $e^u = z$, also $\cosh u = \frac{z^2 + 1}{2z}$ und lösen Sie die entstehende quadratische Gleichung nach z auf.) Ermitteln Sie dann aus Gl. (7-11) die Integrationskonstante t_1 und mit $R_1/t_1 = c$ auch R_1. Berechnen Sie schließlich aus Gl. (7-10c) die Friedmann-Zeit und den gegenwärtigen Weltradius.

c) Welcher Wert der Dichte des Weltalls würde einem Bremsungsparameter $q_0 = 0{,}6$ entsprechen? Berechnen Sie, ausgehend von Gl. (7-10a), die entsprechenden Größen wie in b).

Zusammenfassung zu 7.3 „Kosmologie"

1. Die Kosmologie versucht die Fragen nach Ausdehnung, Struktur und zeitlicher Entwicklung des Weltalls auf der Grundlage astronomischer Beobachtungen und physikalischer Gesetze zu beantworten. Die Beobachtungen liefern Kenntnisse über die mittlere Dichte der sichtbaren Materie und über die Expansion des Systems der Galaxien. Das Universum ist homogen und isotrop gestaltet, es kann aber nicht statisch sein. Mit der Hubble-Konstante H_0 kann ein Maximalbetrag für das Alter der gegenwärtig erforschbaren Welt berechnet werden. Die im Wellenlängenbereich zwischen 0,6 mm und 50 cm beobachtete schwache Radiostrahlung zeigt einen Spektralverlauf, der mit dem Intensitätsverlauf schwarzer Strahlung der Temperatur 2,7 K identisch ist. Diese isotrope Hintergrundstrahlung ist wahrscheinlich der Rest einer in den Ursprungsphasen der materiellen Welt entstandenen thermischen Strahlung.

2. Um zu ermöglichen, daß die Anwendung einer Gravitationstheorie auf die Materie des Weltalls zu Aussagen über die Weltstruktur führt, müssen weitreichende Annahmen über die Gleichartigkeit der Welt gemacht werden: Die im erforschbaren Teil des Universums festgestellten Eigenschaften Homogenität und Isotropie werden auf den gesamten Kosmos übertragen. Dieses Weltpostulat bezeichnet man als das kosmologische Prinzip.

3. Die vorrelativistischen Annahmen eines unendlich großen euklidischen Raumes, der gleichförmig mit nicht systematisch bewegter Materie erfüllt ist, und der Gültigkeit des Newtonschen Gravitationsgesetzes hatten zu paradoxen Aussagen über die Helligkeit des Nachthimmels und über die Dynamik der Materie des Weltalls geführt. Eine von Widersprüchen freie Kosmologie konnte entwickelt werden, als die Mathematik zeigte, daß dreidimensionale Räume gekrümmt sein können, und als mit Einsteins allgemeiner Relativitätstheorie eine Gravitationstheorie gegeben war, in der die Struktur des Raumes durch die in ihm enthaltene Materie und Energie bestimmt wird.

4. Mit den Voraussetzungen Gültigkeit des kosmologischen Prinzips und Erfüllung des Raumes mit einem gleichförmig verteilten, druckfreien Galaxiengas reduzieren sich die Einsteinschen Feldgleichungen auf zwei Differentialgleichungen, deren Lösungen auf einen einfachen Typ von Weltmodellen führen.
Der Krümmungsradius $R(t)$ der Welt muß in jedem Zeitpunkt t räumlich konstant sein. Das bedeutet: Die Struktur des Weltraums kann nur elliptisch, euklidisch oder hyperbolisch sein. In allen drei Fällen befindet sich das Weltall in einer Expansion, die sich mit der Zeit verlangsamt. Diese Expansion kommt im elliptischen Raum zum Stillstand und geht in eine Kontraktion über; im euklidischen Raum kommt die Expansion für $t \to \infty$ zum Stillstand, im hyperbolischen Fall expandiert die Welt unbegrenzt.

Welches dieser möglichen Weltmodelle der wirklichen Struktur und Entwicklung des Weltalls entspricht, kann mit Kenntnis der Hubble-Konstante H_0 und des Bremsungsparameters q_0 entschieden werden. Der Betrag von H_0 ist bekannt; zur Bestimmung von q_0 sind die gegenwärtigen Kenntnisse über den Verlauf der Hubble-Beziehung für sehr weit entfernte Galaxien nicht ausreichend.

Lösungen zu den Aufgaben

Kapitel 5:

S. 365 1. a) Nach Gl. (5-3a) ist $m_V = -27{,}02$ mag für die Sonne (außerhalb der Atmosphäre),

b) $m_V = -12{,}67$ mag für den Vollmond,

c) $E = 0{,}0256$ lx für den Halbmond.
Die mittlere scheinbare Flächenhelligkeit ist beim Halbmond kleiner als beim Vollmond, da der Halbmond für einen Beobachter auf der Erde von der Seite, der Vollmond von vorn beleuchtet wird.

2. a) Nach Gl. (5-3a) ist $E = 8{,}47 \cdot 10^{-6}$ lx

b) Nach Gl. (5-4) ist $r = 343{,}6$ m.

3. a) Nach Gl. (5-3a) ist $E = 8{,}47 \cdot 10^{-9}$ lx

b) Für den ins Auge tretenden Lichtstrom gilt

$$\Phi = \pi \frac{d^2}{4} \cdot E = 4{,}26 \cdot 10^{-13} \text{ lm.}$$

S. 367 1. $M_{\text{bol}\odot} = +4{,}79$ mag.

2. a) $M_V = +2{,}79$ mag; $M_{\text{bol}} = +2{,}86$ mag.

b) $L = 5{,}96 \cdot L_\odot$.

S. 376 $R = 2{,}58 \cdot R_\odot$.

S. 388 1. $\rho = 0{,}84''$.

2. a) $a = \dfrac{17{,}7}{0{,}758}$ AE $= 23{,}35$ AE.

b) $m_A + m_B = \dfrac{23{,}35^3}{80{,}1^2} \cdot m_\odot = 1{,}98 \cdot m_\odot$.

c) $m_A = 1{,}09 \cdot m_\odot$; $m_B = 0{,}89 \cdot m_\odot$.

3. Aus Gl. (5-13) und (5-17) folgt mit $a = a_A + a_B$:

$$\frac{a_A^3}{T^2} = \frac{G}{4\pi^2} \cdot \frac{m_B^3}{(m_A + m_B)^2}.$$

Ist $m_A \ll m_B$, so gilt näherungsweise: $m_B = \dfrac{4\pi^2}{G} \cdot \dfrac{a_A^3}{T^2}$.

S. 397 1. a) Aus den gegebenen 3 Gleichungen und $m = \frac{4}{3}\pi\rho R^3$ erhält man durch Eliminierung von T, p und ρ (wobei zusätzlich R herausfällt) die angegebene Gleichung.

b) Aus $m/m_\odot = 20{,}4 \cdot \dfrac{\sqrt{1-\beta}}{\beta^2}$ folgt

β	0,50	0,90	0,99
$m/m_\odot$	57,7	8,0	2,1

2. a) $m = 2{,}2\,m_\odot$.

b) $R = 1{,}23 \cdot 10^9$ m; $\rho = 0{,}56$ g$\cdot$cm^{-3}; $g = 194$ m$\cdot$s^{-2}.

S. 405 1. a) Aus Gl.(5-31a) folgt $L = 1{,}33 \cdot L_\odot$.

Aus der Abb. 5.14 ergibt sich dagegen für einen Hauptreihenstern des Spektraltyps A5 die absolute Helligkeit $M_V = +2{,}0$ mag und damit aus Gl.(5-7) der Wert $L = 13{,}2 \cdot L_\odot$.

b) Für 2 Sterne mit der gleichen effektiven Temperatur folgt aus Gl.(5-9) $L'/R'^2 = L/R^2$. Mit $L = 13{,}2 \cdot L_\odot$ und den Daten der Aufgabe ergibt sich hieraus für den Radius von Sirius B:
$R' = 0{,}047 \cdot R_\odot = 0{,}33 \cdot 10^8$ m.
Damit erhält man $\rho = 15 \cdot 10^3$ g$\cdot$cm^{-3}; $g = 1{,}38 \cdot 10^5$ m$\cdot$s^{-2}.
(Da die effektive Temperatur von Sirius B höher liegt als die eines Hauptreihensterns der Spektralklasse A5, handelt es sich bei diesen Ergebnissen nur um Abschätzungen, die für den Radius eine obere, für Dichte und Fallbeschleunigung eine untere Schranke liefern.)

2.

Spektraltyp	O5	B0	A0	F0	G0	K0	M0
d/D	0,0013	0,0026	0,0082	0,0123	0,0169	0,0214	0,0297

3.

Spektral-klasse	O5	B0	A0	F0	G0	K0	M0
$\dfrac{\epsilon_z}{\text{W/kg}}$	$1{,}7\cdot10^3$	$2{,}6\cdot10^2$	0,25	$6{,}0\cdot10^{-2}$	$2{,}0\cdot10^{-3}$	$8{,}3\cdot10^{-4}$	$6{,}0\cdot10^{-4}$
$\dfrac{\bar{\epsilon}}{\text{W/kg}}$	1,14	0,53	$2{,}4\cdot10^{-3}$	$7{,}4\cdot10^{-4}$	$2{,}1\cdot10^{-4}$	$9{,}5\cdot10^{-5}$	$2{,}3\cdot10^{-5}$
$\lg(\epsilon_z/\bar{\epsilon})$	3,17	2,69	2,02	1,91	0,99	0,94	1,42

Mit abnehmender Zentraltemperatur T_z nimmt $\lg(\epsilon_z/\bar{\epsilon})$ von der Spektralklasse O5 bis etwa G5 ab und steigt dann wieder an. – Demnach nimmt die Konzentration der Energieerzeugung zum Zentrum hin zuerst ab und steigt dann wieder an. Nach Abb. 4.13 dominiert bei den heißen Sternen der CNO-Zyklus, dessen starke Temperaturabhängigkeit zu einer Konzentration der Energieerzeugung auf einen engen Zentralbereich führt. Bei den kühleren Sternen herrscht der p-p-Prozeß vor, der zwar wesentlich weniger temperaturabhängig ist, der aber mit abnehmender Temperatur immer stärker auf das Zentrum beschränkt wird, wo die Temperatur ihre höchsten Werte hat.

S. 407 a) $M_V = -4,6$ mag   b) $r = 321$ pc; $\pi = 0,0031''$

S. 417

Spektraltyp	B0V	A0V	F0V	G0V	K0V	M0V
$\dfrac{N_1}{N_1 + N_0}$	$1-5 \cdot 10^{-6}$	0,55	$1,11 \cdot 10^{-2}$	$2,55 \cdot 10^{-4}$	$1,35 \cdot 10^{-6}$	$4,24 \cdot 10^{-12}$

S. 423 a) $m_g/m_\odot = \dfrac{1,97 \cdot 10^3}{\sqrt{n/\mathrm{cm}^{-3}}}$ b) $t_{\text{Fall}} = \dfrac{1}{2}\sqrt{\dfrac{3\pi}{G\rho}} \approx 1,5 \cdot 10^6$ a

S. 430 a) $n_{e\odot} = 8,44 \cdot 10^{29}$ m^{-3}; $E_{F\odot} = 32,4$ eV; $\dfrac{3}{2}kT = 518$ eV

Das Elektronengas im Sonneninnern ist nicht entartet.

b)

Spektral-klasse	O5	B0	A0	F0	G0	K0	M0
E_F/eV	1,36	3,96	13,30	24,46	28,53	34,46	56,69
E_{th}/eV	1358	1164	679	614	485	420	388

S. 443 a) $m - M = 6$ mag   b) $r = 158$ pc.

Kapitel 6:

S. 476 $\overline{m} = 14,1$; 15,2; 16,0.

Die Helligkeitsminderung durch interstellare Absorption darf wegen der hohen galaktischen Breiten der Haufen (Tabelle 6.3) bei einer genäherten Rechnung vernachlässigt werden. Die Unterschiede in den errechneten scheinbaren Helligkeiten sind zahlenmäßig gering, weil die Helligkeitsskala logarithmisch ist.

S. 477 $b = \pm 5,7°$; $\pm 8,5°$

S. 491 $\overline{\rho} \approx 10^{-25}$ g cm^{-3} $\approx 0,06$ H-Atome cm^{-3}

S. 517

Stern	$\dfrac{E_{B-V}}{\text{mag}}$	$\dfrac{A_V}{\text{mag}}$	$\dfrac{m_{V,0}}{\text{mag}}$	$\dfrac{r}{\text{pc}}$	$\dfrac{(r)}{\text{pc}}$
α Persei	+0,11	+0,33	1,80	190	(220)
ι Orionis	+0,08	+0,48	2,77	500	(620)

S. 537 $v = 44{,}2$ km/s; $v_t = 21{,}5$ km/s; $r = 39{,}4$ pc.

S. 565

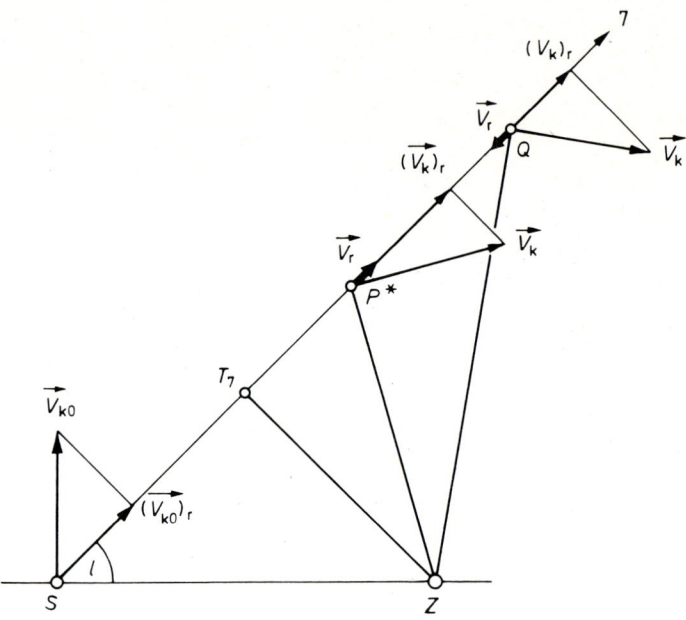

Kapitel 7:

S. 578 a) $a = 4{,}44$ cm

b = 0,97 cm

e = 0,976
i = 13°

b) Die auf der großen Achse der Projektionsellipse beobachteten Radialgeschwindigkeiten V_r sind die Projektionen der Kreisbahngeschwindigkeiten V_k aus der Äquatorebene des Systems auf die Visionsradien.

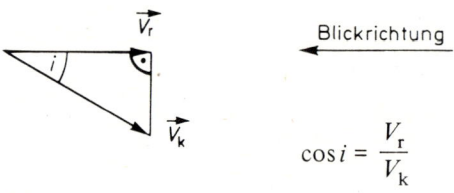

Blickrichtung

$$\cos i = \frac{V_r}{V_k}$$

c) Die kleine Achse b der Ellipse ist die Projektion des Radius a der Galaxie in die Tangentialebene an der Sphäre.

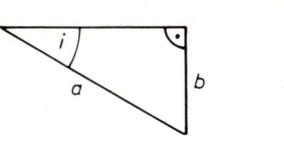

Blickrichtung

$$\sin i = \frac{b}{a}$$

$$\cos i = \sqrt{1 - \sin^2 i} = \frac{\sqrt{a^2 - b^2}}{a} = e$$

S. 589 a) $m = \dfrac{R\,V_k^2}{G}$

b) $m = 1{,}9 \cdot 10^{11}\, m_\odot$

c) $m = 0{,}7 \cdot 10^{11}\, m_\odot$

S. 591

Objekt	scheinbare Helligkeit in mag		
	RR Lyrae-Stern	Delta-Cephei-Stern	Kugel-sternhaufen
Magellan-Wolken	19,1		
Andromeda-Nebel	24,8	20,2	
M 81		23,5	
M 101		23,9	
Virgo-Haufen			21,3
Coma-Haufen			24,2

S. 607

Objekt	$\dfrac{v_r}{\text{km/s}}$	$(250\ \text{km/s}) \cdot \sin l \cdot \cos b$	$\dfrac{v_{relat.}}{\text{km/s}}$
M 31	− 275	+ 199	− 76
M 33	− 190	+ 154	− 36
Gr. M. W.	+ 270	− 206	+ 64

S. 610   Andromeda-Nebel 0,0024″

S. 612

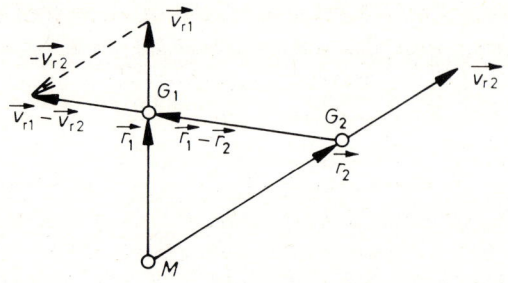

Abb. 7.26b

$$\overrightarrow{v_{r1}} - \overrightarrow{v_{r2}} = H \cdot \vec{r}_1 - H \cdot \vec{r}_2 = H \cdot (\vec{r}_1 - \vec{r}_2)$$

S. 619

$$v_r = c \cdot \frac{(z+1)^2 - 1}{(z+1)^2 + 1}$$

Objekt	$\dfrac{v_r}{c}$	$\dfrac{v_r}{\text{km/s}}$	$\dfrac{r}{\text{pc}}$	$\dfrac{M_V}{\text{mag}}$
3 C 273	0,15	$44,2 \cdot 10^3$	$7,4 \cdot 10^8$	$-26,5$
3 C 48	0,30	$91,4 \cdot 10^3$	$1,5 \cdot 10^9$	$-24,7$
3 C 147	0,41	$122 \ \cdot 10^3$	$2,0 \cdot 10^9$	$-23,7$
3 C 245	0,61	$183 \ \cdot 10^3$	$3,0 \cdot 10^9$	$-25,1$
3 C 9	0,80	$240 \ \cdot 10^3$	$4,0 \cdot 10^9$	$-24,8$
4 C 05.34	0,88	$263 \ \cdot 10^3$	$4,4 \cdot 10^9$	$-25,2$

S. 625   a) Nach dem Virialsatz gilt $2E_{\text{kin}} + E_{\text{pot}} = 0$.
Die potentielle Gravitationsenergie einer homogenen, mit Materie erfüllten Kugel mit der Masse m und dem Radius R ist

$$E_{\text{pot}} = -\frac{3}{5} G \frac{m^2}{R}.$$

Damit erhält der Virialsatz die Form

$$m v^2 - \frac{3}{5} G \frac{m^2}{R} = 0.$$

Masse des Haufen: $m = \dfrac{5}{3} \dfrac{v^2 R}{G} = \dfrac{5 \cdot 10^{12} \ \text{m}^2/\text{s}^2 \cdot 2{,}25 \cdot 3 \cdot 10^{22} \ \text{m}}{3 \cdot 6{,}67 \cdot 10^{-11} \ \text{m}^3 \ \text{kg}^{-1} \ \text{s}^{-2}}$

$$m = 1{,}7 \cdot 10^{45} \ \text{kg} = 8{,}5 \cdot 10^{14} \ m_\odot.$$

Mittlere Dichte: $\rho = \dfrac{3m}{4\pi R^3} = \dfrac{3 \cdot 1{,}7 \cdot 10^{45} \ \text{kg}}{4\pi \cdot 2{,}25^3 \cdot 3^3 \cdot 10^{66} \ \text{m}^3}$

$$\rho = 1{,}3 \cdot 10^{-24} \ \text{kg/m}^3.$$

b) Durchschnittliche Masse einer Galaxie: $0,8 \cdot 10^{11} \, m_{\odot}$

Die durchschnittliche Masse einer Haufengalaxie wäre nach dieser Rechnung gleich 45% der Masse des Milchstraßensystems (s. S. 561). Das ist ein zu hoher Wert; das Milchstraßensystem ist ein großes massereiches Spiralsystem. Der Coma-Haufen enthält sicher, über die beobachteten 11 000 Mitglieder hinaus, noch eine große Anzahl kleinerer, unsichtbarer Systeme.

Die hier zur Massenberechnung eines Galaxienhaufens angewandte Methode ist dadurch ausgezeichnet, daß sie den unsichtbaren Massenanteil (kleine Galaxien, Materie zwischen den Galaxien des Haufens) mit erfaßt. Aus Dichte-Resultaten wie dem hier erhaltenen ergibt sich die auf S. 621 erwähnte mittlere Massendichte des Weltalls, die wesentlich größer ist als die nur aus der beobachtbaren Materie errechnete mittlere Dichte (vgl. Aufg. 2, S. 642).

S. 641 1. a) Setzt man $\lambda = p \cdot R(t)$ und $T = p' \cdot R(t)^{-1}$ in x ein, so ergibt sich die zeitunabhängige Größe

$$x = \frac{h\,c}{k\,p'\,p} \, ,$$

d.h. die oben angegebene Spektralverteilung der schwarzen Strahlung bleibt tatsächlich erhalten.

Daß aber $\lambda \cdot T$ konstant bleiben muß, ergibt sich, wenn man die Energie der Photonen der Hintergrundstrahlung betrachtet. Strahlung der Wellenlänge λ besteht aus Photonen der Energie

$$W_{ph} = \frac{h\,c}{\lambda} \, .$$

Andererseits besitzt schwarze Strahlung der Temperatur T eine mittlere Photonenenergie $\overline{W_{ph}} \sim kT$. Aus $\lambda = p \cdot R(t)$ folgt für die Photonenenergie $W_{ph} \sim R(t)^{-1}$. Dann muß aber auch für deren Mittelwert $\overline{W_{ph}} \sim R(t)^{-1}$ gelten, also $T \sim R(t)^{-1}$. Daraus folgt dann $\lambda \cdot T = $ const.

b) Bei gleichförmiger Expansion muß $R(t) = \dot{R} \cdot t$ sein, also

$$T = \frac{p'}{\dot{R} \cdot t} \quad \text{und} \quad T' = \frac{p'}{\dot{R} \cdot t'} \, .$$

Daraus folgt

$$t' = \frac{2,7}{4000} \cdot 1,6 \cdot 10^{10} \, a = 1,1 \cdot 10^{7} \, a.$$

S. 642 2. a) Aus Gl. (7-10a) erhält man

$$\dot{R} = \left(\frac{dR}{du}\right) : \left(\frac{dt}{du}\right) = \frac{R_1}{t_1} \cdot \frac{\sin u}{1 - \cos u}$$

$$\ddot{R} = \left(\frac{d\dot{R}}{du}\right) : \left(\frac{dt}{du}\right) = -\frac{R_1}{t_1^2} \cdot \frac{1}{(1 - \cos u)^2} \, .$$

Mit $\epsilon = +1$ ergibt sich aus Gl. (7-6)

$$\dot{R}^2 + 2R\ddot{R} = -c^2.$$

Die linke Seite liefert

$$\frac{R_1^2}{t_1^2} \cdot \frac{\sin^2 u}{(1-\cos u)^2} - 2\,\frac{R_1\,(1-\cos u) \cdot R_1}{t_1^2(1-\cos u)^2} = -\frac{R_1^2}{t_1^2}.$$

Die Differentialgleichung (7-6) wird befriedigt, wenn $\dfrac{R_1^2}{t_1^2} = c^2$ oder $R_1/t_1 = c$ ist.

Aus Gl. (7-10b) erhält man

$$\dot{R} = \frac{2}{3}\,\frac{2R_1}{t_1^{2/3} \cdot t^{1/3}} \quad \text{und} \quad \ddot{R} = -\frac{2}{9}\,\frac{R_1}{t_1^{2/3} \cdot t^{4/3}}.$$

Mit $\epsilon = 0$ ergibt sich aus Gl. (7-6)

$$\dot{R}^2 + 2R\ddot{R} = 0.$$

Linke Seite:

$$\frac{4}{9}\,\frac{R_1^2}{t_1^{4/3} \cdot t^{2/3}} - 2\,\frac{R_1 \cdot t^{2/3} \cdot 2R_1}{t_1^{2/3} \cdot 9 \cdot t_1^{2/3} \cdot t^{4/3}} = 0.$$

Die Differentialgleichung wird also befriedigt.

Aus Gl. (7-10c) erhält man

$$\dot{R} = \left(\frac{dR}{du}\right) : \left(\frac{dt}{du}\right) = \frac{R_1}{t_1} \cdot \frac{\sinh u}{\cosh u - 1}$$

$$\ddot{R} = \left(\frac{d\dot{R}}{du}\right) : \left(\frac{dt}{du}\right) = -\frac{R_1}{t_1^2} \cdot \frac{1}{(\cosh u - 1)^2}$$

Mit $\epsilon = -1$ ergibt sich aus Gl. (7-6): $\dot{R}^2 + 2\ddot{R}R = c^2$.

Linke Seite: $\dfrac{R_1^2}{t_1^2} \cdot \dfrac{\sinh^2 u}{(\cosh u - 1)^2} + 2\dfrac{R_1^2}{t_1^2} \cdot \dfrac{1 - \cosh u}{(\cosh u - 1)^2} = \dfrac{R_1^2}{t_1^2}$.

Die Differentialgleichung (7-6) wird befriedigt für $R_1/t_1 = c$.

b) Aus Gl. (7-13) folgt mit den in a) berechneten Ableitungen $\dot{R}$ und $\ddot{R}$:

$$\frac{R_1^2}{t_1^2} \cdot \frac{\cosh u_0 - 1}{(\cosh u_0 - 1)^2} \cdot \frac{t_1^2}{R_1^2} \cdot \frac{(\cosh u_0 - 1)^2}{\sinh^2 u_0} = 0{,}04$$

oder mit $\sinh^2 u_0 = \cosh^2 u_0 - 1$

$$\frac{1}{\cosh u_0 + 1} = 0{,}04,$$

also $\quad \cosh u_0 = 24$.

Mit $z = e^{u_0}$ erhält man hieraus:

$$\frac{z^2 + 1}{2z} = 24 \quad \text{oder} \quad z^2 - 48z + 1 = 0.$$

Die Lösungen dieser quadratischen Gleichung sind

$z_1 = 47,98$ und $z_2 = 0,020\,84$.

Damit ist

$u_0 = \ln z_1 = 3,87 = -\ln z_2$.

Aus Gl. (7-11) folgt dann mit $H_0 = 1,94 \cdot 10^{-18}$ s^{-1}:

$$\frac{\sinh u_0}{t_1 \, (\cosh u_0 - 1)^2} = 1,94 \cdot 10^{-18} \text{ s}^{-1}$$

und mit $\sinh u_0 = \sqrt{\cosh^2 u_0 - 1} = 23,98$:

$t_1 = 2,33 \cdot 10^{16}$ s.

Dann ist $R_1 = c \cdot t_1 = 6,99 \cdot 10^{24}$ m.

Aus Gl. (7-10c) bekommt man die Friedmann-Zeit

$$t_0 = t_1 \, (\sinh u_0 - u_0) = 46,86 \cdot 10^{16} \text{ s} = 14,8 \cdot 10^9 \text{ a}$$

und den gegenwärtigen Weltradius

$$R_0 = R_1 \, (\cosh u_0 - 1) = 1,61 \cdot 10^{26} \text{ m} \approx 5200 \text{ Mpc}.$$

c) Aus Gl. (7-13) erhält man mit Gl. (7-10a)

$$q = \frac{1}{1 + \cos u} \quad \text{oder} \quad \cos u = \frac{1}{q} - 1.$$

Für $q_0 = 0,6$ wird

$$\cos u_0 = \frac{1}{q_0} - 1 = \frac{2}{3} \quad \text{und} \quad u_0 = 0,84.$$

Aus Gl. (7-11) bekommt man

$$t_1 = \frac{\sin u_0}{H_0 \, (1 - \cos u_0)^2} = 3,45 \cdot 10^{18} \text{ s}$$

und $R_1 = c \cdot t_1 = 1,04 \cdot 10^{27}$ m.

Damit liefert Gl. (7-10a)

$R_0 = 11\,200$ Mpc   und $t_0 = 10,5 \cdot 10^9$ a.

Für den Bremsungsparameter $q_0 = 0,6$ ergibt sich mit Gl. (7-16b) als Massendichte des Weltalls $\rho_0 = 8,1 \cdot 10^{-24}$ g·cm^{-3}. Dieser Betrag von ρ_0 entspricht dem unter Einschluß der unsichtbaren Materie errechneten Wert der mittleren Dichte (s. S. 621). Dagegen wurde im Teil b) dieser Aufgabe ($q_0 = 0,04$) von der Massendichte der sichtbaren Materie $\rho_0 \approx 0,5 \cdot 10^{-24}$ g cm^{-3} ausgegangen.

Zusammenstellung der Ergebnisse

ϵ	q_0	u_0	$\dfrac{t_0}{a}$	$\dfrac{R_0}{\text{Mpc}}$	$\dfrac{\rho_0}{\text{g} \cdot \text{cm}^{-3}}$
-1	0,04	3,87	$14{,}8 \cdot 10^9$	5 200	$0{,}54 \cdot 10^{-24}$
$+1$	0,6	0,84	$10{,}5 \cdot 10^9$	11 200	$8{,}1 \cdot 10^{-24}$

Literaturangaben

[1] Ch. Leinert, Neue Bestimmungen von Sterndurchmessern
     SuW 7. Jg. (1968), S. 215
[2] M. Reinecke und H. Ruder, Speckle-Interferometrie
     SuW 16. Jg. (1977), S. 246 u. 284
[3] M. G. J. Minnaert, Practical Work in Elementary Astronomy
     D. Reidel Publishing Company, Dordrecht-Holland, 1969, S. 201
[4] W. D. Heintz, Doppelsterne (Reihe „Das wissenschaftliche Taschenbuch")
     Verlag W. Goldmann, 1971, S. 47 ff
[5] M. Waldmeier, Panoptikum der Sterne, Hallwag AG Bern, 1976, S. 35
[6] M. Waldmeier, a. a. O., S. 79
[7] M. Waldmeier, a. a. O., S. 89
[8] M. Waldmeier, a. a. O., S. 97, 105, 123, 143
[9] B. Baschek, T-Tauri-Sterne — Überblick über Beobachtungen und
     Deutungsversuche, SuW 15. Jg. (1976), S. 151
[10] A. Unsöld, Der neue Kosmos, 2. Aufl., Springer-Verlag
     Berlin-Heidelberg-New York, 1974, S. 285 f
[11] H. Scheffler u. H. Elsässer, Physik der Sterne und der Sonne
     Bibliographisches Institut Mannheim/Wien/Zürich, 1974, S. 88 f
[12] M. Waldmeier, a. a. O., S. 43
[13] R. u. H. Sexl, Weiße Zwerge — schwarze Löcher, rororo-Vieweg
     Taschenbuch, Reinbek bei Hamburg, 1975, S. 80 ff
[14] M. Waldmeier, a. a. O., S. 143
[15] H. Vehrenberg, Atlas der schönsten Himmelsobjekte.
     Treugesell-Verlag, Düsseldorf 1978
[16] A. Sandage, The Hubble Atlas of Galaxies. Carnegie Institution of Washington
     1961 (Publication No. 618)
[17] P. Ahnert, Kleine praktische Astronomie. Verlag Joh. Ambr. Barth,
     Leipzig 1974
[18] J. Schmid-Burgk, M. Scholz, Der Urknall. Sterne und Weltraum 17,
     S. 91—94 (1978)
[19] S. Weinberg, Die ersten drei Minuten. Verlag R. Piper, München 1978
[20] J. Audretsch, Modelle des expandierenden Universums.
     Physik und Didaktik 2, S. 218—235 (1974)
[21] R. U. Sexl, Kosmologie. Physik in unserer Zeit 3, S. 156—160 (1972)
[22] H. Hönl, Was ist Gravitation? Umschau 71, S. 371—376, 412—418 (1971)
[23] Ch. Leinert, Olbers' Paradox. Sterne und Weltraum 18, S. 4—8 (1979)

Ergänzende und weiterführende Literatur

R. Burnham, Burnham's Celestial Handbook (An Observers Guide to the Universe beyond the Solar system), Three Volumes. Verlag Dover Publications, New York, 1978

Fischer Lexikon Astronomie. Herausgegeben von K. Stumpff und H. H. Voigt. Neubearbeitung 1972. Fischer Taschenbuch Verlag Frankfurt

J. S. Hey, Das Radio-Universum. Verlag Chemie, Weinheim 1974

L. Kühn, Das Milchstraßensystem. Wissenschaftliche Verlagsgesellschaft, Stuttgart 1978

Meyers Handbuch über das Weltall. Bearbeitet von K. Schaifers und G. Traving, 5. Auflage. Verlag Bibliographisches Institut, Mannheim 1973

H. Sautter, Astrophysik I und II. Verlag Gustav Fischer, Stuttgart 1972

H. Scheffler, H. Elsässer, Physik der Sterne und der Sonne. Verlag Bibliographisches Institut, Mannheim 1974

R. und H. Sexl, Weiße Zwerge — schwarze Löcher. Rowohlt Taschenbuch Verlag, Reinbek bei Hamburg 1975

R. U. Sexl, H. K. Urbantke, Gravitation und Kosmologie. Bibliographisches Institut, Mannheim 1975

H.-J. Treder, Elementare Kosmologie (Wissenschaftliche Taschenbücher Band 154). Akademie-Verlag, Berlin (Ost) 1975

A. Unsöld, Der neue Kosmos. 2. Auflage, Springer-Verlag, Berlin-Heidelberg 1974

H. H. Voigt, Abriß der Astronomie. 2. Auflage. Verlag Bibliographisches Institut, Mannheim 1975

Sammlungen von Aufgaben und Übungen

R. H. Giese, W. Heinke, Astronomie III; Übungsaufgaben aus Astronomie und Raumfahrt mit ausführlichen Lösungen. Verlag E. Klett, Stuttgart 1979

H. Schäfer, Astronomische Probleme und ihre physikalischen Grundlagen. Verlag F. Vieweg, Braunschweig 1978

O. Zimmermann, Astronomisches Praktikum I und II (Sterne-und-Weltraum-Taschenbücher 8 und 9). Verlag Sterne und Weltraum, Düsseldorf 1977

Bildquellenverzeichnis

5.2 Nach H. L. Johnson und R. Mitchell, 5.3 Department of Astronomy, University of Michigan, 5.4 Nach H. Scheffler und H. Elsässer, 5.5 Aufnahmen von W. C. Rufus und R. H. Curtiss. – Department of Astronomy, University of Michigan, 5.6 Nach W. S. Finsen, Johannesburg, 5.8 Aufnahmen von C. U. Cesco, 5.10 Nach J. Stebbins, 5.12, 5.20 Nach I. Iben, 5.15 Nach H. L. Johnson, R. Mitchell, B. Iriarte, 5.16, 5.17 Nach A. Unsöld, 5.21, 5.26, 6.7 Aufnahmen von H. Vehrenberg, 5.22, 6.16a, 6.23 Aufnahmen des Lick-Observatoriums, Californien, 5.23 Nach H. L. Johnson, 5.24, 5.28 Nach H. L. Johnson und A. R. Sandage, 5.25 Nach A. R. Sandage, 5.27, 5.31, 5.32, 5.33, 6.4, 6.5, 6.6, 6.20a, 7.3, 7.4, 7.5, 7.6, 7.7, 7.8, 7.9, 7.10, 7.15a, 7.21a, 7.22, 7.27 Aufnahmen der Hale-Observatorien, Californien, 5.30 Nach E. Meyer-Hofmeister und I. Iben, 5.35 Nach M. Ryle, B. Elsmore, A. C. Neville, 6.1, 6.10, 6.12a, 6.19a F. E. Ross, M. R. Calvert, Atlas of the Northern Milky Way, Chicago 1934, 1936, 6.11 Nach N. Vogt und A. F. J. Moffat, 6.13 Aufnahmen von W. S. Adams, Hale-Observatorien, Californien, 6.14 Nach L. H. Aller, 6.17a Aufnahme von Th. Schmidt-Kaler und W. Schlosser, 6.20b, 7.17 Nach M. S. Roberts und A. H. Rots, 6.24a Aufnahme von H. Jungbluth, Karlsruhe, 7.12 A. Bečvář, Atlas Coeli, Prag 1962, 7.15b F. Zwicky in Handbuch der Physik, Band 53, Seite 379 (1959), 7.19 Nach W. A. Dent, F. T. Haddock, 7.21b Nach B. Cooper, R. Price, D. Cole und „Sky and Telescope", Band 56, Seite 389, 7.26a/b Nach M. Berry, Principles of cosmology and gravitation (1976), Seite 19, 8.28 Nach W. Rindler, Essential relativity (1969), Seite 238

Konstanten und Umrechnungsbeziehungen

I. Mathematische Konstanten und Umrechnungsbeziehungen

$$\pi = 3,14159$$
$$e = 2,71828$$

Radiant $\qquad$ $1 \text{ rad} = \dfrac{180°}{\pi}$
$$= 57,2957795°$$
$$= 3437,74677'$$
$$= 206\ 264,806''$$

II. Physikalische Konstanten

Recommended Consistent Values of the Fundamental Physical Constants, 1973, des International Council of Scientific Unions, Committee on Data for Science and Technology, CODATA

Lichtgeschwindigkeit im Vakuum	$c = 2,99792458 \cdot 10^8 \text{ m s}^{-1}$
	$(c \approx 3 \cdot 10^8 \text{ m s}^{-1})$
Gravitationskonstante	$G = 6,672 \cdot 10^{-11} \text{ m}^3 \text{ kg}^{-1} \text{ s}^{-2}$
Plancksche Konstante	$h = 6,6262 \cdot 10^{-34} \text{ J s}$
molare Gaskonstante	$R^* = 8,314 \cdot 10^3 \text{ J K}^{-1} \text{ kmol}^{-1}$
Boltzmannsche Konstante	$k = 1,3807 \cdot 10^{-23} \text{ J K}^{-1}$
Avogadrosche Konstante	$N_A = 6,0220 \cdot 10^{26} \text{ kmol}^{-1}$
Konstante des Stefan-Boltzmann-Gesetzes	$\sigma = 5,67 \cdot 10^{-8} \text{ W m}^{-2} \text{ K}^{-4}$
Wiensches Verschiebungsgesetz	$\lambda_{max} \cdot T = 2,898 \cdot 10^{-3} \text{ m K}$
Masse des Elektrons (Ruhemasse)	$m_e = 9,1095 \cdot 10^{-31} \text{ kg}$
Masse des Protons (Ruhemasse)	$m_p = 1,6726 \cdot 10^{-27} \text{ kg}$
Massenverhältnis von Proton und Elektron	$\dfrac{m_p}{m_e} = 1836,1515$
elektrische Elementarladung	$e = 1,6022 \cdot 10^{-19} \text{ C}$
Energieumrechnung	$1 \text{ eV} = 1,6022 \cdot 10^{-19} \text{ J}$

III. Astronomische Konstanten

Entfernungseinheiten

Astronomische Einheit	1 AE	$= 1{,}496 \cdot 10^{11}$ m
Parsec	1 pc	$= 3{,}086 \cdot 10^{16}$ m
		$= 3{,}262$ LJ
		$= 206\,265$ AE
Lichtjahr	1 LJ	$= 9{,}4605 \cdot 10^{15}$ m
		$= 0{,}3066$ pc
		$= 63\,240$ AE

Zeiteinheiten

Der Tag

1 mittlerer Sonnentag	$= 1{,}002\,738$ Sterntage
	$= 24$ h 3 m 56,56 s in Sternzeitmaß
1 Sterntag	$= 0{,}997\,270$ mittlere Sonnentage
	$= 23$ h 56 m 4,09 s in mittlerem Sonnenzeitmaß

Das Jahr

Länge des tropischen Jahres (Frühlingspunkt − Frühlingspunkt)

$= 365{,}242\,199$ mittlere Sonnentage

$= 366{,}242\,199$ Sterntage

Länge des siderischen Jahres (Fixstern − Fixstern)

$= 365{,}256\,360$ mittlere Sonnentage

Die Sonne

Sonnenradius	$R_\odot$	$= 6{,}960 \cdot 10^{8}$ m
Sonnenmasse	$m_\odot$	$= 1{,}989 \cdot 10^{30}$ kg
mittlere Dichte der Sonne	$\overline{\rho_\odot}$	$= 1409$ kg m^{-3}
Leuchtkraft der Sonne (Gesamt-Strahlungsleistung)	$L_\odot$	$= 3{,}82 \cdot 10^{26}$ W

Die Erde

Äquatorradius der Erde	R_E	$= 6378$ km
Abplattung	$(a-b)/a$	$= 1 : 298$
Erdmasse	m_E	$= 5{,}974 \cdot 10^{24}$ kg
mittlere Dichte der Erde	$\overline{\rho_E}$	$= 5515$ kg m^{-3}

Der Mond

Äquatorradius des Mondes	$R_{\mathbb{C}}$	$= 1738$ km
Mondmasse	$m_{\mathbb{C}}$	$= 7{,}35 \cdot 10^{22}$ kg
		$= (1/81{,}30)\, m_E$
mittlere Dichte des Mondes	$\overline{\rho_{\mathbb{C}}}$	$= 3340$ kg m^{-3}
mittlere Entfernung Erde − Mond	$a_{\mathbb{C}}$	$= 384\,400$ km

Register zu Band I und II

Die Seitenzahlen von Band I sind *kursiv* gedruckt.
Fixsterne mit einem Eigennamen werden bei diesem eingeordnet (z. B. Arkturus bei
»A«). Andere Himmelsobjekte werden bei dem Sternbild aufgeführt, in dem sie stehen
(β Andromedae bei »A«; 61 Cygni bei »C«), sofern sie nicht bei den Messier-Objekten
unter »M« oder bei »NGC« eingereiht sind.

A

Aberration, chromatische *33*
~, jährliche *51*
~, sphärische *41*
Aberrationskonstante *51*
Abplattung *131, 141, 158, 338,* 485, 659
Absorption, in der Erdatmosphäre *152*
~, in der Photosphäre *218, 242*
~, in Sternatmospähren 369
~, interstellare 496, 510ff
Absorptionslinien *229f,* 369, 411
~, interstellare 436, 495
~, Profil *231*
Achromat *33*
Achsendrehung der Erde *18f, 55, 141*
~, Verlangsamung der *95*
Adams, J. C. *103*
Airglow *151*
Aktive Gebiete (Sonne) *293ff*
Albedo *138*
Aldebaran (α Tauri) 533f
Algol (β Persei) 387
Alter der Welt 623
Altersbestimmungen, Erde *129, 204*
~, Meteorite *183*
~, Mond *128f*
~, Sternhaufen 439f
β Andromedae 371
ε Andromedae 532
Andromeda-Nebel, M 31 470, 482, 578,
    583, 586ff, 604, 610
Anregungstemperatur *236,* 375
Antares (α Scorpii) 517, 519
Apertursynthese *45*
Apex, Antapex 540
Aphel *78*
Apogäum *112*

Apsidenlinie *114*
α Aquarii 407
Äquatorsysteme *22f*
Äquinoktium *63, 100*
Äquivalentbreite *233f,* 411f
Aristarch von Samos *69*
Aristoteles *69*
Arktur (α Bootis) 371, 399
Astrokamera *41*
Astronomische Einheit (AE) *72f, 82,*
    310, 659
Atmosphäre, Erde *144f*
~, Io *160*
~, Jupiter *158*
~, Mars *155*
~, Mond *127*
~, Titan *162*
~, Venus *139*
Atomuhr, Atomzeit *45, 96f*
Auflösungsvermögen *36, 44, 220,* 497
ζ Aurigae 387
außergalaktische Systeme 569
~ ~, Helligkeiten 592
~ ~, Radialgeschwindigkeiten 603
~ ~, Typen 571
Avogadro-Konstante 658
Azimut *22*

B

Bahn, absolute und relative *92,* 378
~ -geschwindigkeit *93*
~ ~, des Mondes, Verlangsamung *96*
~, Neigungswinkel *337, 383,* 386
~, scheinbare 378
~, wahre 378

Bahnbestimmung, Methode der ellip-
  tischen *170*
Bahnelemente *111, 170, 337,* 383
Balkenspiralsysteme 573f
Ballonteleskop *44*
Balmerlinien *231, 249,* 371, 496, 502
Balmerserie 370
Barringer-Krater (Canyon Diablo) *125,*
  184
basic solar motion 544
Bedeckungsveränderliche 377, 384
Bessel, F. W. 380
Bestrahlungsalter *184*
Beteigeuze (α Orionis) 400
Beugung, Beugungsscheibchen *36*
Big Bang 638
Bindungsenergie 424
Bolometer 364
bolometrische Korrektion (B. C.) 364
Boltzmann-Theorem *236, 314,* 371, 415,
  428
Bradley, J. *51*
Brahe, Tycho *70*
Bremsungsparameter 639ff
B – V 408f

C

3 C 9 (Quasar; Fische) 616
3 C 48 (Quasar; Dreieck) 616
3 C 147 (Quasar; Fuhrmann) 616f
3 C 245 (Quasar; Löwe) 616
3 C 273 (Quasar; Jungfrau) 616
3 C 295 (Radiogalaxie; Bootes) 608f
3 C 343.1 (Radiogalaxie; Drache) 608f
4 C 05.34 (Quasar; Kleiner Hund) 616
Cannon, Annie 369
Canyon Diablo s. Barringer-Krater
Carina-Sagittarius-Arm 486
Cassegrain-Strahlengang *35*
Cassinische Teilung *165*
Cassiopeia A 456f
AR Cassiopeiae 384f
α Centauri 359, 379f, 399, 509
ω Centauri (Kugelsternhaufen) 474
Centaurus A (Radiogalaxie) 596, 600
o Ceti (Mira) 449
chemische Zusammensetzung von Staubpartikeln 515
  ~ von Sternen 394, 487
Chromosphäre *245ff*
  ~, Spektrum *247ff*

CNO-Zyklus *208,* 395, 403
Coma-Galaxien-Haufen 581, 625
Corona Borealis-Galaxien-Haufen 581, 592
Coudé-Strahlengang *35*
Crab-Nebel, M 1 452f, 457f
Crab-Pulsar 461
P Cygni-Sterne 521
61 Cygni 359
Cygnus A (Radiogalaxie) 596ff

D

Deklination *23*
Delta-Cephei-Sterne 444f
  ~, galaktische Verteilung 480, 487
  ~, Entfernungsindikatoren 586, 590f,
  607
  ~, Instabilitätsbereich 449
Deneb (α Cygni) 400
Dichte im Sonneninnern *198ff*
  ~, mittlere, von Planeten *133, 338f*
  ~ ~, von Sternen 386, 402
  ~ ~, der sichtbaren Welt 621, 642
  ~ ~, des Weltalls 623
differentielle Rotation *193,* 527, 544
Doppelsterne 377ff, 450
  ~, astrometrische 377, 380
  ~, photometrische 377, 384
  ~, spektroskopische 377, 382
  ~ ~, Geschwindigkeitskurve 383
  ~, visuelle 377, 378
Doppler-Effekt, Doppelsterne 382
  ~, Galaxien 605, 611
  ~, interstellare Linien 495
  ~, Planetenrotation *133, 164*
  ~, Quasare 617
  ~, Radialgeschwindigkeit 530
  ~, Sonnengranulation *223*
Dopplerverbreiterung *231, 282,* 411f
Drei-Alpha-Prozeß 425, 433
Dreifarben-Photometrie 484
Dreyer, J. L. E. 572
Druck eines entarteten Fermionen-
  gases 429
  ~ -gefälle 392
  ~, hydrostatischer *198,* 391
  ~, im Sonneninnern *198ff*
  ~ -verbreiterung 406, 411f
Dunkelwolken 508, 577
Dunkelwolke »Großer Kohlensack«
  (Kreuz des Südens) 511
  ~, im Ophiuchus 482, 511

E

Ebenen auf dem Mond 120
effektive Temperatur 373, 408
~ Wellenlänge 511
Eigenbewegung 528ff, 552
Eigenfarbenindex 408
Einschlagskrater 125, 136, 154
Ekliptik 23, 53ff
Elektronendruck 238
Ellipse 72ff
elliptische Sternsysteme 470ff, 571
Elongation 78
Emissionslinien des inter-
stellaren Gases 578
Emissions-Nebel 451, 500, 502, 585
Emissionsvermögen 315
Energieerzeugung der Sonne 204ff
~, spezifische 210, 391, 403, 405
Energiequellen der Sterne 419f
Entartung des Elektronengases 426
~, relativistische 430, 460
Entfernungsbestimmung, Astronomische
Einheit 311
~, Mond 111f
~, Planeten 85
~, photometrisch 367, 516
~, trigonometrisch 358
Entfernungsindikatoren 445
~, außergalaktische 590f, 614
Entfernungsmodul 366
Entweichgeschwindigkeit 133, 338
Entwicklung der Sterne 419
~, des Milchstraßensystems 491
~, der Galaxien 593
Entwicklungsvorgänge im Milchstraßen-
system 486, 520
Entwicklungswege von Sternen 434
Entwicklungszeit der Sterne 404
Ephemeride 111
Epizykel-Theorie 69
Erdbeben 142
Erde 141ff, 659
Eruptionen 295ff, 524
Exosphäre 146
Expansionsbewegung, Gasnebel 458
~, Universum 603, 621, 641
Expansionskurven 637
Exponentialgesetze 311ff
Extinktion des Sternlichts 481, 514f
Extinktionsquerschnitt 515
Exzentrizität 72f, 337

F

Fackeln 287ff
~, polare 290
Fallbeschleunigung 132, 338, 402, 406
Farbenexzeß 512
Farben-Helligkeits-Diagramm
(FHD) 410, 433
~, der Hyaden 410, 439
~, Kugelsternhaufen 442
~, Offene Sternhaufen 439
Farbenindex 375, 408f, 511f, 592
Farbfehler 33f
Farbtemperatur 374
Fechner, G. T. 360
Feldgleichungen, relativistische 634f
Fermi-Energie 428
~, relativistisch entarteter Teilchen 430
Fermionen 428
Fernrohr, astronomisches oder
Keplersches 33
Feuerball (Ursubstanz) 638
Feuerkugel (Meteor) 180
Filamente 290 ff
Filtergramme 252f
Fixsterne 12, 530
~, Aufbau 391
~, Entwicklung 419
~, hellste 335f
~, Spektralanalyse 411
~, Spektren 369
F-Korona 185, 259, 265
Flächensatz 72
Flares s. Eruptionen
Flash-Spektrum 248
Fluktuationen 96
Fokus 34f
Foucault, Pendelversuch 19
Fraunhofer, J. 31, 228
Fraunhoferlinien 228, 593
~, Analyse 234ff
~, Entstehung 229f
frei-frei-Strahlung, -Übergänge 242,
498, 504
frei-gebunden-Strahlung 242
Friedmann, A. 634
Friedmann-Modelle 634
~ -Zeit 641f
Frühlingspunkt 23, 53, 56, 63

G

galaktische Breite   467
~ Länge   467, 551
galaktische Scheibe   476
galaktischer Halo (Korona)   476, 487
galaktisches (Milchstraßen-) System   465
~ ~, Abplattung   484
~ ~, Bewegungszustand   526ff
~ ~, Dimensionen, Form   476
~ ~, Masse   559, 561
~ ~, Massenverteilung   560
~ ~, Rotation   527, 537ff, 552, 604
galaktisches Zentrum   476, 480ff
Galaxien   569
~, Entfernungen   609
~, Gesamthelligkeit   592
~, Spektren   608
~, Verzeichnisse, Kataloge   579
~, Zentralgebiete   618
Galaxien-Gruppen, -Haufen   569, 580ff
Galaxis (Milchstraßensystem)   569
Galilei, G.   157, 162
Galle, J. G.   31, 103
Gamma-Strahlung, galaktische   522f
Gasdruck   394, 397
Gasentartung   427
Gaskonstante   658
Gas, interstellares   493f
~ ~, leuchtend   500ff
~ ~, nichtleuchtend   495f
Gauß, C. F.   170
Gaußsche Krümmung   632
Geoid   141f
Geometrie, euklidische, nichteuklidische   631
geozentrisch   20, 67, 69
Gezeiten, -reibung   95
Gleichgewicht, hydrostatisches   198, 397, 431, 458, 460
Gleichgewichtszustände der Sterne   390, 420, 458
Gnomon   57
Granulation   220f
~, Modell   224f
Granulen   222
Gravitationsdruck   394, 397
Gravitationsenergie   322f, 432
~, der Sonne   198
Gravitationsgesetz   88ff
Gravitationsinstabilität   421
Gravitationskollaps   458, 491
Gravitationskonstante   88, 309, 658

Größe (Helligkeit), Größenklasse   360
Großer Roter Fleck (Jupiter)   158

H

H II-Regionen   486, 500, 502f, 504, 507, 521, 569, 575, 585
Halley, E,   530
Halleyscher Komet   175
Halo-Population   489f
Hartmann, J.   496
Häufigkeit der Elemente, Photosphäre   234
~ ~ ~, Sternatmosphären   416, 487
~ ~ ~, interstellar   494
Hauptreihe   399f, 420
Hauptserie, Nebenserien   370
heliographische Breite und Länge   190f
heliozentrisch   67, 69
Helium-Brennen   435
Helligkeit, absolute (M)   366
~ ~, bolometrische (M_{bol})   395
Helligkeit, bolometrische, scheinbare (m_{bol})   364
Helligkeit, scheinbare (m)   360ff
~ ~, photographische (m_{phot}, m_{pg})   363
~ ~, photovisuelle (m_{pv})   362
~ ~, visuelle (m_{vis})   362
Helligkeiten, scheinbare im UBV-System (m_U = U; m_B = B $\approx m_{phot}$; m_V = V $\approx m_{vis}$)   363
Helligkeitsminderung A_λ 512
Herakleides vom Pontos   18
Herbig-Haro-Objekte   421
Herbstpunkt   53, 63
Herschel, W.   103, 169, 469
Hertzsprung, E.   398
Hertzsprung-Lücke   433
Hertzsprung-Russell-Diagramm (HRD)   376, 398ff, 420
Hess, V.   522
Heterosphäre   146
Himmelsäquator   22
Himmelskugel   20
Himmelsmeridian   18, 21f
Himmelspole   22
Hintergrundstrahlung (3 K-Strahlung)   624, 638, 641f
Hipparch von Nikaia   100, 360
Hochländer auf dem Mond   122
Höhe   21f
Höhenstrahlung   522

Homogenität des Weltalls 622, 626
Homosphäre *145*
Horizontalast 442f
Horizontsystem *20*
Hubble, E. 570, 607, 609
Hubble-Gesetz 570, 591, 611, 621
  ~ -Diagramm 610
  ~ -Klassifikation 570
  ~ -Konstante (-Parameter) 607, 613ff, 639
  ~ ~, Zeitabhängigkeit 622
  ~ -Zeit 623
Humason, M. 609
Huygens, Chr. *162*
Hyaden 435, 437
  ~, Farben-Helligkeits-Diagramm 410, 439
  ~, Sternstromparallaxe 367, 435, 533ff, 590
Hydra-Galaxien-Haufen 605, 608

I

IC (Index Catalogue) 582
IC 1613 (irreguläres System; Walfisch) 582f, 604
Infrarotbeobachtungen 482
Infrarot-Quellen 421
  ~ -Sterne 521
  ~ -Strahlung 507, 601
  ~ -Teleskope 421
Instabilitätsstreifen im HR-Diagramm 443, 448f
Interferometer *44,* 376
interplanetare Materie *185*
interstellare Materie 421, 467, 493ff, 575
  ~ ~, Dichte 494
  ~ ~, Erscheinungsformen 526
interstellare Extinktion 482
interstellare Moleküle 499
interstellare Wolken 504
interstellarer Staub 517, 577
interstellares Gas 493ff, 498ff, 578
inverser Beta-Zerfall 460
Ionisationstemperatur *237,* 375
Ionosphäre *146, 159, 298*
irreguläre Sternsysteme 472, 571, 579
Isochrone 439
Isotropie des Weltalls 622, 626

J

Jahr, Kalender- *63*
  ~, Platonisches *97*
  ~, siderisches *82,* 659
  ~, tropisches *62, 659*
Jahreszeiten *63*
Jansky, K. 498
  ~, Einheit (Jy) 497
Johnson, H. L. 363
Jupiter *156ff,* 455

K

Kant, I. 469
Kapella (α Aurigae) 371, 399
Kastor (α Geminorum) 382
Kegelschnitte *88*
Kepler, J. *67, 70*
Kepler-Bahn, -Bewegung *93*
  ~ -Ellipse *111*
Keplersche Gesetze *72ff, 81, 86, 92, 378f,* 558
Keplersches Fernrohr *33*
Kernfusionsprozesse im Sonneninnern *208*
  ~ in Sternen 395, 403, 423, 425, 433, 435
K-Korona *259, 261*
Knoten *74, 110, 114*
Knotenlinie, Drehung der *114*
Kohlenstoff-Brennen 435
Kolhörster, W. 522
Koma (Kometen) *176*
  ~, (optische Abbildung) *34, 41*
Kometen *174ff*
Konjunktion *78*
Kontinuum-Strahlung, radiofrequente 498
  ~ ~, thermische 498
Konvektion in Fixsternen 395ff
  ~ in der Sonne *212*
Koordinatensysteme *20ff,* 467
Kopernikus, N. *67, 69*
Korona *258ff*
  ~, Brechungszahl *265*
  ~, Elektronendichte *266*
  ~, Flächenhelligkeit *259, 262*
  ~, Spektrum *259ff*
  ~, Temperatur *261, 267*
Koronograph *43, 246*
Korpuskularstrahlung der Sonne *300*

Kosmische Strahlung   521ff
Kosmologie   620ff
kosmologisches Prinzip   626, 634
Krater   *122, 136, 140, 153f, 184*
Kreisbahngeschwindigkeit   544, 577
  ~ am Ort der Sonne   554, 603f
Krümmungsmaß   633
Krümmungsradius   636, 640
Krümmungsvorzeichen   633
kugelförmige Sternhaufen (Kugelhaufen)
  435, 441ff, 472ff, 480, 487, 569, 586, 590f,
  624
  ~ ~, Entfernungen   475
Kulmination   *18, 27*
Kulminationshöhe   *64, 113*

L

Lagrange, J. L.   *172*
Lambertsches Gesetz   *195, 320*
langperiodische Veränderliche   449
Laplace, P. S.   *102*
Laser-Messungen   *111f, 118*
Leavitt, Henrietta   586
Lebensdauer von Sternen   397
  ~ von Offenen Sternhaufen   441
Leo-Galaxien-Haufen   608
Leuchtkraft   *194,* 366, 618
  ~, -Klassen   406
Leverrier, U. J. J.   *103*
Lichtgeschwindigkeit   658
Lichtjahr (LJ)   360, 659
Lichtkurve   384, 446, 449, 453
Lichtstärke   *38*
Lichtzeit   *72, 337*
Lindblad, B.   537
21-cm-Linie   498, 555ff
Linienelement   633f
Linienstrahlung, radiofrequente des
  Wasserstoffs (21 cm-Linie)   498, 555ff
L-Korona   *259, 261*
lokale Galaxien-Gruppe   581ff
  ~ Rotationsdaten   553
  ~ Sonnenbewegung   539, 541, 603
lokales Zentroid   539ff, 603
longitudinaler Dopplereffekt   606
Lowell, P.   *103*
Lunisolar-Präzession   97
Lyman-Kontinuum-Photonen
  (Lc-Photonen)   502f
Lyman-Seriengrenze   502
β Lyrae   382

M

M 3 (Kugelhaufen; Canes Venatici)   439,
  442, 474, 476
M 4 (Kugelhaufen; Scorpius)   474, 518f
M 5 (Kugelhaufen; Serpens)   474
M 6 (Offener Sternhaufen; Scorpius)   481
M 8 (Lagunen-Nebel; Sagittarius)   481, 508
M 13 (Kugelhaufen; Hercules)   441, 474
M 15 (Kugelhaufen; Pegasus)   474
M 16 (Emissionsnebel; Serpens)   508
M 17 (Omega-Nebel; Sagittarius)   508
M 20 (Trifid-Nebel; Sagittarius)   508
M 22 (Kugelhaufen; Sagittarius)   474
M 31 s. Andromeda-Nebel
M 32 (Begleiter des Andromeda-Nebels)
  572, 583, 587, 604
M 33 (Spiralsystem; Triangulum)   582f,
  586, 604
M 42 s. Orion-Nebel
M 43 (Begleiter des Orion-Nebels)   507
M 44 s. Praesepe
M 45 s. Plejaden
M 51 (Spiralsystem; Canes Venatici)   471
M 60 (Galaxie im Virgo-Haufen)   607
M 67 (Offener Sternhaufen; Cancer)   435,
  437ff
M 74 (Spiralsystem; Pisces)   574
M 81 (Spiralsystem; Ursa Maior)
  527, 574, 601
M 82 (irreguläres System, Radiogalaxie;
  Ursa Maior)   596, 601
M 87 = Virgo A   572, 582, 596
M 92 (Kugelhaufen; Hercules)   490
M 104 (Spiralsystem; Virgo)   576
Magellan-Wolken   579, 582f, 604
Magellan-Wolke, Große   471, 585f
  ~ ~, Kleine   445, 586
Magnetfeld, Erde   *147*
  ~ Sonnenflecken-   *280ff*
  ~, Jupiter   *159*
  ~, Merkur   *137*
Magnetfelder, interstellare   515, 522f
Magnetogramm   *288*
Magnetosphäre   *147, 159*
magnitudo, mag   361
Mare, Maria   *120*
Mars   *152*
Mascons   *127*
Masse, Galaxien   588f
  ~, Fixsterne   378ff, 393ff, 401, 403
  ~, Milchstraßensystem   483, 485, 559, 561
  ~, Planeten   *132, 338f*

Masse-Leuchtkraft-Beziehung 384, 393f, 400
Massenbestimmung 377ff
~, Doppelsterne, photometrische 385
~ ~, spektroskopische 384
~ ~, visuelle 378
Massenmodelle von Sternsystemen 560
Massenverlust 443f, 459
Massenverteilung im galaktischen System 554, 559ff
~ im Weltall 582
Maxwell-Boltzmann-Statistik 428
Maxwell-Verteilung 207, 314, 426, 428
Mehrkörperproblem 101f
Merkur 134
~, Vorübergang vor der Sonne 136
Mesosphäre 146
Messier, Ch. 452, 572
»Metalle« 417, 488
metastabile Niveaus 504
Meteor 180
Meteorit 180, 624
Meteoriten-Einschläge 124, 126
~ -Krater 123
Meteorschwarm (-strom) 181
Mikrowellen-Hintergrundstrahlung (3 K-Strahlung) 624, 638, 641f
Milchstraßensystem (galaktisches System) 417, 465ff
~, Gesamtmasse 483
~, Gesamtzahl der Sterne 487
~, Zentralbereich 510f
Mira-Sterne 444, 449f, 521
Mitchell, R. 363
Mitteleuropäische Zeit (MEZ) 60
Mizar (ζ Ursae Maioris) 382
MK-System (Sternspektren) 406
Modellrechnungen 202, 391ff, 421
Mögel-Dellinger-Effekt 298
Moleküle, interstellare 499, 508
Monat, siderischer, synodischer 109
Mond 107ff, 337ff, 659
~, Bahnelemente 118
~, Zeittafel 129
~, Zustandsgrößen 118
Monde der Großen Planeten 339
S Monocerotis 502
Montierung 39
Moving-plate-Spektrum 250
Myonen 522

N

Nachtbogen 18
Nachthimmelleuchten 151
Nadir 21
Neptun 103, 161
Neumann, C. 627, 629
Neutrinostrahlung der Sonne 214
Neutronensterne 435, 458, 460f
New General Catalogue of Nebulae (NGC) 474, 572
Newton, I. 70
NGC 147 (Begleiter des Andromeda-Nebels) 583, 604
NGC 175 (Spiralsystem; Cetus) 574
NGC 185 (Begleiter des Andromeda-Nebels) 583, 604
NGC 205 (Begleiter des Andromeda-Nebels) 471, 572, 583, 587, 604
NGC 488 (Spiralsystem; Pisces) 573, 576
NGC 891 (Spiralsystem; Andromeda) 471, 576
NGC 1073 (Spiralsystem; Cetus) 575
NGC 1300 (Spiralsystem; Eridanus) 575
NGC 2264 (Offener Sternhaufen; Monoceros) 502
NGC 2841 (Spiralsystem; Ursa Maior) 576
NGC 5128 s. Centaurus A
NGC 6822 (irreguläres System; Sagittarius) 582f, 604
NGC 6960 (Sturmvogel-Nebel; Cygnus) 453f
NGC 6992 (Cirrus-Nebel; Cygnus) 453f
NGC 7293 (Ringnebel; Aquarius) 451
Nix Olympica 153
Nördlinger Ries 125, 184
Nordpunkt 21
Nova Aquilae 1918 450
Nova-Ausbruch 459
Novae 443, 450, 590
Nutation 98

O

Oberflächentemperaturen der Sterne 371ff
Objektiv 31
Objektivprisma 43, 368
OB-Sterne 575f, 579, 585, 588, 590, 593, 595
Offene Sternhaufen 435, 480, 484f, 487

Öffnungsverhältnis *39, 42*
Okular *33*
Olbers, W. *170,* 627
Olberssches Paradoxon 627ff
Olympus Mons *153*
Oort, J. 537
Oort-Gleichungen 547ff
 ~ -Konstanten A, B 549
Ophiuchus 509ff, 518f
Opposition *78*
Oppositionsschleife *94*
optisch dick 455, 499
optisch dünn 455
Orion-Arm (lokaler Arm) 486
δ Orionis 496
ι Orionis 518
Orion-Nebel 421, 494, 498, 500, 506ff,
 517
 ~ , Infrarotquelle 515
 ~ , Trapezsterne θ¹ 491, 507
Ortssternzeit *56*
Ortszeit *29, 60*
Ozonschicht *146*

P

Palomar Sky Atlas 580
Parallaxe, jährliche *51,* 358f, 529
 ~ , Doppelstern 379
 ~ , spektroskopische 407
Parsec (pc) 360, 659
Parallelkreis *22*
Paschen-Kontinuum 502
Pauli-Prinzip 428
Pekuliargeschwindigkeit 539
 ~ , der Sonne 541
Penumbra *278*
Perigäum *112*
Perihel *65, 78*
Periheldrehung *134*
Perioden-Helligkeits- (-Leuchtkraft-)
 Beziehung 445, 586
Permafrost *155*
α Persei 518
h und χ Persei 437, 439, 486, 488f
ζ Persei 510
Perseus-Arm 486
Phasen *77, 79f, 108*
Photoelektronen 502, 504
Photoionisation 501, 505
Photometer *44*
Photonen, freie Weglänge 392

Photosphäre *216ff*
 ~, chemische Zusammensetzung *240f*
 ~, Kontinuum *242ff*
 ~, Spektrum *228ff*
 ~, Temperatur *195ff*
 ~, Zustandsgrößen *220f*
Piazzi, G. *170*
Pickering, E. C. 369
Plancksche Konstante 658
Plancksches Strahlungsgesetz *316f,* 372,
 455
Planetarische Nebel 451, 459, 521
Planeten 67ff, 131ff, 337ff
 ~, Große *68, 70*
 ~, äußere, innere *76f*
 ~, obere, untere *77f*
Planetenbahnen *74ff,* 337
Planetoiden (Kleine Planeten) *169ff*
Plasma 403
Plejaden (Offener Sternhaufen M 45)
 437, 439, 494, 516, 533
Pluto *103, 161, 166*
Pogson, N. R. 361
Polarisation des Sternlichts 509, 515
Polarlichter *150, 301*
Polarstern (α Ursae Minoris) 361, 382
Polhöhe *26*
Polsequenz, internationale 361
Populationen 489
Potentialtopf, Potentialwall *207,* 426f
pp-Prozeß *208,* 395, 403, 423
Praesepe (Offener Sternhaufen M 44)
 435ff, 443
Präzession *55, 97ff*
Primärfokus *34*
Prokyon (α Canis Minoris) 380f, 400
Protostern 507, 521
Protuberanzen *290ff*
 ~, eruptive *290, 295ff*
 ~ Flecken- *293*
 ~, Physik *295*
 ~ Spritz- *300*
 ~, stationäre *291ff*
Proxima Centauri 359, 380, 530f
Ptolemäus, C. *69,* 360
Pulsare 460f
Pulsationskonstante 447f, 449
Pulsationsveränderliche 443ff
ζ Pupis 371
Pyrheliometer *194*

667

Q

Quarzuhr *96*
Quasare 455, 616ff
~, Intensitätsschwankungen 618
~, kosmologische Entferungen 618
~, Volumina 618
quasistellare Objekte 615ff

R

Radar-Messungen *85, 111f, 133, 140, 182*
Radialgeschwindigkeit 528, 530ff, 550,
  604, 606
Radialgeschwindigkeitskurve 446
Radiant (Meteorstrom) *181*
Radiant (rad) 658
Radiogalaxien 455, 596, 603
Radiostrahlung 455f, 497
~, Eruptionen (Sonne) *303ff*
~, Isophoten 456, 598f
~, ruhige Sonne *265ff*
~, Spektren 597
Radioteleskop *44,* 497
Randverdunkelung *217ff*
Räume, elliptische, euklidische,
  hyperbolische 634
~, gekrümmte 631
~ ~, Metrik 633
Raumgeschwindigkeit 528
Raumkrümmung 631
Rauschstürme *305, 307*
rechtläufig *53, 68, 94*
Reflektor *31*
Reflexionsnebel 503, 516f
Refraktion, atmosphärische *151*
Refraktor *31*
Regolith *126, 137, 155*
Regulus (α Leonis) 399
Rekombination 502, 576
Rekombinationslinien, radiofrequente
  503
Rektaszension *23*
Relativitätstheorie, allgemeine, von
  A. Einstein 626, 631
retrograd s. rückläufig
Riesenast 443
Riesensterne 399, 432, 483, 487, 521
~, Durchmesser 406
Robertson, H. P. 634
Roche-Grenze *166*
Roemer, O. *160*

Röntgenbursts *298*
Röntgenstrahlung der Korona *268*
Röntgen-Synchrotron-Strahlung 457
Rosette-Nebel (Emissionsnebel;
  Monoceros) 508
Rotation, differentielle, der Sonne *193*
~ ~, galaktische 527, 554
~, der Erde *55ff, 95ff*
~, galaktische 527, 537ff, 552, 604
~, gebundene *116*
~, Planeten *133, 338*
~, Sonne *190ff*
~, Spiralsysteme 557
Rotationskonstanten, Oortsche, lokale
  547, 549
Rotationskurve 527, 554, 557, 577, 588f
Roter Fleck (Jupiter) *158*
Rote Riesensterne 433, 443f, 450f, 459
Rötung des Sternlichts 509
Rötungskurve 513f
Rotverschiebung 605, 608ff, 611
RR Lyrae-Sterne 444ff, 487
~ ~, in Kugelhaufen 475
~ ~, in Richtung galaktisches Zentrum
  553
~ ~, in Magellan-Wolken 586, 590f
~ ~, Instabilitätsbereich 448f
rückläufig *68, 94, 97, 138*
Russell, H. N. 398

S

Sagittarius-Sternwolke 468, 481f, 510f
Saha-Gleichung *237ff,* 372, 415
Saha, Meg Nad 372
Sa-, Sb-, Sc-, SB-Spiralsysteme 573ff
Saturn *161*
Saturn-Ringe *162*
Schaltjahr, -tag *63*
Schaltsekunde 97
scheinbare Bewegung, jährliche *48*
~ ~, tägliche *18, 69*
scheinbare Helligkeit 360ff
Scheitelkreis *21*
Schiaparelli, G. *153*
Schiefe der Ekliptik *53*
Schleifen, S-Kurven (scheinbare Planeten-
  bewegung) *68*
Schmetterlingsdiagramm *227*
Schmidt, B. *41*
Schmidt, M. 560, 616
Schmidt-Spiegel *41*

Schutzbauten *39*
Schwächung des Sternlichts 509
Schwarze Löcher 462
Schwarze Strahler *195, 317,* 372
Scorpius 509, 517ff
τ Scorpii 371, 519
Scutum-Wolke (helle Sternwolke) 466, 468, 510f
Seeing *37, 151*
Seeliger, H. von 627, 629
Shapley, H. 469, 475, 586
Sirius (α Canis Maioris) 361, 380f, 398f, 405
Sirius B 400, 405, 459
Skalenfaktor des Universums 634
Skalenhöhe 480, 499
Slipher, V. M. 607
Solarkonstante *193f*
Solstitien (Sonnenwenden) *64*
Sonne, aktive *274ff,* 455
 ~, Aufbau *273*
 ~, Energieerzeugung *204ff*
 ~, Energieinhalt, thermisch *198*
 ~ ~, Gravitation *198*
 ~ ~, Rotation *198*
 ~, Energietransport im Innern *211*
 ~, Leuchtkraft *194,* 659
 ~, Masse *189,* 659
 ~, mittlere Dichte *189,* 659
 ~, Radius *189,* 659
 ~, Rotation *190ff*
 ~, Spektraltyp 399, 406
 ~, Strahlungsleistung *193*
 ~, Temperatur der Oberfläche *196*
 ~, Zustandsgrößen im Zentrum *202*
Sonnenaktivität *274ff*
 ~, terrestrische Wirkungen *302*
Sonnenfinsternis *48, 245, 258, 260*
Sonnenflecken *274ff*
 ~, Magnetfelder *280ff*
 ~, Relativzahl *274*
 ~, Temperatur *280*
 ~, Theorie (Babcock) *284*
 ~, Zyklen *275*
Sonnenparallaxe *172*
Sonnenspektrum *228ff*
Sonnentag, -zeit *56ff, 61, 96,* 659
Sonnenuhr *57*
Sonnenwenden (Solstitien) *64*
Sonnenwind *147, 186, 269ff*
spektrale Empfindlichkeitsfunktion 363
 spektrale Strahlungsflußdichte 497
Spektralindex 455, 597

Spektralklassen, -typen 367ff, 370f, 375
Spektralsequenz 370
Spektraltypen s. Spektralklassen
Spektren der Fixsterne 369ff
 ~ kosmischer Radiostrahler 456
 ~, integrale, von Galaxien 592
Spektrograph *43,* 369
Spektroheliogramm *252ff*
Sphäre *20*
Spika (α Virginis) 399
Spiralarme 483, 485f, 572, 575
Spiralarm-Indikatoren 483, 486, 576
 ~ -Population 491
Spiralstruktur 493, 562
Spiralsysteme 472, 571ff
 ~, Kerne 572, 575
Stabilität der Kugelsternhaufen 474
 ~ der Offenen Sternhaufen 441
 ~ des Planetensystems *102*
Staub, interstellarer 493, 507ff, 517ff, 577
Stefan und Boltzmann, Strahlungsgesetz *196, 318,* 373
 ~ ~, Konstante 658
Steinheimer Becken *125, 184*
Sternalter 401, 487
 ~ -assoziationen 484
 ~ -atmosphären, chemische Zusammensetzung 411ff
 ~ -aufbau, Gleichgewichtsbedingungen 391
 ~ ~, Grundgleichungen 391
Sternbilder *12*
 ~, Dreibuchstabenabkürzungen *15, 333ff*
 ~, Liste *333ff*
Sterndichte an der Sphäre 478
 ~, räumliche, in Sonnenumgebung 478ff
 ~ Sternentstehung 404, 421ff, 595
 ~ -entstehungsrate 595
 ~ -entwicklung 419ff
 ~ ~, Endphasen 443, 458
 ~ ~, Spätphasen 443
 ~ -farbe 408
Sternhaufen 421, 435
 ~, kugelförmige 441ff, 472ff
 ~, Offene 435ff, 484ff, 533
Sternkarte *12*
 ~, drehbare *15, 28f*
Sternmassen 377ff, 385
 ~ -materie, Durchmischung 416
 ~ ~, Zustandsgleichung 393
 ~ -modelle 420
 ~ -Populationen 489

Sternschnuppen *150, 180*
Sternstromparallaxe 533ff, 590
Sternsysteme 465ff
~, Entwicklungsvorgänge 520, 593ff
~, Helligkeiten 592
~, Radialgeschwindigkeiten 603
~, Typen 571
Sterntag *56, 659*
Sternzeit *56, 61*
Sternverteilung, großräumige 486
Sterne, Bewegungen 487
~, chemische Zusammensetzung 394, 487
~, Fallbeschleunigung 402, 406
~ Helium- 417
~ Kohlenstoff- 417
~, metallarme 417
~, mittlere Dichte 402
~, Oberflächentemperaturen 371ff
~, physikalischer Zustand 390
~, Radien 376, 385, 402
~, Spektren 369ff
~, Zentraltemperatur, -dichte 402
Störungen *101, 111, 114, 127, 132*
Stoßdämpfung *231ff*
Stoßfront *125, 148, 184, 257*
Strahler, schwarzer *195, 317, 372*
Strahlungsdruck *319f*, 391f, 397
Strahlungsgesetze *314ff*
Strahlungsgesetz von Planck *316f,* 372, 455
~, von Rayleigh-Jeans 455
~, von Stefan und Boltzmann *318,* 373
~, Wiensche Näherungsgleichung
318, 374
~, Wiensches Verschiebungsgesetz
196, 319, 624, 658
Strahlungsgürtel *149, 159*
Strahlungsleistung *193f,* 392, 596, 598, 601
Stratosphäre *146*
Streuung des Sternlichts 510, 515
Stundenkreis *22*
Stundenwinkel *23*
Südpunkt *21*
Supergranulation *226*
Supernova 443, 452, 590f
~ -Ausbruch 521
~ -Ereignisse 452
~ -Überreste 453, 455, 462
Synchrotronstrahlung, Pulsare 461
~, Quasare 618
~, Radiogalaxien 597, 601
~, Sonne *304*
~, Supernova-Überreste 455, 523
System der Kugelsternhaufen 472, 475, 553

T

Tagbogen *18*
Tag- und Nachtgleiche *63*
Tangentialgeschwindigkeit 528
Tangentialpunkt-Methode 555ff
δ Tauri 537
T Tauri-Sterne 421, 490
Teleskop *31*
~ Ballon- *44*
~ Radio- *44*
~ Satelliten- *44*
Temperatur, Anregungs- 375
~, effektive *196,* 373, 375
~ Farb- 374
~ Ionisations- *237,* 375
~, kinetische 499
~ Strahlungs- 374
Temperaturstrahlung *315*
Terminator *109, 122*
Terrae (Mond) *122*
Thermosphäre *146*
Tierkreis *54*
~ -Sternbilder *54, 100*
~ -Zeichen *54, 100*
Titius-Bodesche Regel *169*
Trapezsterne ϑ¹ im Orion-Nebel 491, 507
Trojaner *172*
Trosphäre *146*
47 Tucanae (Kugelhaufen) 474, 476
Tunneleffekt *208,* 425

U

Übergangsschicht zwischen Chromo-
sphäre und Korona *256ff*
Übergangswahrscheinlichkeit
(Oszillatorenstärke) *234f,* 412
Überriesen 400, 432, 483, 487, 590
~, Durchmesser 406
UBV-System, internationales 363, 409
Ultrastrahlung, kosmische 522
Umbra *278*
Umlaufsdauer, Planeten *72ff, 337*
~, siderische *72, 82, 84, 337*
~, der Sonne im galaktischen
System 554
~, synodische *84*
unregelmäßige Sternsysteme
s. irreguläre Sternsysteme
Uranus *103, 161*
Uratmosphäre *144*